工程图绘制方法与实例精解丛书

AutoCAD 2014 中文版
室内设计图绘制实例教程

戈升波　刘培晨　刘　静　等编著

机 械 工 业 出 版 社

本书从零开始，一步到位，采用文字与动画相结合的形式，系统地介绍了用AutoCAD 2014中文版绘制室内设计图的方法与技巧。全书分为两篇共16章。第1篇（第1～10章），从零开始介绍了AutoCAD的命令与应用实例。例题采用补图的形式，将介绍命令放于典型室内设计图的绘制过程中，对每一例图都给出了详细的作图步骤，简要的操作提示，说明了可能出现的问题和处理方法。第2篇（第11～16章），介绍如何综合运用所学命令绘制各种室内设计图样，包括住宅、宾馆、酒吧、餐厅、商店营业厅、天花平面图，卧室、厨房、卫生间、特殊复杂立面图，家具、电器、灯具、厨具、洗盆、洁具、展示柜等图例的平面图或立面图，局部放大图、构配件详图、节点详图，插入光栅图像等。对每一类图形，先归纳出通用的绘制方法，再分类给出大量绘图实例。对每一例图都给出作图要点，说明画图过程中可能出现的问题及处理方法。将例图的完整作图过程录制成了动画文件，放在了随书所带的光盘中。

本书采用了特殊的写作方法，内容紧凑，但不同于其他速成教材，读者不仅可以用最短的时间学到真正有效的绘图方法，马上解决实际问题，而且能打下坚实的基础，养成良好的绘图习惯。初学者通过学习本书能够马上解决实际问题，有一定基础的读者通过学习本书，能够快速提高绘图水平。本书可供AutoCAD初、中级用户自学使用，也可供大、中专院校及各类CAD培训班人员使用。

图书在版编目（CIP）数据

AutoCAD 2014中文版室内设计图绘制实例教程 / 戈升波等编著. —北京：机械工业出版社，2013.12

（工程图绘制方法与实例精解丛书）

ISBN 978-7-111-44890-7

Ⅰ. ①A… Ⅱ. ①戈… Ⅲ. ①室内设计—计算机辅助设计—AutoCAD软件—教材 Ⅳ. ①TU238-39

中国版本图书馆CIP数据核字（2013）第283243号

机械工业出版社（北京市百万庄大街22号　邮政编码100037）
策划编辑：车　忱
责任编辑：车　忱
责任印制：李　洋
三河市宏达印刷有限公司印刷
2014年1月第1版第1次印刷
184mm×260mm · 21印张 · 519千字
0001—4000册
标准书号：ISBN 978-7-111-44890-7
　　　　　ISBN 978-7-89405-270-4（光盘）
定价：59.00元（含1CD）

凡购本书，如有缺页、倒页、脱页，由本社发行部调换

电话服务	网络服务
社服务中心：（010）88361066	教材网：http://www.cmpedu.com
销售一部：（010）68326294	机工官网：http://www.cmpbook.com
销售二部：（010）88379649	机工官博：http://weibo.com/cmp1952
读者购书热线：（010）88379203	**封面无防伪标均为盗版**

前　言

本书作者在 2003 年出版的《AutoCAD 室内设计图绘制实例教程》，被上海市室内装潢行业协会指定为培训教材。该书确立了后续“介绍用 AutoCAD 绘制室内设计图”图书的基本内容和讲解方法。为了让读者能够用最短的时间，学到真正高效的绘图方法，本书吸取了该书的精华，结合作者近几年的教学和应用成果，全面、系统地介绍了用 AutoCAD 绘制、标注、打印各种室内设计图样等问题。针对 AutoCAD 新增设的参数化作图和动态图块，作者结合对其他工程软件的应用经验和绘图实践，给出了自己的见解和应用方法，首次发表在本书中，体现在以下两个方面。

- 由于软件本身的限制，用参数化作图命令绘制一般图形，并不能提高作图效率。但这些命令特别适合绘制具有复杂相切条件的图形。如果没有这些命令，则需要像手工作图那样做辅助线求圆心或端点。本书以绘制此类图形为例介绍相关命令，既讲活了命令，又介绍了高效、实用的作图方法。
- AutoCAD 的动态图块功能非常强大，可以把所有的参数和动作添加到一个图块中，制作一个功能非凡的超级图块。但这样不仅占用太多的系统资源，加大图形文件体积，而且太多的调整动作，难以记忆和调用，还会出现相互干扰的情况。为了充分发挥动态图块的优势，制作实用、高效的动态图块，书中不仅系统介绍了相关命令和原理，而且通过例题制作了典型、高效的动态图块，全部为作者原创，可以通过“增量”或“列表”属性或快捷特性，准确控制调整量，以生成不同大小、不同形状的图块，完全满足绘制各种室内设计图的需要。

本书作为介绍用 AutoCAD 绘制室内设计图的专业图书，在内容编排和讲解方法上，作了许多有益的探讨，采用了文字和动画相结合的形式。全书分为基础和应用两部分，有如下特点：

（1）在基础部分（第 1～10 章），根据命令的用途选择、编排所讲内容，确定讲解顺序。

- 将介绍命令放入绘制典型室内设计图样的过程中。为了突出重点，例题以补图的形式给出，在随书光盘中给出例题的已知图形，让读者在绘图过程中学习命令。例题介绍如何利用所讲命令补画图形，给出了详细的操作步骤，简明的操作解释，说明了可能出现的问题和注意事项，对功能相近的命令进行了分析和比较，使读者在学习命令调用方法的同时，掌握命令适宜绘制的图形。
- 提前、重点介绍了对象捕捉、对象追踪、极轴追踪、正交工具、编辑命令，这是提高作图效率的关键。
- 对图层、文字样式、表格、尺寸样式作了标准化处理，建立了一个标准样板图。书中所建图层和样式，可以直接应用到工作中，满足实际需要。

- 结合绘图实例，重点介绍常用命令，将不常用命令和命令选项作简要介绍或罗列。

（2）在应用部分（第 11～15 章），采用文字和动画相结合的形式，分类介绍各种室内设计图样的绘制方法与技巧。

- 介绍如何综合运用所学命令绘制各种室内设计图样。所有例图取自实际工程，具有很强的代表性和实用性，包括住宅、宾馆、酒吧、餐厅、商店营业厅、天花平面图，卧室、厨房、卫生间、特殊复杂立面图，家具、电器、灯具、厨具、洗盆、洁具、展示柜等图例的平面图和立面图，局部放大图、构配件详图、节点详图，插入光栅图像等。
- 对每一类图形，先归纳出绘制方法，再给出作图要点和注意事项，说明绘图过程中可能出现的问题及处理方法，将例图的全部作图过程录制为动画文件，放在随书光盘中。
- 介绍了一些特殊的绘图方法，包括根据投影规律作图、利用辅助线作图、画各种相切圆弧等。
- 为了便于读者学习和有选择地观看作图动画，将复杂图形的绘制过程，分阶段录制为多个动画文件。学习时读者可以先看书中的作图要点与难点提示，再根据需要选择观看相应的动画文件，了解作图细节，轻松掌握作图方法与技巧。

（3）第 16 章结合打印实例，介绍了如何建立标准打印样式，处理各种比例，确定图线宽度，选择打印范围，同一图纸采用多比例打印等问题。

本书每一章最后都有小结和习题，总结、引申所讲内容，说明如何综合运用所学命令绘制工程图样，帮助读者巩固所学理论和方法。对主要图形给出了作图要点，引导读者探求真正高效的绘图方法。

本书采用了特殊的写作方法，内容紧凑，但不同于其他速成教材，读者直接引用书中例题建立的样式和例图的绘制方法，就可以快速画出各种规范的室内设计图样，不仅可以用最短的时间学到真正有效的绘图方法，马上解决实际问题，而且能打下坚实的基础，养成良好的绘图习惯。

本书特别适合作为自学教材，大、中专院校及各类 CAD 培训班的教材。

本书主要由戈升波、刘培晨、刘静编著，参加本书编写的还有：王晓燕、亓为国、周晓鹏、万勇、潘松峰、陈宏宝、杜国梁、杜会慧、姚建华、刘庆斌、王蕾、李孝真、房振声、魏光建、张元辉。

非常感谢您选择了本书。由于作者水平有限，书中定有错误或不当之处，恳请读者朋友批评指正。如果您对本书有什么意见、建议或疑问，请发电子邮件至 key1@vip.sina.com，我们非常欢迎您的来信。

作　者

附盘使用说明

1．初始设置：播放动画前，将显示器分辨率设置为 1024×768 像素或更高。如果分辨率为 1024×768 像素，还需要将 Windows 设置为“自动隐藏任务栏”。

2．主播放窗口：插入光盘后自动进入主播放窗口（如果用户关闭了 Windows 的自动播放功能，需要双击光盘中的at exe）。单击窗口左上角或右上角的，播放窗口缩小为一个图标动画演示...，显示在 Windows 任务栏上。单击动画演示...，恢复主播放窗口；单击退出演示，退出播放程序。

3．安装解压程序：如果计算机中以前没有安装过解压程序 TSCC，在主播放窗口中，单击安装解压程序按钮，显示下载和安装说明。

4．复制“.dwg”图形文件到硬盘：附盘中有本书例题和习题所需的已知图形，需要时在书中作了提示。使用前最好将这些文件复制到硬盘上：在主播放窗口中，单击安装图形文件按钮，显示一个对话框，根据提示选择文件夹后，自动完成复制。

从光盘上复制的图形文件是“只读”的，使用前最好去掉文件的“只读”属性。其操作方法是，在 Windows 7/XP 中，打开【我的电脑】，找到附盘文件所在文件夹“\dwg”，右键单击该文件夹，显示快捷菜单，单击【属性】，显示【属性】对话框，单击【只读】（去掉前面的“√”），显示确认对话框，单击【将更改应用于该文件夹、子文件夹和文件】，单击确定按钮。

5．播放“.avi”动画文件：附盘中有本书例图绘制过程录制的动画文件（有配音解说），动画文件与例题的对应关系在书中作了提示。

在主播放窗口中，单击动画文件名，进入该动画播放窗口，自动播放动画和配音解说；单击其中的，返回主播放窗口；单击、，分别进入下一例、上一例的播放窗口，并自动播放；单击、，动画分别快速后退、前进一定长度，并继续播放；单击、，分别暂停、停止播放；暂停后单击，从当前位置继续播放；停止后单击，从头开始重复播放；单击，播放窗口缩小为图标动画演示...，可以按上述方法恢复主播放窗口；停止播放后、单击，退出播放程序。

6．播放背景音乐：在主播放窗口中，单击打开音乐，打开音乐播放器（显示在屏幕的右上角）。用户可以将音乐播放器拖放到任意位置、最小化（）或关闭（）；单击其中的，选择 MP3 格式的其他自备音乐，并自动播放；单击、、，可以播放、暂停、停止附盘中的音乐或自选音乐。

在主播放窗口和音乐播放器中都可以通过拖动滑动条调节总音量。

目　　录

前言
附盘使用说明

第 1 篇　AutoCAD 命令及应用

第 1 章　AutoCAD 基础……1
1.1　启动 AutoCAD 2014 中文版……1
1.2　AutoCAD 2014 中文版的窗口组成……2
1.3　创建新文件和打开已有文件……3
1.3.1　创建新文件……4
1.3.2　打开已有的图形文件……5
1.4　坐标系与坐标……5
1.4.1　点的绝对坐标……6
1.4.2　点的相对坐标……6
1.5　AutoCAD 命令的调用方法……7
1.5.1　按钮法……7
1.5.2　菜单法……8
1.5.3　键入法……9
1.5.4　重复执行刚执行完的命令……9
1.6　放弃（Undo）命令和重做（Redo）命令……10
1.7　选择对象与删除对象……11
1.7.1　选择对象……11
1.7.2　删除命令与选择方式应用举例……12
1.8　保存成果——存盘命令……13
1.8.1　换名存盘……13
1.8.2　原名存盘……14
1.9　退出 AutoCAD……14
1.10　小结……14
1.11　习题与作图要点……15
第 2 章　对象捕捉与对象捕捉追踪……16
2.1　正交工具……16
2.2　对象捕捉……16
2.3　自动对象捕捉……19
2.3.1　设置自动对象捕捉方式……19
2.3.2　启动自动对象捕捉……20

2.3.3　应用实例 …… 20
2.4　捕捉自与临时追踪点 …… 22
2.5　用对象捕捉追踪作图 …… 23
2.6　用极轴追踪作图 …… 25
2.6.1　设置追踪角度间隔 …… 25
2.6.2　启动/关闭极轴追踪 …… 26
2.6.3　应用实例 …… 26
2.7　用角度替代作图 …… 27
2.8　小结 …… 28
2.9　习题与作图要点 …… 29
第 3 章　绘制基本室内设计图形 …… 30
3.1　画圆 …… 30
3.2　画圆弧 …… 32
3.3　画矩形 …… 34
3.4　画椭圆、椭圆弧 …… 36
3.5　画正多边形 …… 37
3.5.1　绘制正多边形 …… 37
3.5.2　确定正多边形的转向 …… 38
3.6　画圆环 …… 39
3.7　画多段线 …… 40
3.8　利用构造线作图 …… 42
3.9　填充图案的绘制与编辑 …… 43
3.10　编辑填充图案 …… 45
3.11　波浪线的绘制与编辑 …… 45
3.11.1　绘制样条曲线 …… 45
3.11.2　编辑样条曲线 …… 46
3.12　小结 …… 47
3.13　习题与作图要点 …… 47
第 4 章　高效作图 …… 50
4.1　绘制相同结构 …… 50
4.1.1　复制图形 …… 50
4.1.2　镜像图形 …… 52
4.1.3　阵列图形 …… 53
4.2　绘制平行结构 …… 55
4.2.1　画平行线 …… 55
4.2.2　画同心结构 …… 56
4.3　延伸与修剪图线 …… 57
4.4　打断图线 …… 60

4.5 分解图线 ……61
4.5.1 从一点打断图线 ……61
4.5.2 分解图形 ……62
4.6 调整图线长度 ……63
4.6.1 拉长图线 ……63
4.6.2 夹点编辑 ……64
4.7 改变图形的大小 ……65
4.7.1 缩放图形 ……65
4.7.2 拉伸图形 ……66
4.8 改变图形的位置 ……67
4.9 绘制倾斜结构 ……68
4.9.1 将图形旋转一定角度 ……68
4.9.2 参照旋转 ……69
4.10 画相切圆弧 ……70
4.11 画倒角 ……71
4.12 选择对象的方式……73
4.12.1 上一次（Previous）选择方式 ……74
4.12.2 栏选（Fence）方式 ……75
4.12.3 除去（Remove）选择方式 ……76
4.12.4 多边形（WPolygon）和交叉多边形（CPolygon）选择方式 ……76
4.13 小结 ……77
4.14 习题与作图要点……78
第 5 章 显示控制与图层……80
5.1 缩放显示图形 ……80
5.1.1 用鼠标滚轮缩放显示图形……80
5.1.2 用显示缩放命令缩放显示图形 ……81
5.2 平移命令 ……83
5.2.1 用鼠标滚轮……83
5.2.2 平移命令 ……83
5.3 建立和管理图层 ……83
5.3.1 建立新图层……84
5.3.2 设置图层的颜色、线型和线宽 ……85
5.3.3 修改图层名称、删除图层……88
5.3.4 选择当前层……88
5.3.5 管理图层 ……89
5.4 小结 ……91
5.5 习题与作图要点 ……91
第 6 章 画平面图专用命令与综合演练 ……94

6.1　创建自己的工具条……94
6.2　用多线命令绘制墙体……96
6.2.1　设置多线墙样式……96
6.2.2　设置屏幕显示范围……99
6.2.3　绘制平面图……99
6.2.4　编辑多线……102
6.3　综合分析、应用实例……107
6.3.1　将尺寸转化为命令参数……107
6.3.2　作图前的准备工作……107
6.3.3　典型应用实例精解……108
6.4　特殊绘图方法……111
6.4.1　通过移动、旋转作图……111
6.4.2　利用辅助线作图……112
6.4.3　利用等分命令作图……114
6.5　小结……115
6.6　习题与作图要点……115
第7章　注写文字、创建表格……119
7.1　建立、管理文字样式……119
7.1.1　建立新文字样式……119
7.1.2　修改文字样式……120
7.1.3　选择当前文字样式……121
7.2　输入文字……121
7.2.1　用单行文字命令输入文字……121
7.2.2　输入特殊符号……122
7.2.3　用多行文字命令输入文字……123
7.2.4　输入带引出线文字……125
7.3　编辑文字……126
7.3.1　编辑单行文字……126
7.3.2　编辑多行文字……127
7.4　创建表格……127
7.4.1　建立表格样式……127
7.4.2　修改表格样式……129
7.4.3　选择当前表格样式……129
7.4.4　创建表格……130
7.5　小结……135
7.6　习题与作图要点……135
第8章　尺寸标注与引出标注……138
8.1　线性标注……138

8.2　设置尺寸样式 ………… 140
8.3　选择当前尺寸样式 ………… 144
8.4　修改尺寸样式 ………… 145
8.5　对齐型尺寸标注 ………… 146
8.6　基线型尺寸标注 ………… 147
8.6.1　标注基线型尺寸 ………… 147
8.6.2　调整尺寸线间隔 ………… 148
8.7　连续型尺寸标注 ………… 149
8.8　标注直径和半径 ………… 149
8.8.1　在圆视图上标注直径 ………… 150
8.8.2　标注非圆视图的直径 ………… 151
8.9　标注只有一条尺寸界线的尺寸 ………… 151
8.10　绘制中心线 ………… 153
8.11　标注角度尺寸 ………… 154
8.12　引出标注 ………… 154
8.13　快速标注 ………… 158
8.14　编辑尺寸 ………… 159
8.14.1　更改尺寸样式 ………… 159
8.14.2　调整尺寸位置 ………… 159
8.14.3　编辑尺寸数字 ………… 160
8.15　修改实体特性 ………… 161
8.15.1　用特性命令修改对象特性 ………… 161
8.15.2　特性匹配 ………… 162
8.16　小结 ………… 162
8.17　习题与作图要点 ………… 163
第 9 章　图块与动态图块 ………… 165
9.1　创建图块 ………… 165
9.2　插入图块 ………… 167
9.3　图块属性 ………… 169
9.3.1　创建图块属性 ………… 169
9.3.2　定义带属性的块 ………… 170
9.3.3　插入带属性的图块 ………… 171
9.4　标注其他符号 ………… 171
9.5　修改图块名称 ………… 172
9.6　修改属性值 ………… 173
9.7　创建图块文件 ………… 173
9.8　画木纹 ………… 174
9.9　用图块绘制门窗 ………… 175

9.10　动态图块…………176
9.10.1　线性参数和拉伸动作…………177
9.10.2　线性参数和缩放动作…………180
9.10.3　翻转参数与反转动作…………182
9.10.4　对齐参数与基点参数…………182
9.10.5　拉伸动作与阵列动作…………184
9.10.6　点参数、可见性参数与移动动作…………185
9.10.7　旋转参数和旋转动作…………187
9.10.8　距离乘数…………188
9.10.9　参数与动作总结与综述…………189
9.11　重定义图块修改图形…………190
9.12　小结…………190
9.13　习题与作图要点…………191
第10章　参数化绘图与样板图…………193
10.1　尺寸约束…………193
10.2　几何约束…………196
10.3　编辑约束…………201
10.4　关系约束…………202
10.5　建立和调用样板图…………205
10.5.1　建立样板图…………205
10.5.2　建立样板图文件…………208
10.5.3　调用样板图…………208
10.6　根据投影规律作图…………209
10.7　小结…………210
10.8　习题与作图要点…………211

第2篇　各类典型建筑图绘制实例精解

第11章　家具与设施平面图…………213
11.1　作图方法综述…………213
11.2　班椅与沙发…………214
11.3　餐桌与茶几…………218
11.4　床平面图…………221
11.5　电器平面图…………222
11.6　厨具平面图…………224
11.7　洗盆平面图…………225
11.8　洁具平面图…………229
11.9　小结…………230
11.10　习题与作图要点…………230

第 12 章 室内设计平面图 232
12.1 住宅室内设计平面图 232
12.1.1 绘制墙线 233
12.1.2 编辑墙线 235
12.1.3 画门窗洞 235
12.1.4 插入图块绘制门窗 236
12.1.5 绘制家具与设施 237
12.1.6 画其他各层平面图 240
12.2 宾馆平面图 241
12.2.1 宾馆门庭平面图 241
12.2.2 客房标准间平面图 251
12.3 酒吧、餐厅平面图 253
12.4 商场营业厅室内设计平面图 253
12.5 天花平面图 254
12.6 平面图标注 255
12.7 小结 257
12.8 习题与作图要点 258
第 13 章 家具与设施立面图 261
13.1 家具立面图 261
13.2 电器与灯具立面图 266
13.3 厨具立面图 268
13.4 洗盆立面图 270
13.5 洁具立面图 271
13.6 小结 273
13.7 习题与作图要点 273
第 14 章 室内设计立面图与剖立面图 275
14.1 卧室立面图 275
14.2 插入光栅图形 280
14.2.1 图形、图像与图形扫描 280
14.2.2 插入光栅图像 281
14.2.3 编辑光栅图像 282
14.3 厨房立面图 284
14.4 卫生间立面图 287
14.5 特殊、复杂立面图 287
14.6 小结 291
14.7 习题与作图要点 291
第 15 章 室内设计详图 293
15.1 室内设计详图概述 293

15.2　墙面构造详图 ······ 293
15.3　节点详图 ······ 296
15.4　吊棚构造详图 ······ 298
15.5　小结 ······ 300
15.6　习题与作图要点 ······ 301
第 16 章　打印出图 ······ 303
16.1　利用对象特性打印图形 ······ 303
16.1.1　选择、设置打印设备 ······ 303
16.1.2　确定打印比例 ······ 306
16.1.3　设置图面 ······ 306
16.1.4　设置非标准图纸 ······ 307
16.1.5　预览、打印图形 ······ 309
16.1.6　保存、调用页面设置 ······ 312
16.2　通过图线颜色控制打印特性 ······ 313
16.3　多比例打印图形 ······ 317
16.4　管理打印样式表 ······ 318
16.5　添加打印设备 ······ 320
16.6　小结 ······ 321
16.7　习题与作图要点 ······ 321

第1篇　AutoCAD 命令及应用

第1章　AutoCAD 基础

AutoCAD 是美国 Autodesk 公司开发的一个计算机辅助绘图软件。从 1982 年推出 AutoCAD 1.0，到 2013 年推出 AutoCAD 2014，经过近 30 次的改进、升级，功能不断增强与完善。最新版 AutoCAD 2014 在继承以前版本优点的基础上，运行速度更快，操作更简便，其最大的亮点是，提供了一种全新的命令选项调用方法，并保留了以前版本命令选项的调用方法。

AutoCAD 是绘制平面图形的首选软件，是目前国内使用最多的 CAD 软件之一，广泛应用于室内设计、建筑、机械和电子等领域。本章介绍 AutoCAD 的入门知识。

1.1　启动 AutoCAD 2014 中文版

安装 AutoCAD 2014 中文版以后，系统会自动在 Windows 桌面上生成一个快捷图标，双击该图标就可以启动 AutoCAD 2014。启动时首先显示【欢迎】对话框，单击其右下角的 关闭 按钮，进入 AutoCAD 屏幕，如图 1-1 所示。

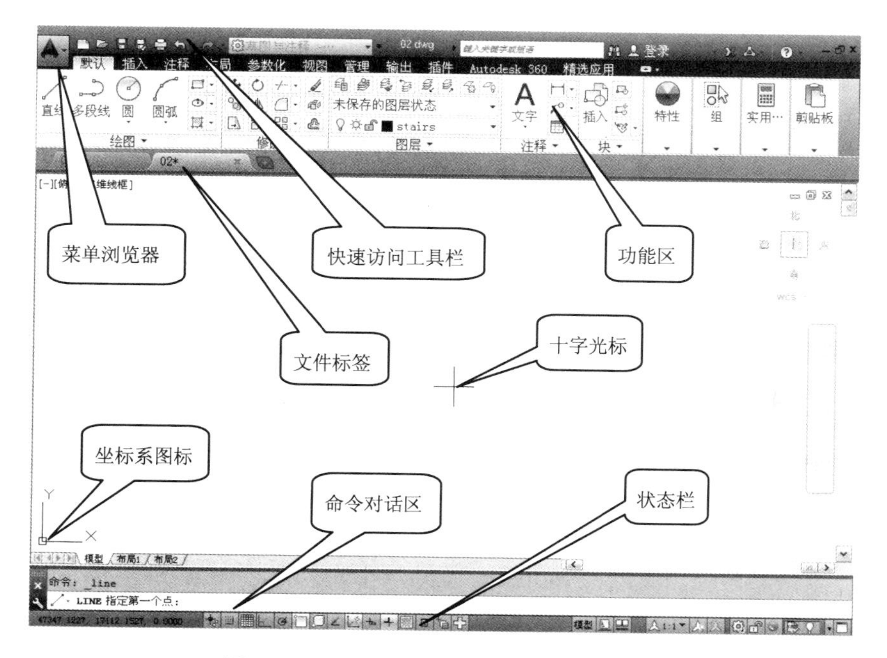

图 1-1　AutoCAD 2014 中文版的工作界面

启动 AutoCAD 2014 的另一种方法是：单击开始，打开 Windows 的【开始】菜单，依次移动鼠标指向【所有程序】→【Autodesk】→【AutoCAD 2014 Simplified Chinese】→单击【AutoCAD 2014 - 简体中文（Simplified Chinese)】。

要安装 AutoCAD 2014，操作系统应为 Windows 7 或 Windows 8。如果用户的操作系统是 Windows XP SP3，则需要预装网络浏览器 Microsoft Internet Explorer 7.0 或更高版本，安装时再根据提示先安装.NET Framework 4.0。

1.2　AutoCAD 2014 中文版的窗口组成

进入 AutoCAD 作图区以后的屏幕画面称为 AutoCAD 窗口。窗口各组成部分的名称如图 1-1 所示。用户就是通过此窗口使用 AutoCAD，所以又叫用户界面。下面介绍窗口各组成部分的基本功能。

1. 菜单浏览器

单击【菜单浏览器】按钮，展开菜单浏览器，如图 1-2 所示。

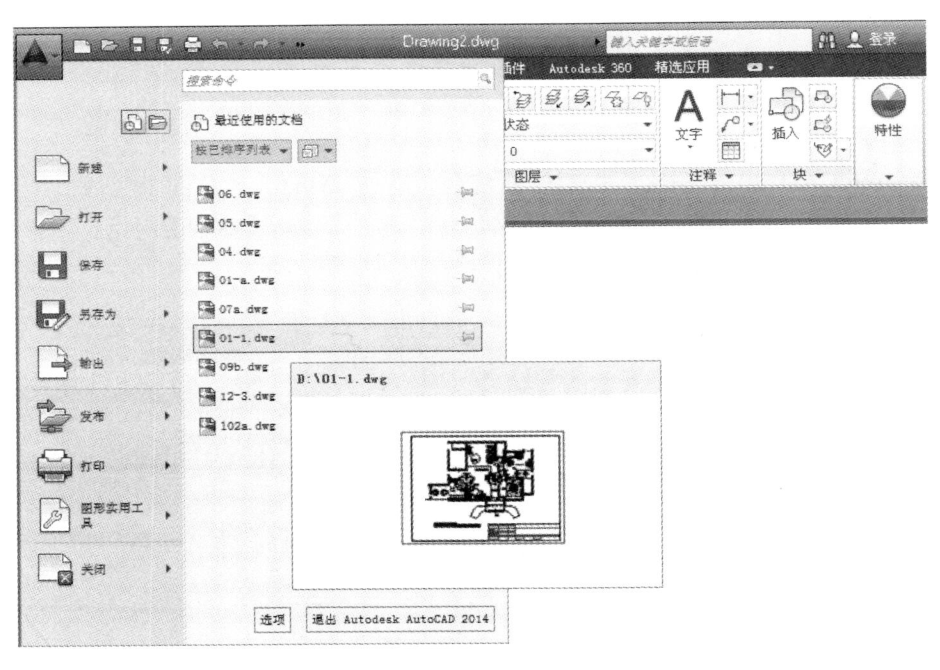

图 1-2　菜单浏览器

用户可以单击相应的按钮，执行【新建】、【打开】、【保存】、【打印】等命令，还可以在其顶部的搜索栏中输入命令的部分字母，例如输入画圆命令“Circle”中的字母“c”，Enter，AutoCAD 自动搜索含有“c”的命令，单击搜索到的任意命令，即可执行该命令。这就是所谓的模糊搜索功能。

说明： 书中符号 Enter 表示按回车键。

单击或按钮，可以在菜单浏览器的右部显示最近打开的或已经打开的文件。将鼠标指针悬停在文件名上时，将显示预览图片及文件路径。

2．快速访问工具栏

该工具栏中最常用的命令按钮是【放弃】与【重做】，本章后面要介绍这两个命令。还有几个与文件、打印有关的命令按钮，也会陆续介绍。

鼠标指针指向某一按钮后稍停片刻，会在指针下面显示该按钮对应命令的中文名称、英文名称和功能简介。

3．文件标签

如果同时打开多个文件，可以单击标签上的文件名，使该文件显示在最前面，以便查阅和修改。这是 AutoCAD 2014 的新功能。单击标签上的按钮，关闭文件。单击标签右边的按钮，打开新文件。

4．功能区

AutoCAD 将其命令分组放置在功能区。每一组称为一个选项卡，包括【常用】、【插入】、【注释】、【参数化】等，单击选项卡中的命令按钮，调用对应的命令。

这种命令按钮的组织、存放方式，与以前的工具条方式相比，既简化了界面，又加快了命令的调用速度。

5．作图区

屏幕最大的空白区域就是作图区，是用来画图和显示图形的地方。

6．十字光标

在作图区内，鼠标指针显示为十字线，称为十字光标。十字线的交点代表鼠标指针的位置。

7．命令对话区

命令对话区是用户输入命令、显示命令提示信息的区域。调用命令以后，AutoCAD 在此显示该命令的提示，提示用户下一步该做什么。初学者一定要根据此处的提示进行操作，因为 AutoCAD 的许多命令都有多个子功能，每一个子功能又要分几步操作才能完成，初学者难以全面把握，此窗口显示的提示是一个很好的向导，要特别重视。随着对命令运用熟练程度的不断提高，应该逐渐减少对提示的依赖。

8．状态行

状态行在 AutoCAD 屏幕的最下面。状态行上有几个功能按钮。单击某一按钮使其显示为绿色，就调用了该按钮对应的功能。单击使其显示为灰色，表示该功能被关闭。

1.3　创建新文件和打开已有文件

在默认情况下，启动 AutoCAD 2014 后，将显示图 1-3 所示的【欢迎】对话框。用户可以通过该对话框创建新文件，打开已有的文件；或从【精选主题】中选择查看 AutoCAD 2014 的新功能；或访问 Autodesk 网站，获得相关信息。

如果下次启动时不想再显示该对话框，可以单击对话框下方的【启动时显示】，去掉其左侧小方框中的“√”，再单击 关闭 按钮。

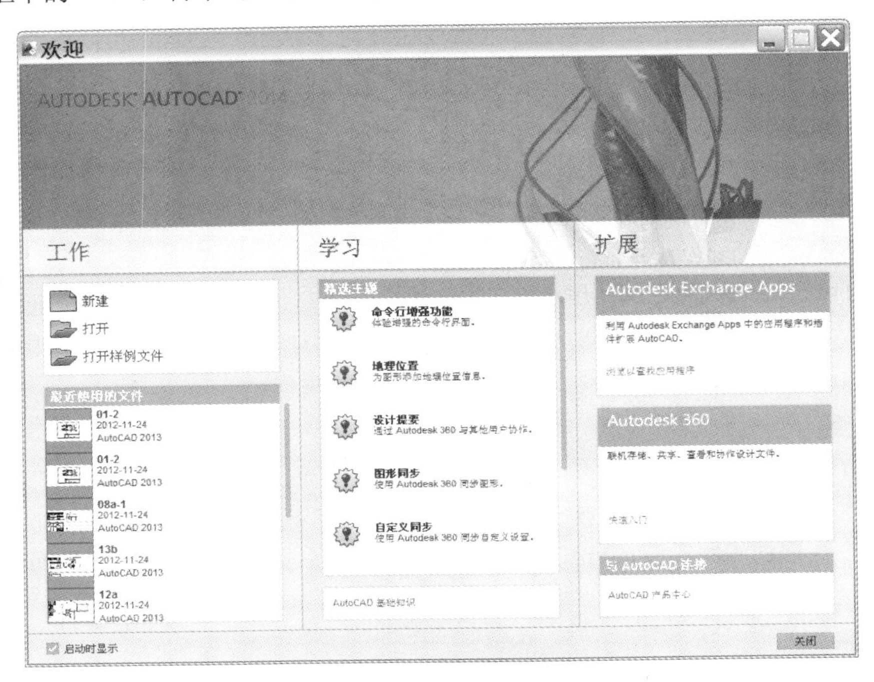

图 1-3 【欢迎】对话框

1.3.1 创建新文件

创建新文件的方法是：在【欢迎】对话框中，单击【新建】按钮；或关闭该对话框以后，单击屏幕左上角的【新建】按钮，调出【选择样板】对话框，如图 1-4 所示。

图 1-4 【选择样板】对话框

单击选择【acadiso.dwt】(默认已经选择就不用再选择)，单击打开(O)按钮。在以后的例题中，经常提到按第 1 章介绍的方法打开一张新图，指的就是这一方法。

上面按 AutoCAD 的默认设置进入作图区。默认的屏幕显示区域为 420mm × 297mm。在介绍如何设置屏幕的显示区域以前，都将使用这一默认设置。书中例图的尺寸，都是根据这一屏幕大小确定的。如果读者不是利用这一默认设置，按照书中例图标注的尺寸绘制的图形，可能会非常大或非常小，或显示在屏幕的可视区域之外。这一点请初学者一定要注意。

1.3.2　打开已有的图形文件

用户可以随时打开以前创建的图形文件，使其重新显示在屏幕上，进行编辑等操作。在【欢迎】对话框中，单击【最近使用过的文件】列表中要打开的文件名称，直接打开该文件。或单击【打开】按钮，显示【选择文件】对话框，如图 1-5 所示，双击要打开的文件名，或单击文件名，再单击打开(O)按钮。

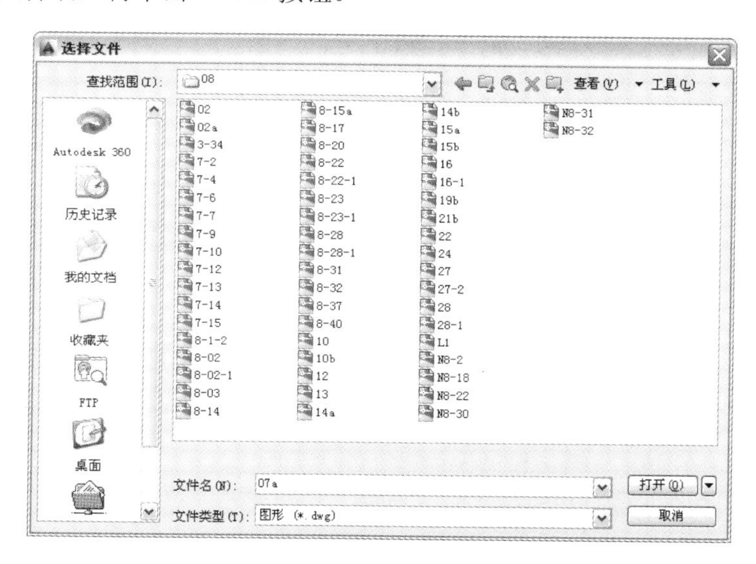

图 1-5 【选择文件】对话框

如果没有要选择的文件名，说明此文件不在当前文件夹中，可以单击【搜索范围】右边的，打开下拉列表，单击选择盘符，单击打开所需文件夹，双击文件名即可。

退出【欢迎】对话框以后，打开文件的方法是，单击屏幕上方的【打开】按钮，调出【选择文件】对话框，按上述方法打开文件。

1.4　坐标系与坐标

在手工绘制工程图时，用丁字尺和三角板进行定位和度量。用 AutoCAD 画图时，最根本的方法是输入点的坐标定位点。系统自动建立的平面坐标系，显示在屏幕左下角，如图 1-1 所示。此坐标系称为世界坐标系（World Coordinate System，WCS），X 轴正方向水平向右，Y 轴正方向垂直向上。这些是固定不变的，因而又叫做绝对直角坐标系。

1.4.1 点的绝对坐标

点的绝对坐标分为绝对直角坐标和绝对极坐标。

1．绝对直角坐标

点的绝对直角坐标，是点到 X 轴、Y 轴的有向距离，对应于数学中的直角坐标。输入方法是：依次输入 X 坐标，半角英文逗号“,”（不能用中文逗号），Y 坐标，Enter。例如，当执行某一命令需要输入图 1-6a 所示的 A 点时，从键盘上输入：230,200 Enter。

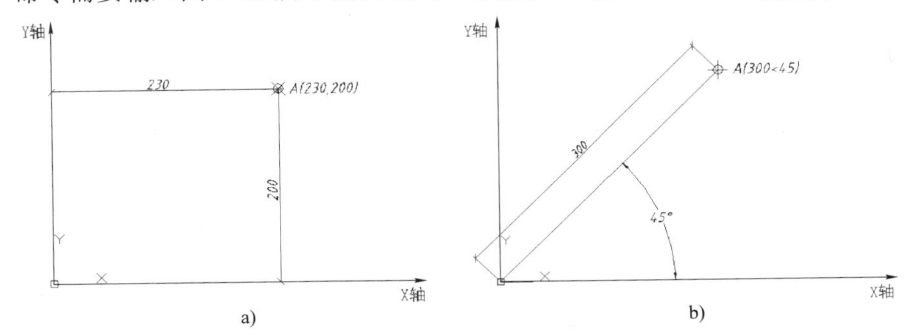

图 1-6 点的绝对直角坐标

2．点的绝对极坐标

点的绝对极坐标由极半径和极角组成。极半径是点与坐标原点的距离，极角是点与坐标原点的连线与 X 轴正向之间的夹角，逆时针为正，顺时针为负，如图 1-6b 所示。

点的绝对极坐标的输入方法是：依次输入极半径、小于号“<”、极角（以度为单位），Enter。例如，执行某一命令需要输入图 1-6b 所示的 A 点时，需要输入：300<45 Enter。

1.4.2 点的相对坐标

点的相对坐标分为相对直角坐标和相对极坐标。

1．相对直角坐标

点的相对直角坐标是，后一个输入点与前一个输入点之间的直角坐标差。

例如要画图 1-7a 所示的 AB，若以 A 点作为第一点，B 点作为第二点，由图中标注的尺寸可知，B 点与 A 点的相对坐标是“80，-80”。如果以 B 点作为第一点，A 点作为第二点，A 点与 B 点的相对坐标是“-80，80”。相对坐标由两点的相对位置和绘图顺序决定。

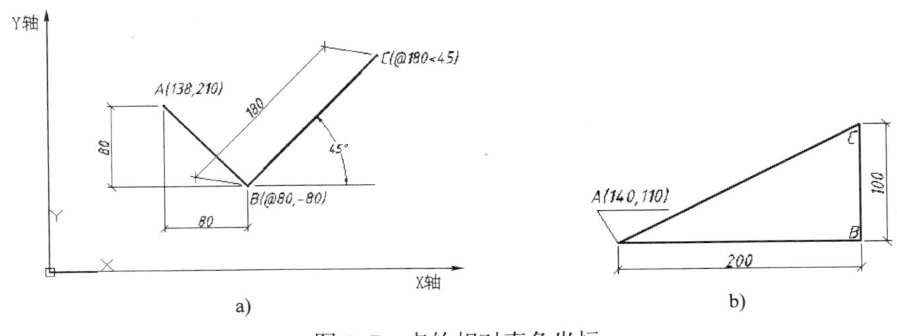

图 1-7 点的相对直角坐标

点的相对直角坐标的输入方法是：输入“@”，X相对坐标，半角英文逗号“,”，Y相对坐标，Enter。例如，图1-7a中的B点与A点的相对直角坐标的输入形式为：@80,-80 Enter。

2．相对极坐标

点的相对极坐标由相对极半径和相对极角组成，相对极半径是后一个输入点与前一个输入点之间的距离，相对极角是后一个输入点与前一个输入点之间的连线与X轴正向之间的夹角，逆时针为正，顺时针为负，如图1-7a所示。

例如，画图1-7a中的线段BC时，若以B点作为第一个输入点，C点作为第二个输入点，确定C点时，可以输入C点的相对极坐标，相对极半径是线段BC的长度，相对极角是BC与X轴正向之间的夹角。

相对极坐标的输入形式：@相对极半径<相对极角。

例如，图1-7a中的C点相对于B点的相对极坐标的输入形式为：@180<45 Enter。

用点的坐标输入点时，需要将图中的尺寸转化为点的坐标，图中的尺寸更便于转化为相对坐标。

提示：输入坐标时的逗号“,”必须是半角英文逗号。每次输入完点的坐标后都必须按回车键确认，否则AutoCAD不知道用户是否输入完毕。输入相对坐标时，一定要先输入“@”。

1.5　AutoCAD命令的调用方法

AutoCAD命令有4种常用的调用方法：按钮法、菜单法、键入法和重复执行命令法。本节以画直线命令为例介绍AutoCAD命令的特点及其调用方法。

1.5.1　按钮法

按钮法，就是将鼠标指针移到按钮上单击，执行该按钮代表的命令。

【例1-1】用“按钮法”调用直线命令，画图1-7a所示的线段AB、BC。

（1）单击【直线】按钮。

（2）根据显示在命令对话区的提示输入所需绘图参数。

指定第一点: 138,210　　//输入A点的绝对坐标，Enter

指定下一点或［放弃(U)]: @80,-80　　//输入B点（与A点）的相对坐标，Enter

指定下一点或［放弃(U)]: @180<45　　//输入C点与B点的相对极坐标，Enter

指定下一点或［闭合(C)/放弃(U)]:Enter　　// Enter结束命令

说明：上面“指定第一点:”是AutoCAD给出的命令提示，“：”与“//”之间的内容是要从键盘输入的命令参数，“//”后边的内容是操作说明。基础部分的例题都以这种形式给出。

从以上画直线的执行过程可以看出，直线命令是一条连续执行的命令。画线结束，需要按 Enter 键结束命令。

提示：按 Enter 键或空格键或者按 Esc 键都可以结束正在执行的命令。

1.5.2 菜单法

在默认状态下，不显示菜单。显示菜单的方法是：单击屏幕最上方的快速访问工具栏草图与注释右侧的按钮，打开下拉列表，单击其中的【显示菜单栏】选项。如果没有显示【显示菜单栏】选项，可以拖动选项列表右边的滑块将其显示出来。

提示：如果没有显示草图与注释，单击文件名右边的，使其显示出来。

显示菜单以后，【显示菜单栏】选项变为【隐藏菜单栏】，按上述方法执行该选项，则隐藏已经显示的菜单。

用菜单法调用命令的方法：单击菜单栏中的某一菜单，将其展开，再单击其中要执行的命令。下面用菜单法调用画直线命令，绘制图 1-7b 所示的三角形。

本例按 A、B、C 的顺序画三角形。前面讲过，目前利用的是 AutoCAD 的默认设置，将作图区设置为 420×297。这样画图时，X 坐标的变化范围是 0～420，Y 坐标的变化范围是 0～297，如果超出此范围，将显示到屏幕可见区之外。因此，将 A 点的坐标定为（140,110），由图中的尺寸可知 B、C 点的相对坐标分别为：B（200,0）、C（0,100）。下面是作图过程。

【例 1-2】用菜单法调用直线命令，绘制图 1-7b 所示的三角形。

（1）单击【绘图】，打开【绘图】下拉菜单，单击其中的【直线】，执行画直线命令。

（2）根据命令对话区中的提示输入所需绘图参数。

指定第一点: 140,100　　　　//输入 A 点的坐标，Enter
指定下一点或 [放弃(U)]: @200,0　　　　//输入 B 点的相对坐标，Enter
指定下一点或 [放弃(U)]: @0,100　　　　//输入 C 点的相对坐标，Enter
指定下一点或 [闭合(C)/放弃(U)]:C　　　　//输入 C，Enter，或直接单击“闭合(C)”选项，画线段 CA

提示：起点 A 只影响图形在屏幕上的位置，因此可以在屏幕适当位置单击确定 A 点。

上面第 4 步提示：“指定下一点或 [闭合(C)/放弃(U)]:”，表明此时用户有 3 种选择：

- “指定下一点”是默认选项，可以直接指定点，继续画直线。

AutoCAD 提供了多种指定点的方式：从键盘输入点的坐标，或在屏幕上某一位置单击，AutoCAD 会自动测量该点的坐标值，并输入测量值。以后还要介绍其他指定点的方法。

- [ ]内的“闭合(C)/放弃(U)”是可选项，每一可选项都对应一个具体的功能，输入该可选项后面括号中的字母并按 Enter 键（或空格键），或在命令对话区直接单击该选项（这是 AutoCAD 2014 新添加的调用方法），即调用了这一选项。

以上两个可选项的功能分别是：

- "闭合(C)"，封闭图形。即把第一个输入点和最后一个输入点连起来。
- "放弃(U)"，撤销上一次操作。例如，例 1-2 做到第 4 步时，不执行"闭合(C)"选项，而是单击"放弃(U)"选项（或输入 u，Enter），则删除 BC 线；再单击该选项，删除 AB 线。用户可以连续单击，直至删除本次调用命令画的所有图线。

AutoCAD 的命令提示非常完整，十分规范。一定要注意根据命令提示进行操作。它不但提示下一步该做什么，并且还将可选项以及调用选项应输入的字母都显示出来，这对于学习和使用 AutoCAD 是非常有帮助的。

从上面的练习可以看出，用 AutoCAD 画图，首先要确定图中的一点作为画图的起点。然后根据图形的大小，确定起点在屏幕上的位置（输入坐标或在屏幕上适当位置单击确定起点）。然后依据"有利于根据图中标注的尺寸确定点的坐标"的原则，确定一个合适的画图顺序。

由于点的相对坐标更接近图中标注的尺寸，因此经常要将图中标注的尺寸，转化为点的相对坐标。画图顺序要在正式画图前确定，点的相对坐标可以边画图边确定。画图顺序不同，相对坐标会发生相应的变化。

1.5.3　键入法

键入法就是指从键盘输入命令的命令行输入形式（英语名称），调用命令。

例如画直线命令的输入形式是：Line，简化输入形式是：L（大小写等效）。

【例 1-3】用键入法调用直线命令，画图 1-8a 所示的矩形。

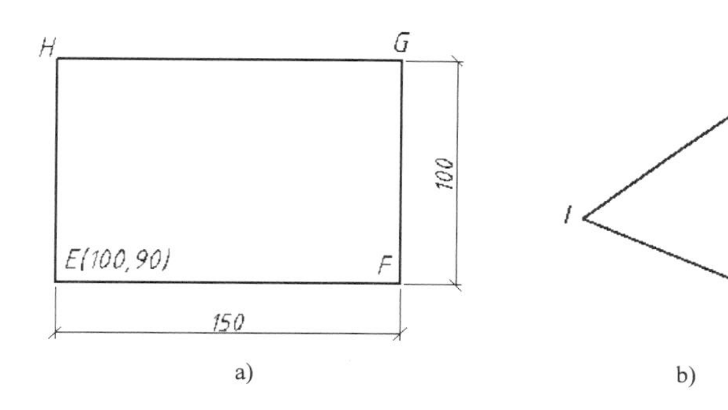

图 1-8　键入命令操作例图

（1）从键盘输入"line"或者"L"，Enter。

（2）根据命令提示，按上述方法输入所需参数。

指定第一点: 100,90　　//输入 E 点的坐标
指定下一点或 [放弃(U)]: @150,0　　//输入 F 点的相对坐标
指定下一点或 [放弃(U)]: @0,100　　//输入 G 点的相对坐标
指定下一点或 [闭合(C)/放弃(U)]: @-150,0　　//输入 H 点的相对坐标
指定下一点或 [闭合(C)/放弃(U)]: C　　//输入 C 或单击"闭合(C)"选项，画线段 HE

1.5.4　重复执行刚执行完的命令

按回车键或空格键，可以重复执行刚执行完的命令。如果刚执行完画直线命令，按回车

键将重复执行画直线命令。

【例 1-4】用鼠标指定点画一个任意大小的三角形 IJK，如图 1-8b 所示。

（1）接例 1-3。Enter，重复执行画直线命令。

（2）根据命令提示，输入所需参数。

指定第一点: //在屏幕适当位置单击指定一点 I
指定下一点或 [放弃(U)]: //在屏幕适当位置单击指定一点 J
指定下一点或 [放弃(U)]: //在屏幕适当位置单击指定一点 K
指定下一点或 [闭合(C)/放弃(U)]: C //单击“闭合(C)”选项完成三角形

提示： 工程图的尺寸要求比较精确，一般不用单击鼠标左键确定点，在练习时可以使用这种方法。

本节讲述了 AutoCAD 命令的几种输入方法，它们各有利弊：按钮法比较快捷，但存放按钮的面板或工具条占用屏幕空间；菜单法不需要记忆命令单词，且不用时折叠在屏幕上，节省屏幕空间，但使用时要多次打开菜单，影响绘图效率；键入法需要记忆命令单词，一些常用命令，AutoCAD 设置了简化输入形式，对于这些命令用键盘输入尤为方便。使用哪一种调用方法，以方便快捷为目标，对此作如下建议：

- 最常用命令，特别是有简化输入形式的命令，视情况用键入法或按钮法。
- 较常用命令，用按钮法。
- 不常用命令，用菜单法。

常用命令的简化输入形式如表 1-1 所示。本节介绍了直线命令，其他命令将在以后的章节中介绍。

表 1-1 常用命令的简化输入形式

命 令	简化输入形式	中 文 名 称	命 令	简化输入形式	中 文 名 称
LINE	L	画直线	MOVE	M	移动
ARC	A	画圆弧	LIMITS	L	图形界限
CIRCLE	C	画圆	ZOOM	Z	缩放
XLINE	XL	画构造线	PAN	P	平移
COPY	CP	复制	DTEXT	DT	单行文字
ERASE	E	删除	Pline	PL	画多线

提示： 查看命令的命令行输入形式的方法：将鼠标指针指向某一按钮，在指针下面将显示该按钮对应命令的中文名称、功能简介和英文名称（命令行输入形式）。

1.6 放弃（Undo）命令和重做（Redo）命令

放弃命令、重做命令是很多应用软件都有的命令，如办公软件 Word 和 Excel 都有这两个命令。AutoCAD 2014 将这两个命令按钮放在屏幕最上方的快速访问工具栏中，其功能和调用方法与 Word 和 Excel 中的完全相同。

放弃命令又叫做撤销命令，表示允许用户从最后一个命令开始，逐一向前撤销执行过的命令，是删除刚画图线的一种有效方法。用户可以依次撤销以前执行的任何命令，一直撤销到本次刚启动 AutoCAD 时的状态。

重做命令又叫做恢复命令。其功能与放弃命令相反，调用一次该命令将恢复一次放弃操作，可以连续执行多次，恢复全部放弃操作，但只能紧接在放弃命令之后执行。

【例 1-5】接例 1-4，练习放弃、重做命令。

（1）接例 1-4。单击屏幕左上角的放弃按钮，将放弃最后一次执行的直线命令，例 1-4 画的三角形 IJK 从屏幕上消失。

（2）再单击放弃按钮，将放弃倒数第 2 次执行的画直线命令，例 1-3 画的矩形从屏幕上消失。

（3）单击重做按钮，将恢复一次放弃操作，重新画出矩形。

1.7　选择对象与删除对象

选择对象和删除对象是用 AutoCAD 绘图过程中，经常执行的操作。AutoCAD 提供了多种选择对象的方式，每一种方式都可以选中要操作的对象，但对于不同的图形，不同的场合，必须采用不同的选择方式才能做到简捷而高效。本节先介绍 4 种最常用的方式，其他选择方式将在第 5 章中介绍，用户必须熟记并灵活运用这些选择方式。

1.7.1　选择对象

当执行删除或其他需要选择操作对象的命令时，AutoCAD 将在屏幕下方的命令对话区显示提示“选择对象:”，此时就要用 AutoCAD 提供的选择对象的方法，选择要删除的对象。

这里所说的对象是一个个的图形元素（简称图元）。例如用直线命令画的每一段直线就是一个图元。用画直线命令画的一个三角形由 3 个图元组成。下面介绍 4 种选择对象的方式。

1．单选（Single）方式

AutoCAD 提示选择对象以后，十字光标就变成了一个小方框，这个小方框叫做拾取框。移动拾取框，使欲选对象穿过小方框后单击，就选中了该对象。被选中的对象变为虚线显示。这种选择方式的特点是单击一次只能选择一个图元，因而称为单选方式。

2．窗口（Window）方式

用鼠标给出两个对角点确定一个矩形，全部被包围在里面的图元被选中，与矩形相交的图元不被选中。例如在图 1-9a 所示的图形中，矩形 ABCD 是选择框，三角形被选中，直线没有被选中（选中的图线显示为虚线）。

窗口选择方式有如下两种调用方法：

- 在“选择对象:”提示下，键入“w”，按回车键，启动窗口选择方式，给定矩形选择框的两个对角点，全部落在矩形选择框内的图元被选中。
- 在“选择对象:”提示下，不键入“w”，直接从左向右拖动鼠标画矩形，即先单击确定左上（或左下）角点，再单击确定其对角点。

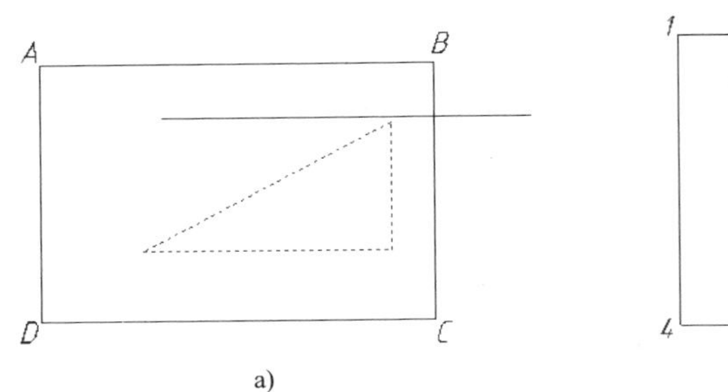

a)

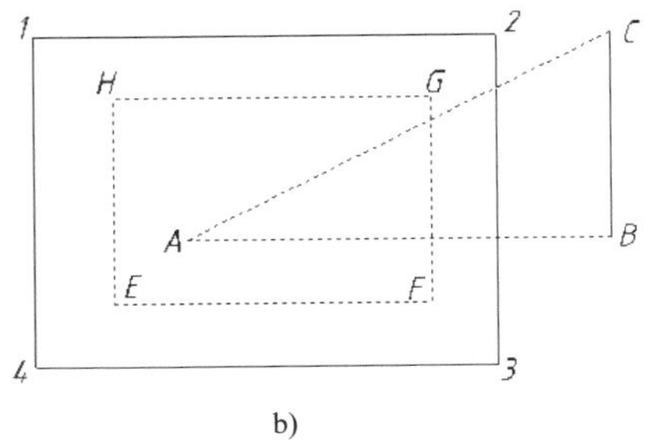

b)

图 1-9　窗口与交叉窗口方式选择对象例图

3．交叉（Crossing）窗口方式

这种方式与窗口方式的不同之处是，该方式将选中全部被包围在里面的图元以及与矩形选择框相交的图元。例如，如果在图 1-9b 所示的图形中，矩形 1234 是选择框，矩形和直线 AB、AC 都被选中（选中的图线显示为虚线）。交叉窗口选择方式有如下两种调用方法：

- 在“选择对象:”提示下，键入“c”，Enter，启动交叉窗口选择方式，往后的操作与窗口方式相同。
- 在“选择对象:”提示下，不键入“c”，直接从右向左拖动鼠标画矩形选择框，即先单击确定右上（或右下）角点，再移动鼠标单击确定其对角点。

4．全选（All）方式

在“选择对象:”提示下，键入“all”，Enter，则选择图中的全部对象，包括图线、文字等。

1.7.2　删除命令与选择方式应用举例

在【常用】选项卡中，单击【修改】面板中的删除按钮，就调用了删除命令。调用命令后，在命令对话区显示提示：“选择对象:”。

用户可以使用上面介绍的任意一种选择方式选择要删除的对象，完成选择后，单击鼠标右键或按回车键结束选择，被选中的对象即被删除。

提示： 用户也可以先选择要删除的对象，再单击删除按钮或者按 Delete 键，选择的对象即被删除。

例 1-2 和例 1-3 已经画了图 1-9b 所示的三角形 ABC 和矩形 EFGH。下面练习删除对象。

【例 1-6】练习删除图线。

（1）用单选方式选择对象，删除图 1-9b 中的线段 BC。单击删除按钮。

选择对象:	//这时十字光标变成了拾取框，移动拾取框使线段 BC 穿过它后单击
选择对象: 找到 1 个	//提示选中了一个图元，被选中的线段 BC 显示为虚线
选择对象:	//单击鼠标右键结束选择，线段 BC 被删除

（2）用窗口方式选择对象，删除矩形 EFGH。

提示：由于矩形与线段 AC、AB 交叉，本例只删除矩形，所以不使用交叉窗口方式选择对象。

单击删除按钮。根据命令提示，选择要删除的对象。

选择对象:　　　　　　　　　　　　//在图示 1 点附近单击
选择对象: 指定对角点: 找到 4 个　　//在图示 3 点附近单击，提示 4 个对象被选中（组成矩形 EFGH 的 4 条线段）
选择对象:　　　　　　　　　　　　//单击鼠标右键结束选择，矩形 EFGH 被删除

也可以先选择对象（在图 1-9b 中的 1 点附近单击，移动鼠标到 3 点附近单击，使画出的选择框将矩形 EFGH 完全包围在其中），再单击删除按钮或按 Delete 键，矩形立即被删除。

提示：在执行删除命令时，用户可以使用一种或多种选择方式选择多个对象，对选择次数和选择对象的数量没有限制。

1.8　保存成果——存盘命令

画出的图形只有存入磁盘才能保存下来，AutoCAD 的存盘命令与 Word、Excel 等其他 Windows 软件的存盘命令在操作和功能上完全相同。下面学习存盘命令的操作方法。

1.8.1　换名存盘

换名存盘是为显示在屏幕上的图形在存盘时提供一次换名的机会。AutoCAD 对文件名没有特殊要求，可以使用汉字、字母、数字等符号，最多可有 127 个汉字或 255 个字符。为了便于以后调用，最好起一个能够体现内容且通俗易记的名字。换名存盘的操作方法如下：

（1）单击屏幕左上方的另存为按钮，弹出【图形另存为】对话框，如图 1-10a 所示。

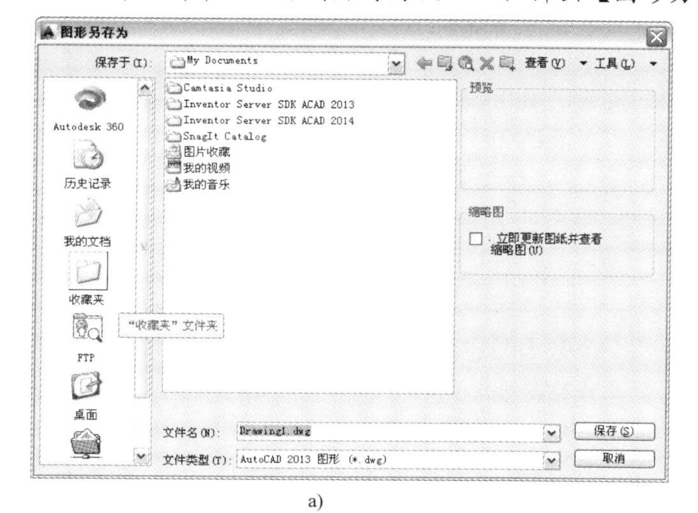

a)

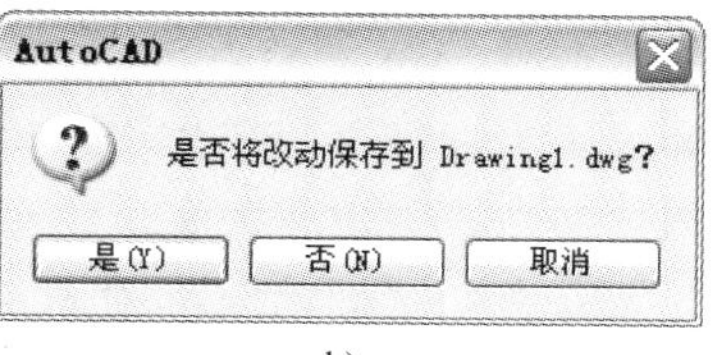

b)

图 1-10 【图形另存为】对话框和【AutoCAD】保存提示对话框

（2）在【文件名】右边的文本框中输入文件名。如果文本框中的文字已反白显示，用户可以直接从键盘上输入文字，否则需要先在文本框中单击插入光标，再输入文字。

“Drawing1.dwg”是 AutoCAD 提供的默认文件名。建议读者在练习中以本书中的图形编号为文件名存盘，以便在以后的练习中调用。

（3）单击 保存(S) 按钮，退出对话框，完成操作。

> 提示：另存为按钮通常显示为，周围无方框，只有鼠标指针指向该按钮后才显示为。AutoCAD 的许多命令按钮，都是只有鼠标指针指向该按钮后才显示方框。为了增加立体感，本书使用的按钮都有方框。

1.8.2 原名存盘

原名存盘就是以现用的文件名存盘。方法是，单击屏幕左上方的存盘按钮，AutoCAD 自动完成存盘。但如果打开一张新图后第一次存盘，执行原名存盘命令时，AutoCAD 也会弹出图 1-10a 所示的【图形另存为】对话框，给用户一个修改名称的机会，用户可以换名或者用原名存盘。

1.9 退出 AutoCAD

与其他应用软件一样，操作完后要退出，否则 AutoCAD 将始终占用系统资源，影响其他程序的运行。如果不正常关机，还可能导致数据丢失或系统被破坏。

单击屏幕右上角的按钮，即可退出 AutoCAD。如果图形编辑后还没有存盘，AutoCAD 将显示图 1-10b 所示的提示对话框，询问用户是否存盘。对于该对话框，用户有 3 种选择：

（1）单击 是(Y) 按钮后，又分为两种情况：

- 如果还没有命名，将弹出图 1-10a 所示的【图形另存为】对话框，输入文件名后，单击 保存(S) 按钮，存盘退出。
- 如果已有文件名，单击 是(Y) 按钮，AutoCAD 将图形以原名存盘并退出。

（2）单击 否(N) 按钮，不存盘退出 AutoCAD。

（3）单击 取消 按钮，取消退出操作，不退出 AutoCAD。

1.10 小结

本章是 AutoCAD 的入门知识介绍，也是本书的基础。在练习中要以“命令对话区”显示的提示为向导进行操作，这也是初学者容易忽视的问题。如何使用命令提示前面已经作了介绍，初学者一定要养成参照命令提示进行操作的习惯。

本章介绍了调用 AutoCAD 命令的 4 种方法，并分析了各种方法的优缺点，以及用何种方法，可以实现快速绘图。这也是 AutoCAD 提供多种命令调用方法的原因。

选择对象是本章的重点，用户要熟练掌握各种选择对象的方法，并能够根据图形的特点、要选择对象的多寡和分布情况，使用不同的选择方式。

AutoCAD 以坐标确定点的位置，读者应学会将尺寸转换为点的坐标，使用较多的是将尺寸转换为点的相对坐标。

1.11　习题与作图要点

1．判断下列各命题，正确的在（　　）内画上“√”，错误的在（　　）内画上“×”。

（1）双击鼠标，就是轻按两下鼠标左键。（　　）

（2）移动鼠标与拖动鼠标的操作方法相同。（　　）

2．简答题。

（1）点的相对直角坐标是哪两点之间的坐标差？

（2）点的绝对极坐标与相对极坐标有何区别？

（3）试说明 AutoCAD 命令可选项的调用方法。

（4）请分析窗口方式与交叉窗口方式选择对象的异同。

3．确定绘制图 1-11a 的作图顺序，写出各点的相对坐标，并画出该图。

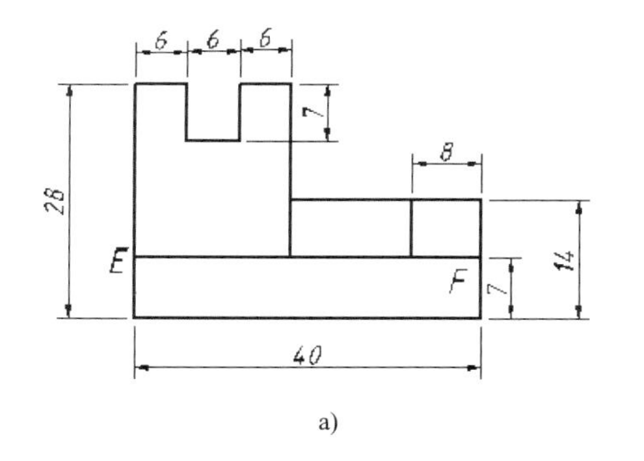

a)

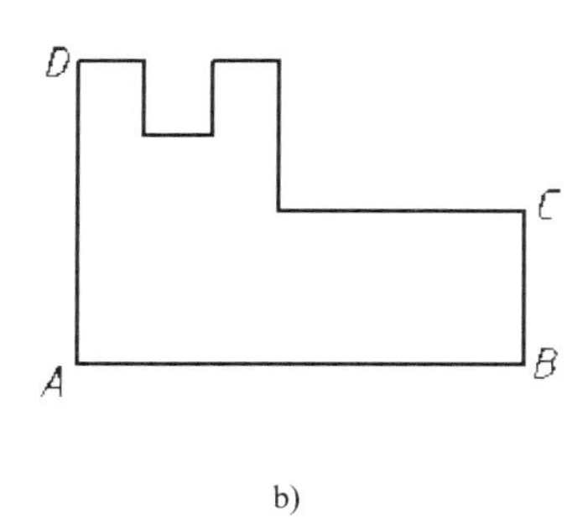

b)

图 1-11　画直线

作图要点：

（1）先按逆时针或顺时针顺序画图 1-11b 所示的图形。为了便于计算点的坐标值，将 A 点画在坐标原点。

（2）按逆时针顺序画图 1-11b 所示的图形：单击直线按钮，输入 A 的坐标（0,0）。依次输入其他点的相对坐标：B 点（@40, 0）；C 点（@0,14），……。输入 D 点的相对坐标以后，单击“闭合(C)”选项，封闭图形（画 DA）。

各点的坐标值根据图中标注的尺寸求出。画图顺序影响点的相对坐标值。

（3）画直线 EF：Enter，重复执行直线命令，输入 E 点的坐标（0,7），输入 F 点的相对坐标（@40, 0）。

（4）用同样的方法画其他两条直线。

第 2 章　对象捕捉与对象捕捉追踪

室内设计图主要由直线、圆、椭圆、圆弧和椭圆弧组成。画这些图线都需要输入一系列的点，例如直线的端点、圆弧的圆心和端点。如果按第 1 章介绍的方法输入点的坐标，不仅繁琐，而且容易出错。本章要介绍的正交工具、对象捕捉、对象捕捉追踪和极轴追踪等都是点的智能输入方法，不用输入坐标值即可输入点，能够显著提高作图效率。

2.1　正交工具

正交工具用来画水平线（与 X 轴平行）和铅垂线（与 Y 轴平行）。打开正交工具后，鼠标只能在水平或铅垂两个方向移动，移动十字光标选择好方向（水平或铅垂）后，输入线段长度就画出了直线。

启用、关闭正交工具有如下两种方法：

- 单击屏幕下方状态行上的正交按钮，使其显示为绿色，启用正交工具；再单击使其显示为灰色，关闭正交工具。
- 按 F8 键，在启用、关闭之间切换。

画图 2-1 时，就可以用正交工具画水平线和铅垂线，输入一个端点的相对坐标画倾斜线。

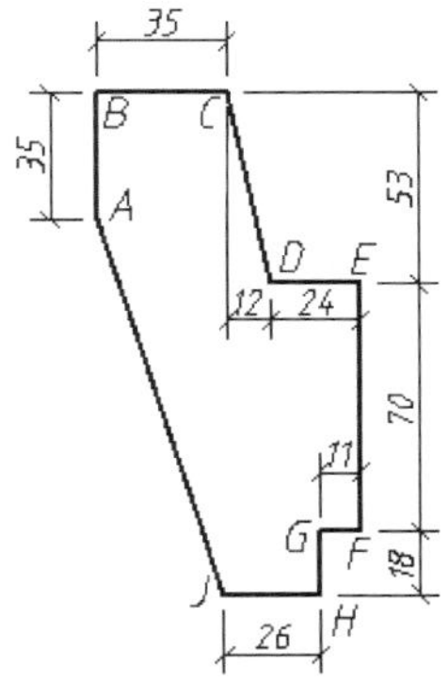

图 2-1　挂镜线截面

【例 2-1】画挂镜线截面，如图 2-1 所示。

（1）启动 AutoCAD 2014，按第 1 章介绍的方法打开一新图。

（2）单击屏幕下方状态行上的正交按钮，使其显示为绿色，启动正交工具。单击画直线按钮，根据命令提示输入相关参数。

指定第一点:　　　　　　　　　　　//在屏幕适当位置单击输入 A 点
指定下一点或 [放弃(U)]:　35　　　//向上移动鼠标确定 AB 方向，输入 AB 长度
指定下一点或 [放弃(U)]: 35　　　　//向右移动鼠标，输入 BC 长度
指定下一点或 [闭合(C)/放弃(U)]: @12,-53　　//输入 D 点与 C 点的相对坐标
指定下一点或 [闭合(C)/放弃(U)]: 24　　　　//向右移动鼠标，输入 DE 长度
指定下一点或 [闭合(C)/放弃(U)]: 70　　　　//向下移动鼠标，输入 EF 长度
指定下一点或 [闭合(C)/放弃(U)]:　　　　　//用同样方法画其他直线

画最后一段直线 JA 时，可以输入：C，Enter，或直接单击“闭合(C)”选项，形成封闭图形。

2.2　对象捕捉

所谓对象捕捉，就是当执行某一命令需要输入点时，系统能自动捕捉到图中已有图元上

的端点、交点、中点、垂足、圆心、切点等特殊位置点（称为对象点）作为输入点，代替用户手工输入。

捕捉不同的点需要用不同的捕捉命令，每一命令对应一个按钮，这些按钮存放在【对象捕捉】工具条上，默认情况下不显示该工具条。以下是调出【对象捕捉】工具条的方法，也是调出其他工具条的方法。

（1）单击【视图】，使其显示在最前面。单击工具栏按钮，移动鼠标指向【AutoCAD】，显示下一级选项列表，单击其中的【对象捕捉】，该工具条显示在屏幕上。

（2）将鼠标指针指向【对象捕捉】工具条的左端黑色区域，按下鼠标左键不放，向右拖动鼠标，当随动的水平线框变为铅垂线框后，放开鼠标左键，结果如图 2-2 所示（不包括引线和命令名称）。

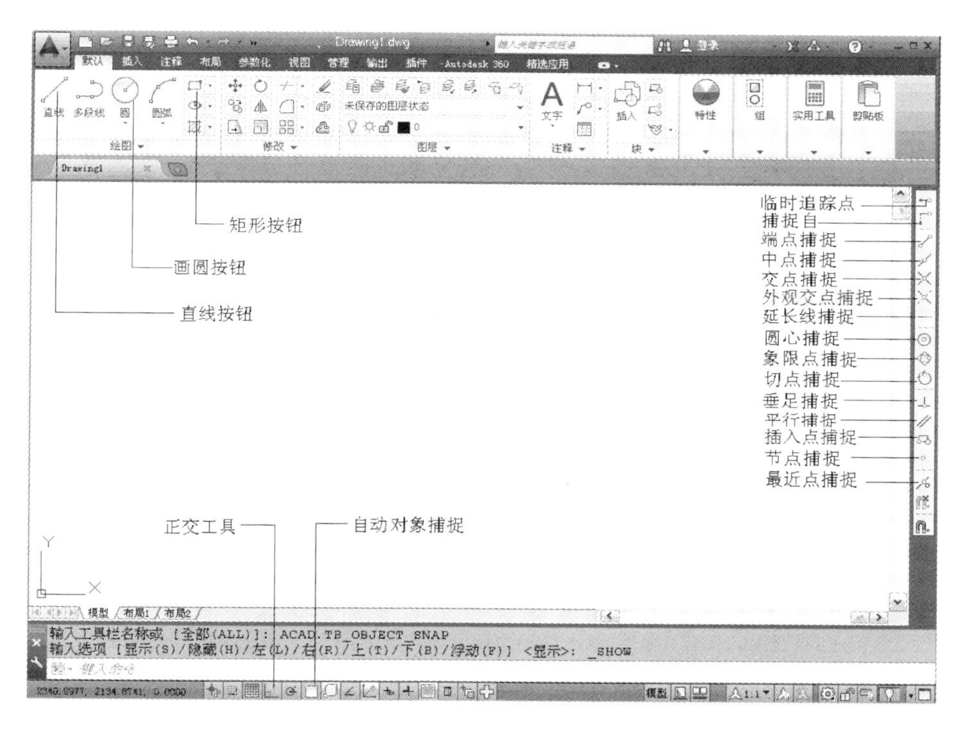

图 2-2 【对象捕捉】工具条

【例 2-2】用圆心捕捉和中点捕捉，将图 2-3a 画为图 2-3b。

> **提示：** 本章例题所用 a 图在附盘文件夹“\dwg\02”下，文件名与例图的编号相同。如本例附盘文件名为：2-3。练习时先打开相应的附盘文件。

本例通过指定圆心和半径画圆。第 3 章详细介绍各种画圆的方法。

（1）按上述方法调出【对象捕捉】捕捉工具条。画圆 A：单击圆按钮。

指定圆的圆心或 [三点(3P)/两点(2P)/切点、切点、半径(T)]:

//单击圆心捕捉按钮，移动鼠标到 A 点附近，显示圆心标记“○”后单击

指定圆的半径或 [直径(D)] <19.0000>: 4　　　//输入圆的半径

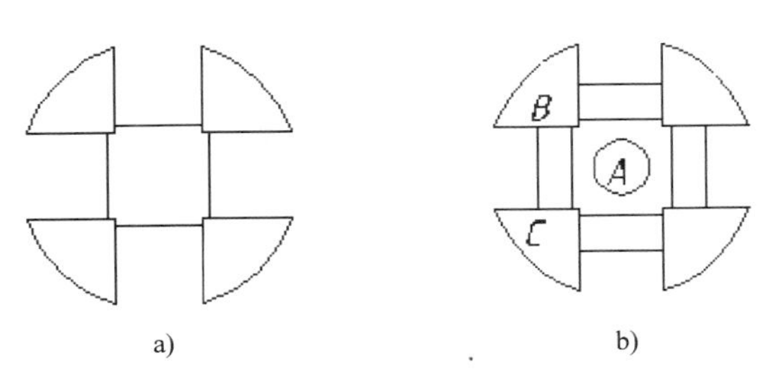

图 2-3　画直线

（2）画直线 BC。单击直线按钮。

指定第一点:	//单击中点捕捉按钮，移动光标靠近中点 B，显示中点标记“△”后单击
指定下一点或 [放弃(U)]:	//用同样方法捕捉中点 C
指定下一点或 [放弃(U)]: Enter	//结束命令

（3）用同样的方法画其他三条直线。

AutoCAD 捕捉到每一种对象点后，都显示相应的标记符号。略等片刻，还会显示捕捉到的点的名称。只要显示出标记符号表明已经捕捉成功，单击即输入该点。各种对象点的标记符号见表 2-1。用户应当熟记常用对象点的标记符号。调用对象捕捉的另一种方法是，输入其英文名称的前 3 个字母并按 Enter 键（或空格键）即可。各种对象捕捉的英文名称见表 2-1。

表 2-1　对象捕捉命令明细

中 文 名 称	对象点的标记形状	对象捕捉命令按钮	命令行输入形式
临时追踪点	无		TT
捕捉自	无		FROm
端点捕捉	□		ENDpoint
中点捕捉	△		MIDpoint
交点捕捉	×		INTersection
外观交点捕捉	⊠		APParent intersection
延长线捕捉			EXTension
圆心捕捉	○		CENter
象限点捕捉	◇		QUAdrant
切点捕捉			TANgent
垂足捕捉			PERpendicular
平行捕捉	//		PARallel
节点捕捉			NODe
插入点捕捉			INSert
最近点捕捉			NEAr

表 2-1 中，除捕捉自、临时点追踪、平行捕捉、延长线捕捉的调用方法与例 2-3 不同外（后面章节将会单独介绍），其他捕捉的调用方法与例 2-3 的相同，即在需要指定点时，单击所需的捕捉按钮，移动鼠标到需要捕捉的对象点附近，显示对象点标记（见表 2-1）后单击。下面是几个相关概念。

- 象限点，是圆、椭圆、圆弧、椭圆弧上的 0°、90°、180°、270°位置点。
- 节点，是用点命令画的点。

- 插入点，是指图块的插入点，见第 9 章。
- 最近点，是图线上离十字光标中心最近的一个点。

2.3　自动对象捕捉

对象捕捉可以代替手工输入点，但每次捕捉都要单击一次捕捉按钮，必然会影响作图效率。自动对象捕捉，允许用户事先选择多种捕捉方式，打开后自动运行，直到下一命令不让其运行为止，因而得名自动对象捕捉。启动了自动对象捕捉以后，当执行绘图命令需要指定点时，AutoCAD 会自动捕捉离十字光标最近的一个对象点，并显示相应的类型标记。如果此点是用户需要的点，单击即确定了该点；如果此点不是所需要的点，移动鼠标，AutoCAD 会自动捕捉预设置的其他对象点。

2.3.1　设置自动对象捕捉方式

用户可以用下述方法，设置自动对象捕捉方式。

（1）在屏幕下方的对象捕捉按钮□上单击鼠标右键，弹出快捷菜单，单击其中的【设置】选项，显示【草图设置】对话框，如图 2-4 所示。

从图 2-4 中可以看出，自动对象捕捉有 13 种方式，各种方式的功能和捕捉到对象时的标记与 2.2 节所讲的“对象捕捉”完全相同。用户可根据作图需要，选择最近可能用到的捕捉方式。如果选多了会相互干扰，反而影响作图效率。

本例选择：【端点】、【中点】、【圆心】、【象限点】、【垂足】和【切点】6 种捕捉方式。

（2）依次单击上述捕捉方式，使其左边的小方框中都出现“√”，选中这些选项。

> 提示：以上各选项可以随时设置。有的选项可能已被选中，若再单击该选项，则清除了“√”，表示没有选中该选项。

（3）单击 确定 按钮退出对话框，就设置好了以上 6 种捕捉方式。

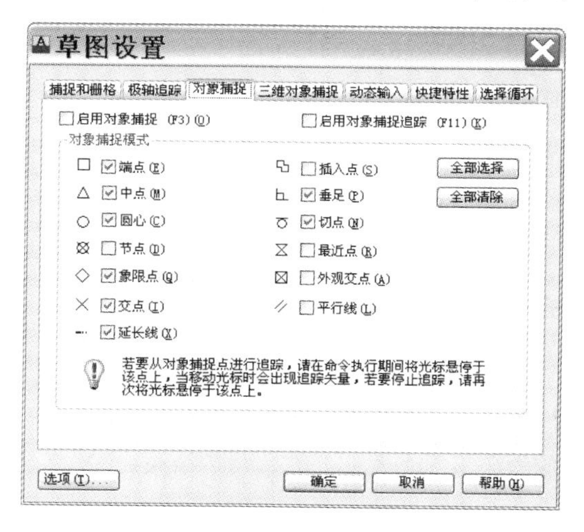

图 2-4　【草图设置】对话框

2.3.2　启动自动对象捕捉

启动自动对象捕捉有两种方法：

- 单击屏幕下方状态栏上的对象捕捉按钮▢，使其显示为绿色。

若再单击此按钮使其显示为灰色，便关闭此功能。

- 按 F3 键在启动/关闭该功能之间切换。

2.3.3　应用实例

做下面的例题前，先按上述方法设置好自动对象捕捉，包括【端点】、【中点】、【圆心】、【象限点】、【垂足】和【切点】，再单击对象捕捉按钮▢使其显示为绿色，启动自动对象捕捉。

【例 2-3】设置并打开自动对象捕捉，将图 2-5a 画为图 2-5d。

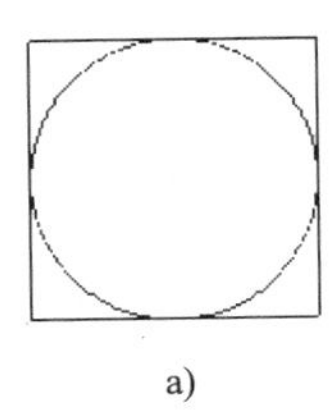
a)

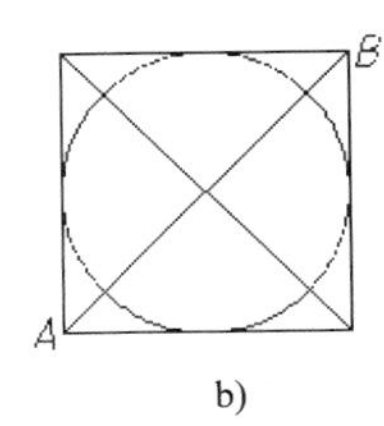

b)

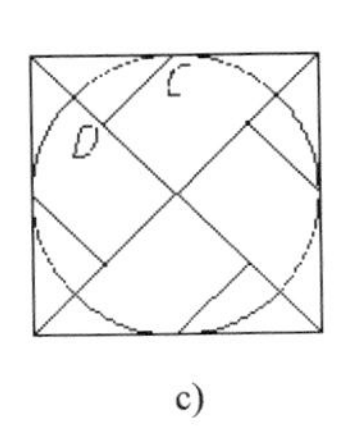

c)

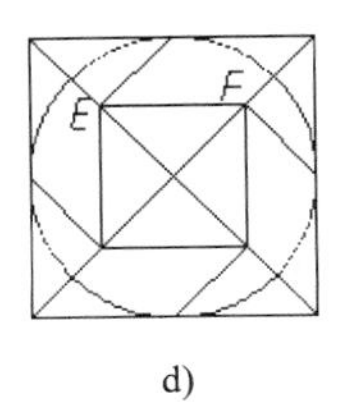

d)

图 2-5　用对象捕捉作图

（1）按上述方法设置并打开自动对象捕捉，包括端点、中点、交点、象限点、垂足等。单击直线按钮╱。

指定第一点:　　//移动鼠标到 A 点附近，显示端点捕捉标记“□”后单击

> **提示：** AutoCAD 用捕捉标记表示捕捉到点的类型，略停片刻才显示捕捉到对象点的名称，只要显示标记符号就已捕捉成功，单击即可输入点。

指定下一点或 [放弃(U)]: //移动鼠标到 B 点附近，显示端点捕捉标记“□”后单击

指定下一点或 [放弃(U)]:Enter　　//结束命令

（2）用同样的方法画图 2-5b 中的另一直线。

（3）画直线 CD（用同样的方法画图 2-5c 中的其他直线）。

键入命令：Enter　　//重复执行刚执行完的命令（以后简称重复执行命令）

LINE 指定第一点:　　//移动鼠标到 C 点附近，显示中点捕捉标记“△”后单击

> **提示：** 有时一个点可能是多种对象点，例如 C 点是中点、交点、象限点，到该点附近微移鼠标，显示所需对象点的标记后单击即可。

指定下一点或 [放弃(U)]: //移动鼠标到 D 点附近，显示垂足捕捉标记“⊾”后单击

指定下一点或 [放弃(U)]:Enter　　//结束命令

（4）捕捉端点，画图 2-5d 中的其他直线。

自动对象捕捉可以显著提高作图效率，但有时会出现捕捉不到所需对象点的情况。例

如，画图 2-6 所示的切线 AB、CD，用自动对象捕捉不能输入第一个切点，如果同时设置了象限点和切点捕捉，输入第二个切点时也只能捕捉到象限点。此时可以单击切点捕捉按钮，暂时中断自动对象捕捉，完成捕捉后，自动对象捕捉继续自动运行。

在默认情况下，AutoCAD 会在鼠标指针处显示简化的命令提示，由于提示中没有命令选项，不能完全替代命令对话区中的命令提示。用户可以单击屏幕下方的动态输入按钮，关闭该功能。

【例 2-4】用直线、切点捕捉命令，将图 2-6a 画为图 2-6b。

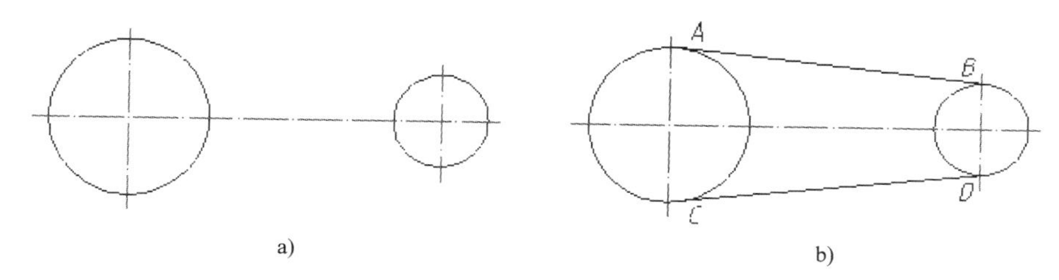

图 2-6　用对象捕捉作图

（1）单击直线按钮。

命令: _line 指定第一点:	//单击切点捕捉按钮，移动鼠标靠近点 A，显示切点标记“ȣ”后单击
指定下一点或 [放弃(U)]:	//移动鼠标靠近点 B，显示切点标记“ȣ”后单击
指定下一点或 [放弃(U)]:Enter	//结束命令

（2）用同样的方法画直线 CD。

平行捕捉和延长线捕捉与上述捕捉的调用方法不同，例 2-5 说明它们的调用方法。

【例 2-5】用平行捕捉和延长线捕捉，将图 2-7a 画为图 2-7d。

（1）设置并打开自动对象捕捉，包括端点、延长线、平行、垂足等捕捉形式。

（2）用延长线捕捉画直线 BC。单击直线按钮。

指定第一点: 35 Enter	//移动鼠标到 A 点，显示端点标记和名称（见图 2-8a）以后（不单击），沿 AB 向右移动鼠标，显示延伸标记后（见图 2-8b）输入点 B 与 A 的距离
指定下一点或 [放弃(U)]:35	//用同样的方法沿 AC 向下作延长线捕捉输入 C 点
指定下一点或 [放弃(U)]:Enter	//结束命令

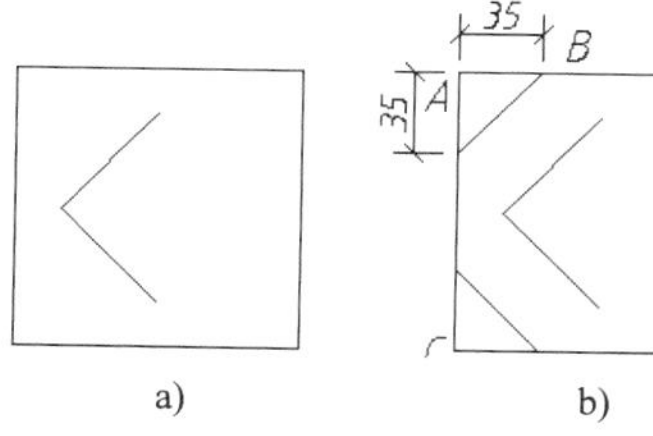
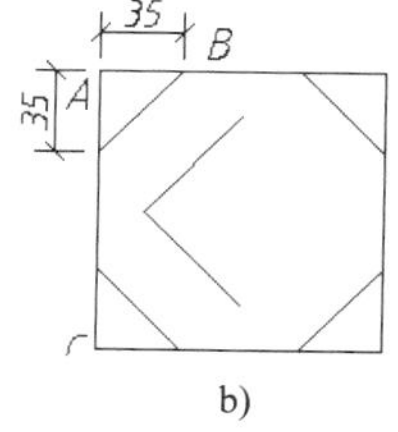

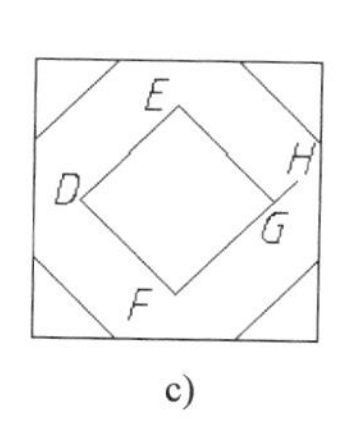

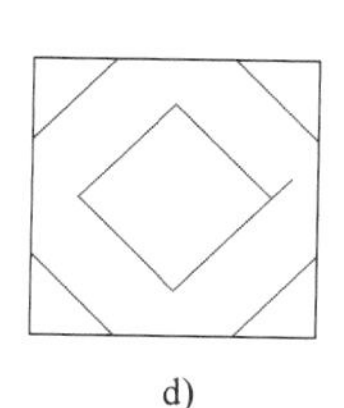

a)　b)　c)　d)

图 2-7　平行捕捉与延长捕捉

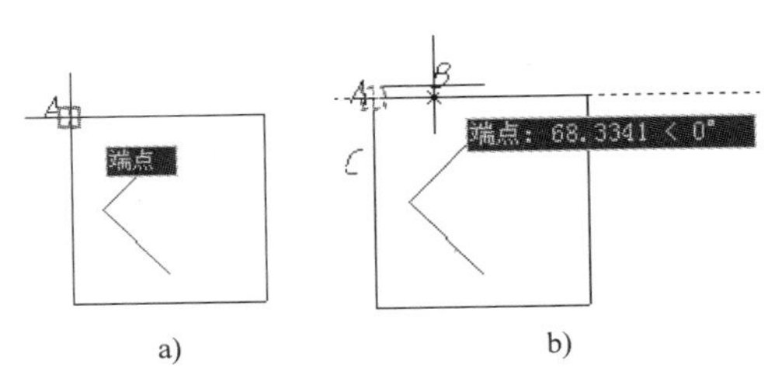

a)　　b)

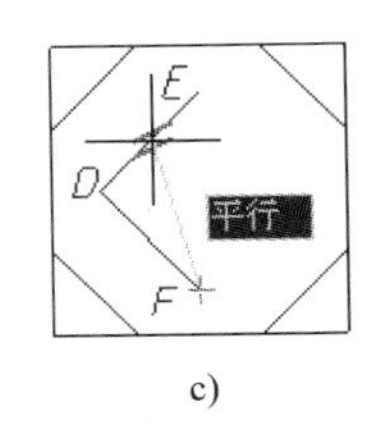

c)

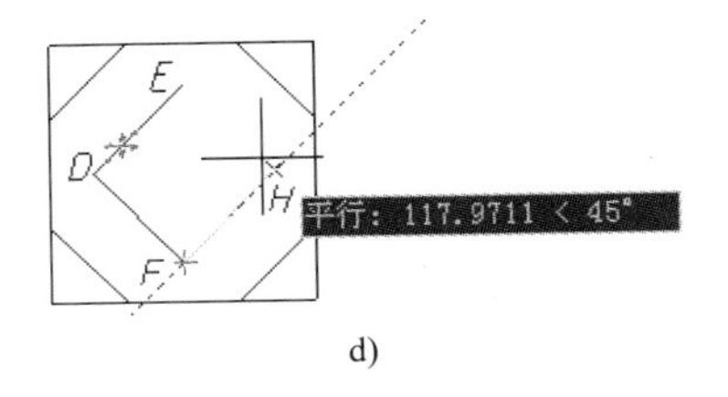

d)

图 2-8　捕捉标记

（3）用同样的方法画图 2-7b 所示的其他 3 条直线，或用第 4 章介绍的镜像命令生成这 3 条直线。

（4）画 FG：单击直线按钮 。

指定第一点:　　//移动鼠标到 F 点，显示端点捕捉标记“□”后单击

指定下一点或 [放弃(U)]:　　//移动鼠标指向 DE，显示捕捉标记“⫽”（见图 2-8c）以后（不单击），移回鼠标，当随动的迹线大致与 DE 平行，显示平行捕捉标记（见图 2-8d）以后，输入 FG 的长度（本例在 H 点附近单击，通过修剪确定其长度）

指定下一点或 [放弃(U)]:Enter　　//结束命令

（5）画 EH。

键入命令：Enter　　//重复执行命令

LINE 指定第一点:　　//移动鼠标到 E 点，显示端点捕捉标记“□”后单击

指定下一点或 [放弃(U)]:　　//移动鼠标到 H 点，显示垂足捕捉标记“⊾”后单击

指定下一点或 [放弃(U)]:Enter　　//结束命令

（6）用第 4 章介绍的修剪命令，剪掉 H 处超过 G 点的图线，完成作图。

说明：自动对象捕捉非常重要，每次画图前，都要将其打开，以后不再专门练习。

2.4　捕捉自与临时追踪点

第 1 章介绍的相对坐标比较接近工程图中标注的尺寸，但它是要输入点与上一输入点之间的坐标差，这一限制使得利用输入点的相对坐标画图具有很大的局限性。例如要将图 2-9a 画为图 2-9b，抽屉 BE 就无法用 B 点与 A 点的相对坐标绘制。针对这一类情况，AutoCAD 提供了捕捉自与临时追踪点捕捉两种确定点的方法。

捕捉自：当执行绘图命令需要指定点时，由用户给定一点作为基准点，然后输入“待指定点”与基准点的相对坐标。

临时追踪点：当执行绘图命令需要指定点时，由用户给定一个点作为临时追踪点，在水平或铅垂方向移动鼠标，选择追踪方向，待系统显示一条过临时追踪点的追踪轨迹（水平或铅垂虚线）后，输入待输入点与临时追踪点之间的距离，就确定了该点。一般按如下原则调用这两种捕捉方式。

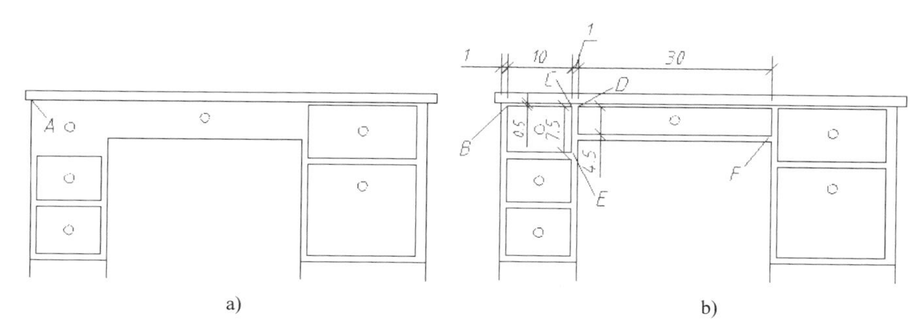

图 2-9　画写字台

- 相对坐标都不为 0 时（图 2-9b 中的 B、A 点），用捕捉自。
- 相对坐标有一个为 0 时（图 2-9b 中的 D、C 点），用临时追踪点捕捉。

图中的抽屉用矩形命令绘制。画矩形需要指定它的两个对角点，第 3 章介绍矩形命令。

【例 2-6】利用捕捉自与临时追踪点捕捉，将图 2-9a 画为图 2-9b。

（1）画矩形 BE。单击矩形按钮（见图 2-2），根据命令提示输入相关参数。

指定第一个角点或 [倒角(C)/标高(E)/圆角(F)/厚度(T)/宽度(W)]:@1,-0.5

//单击捕捉自按钮，捕捉 A 点（需要单击）为基准点，输入 B 点与 A 点的相对坐标

指定另一个角点: @10,-7.5　　//输入 E 点与 B 点的相对坐标

（2）画矩形 DF。

键入命令：Enter　　//重复执行命令

指定第一个角点或 [倒角(C)/标高(E)/圆角(F)/厚度(T)/宽度(W)]:1

//单击临时追踪点按钮，移动鼠标到 C 点，显示端点标记后单击，向右移动鼠标显示追踪标记后（见图 2-10a），输入 C、D 之间的距离

指定另一个角点: @ 30,-4.5　　//输入 F 点与 D 点的相对坐标

2.5　用对象捕捉追踪作图

对象捕捉追踪与自动对象捕捉相同，启用后自动运行。对象捕捉追踪需要与自动对象捕捉配合使用，用以确定图线的长度和点的位置等（详见下面的例题），具有很高的作图效率。

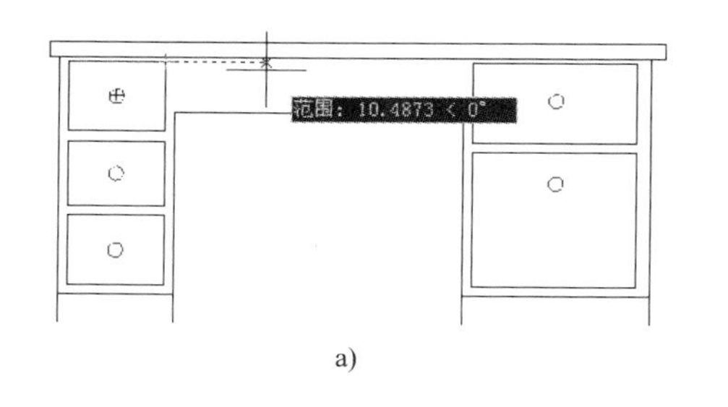

a)

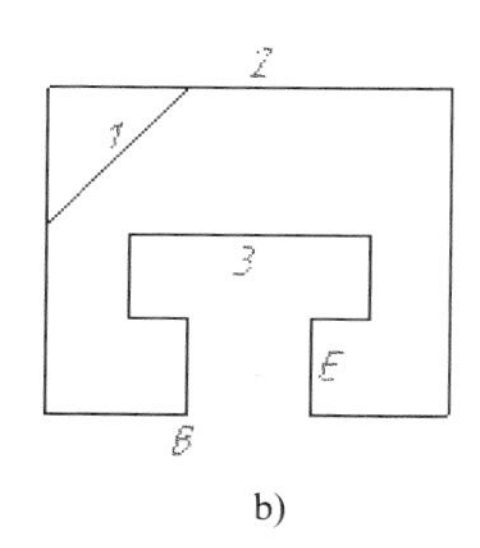

b)

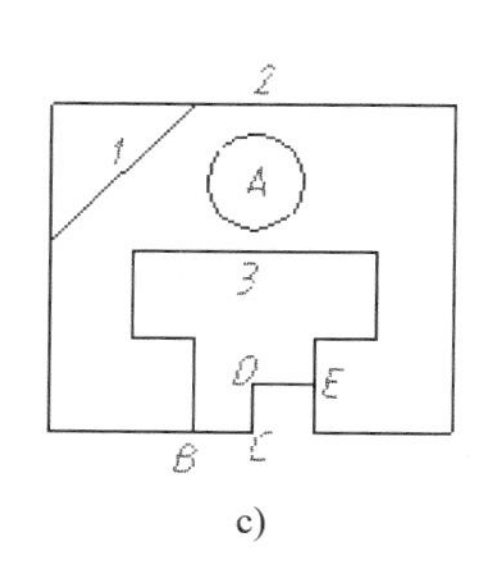

c)

图 2-10　追踪作图

启用和关闭对象捕捉追踪有如下两种方法：

- 单击屏幕下方状态行上的对象捕捉追踪按钮，使其显示为绿色，启用对象捕捉追踪；再单击使其显示为灰色，关闭对象捕捉追踪。
- 按F11键，在启用和关闭该功能之间切换。

【例 2-7】用正交工具、对象捕捉追踪，将图 2-10b 画为图 2-10c。

（1）设置并打开自动对象捕捉（本例要用中点、端点、垂足），按F8键打开正交工具；单击对象捕捉追踪按钮，使其显示为绿色，启动对象捕捉追踪。

（2）画圆 A。单击圆按钮。

指定圆的圆心或 [三点(3P)/两点(2P)/切点、切点、半径(T)]:
//移动鼠标到 1 点附近，显示中点标记"△"后（不单击）向右移动鼠标，显示追踪标记（见图 2-11a）后移动鼠标到 2 点附近，显示中点标记后，向下移动鼠标，同时显示水平、铅垂追踪迹线（见图 2-12b）后，单击输入圆心 A

指定圆的半径或 [直径(D)]:10　　　　//输入半径

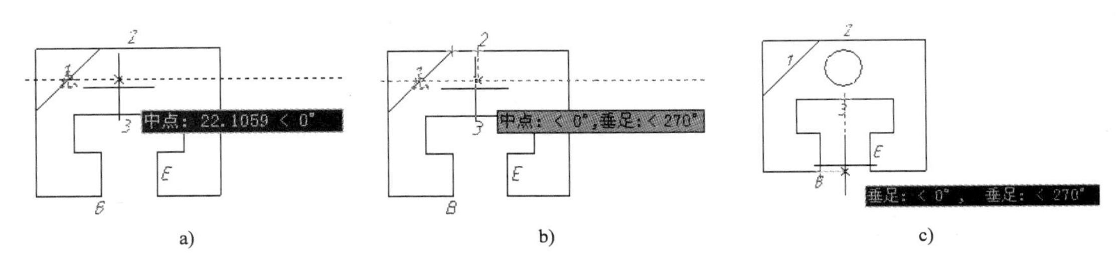

图 2-11　追踪标记

（3）画折线 BCDE。单击直线按钮。

指定第一点:　　　　//移动鼠标到 B 点，显示端点捕捉标记"□"后单击

指定下一点或 [放弃(U)]:　　　　//打开正交工具，移动鼠标到 3 点，显示中点捕捉标记后（不单击）下移鼠标，显示追踪迹线（见图 2-11c）后，单击输入 C 点

指定下一点或 [闭合(C)/放弃(U)]:　　　　//用同样的方法过中点 E 点追踪确定 D 点

指定下一点或 [闭合(C)/放弃(U)]:　　　　//捕捉中点 E 点

指定下一点或 [闭合(C)/放弃(U)]:Enter　　　　//结束命令

上面画图时，过两点追踪确定 A 点；过一点追踪确定 C 点，其原因是，打开正交工具以后，保证 B、C 在一条水平线上，过 3 点追踪，使 B 点与 3 点在一条铅垂线上。

另外，两个目标点追踪确定一个点，是实现工程图"长对正、高平齐、宽相等"的主要方法。例 2-8 用这一方法画六棱柱的侧立面图。为了利用"宽相等"画侧立面图，复制平面图并旋转 90°，得到正六边形 24，如图 2-12a 所示。正六边形 24 的位置仅影响侧立面图与正立面图的距离，画完侧立面图以后删除该六边形。

【例 2-8】过两个点追踪确定点画六棱柱的侧立面图，将图 2-12a 画为图 2-12b。

（1）设置并打开自动对象捕捉（本例要用端点捕捉）；单击对象捕捉追踪按钮，使其显示为绿色，启动对象捕捉追踪。

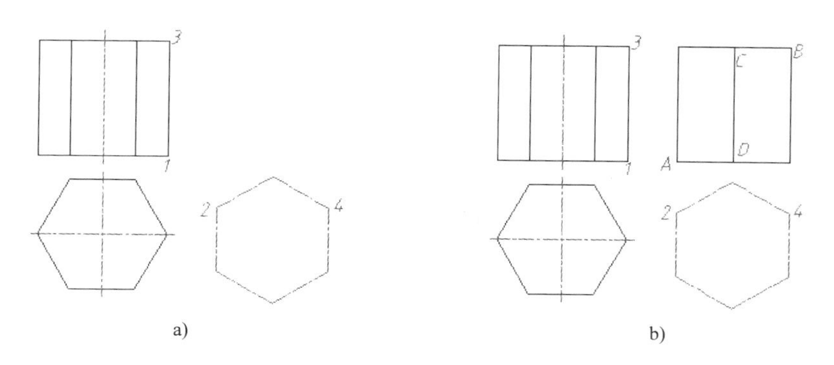

图 2-12　画六棱柱的左视图

（2）画矩形 AB。单击矩形按钮。

指定第一个角点或 [倒角(C)/标高(E)/圆角(F)/厚度(T)/宽度(W)]:

//移动鼠标到 1 点，显示端点标记后向右移动鼠标，移动鼠标到 2 点，显示端点标记后，沿竖直方向上移鼠标，同时显示水平、铅垂追踪迹线（见图 2-13a）后，单击确定 A 点

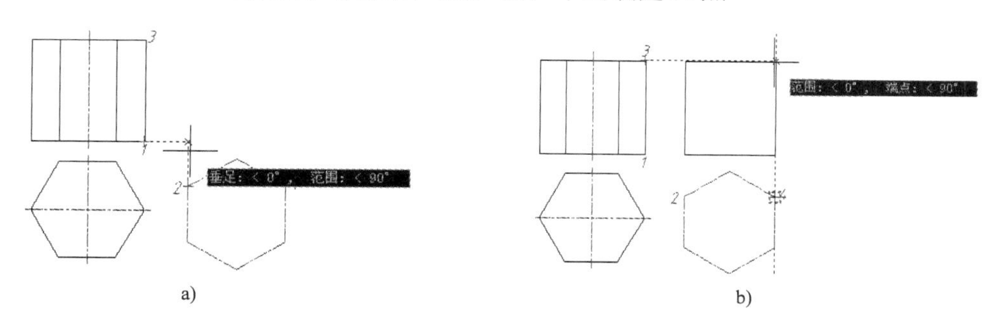

图 2-13　追踪迹线

指定另一个角点或 [尺寸(D)]:

//用同样的方法过 3、4 点追踪，显示图 2-13b 所示标记后单击确定 B 点

说明：先沿竖直方向追踪还是先沿水平方向追踪，AutoCAD 没有限制。

（3）捕捉中点画直线 CD。

2.6　用极轴追踪作图

极轴追踪是又一种避开输入坐标值，通过输入长度作图的方法。用极轴追踪定位点，需要先设置追踪角度间隔。启动极轴追踪后，移动鼠标，追踪线将定位在倾斜角度为“角度间隔”整数倍的某一极角上，由用户输入相对极半径确定点的位置。

2.6.1　设置追踪角度间隔

（1）在屏幕下方状态栏上的极轴追踪按钮上单击鼠标右键，弹出快捷菜单，如图 2-14a

所示，单击选择某一角度增量值。或单击快捷菜单中的【设置】，显示【草图设置】对话框，单击【极轴追踪】选项卡，结果如图 2-14b 所示。

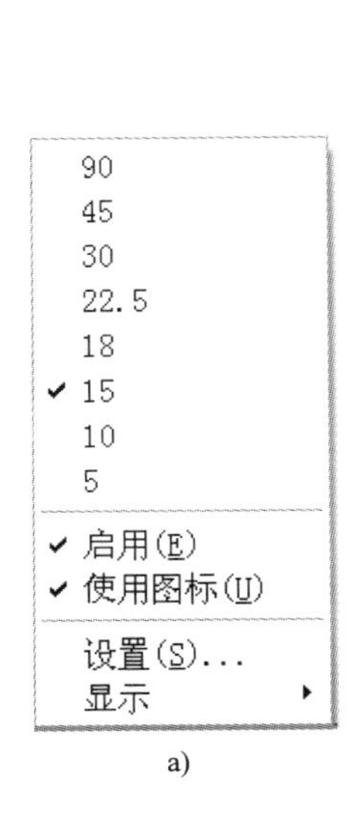

a)

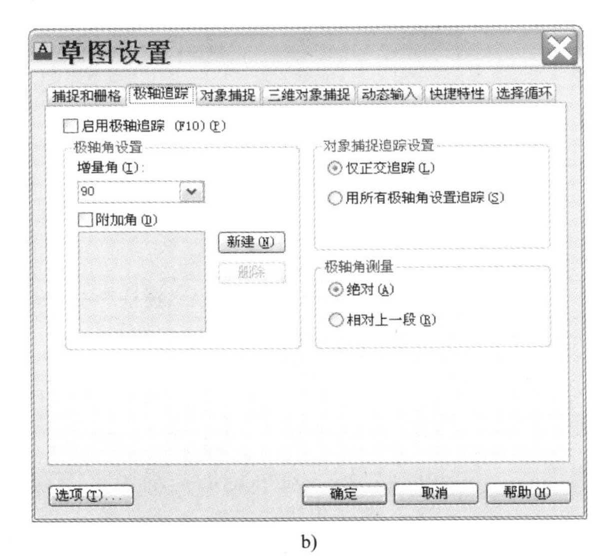

b)

图 2-14　设置极轴追踪

（2）从【增量角】下拉列表中选择角度增量，或直接输入角度增量值按 Enter。

说明：从【增量角】中可以选择的角度增量有 5°、10°、15°、18°、22.5°、30°、45°和 90°共 8 种，还可以在其中直接输入这 8 种之外的任意增量值。

（3）单击 确定 退出对话框，完成设置。

2.6.2　启动/关闭极轴追踪

启动/关闭极轴追踪可以用以下 3 种方法：

- 单击极轴追踪按钮，使其显示为绿色，启动极轴追踪；再单击使其显示为灰色，关闭“极轴追踪”。
- 按 F10 键在启动与关闭之间切换。
- 在图 2-14 所示的【极轴追踪】选项卡中，勾选【启用极轴追踪】选项。

2.6.3　应用实例

极轴追踪用于绘制倾斜线，特别适合绘制多条倾斜线的倾角有一个公约数的图形。设置极轴追踪时，以最大公约数为“增量角”。

【例 2-9】用极轴追踪、对象捕捉、对象捕捉追踪，画图 2-15a。

（1）按前述方法打开一新图。设置并打开自动对象捕捉，包括端点、垂足等捕捉形式；单击极轴追踪按钮，使其显示为绿色，启动极轴追踪。

（2）设置极轴追踪的增量角为 5°，打开极轴追踪。

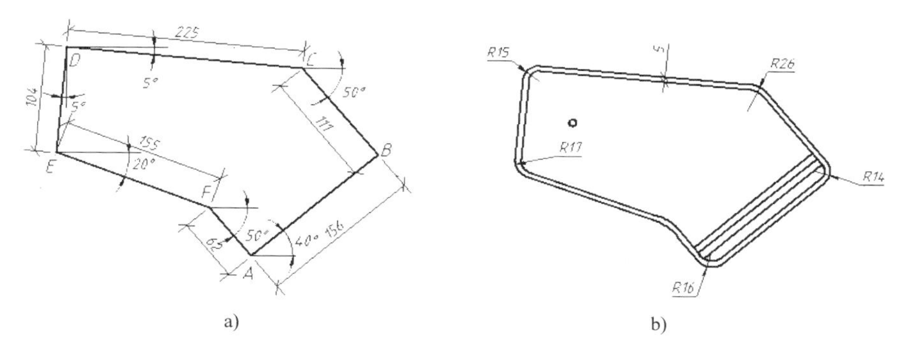

a)　　b)

图 2-15　用极轴追踪画浴池

（3）单击直线按钮，根据命令提示输入相关参数。

指定第一点:　　//在适当位置单击输入 A 点

指定下一点或 [放弃(U)]: 156　　//沿约 40° 方向向右上方移动鼠标，当追踪角为 40° 时（见图 2-16 a），输入 AB 长度

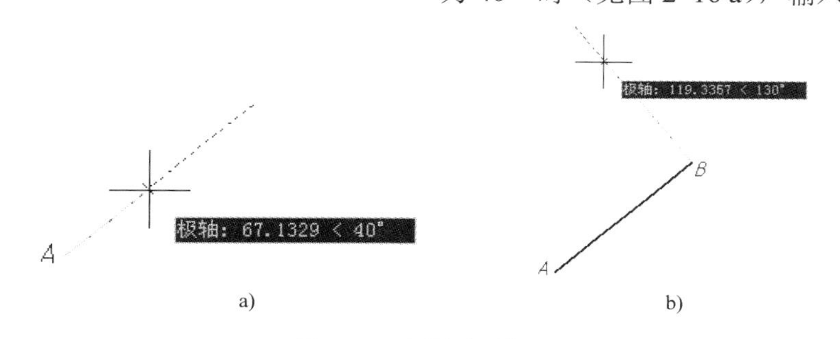

a)　　b)

图 2-16　极轴追踪标记

提示： 启动极轴追踪，鼠标只能沿角度增量的整数倍的方向移动，以便用户确定所画直线的方向。确定方向后，输入长度就可以画出该直线。因此正交工具可以视为角度增量为 90° 的一种极轴追踪。极轴追踪的原理和操作方法与正交工具的相似，两者只能打开其中之一。

指定下一点或 [放弃(U)]: 111　　//沿约 130°方向向左上方移动鼠标，当追踪角为 130° 时（见图 2-16 b），输入 BC 长度

指定下一点或 [闭合(C)/放弃(U)]:　　//用同样的方法画 CD、DE、EF，追踪角分别为 175°、265° 和 340°

指定下一点或 [闭合(C)/放弃(U)]:　　//单击“闭合(C)”选项

绘图过程中，如果输入了错误数据，可以单击“放弃(U)”选项，消除刚画的图线，重新输入。学完第 4 章以后，读者可以用圆角、偏移和延伸命令，将图 2-15a 画为图 2-15b。

2.7　用角度替代作图

角度替代（以前称为角度覆盖）用来绘制倾角已知，长度未知的直线。例如图 2-17a 中的

倾斜线 AD 和 CE。其绘制方法是：确定直线的第一点以后，指定第 2 点时，只输入直线的倾角（与 X 轴正向的夹角，逆时针为正，顺时针为负），移动鼠标沿该角度拉出一条直线，达到适当长度后单击。

【例 2-10】利用角度替代等命令画图 2-17a 所示图形。

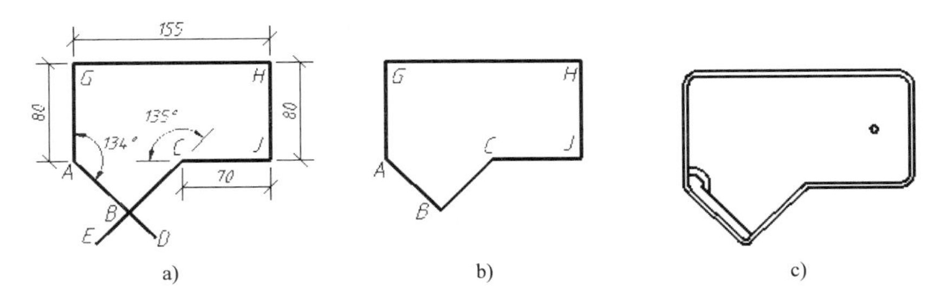

图 2-17 用角度替代画倾斜线

（1）打开一新图。设置并打开自动对象捕捉。打开正交工具，画折线 AGHJC。

（2）画倾斜线 AB。单击直线按钮，根据命令提示输入相关参数。

指定第一点: //捕捉 A 点

指定下一点或 [放弃(U)]: <-44 //输入 AB 的倾角，用角度替代画倾斜线

角度替代: 316 //进入角度替代模式

指定下一点或 [放弃(U)]: //向右下方移动鼠标，拉出一条-44° 的倾斜线，在 D 点附近单击，使 AB 超出实际长度即可

指定下一点或 [放弃(U)]:Enter //结束命令

（3）用同样的方法画倾斜线 BC，覆盖角为-135°，结果如图 2-17a 所示。

要画图 2-17c 所示的浴池，需要先画图 2-17a 所示的图形。学完第 4 章以后，再用修剪命令将图 2-17a 画为图 2-17b，用圆角、偏移、圆、修剪等命令将图 2-17b 画为图 2-17c。

2.8 小结

本章介绍了 AutoCAD 输入点的 5 种方法：（自动）对象捕捉、正交工具、角度替代、对象捕捉追踪和极轴追踪。熟练掌握和灵活运用这些方法是提高绘图效率的关键。每次绘图时，一般都要打开“自动对象捕捉”和“对象捕捉追踪”。可以将对象捕捉工具条放在屏幕的右边，以便随时调用。当自动对象捕捉不能捕捉到所需要的点时，可以单击对象捕捉工具条上的相应按钮捕捉所需点；当图线比较密集时，“自动对象捕捉”和“对象捕捉追踪”会影响选择对象，此时可以暂时将其关闭。

利用正交工具和输入长度是绘制水平和铅垂线最有效的方法，可以随时打开或关闭。极轴追踪用于绘制有多条倾斜线，图线的长度已知，倾角有公约数的图形；角度替代适合绘制角度已知，长度未知的倾斜线。

对象捕捉追踪是利用“长对正、高平齐、宽相等”的投影规律作图的有效方法。角度替代用来绘制倾角已知、长度尺寸未知的直线。延长线捕捉沿已画出直线的方向追踪，对象捕捉追踪、临时追踪点沿水平或铅垂方向追踪，确定追踪方向后输入长度或距离确定点。

2.9　习题与作图要点

1．判断下列各命题，正确的在（　　）内画上“√”，错误的在（　　）内画上“×”。

（1）对象捕捉是一种输入点的方法。（　　）

（2）调用对象捕捉时，显示捕捉标记以后就表示捕捉成功。（　　）

（3）AutoCAD 用捕捉标记表示捕捉到对象点的类型。（　　）

（4）用切点捕捉只能输入要画切线的第二个输入点。（　　）

（5）对象捕捉追踪需要与自动对象捕捉配合使用，不能单独使用。（　　）

（6）如果在某一点处有多种对象点，则不能用对象捕捉的方法输入该点，因为 AutoCAD 不能识别用户需要哪一种对象点。（　　）

2．灵活运用本章所学命令绘制图 2-18。

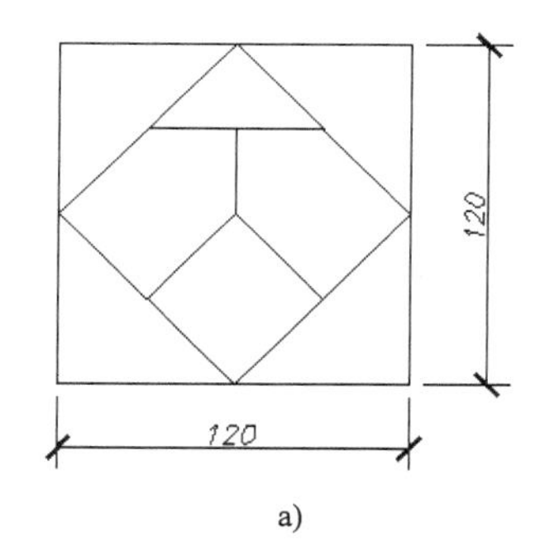

a)

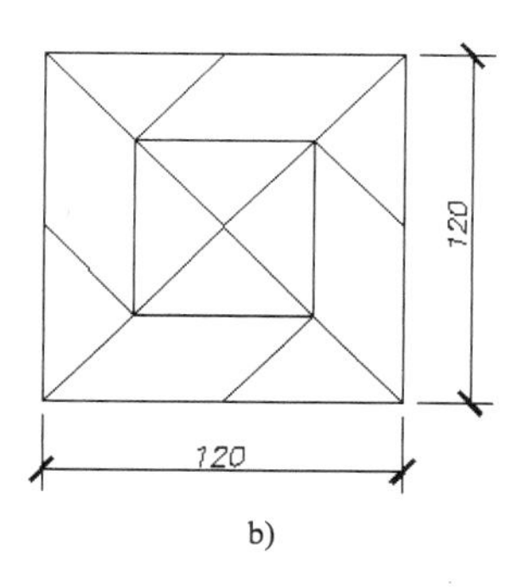

b)

图 2-18　对象捕捉例题

作图要点：

（1）按第 1 章介绍的方法打开一新图。打开正交工具，用直线命令画外边框，详见本章例 2-1。

（2）设置并打开自动对象捕捉，包括中点和端点等捕捉形式，用直线命令画其他图线，详见本章例 2-3。

第 3 章　绘制基本室内设计图形

室内设计工程图主要由直线、圆、圆弧组成，有时也含有少量椭圆、椭圆弧、截交线、相贯线等曲线。本章主要介绍如何用 AutoCAD 命令绘制这些图形元素（简称图元）和填充图案。为了做到学以致用，本章在绘制典型室内设计图的过程中，将介绍有关命令和方法。

3.1　画圆

圆，虽然形状单一，但其标注的尺寸多种多样。为了便于直接利用已知尺寸作图，AutoCAD 提供了 6 种画圆方式，如图 3-1c 所示。下面结合画图 3-1b 所示的圆，介绍画圆命令。

【例 3-1】画图 3-1b 所示的 3 个圆 a、b、c。

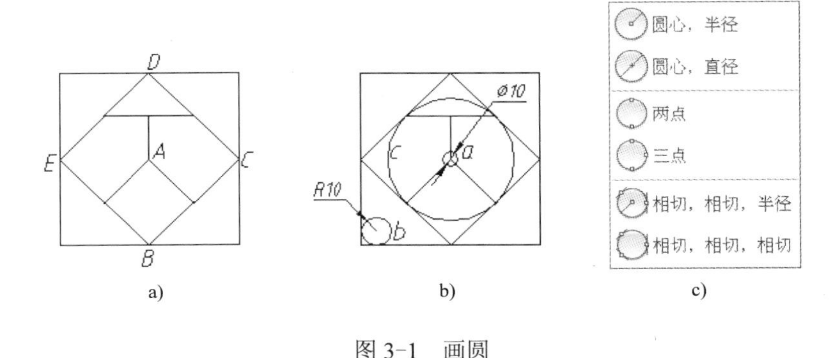

a)　　b)　　c)

图 3-1　画圆

> 提示：本章例题中的 a 图在附盘文件夹“\dwg\03”下，文件名与例图的编号相同。本例附盘文件名为：3-1，练习时先打开相应的附盘文件。

（1）按第 2 章介绍的方法，设置并打开自动对象捕捉，包括端点、交点等捕捉形式。

（2）画圆 a（“圆心，半径”方式）。单击圆按钮，根据命令提示，输入画圆参数。

指定圆的圆心或 [三点(3P)/两点(2P)/切点、切点、半径(T)]:

//捕捉交点 A 作为圆心

指定圆的半径或 [直径(D)]: 5　　//输入圆半径

在此命令提示下，可以单击命令提示中的“直径(D)”（或输入 D，按 Enter 键或空格键）调用“直径(D)”选项，直接输入直径尺寸为 10。

输入直径画圆的另一种方法是，单击圆按钮中的，打开画圆工具条，单击其中的圆心，直径按钮，AutoCAD 自动调用“直径(D)”选项，指定圆心以后，直接输入直径。

（3）画圆 b（“相切，相切，半径”方式）。单击圆按钮，打开画圆工具条，单击其中的[相切，相切，半径]按钮。

指定圆的圆心或 [三点(3P)/两点(2P)/切点、切点、半径(T)]: _ttr

> **说明**：命令提示中为“切点、切点、半径(T)”，是软件升级时，只修改了命令提示，没有修改按钮名称造成的。如果单击按钮画圆，此时需要单击“切点、切点、半径(T)”选项。

指定对象与圆的第一个切点:　//移动十字光标靠近铅垂线 E，当显示图 3-2a 所示的捕捉标记后，单击输入 E 上的切点

指定对象与圆的第二个切点:　//用同样的方法捕捉水平线 B 的切点

指定圆的半径 <30.0000>: 10　//输入半径值

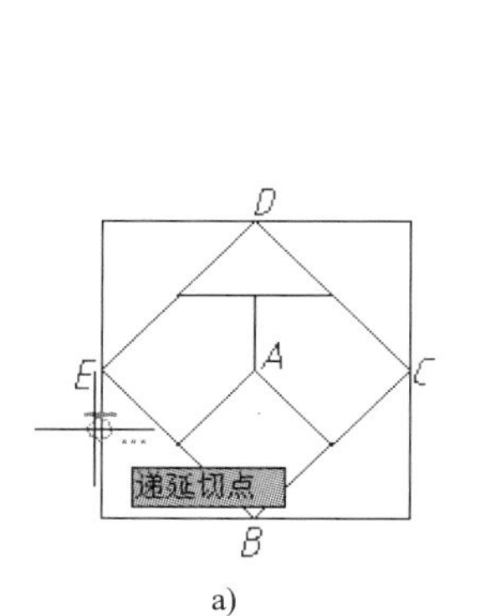

a)

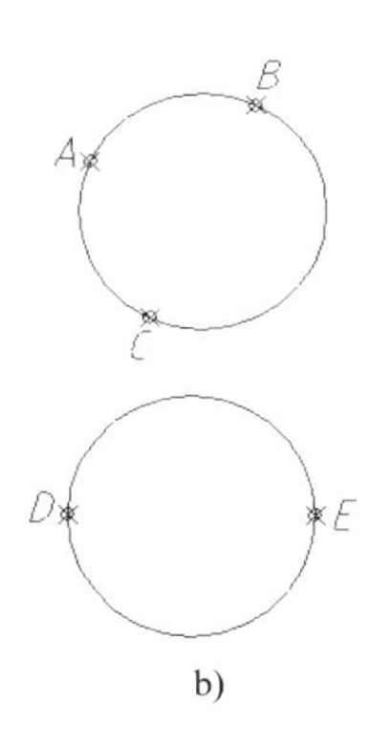

b)

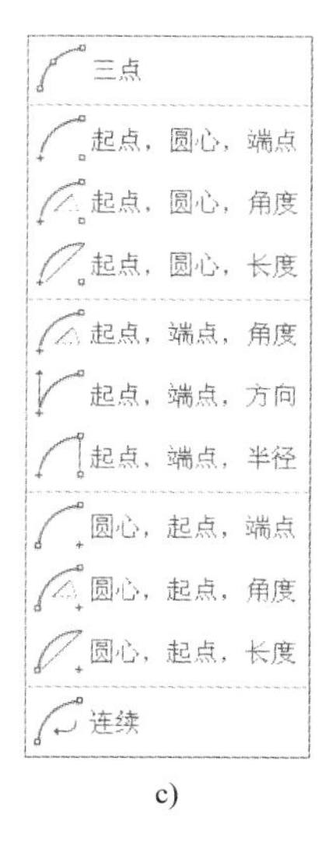

c)

图 3-2　切点捕捉标记

> **提示**：AutoCAD 捕捉切点时，先显示标记符号，稍作停留才显示[递延切点]，只要显示标记符号就表示已经捕捉成功，单击鼠标左键就可以输入切点。

（4）用“相切，相切，相切”方式画圆 c：单击圆按钮，打开画圆工具条，单击其中的[相切，相切，相切]，按上述方法依次捕捉菱形 BCDE 三条边上的切点。

在画圆工具条中，还有另外两种画圆方式。

- [三点]：调用“三点(3P)”方式，依次指定要画圆所过的 3 个点 A、B、C，如图 3-2b 所示。
- [两点]：调用“两点(2P)”方式，依次指定要画圆直径的 2 个端点 D 和 E，如图 3-2b 所示。

AutoCAD 有许多命令放在折叠工具条中。在这些命令按钮的下面（圆、圆弧按钮）或右边（矩形、椭圆等）有一个小箭头。用户可以单击小箭头打开折叠工具条，单击其中的命令按钮调用命令。调用某一命令以后，折叠工具条在屏幕上显示的按钮替换为该命令对应按

钮。例如调用一次“三点(3P)”方式画圆命令以后，圆折叠工具条变为，单击即可再次用“三点(3P)”方式画圆。所有折叠工具条中的命令都可以这样重复调用。用户还可以键入“Circle”或“C”，调用画圆命令。本章所学命令的键入形式见表 3-1。利用命令的简化输入形式，输入一两个字母调用命令，也是一种非常快捷的命令调用方式。

表 3-1 本章所学部分命令的命令行输入形式

中文名称	键入形式	简化键入形式
画圆命令	Circle	C
画圆弧命令	Arc	A
画矩形命令	Rectang	Rec
画椭圆命令	Ellipse	El
画正多形命令	Polygon	Pol
画圆环命令	Donut	Do
画多段线命令	Pline	PL

3.2 画圆弧

尽管 AutoCAD 提供了 11 种画圆弧的方法（见图 3-2c），但由于在工程图中，圆弧的已知条件多种多样，有许多圆弧在圆弧命令中仍然找不到对应的绘制方式。因而主要用以下两种方法画圆弧。

- 先画出圆弧所在的圆，再用第 4 章介绍的“修剪”命令剪掉多余的部分，如图 3-3 所示。
- 用第 4 章介绍的“圆角”命令画相切圆弧。

由于圆弧命令用得很少，本节重点介绍几种常用画圆弧方式。

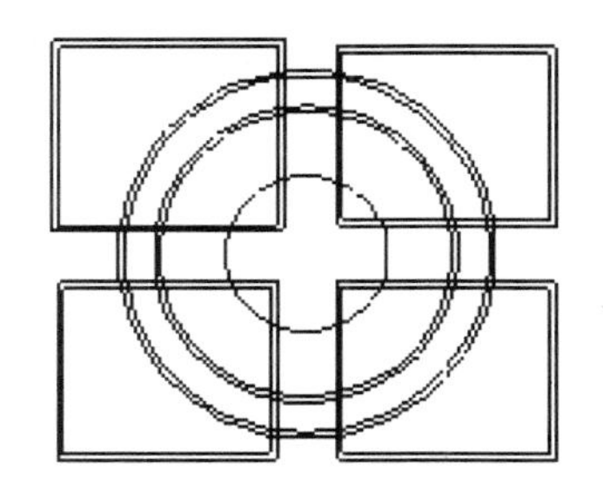
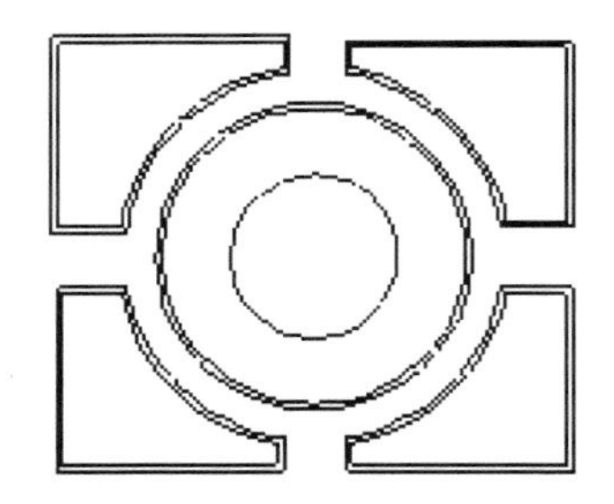

图 3-3 画圆弧例图

【例 3-2】用圆弧命令，将图 3-4a 画为图 3-4b、c。

为了避免转换计算命令参数，对于图 3-4 中的圆弧 ABC，如果标注了图 3-4b 所示的尺寸，最好用“三点”方式绘制；如果标注了图 3-4c 所示的尺寸，最好用“起点、端点、半径”方式绘制。

提示：每一次绘图之前，都应按第 2 章介绍的方法设置并打开自动对象捕捉。

（1）画圆弧 R31（用“3 点”方式，圆弧命令的默认方式）。单击圆弧按钮。

指定圆弧的起点或 [圆心(C)]:　　//捕捉 A 点
指定圆弧的第二个点或 [圆心(C)/端点(E)]: @30,23　　//输入 B 点与 A 点的相对坐标
指定圆弧的端点:　　//捕捉 C 点

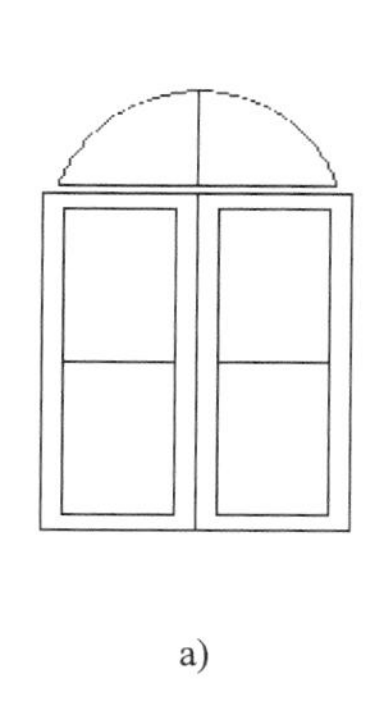
a)

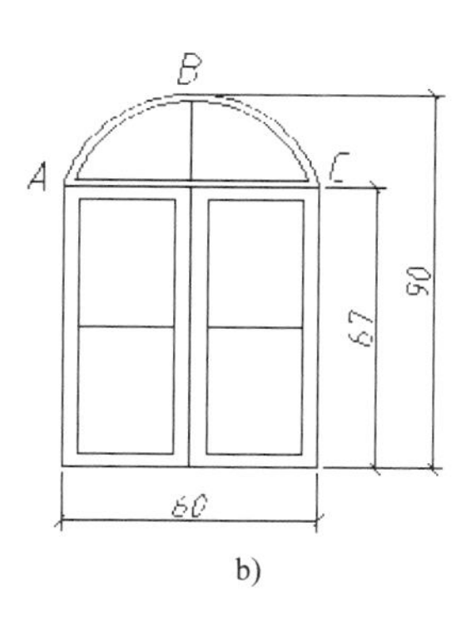

b)

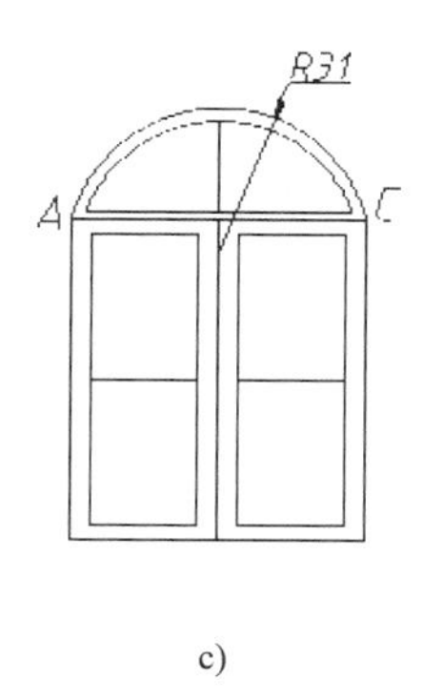

c)

图 3-4　画立面窗

（2）删除上面画的圆弧，用“起点、端点、半径”重画该圆弧。单击圆弧按钮的，打开圆弧工具条，单击其中的按钮。

指定圆弧的起点或 [圆心(C)]:　　//捕捉 C 点为圆弧的起点
指定圆弧的第二个点或 [圆心(C)/端点(E)]: _e　　//自动调用“端点(E)”选项
指定圆弧的端点:　　//捕捉 A 点为圆弧的端点
指定圆弧的圆心或 [角度(A)/方向(D)/半径(R)]: _r　　//自动调用“半径(R)”选项
指定圆弧的半径: 31　　//输入圆弧半径

说明：在 AutoCAD 中将终点称为端点。
除了 3 点方式以外，AutoCAD 以逆时针方向画圆弧。此处不能以 A 点为起点，C 点为端点。

【例 3-3】用圆弧、直线命令，将图 3-5a 画为图 3-5b。

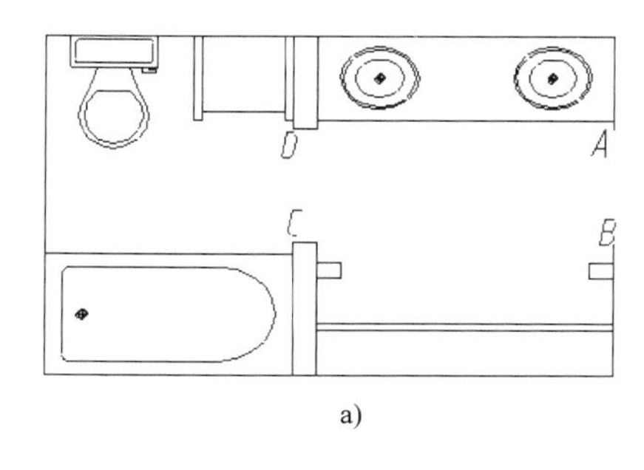

a)

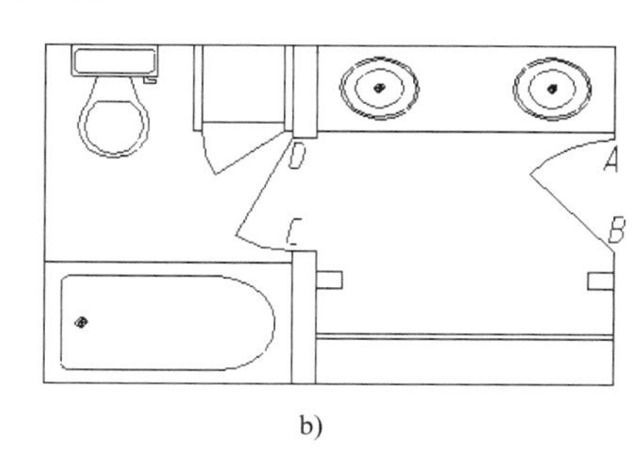

b)

图 3-5　画平面门

画平面图中的门最好用“起点、圆心、角度”选项，或“圆心、起点、角度”选项。

（1）画圆弧 A（“起点、圆心、角度”方式）。单击圆弧按钮的，打开圆弧工具条，

单击其中的[起点，圆心，角度]按钮。

指定圆弧的起点或 [圆心(C)]: //捕捉 A 点作为圆弧的起点
指定圆弧的第二个点或 [圆心(C)/端点(E)]: _c //自动调用“圆心(C)”选项
指定圆弧的圆心: //捕捉 B 点作为圆弧的圆心
指定圆弧的端点或 [角度(A)/弦长(L)]: _a //自动调用“角度(A)”选项
指定包含角: 45 //输入圆弧角度

（2）画圆弧 C（“圆心、起点、角度”方式）。单击圆弧按钮的[圆弧]，打开圆弧工具条，单击其中的[圆心，起点，角度]按钮。

指定圆弧的起点或 [圆心(C)]: _c 指定圆弧的圆心: //捕捉 D 点作为圆弧的圆心
指定圆弧的起点: //捕捉 C 点作为圆弧的起点
指定圆弧的端点或 [角度(A)/弦长(L)]: _a //自动调用“角度(A)”选项
指定包含角: -45 //输入圆弧角度

（3）捕捉端点画直线，完成作图。

说明： 圆心角逆时针为正，顺时针为负。

AutoCAD 提供了 11 种画圆弧的方法，其他画法对应的选项与已知条件见图 3-6。画这些圆弧的方法是：调用画圆弧命令，选择相应的选项，或单击圆弧工具条中的相应按钮，根据命令提示输入相应的参数。

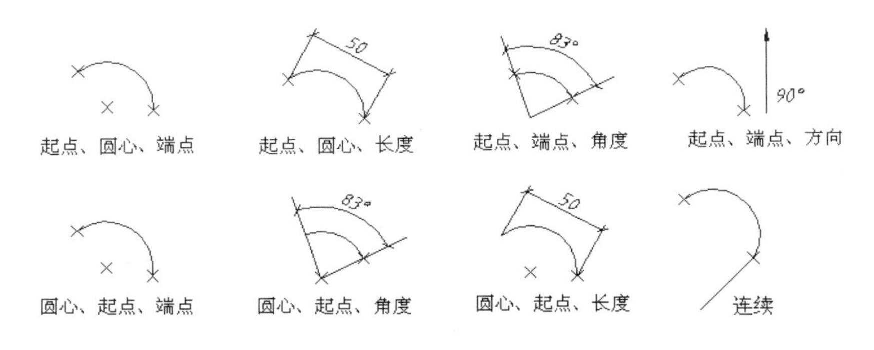

图 3-6 其他圆弧的画法

3.3 画矩形

在室内设计图中有许多矩形结构，如图 3-7 所示的门、窗、洁具、家具、电器的主要结构都是矩形。用画矩形命令画这类图形比用直线命令要快捷得多。

画矩形只需要输入矩形的两个对角点。一般可以通过捕捉自或追踪输入第一个角点，通过输入相对坐标指定第 2 个角点。用矩形命令可以直接画出图 3-8 所示的 3 种矩形。

【例 3-4】画矩形，将图 3-8a 画为图 3-8b。

（1）画矩形 BD。单击矩形按钮[▭▾]的[▭]。

指定第一个角点或 [倒角(C)/标高(E)/圆角(F)/厚度(T)/宽度(W)]: @1,-1

//单击捕捉自命令按钮，捕捉 A 点为基准点，输入 B 点与 A 点的相对坐标

指定另一个角点或 [面积(A)/尺寸(D)/旋转(R)]: @15,-15

//输入 D 点与 B 点的相对坐标（根据矩形的长和宽求出）

（2）画带圆角的矩形 CE。

键入命令: Enter　　//重复执行矩形命令

图 3-7　可用矩形命令绘制的图形

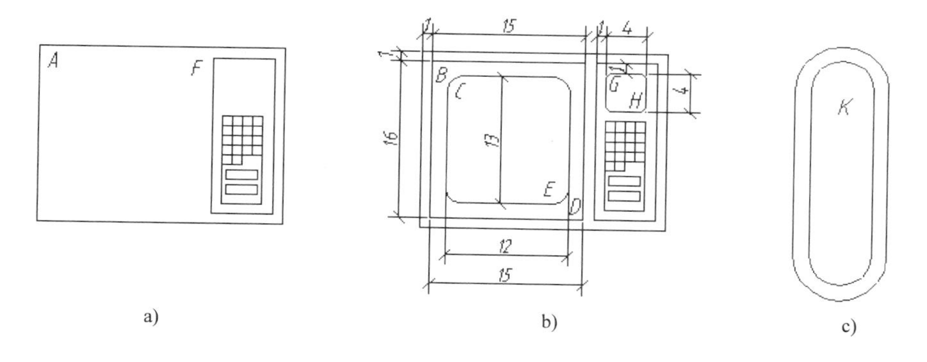

图 3-8　画电视

指定第一个角点或 [倒角(C)/标高(E)/圆角(F)/厚度(T)/宽度(W)]: F

//单击"圆角(F)"选项，设置矩形的圆角半径

指定矩形的圆角半径 <0.0000>: 1.5　　//输入矩形的圆角半径

指定第一个角点或 [倒角(C)/标高(E)/圆角(F)/厚度(T)/宽度(W)]: @1.5,-1.5

//单击捕捉自按钮，捕捉 B 点为基准点，输入 C 点与 B 点的相对坐标值

指定另一个角点或 [面积(A)/尺寸(D)/旋转(R)]:@12, -13

//输入 E 点与 C 点的相对坐标值

提示： 当圆角半径等于矩形边长的一半时，画出的矩形如图 3-8c 所示，这是一种常用的图形结构。

（3）画带倒角的矩形 GH。

键入命令: Enter　　//重复执行矩形命令

指定第一个角点或 [倒角(C)/标高(E)/圆角(F)/厚度(T)/宽度(W)]:

//单击“倒角(C)”选项

指定矩形的第一个倒角距离 <0.0000>: 0.5 //输入矩形的第一个倒角距离

指定矩形的第二个倒角距离 <0.5000>: Enter //接受默认值，使两倒角距离相等

指定第一个角点或 [倒角(C)/标高(E)/圆角(F)/厚度(T)/宽度(W)]:@1, -1

//单击捕捉自按钮，捕捉 F 点（见图 a）为基准点，输入 G 点与 F 点的相对坐标

指定另一个角点或 [面积(A)/尺寸(D)/旋转(R)]: @4,-4 //输入点 H 与 G 的相对坐标

3.4 画椭圆、椭圆弧

在画洁具或结构详图时，经常要画椭圆或椭圆弧。对于图 3-9 所示的椭圆都可以用 AutoCAD 提供的画椭圆命令直接画出。可以用如下两种方法画椭圆弧。

- 当椭圆弧的起始角和终止角未知，或不便确定时，可以先画出椭圆弧所在的椭圆，再用第 4 章介绍的修剪命令，剪掉多余部分。
- 当椭圆弧的起始角和终止角已知或便于确定时，可以用椭圆弧命令直接画椭圆弧，例如图 3-9 c 中的椭圆弧 F。

【例 3-5】用椭圆命令画椭圆，将图 3-9a 画为图 3-9b；用椭圆弧命令画椭圆弧 FG，如图 3-9c 所示。

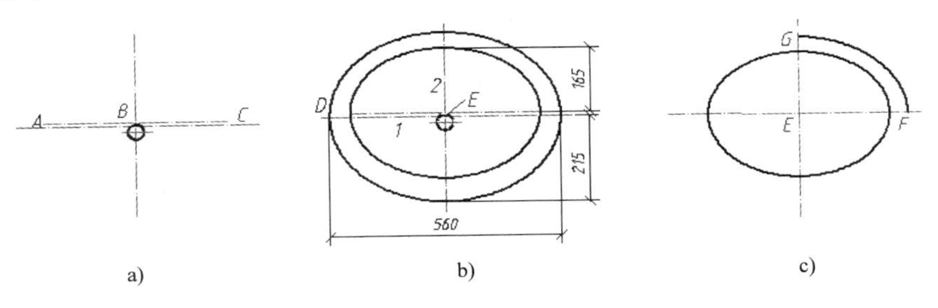

图 3-9 画洗手盆

（1）画图 3-9b 所示的大椭圆 D（“椭圆心、轴端点、半轴长度”方式，是 AutoCAD 的默认方式）。单击椭圆按钮中的。

指定椭圆的轴端点或 [圆弧(A)/中心点(C)]: _c //自动执行“中心点(C)”选项

指定椭圆的中心点: //捕捉中心线 1、2 的交点 E 作为椭圆心

指定轴的端点:@-280,0 //输入 D 点与椭圆中心点 E 的相对坐标

指定另一条半轴长度或 [旋转(R)]: 215 //输入另一条半轴长度

（2）画图 3-9b 所示的小椭圆（“轴端点、轴端点、轴半径”方式）。单击椭圆按钮中的，展开椭圆工具条，单击其中的轴, 端点。

指定椭圆的轴端点或 [圆弧(A)/中心点(C)]: //捕捉端点 A 作为轴端点

指定轴的另一个端点: //捕捉端点 C 作为轴端点

指定另一条半轴长度或 [旋转(R)]: 165 //输入半轴长度

（3）单击屏幕左上角的放弃按钮，删除刚画的大椭圆，用椭圆弧命令画椭圆弧 FG，如图 3-9c 所示。单击椭圆按钮中的，打开椭圆工具条，单击其中的椭圆弧按钮。

指定椭圆的轴端点或 [圆弧(A)/中心点(C)]: _a　　//自动执行“圆弧(A)”选项
指定椭圆弧的轴端点或 [中心点(C)]: c　　//单击“中心点(C)”选项
指定椭圆弧的中心点:　　//捕捉交点 E 作为椭圆心
指定轴的端点: @-280,0　　//输入 D 点（见图 b）与椭圆中心点 E 的相对坐标
指定另一条半轴长度或 [旋转(R)]: 215　　//输入另一条半轴的长度
指定起始角度或 [参数(P)]:　　//捕捉端点 F（以 EF 的倾角为起始角），或输入：0
指定终止角度或 [参数(P)/包含角度(I)]:　　//捕捉端点 G（以 EG 的倾角为终止角），或输入：90

使用“旋转(R)”选项，可以画与投影面倾斜的圆投影形成的椭圆。调用方法为：调用画椭圆命令，输入相关参数，当提示“指定另一条半轴长度或 [旋转(R)]”时，单击“[旋转(R)”选项，输入圆与投影面的倾角。

提示：用“旋转(R)”选项画椭圆，可以直接画出球表面上的截交线（圆）的投影。

3.5　画正多边形

在吊顶平面图中经常用到正多边形。用正多边形命令，可以直接画出图 3-10b 所示的圆内接和圆外切正多边形；正多边形的边数取值范围是 3～1024。绘制正多边形时，需要输入边数、选择内接还是外切、输入圆的半径等。

3.5.1　绘制正多边形

【例 3-6】用画正多边形命令，将图 3-10a 画为图 3-10b。

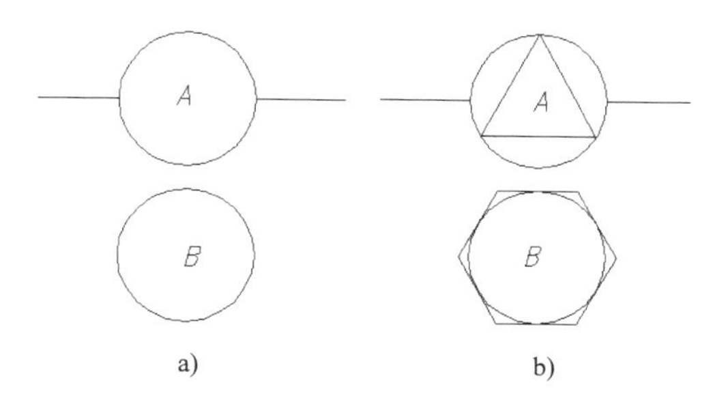

图 3-10　画正多边形

（1）设置并打开自动对象捕捉，包括圆心等捕捉方式。

（2）单击矩形按钮右边的，打开折叠工具条，单击其中的多边形按钮。

输入侧面数 <4>: 3　　//输入边数
指定多边形的中心点或 [边(E)]:　　//捕捉圆心 A 点作为多边形的中心
输入选项 [内接于圆(I)/外切于圆(C)] <I>: Enter
//接受“内接于圆(I)”选项，画圆内接正多边形

提示： 此时输入 C，或单击“外切于圆(C)”选项，可以画图 3-10b 所示的圆外切正多边形。

指定圆的半径: 6　　　　//输入圆半径值

（3）按上述步骤和提示，画图 3-10b 所示的圆外切正六边形 B。

3.5.2　确定正多边形的转向

通过输入半径值画出的正多边形，始终有一条边处在水平位置，在工程图中要求能够控制正多边形的转向。下面介绍如何控制正多边形的转向。

1．输入点指定半径和方向

在正多边形命令提示输入半径时，不输入半径，而是指定一个点（例如图 3-11 所示的 A 点或 B 点），AutoCAD 将以该点与中心的距离为半径画正多边形。如果画的是圆外切正多边形，指定的点是多边形的一条边的中点，如图 3-11a 所示；如果画的是圆内接正多边形，指定的点是多边形的一个顶点，如图 3-11b 所示。

画边数为偶数的正多边形，选择内接还是外切的基本原则是，如果已知的是对角距离（见图 3-11b），画圆内接正多边形；如果已知的是对边距离（见图 3-11c），画圆外切正多边形。

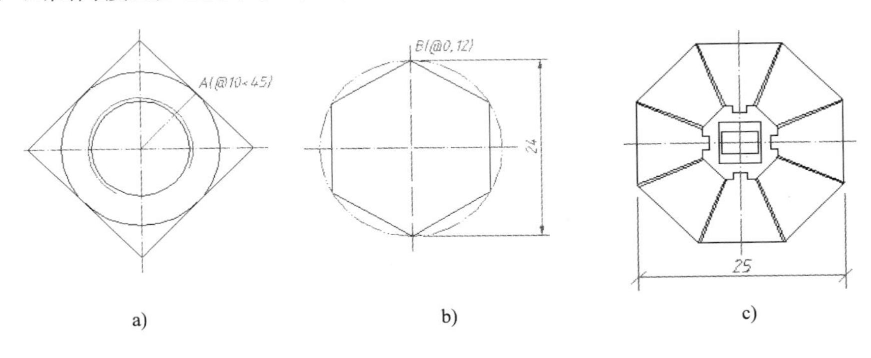

图 3-11　输入点指定半径和方向

2．输入一边画正多边形

通过给定多边形一边的两个端点绘制多边形，不仅确定了正多边形的边长，也确定了这一边的位置，同时确定了正多边形的位置，用这一方法可以非常方便地绘制图 3-12 所示的特殊图形。

【例 3-7】用画正多边形命令，画正多边形，如图 3-12b 所示。

（1）设置并打开自动对象捕捉，包括端点等捕捉方式。

（2）单击矩形按钮右边的，打开折叠工具条，单击其中的“多边形”按钮。

输入侧面数 <4>: 5　　　　//输入边数

指定多边形的中心点或 [边(E)]: E　　　　//单击“边(E)”选项，输入一边画正多边形

指定边的第一个端点:　　　　//捕捉 A 点，作为边的第一个端点

指定边的第二个端点:　　　　//捕捉 B 点，作为边的第二个端点

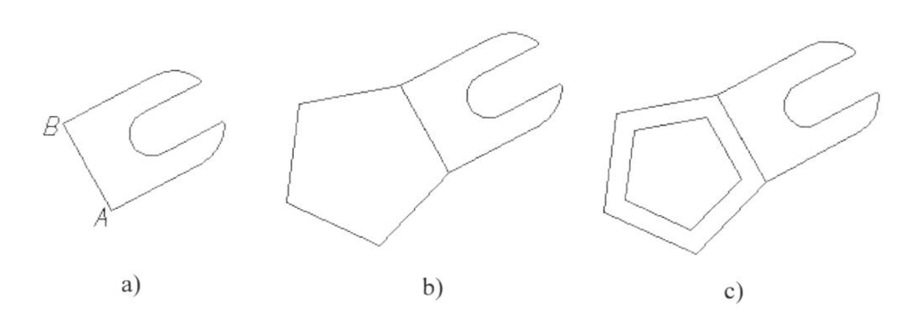

图 3-12　输入一边画正多边形

提示：用户可以用第 4 章介绍的偏移命令将 3-12b 画为图 3-12c。

3.6　画圆环

圆环由两个同心圆组成，AutoCAD 提供的画圆环命令可以直接画出如图 3-13a、b、c 所示的 3 种圆环。

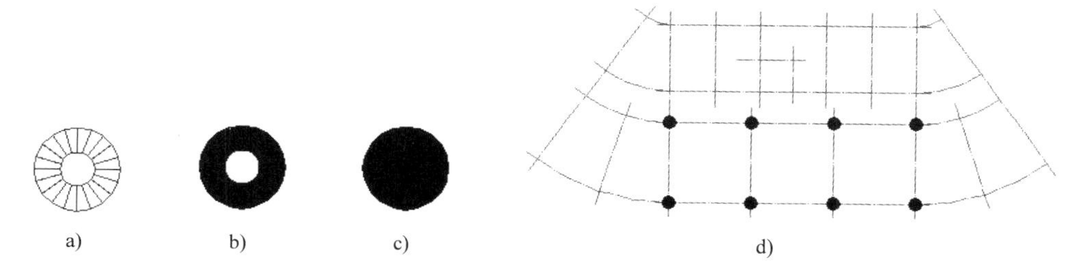

图 3-13　圆环例图

圆环分为填充圆环与不填充圆环。不填充圆环可以表示旋转楼梯，如图 3-13a 所示；填充圆环可以表示现浇水泥柱子，如图 3-13b、c 所示。圆环填充与否由 Fillmode 参数决定：

- Fillmode=1，表示填充。
- Fillmode=0，表示不填充。

像 Fillmode 这样的参数，由 AutoCAD 系统公用，其值又是可变的，因而称为系统变量。改变系统变量 Fillmode 值的方法如下：

键入命令: Fillmodee　　　　　　　//输入系统变量的名称

输入 FILLMODE 的新值 <0>:1　　　//输入系统变量的新值，设置为填充模式

系统变量都可以用这种方法改变其取值。由于 Fillmode 的值决定 AutoCAD 所画圆环的填充与否，因而画圆环前，首先要设置 Fillmode 的值。

【例 3-8】已知图 3-13d 所示的轴网，用圆环命令画图中的现浇水泥圆柱。

（1）设置圆环命令为填充模式。

键入命令: fillmode　　　　　　　//输入系统变量的名称，设置为填充模式

输入 FILLMODE 的新值 <0>:1　　　//输入系统变量的新值，设置为填充模式

（2）单击 绘图 ▼ ，展开【绘图】面板，单击其中的圆环按钮◎。

指定圆环的内径 <1>:0　　//输入圆环的内圆直径

指定圆环的外径 <200>: 1000　　//输入圆环的外圆直径

指定圆环的中心点 <退出>:

//依次捕捉各圆环圆心所在轴线的交点指定圆心，连续画出全部圆环

指定圆环的中心点 <退出>:Enter　　//结束命令

3.7　画多段线

多段线命令在三维造型中应用较多，画平面图时应用较少。但用该命令画图 3-14b 所示的角度是 180° 或 90° 的圆弧和直线组成的图形非常快捷。

了解 AutoCAD 的读者都知道，图线的宽度应当通过图层控制（见第 5 章），但对于个别较粗的图线，例如地坪线、图 3-15 所示的箭头，都可以用一定宽度的多段线表示，许多绘图工作者也习惯这样做。

【例 3-9】打开正交工具，用多段线命令将图 3-14a 画为图 3-14b。

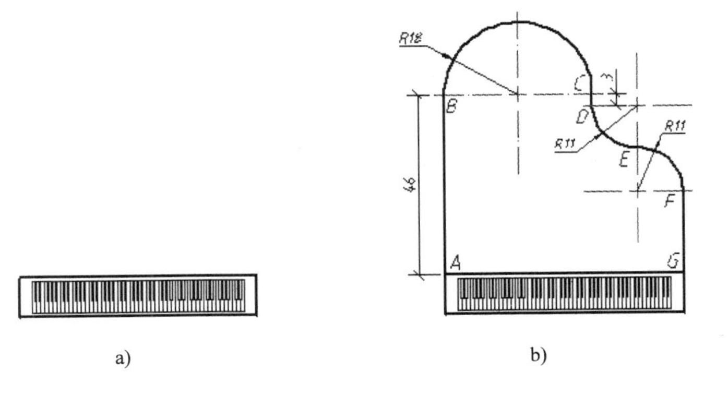

图 3-14　多段线应用例图

打开并设置自动对象捕捉，包括交点、垂足等捕捉方式；打开正交工具。单击多段线按钮。

指定起点:　　//捕捉 A 点

当前线宽为 0.0000

指定下一个点或 [圆弧(A)/半宽(H)/长度(L)/放弃(U)/宽度(W)]: 46

//按 F8 键打开正交工具，向上移动鼠标，输入 AB 长度

指定下一点或 [圆弧(A)/闭合(C)/半宽(H)/长度(L)/放弃(U)/宽度(W)]:

//单击“圆弧(A)”选项

指定圆弧的端点或

[角度(A)/圆心(CE)/闭合(CL)/方向(D)/半宽(H)/直线(L)/半径(R)/第二个点(S)/放弃(U)/宽度(W)]: 36　　//向右移动鼠标，输入 CB 之间的距离，确定圆弧的 C 点

指定圆弧的端点或

[角度(A)/圆心(CE)/闭合(CL)/方向(D)/半宽(H)/直线(L)/半径(R)/第二个点(S)/放弃(U)/宽度(W)]: L　　//单击"直线(L)"选项，转入画直线
指定下一点或 [圆弧(A)/闭合(C)/半宽(H)/长度(L)/放弃(U)/宽度(W)]: 3
//下移鼠标，输入 CD 长度
指定下一点或 [圆弧(A)/闭合(C)/半宽(H)/长度(L)/放弃(U)/宽度(W)]: A
//调用"圆弧(A)"选项，转入画圆弧

提示：输入选项中的字母，Enter，调用命令选项也非常快捷。

指定圆弧的端点或
[角度(A)/圆心(CE)/闭合(CL)/方向(D)/半宽(H)/直线(L)/半径(R)/第二个点(S)/放弃(U)/宽度(W)]: @11,-11　　//输入 E 点与 D 点的相对坐标，确定圆弧的 E 点
指定圆弧的端点或
[角度(A)/圆心(CE)/闭合(CL)/方向(D)/半宽(H)/直线(L)/半径(R)/第二个点(S)/放弃(U)/宽度(W)]: @11,-11　　//输入 F 点与 E 点的相对坐标，确定圆弧的 F 点
指定圆弧的端点或
[角度(A)/圆心(CE)/闭合(CL)/方向(D)/半宽(H)/直线(L)/半径(R)/第二个点(S)/放弃(U)/宽度(W)]: L　　//调用"直线(L)"选项，转入画直线
指定下一点或 [圆弧(A)/闭合(C)/半宽(H)/长度(L)/放弃(U)/宽度(W)]:　//捕捉 G 点
指定下一点或 [圆弧(A)/闭合(C)/半宽(H)/长度(L)/放弃(U)/宽度(W)]:Enter
//结束命令

【例 3-10】用多段线命令，在图 3-15a 中画箭头，如图 3-15b 所示。

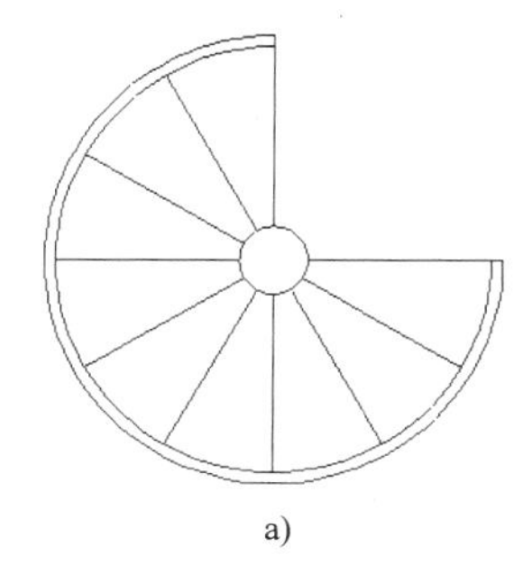
a)

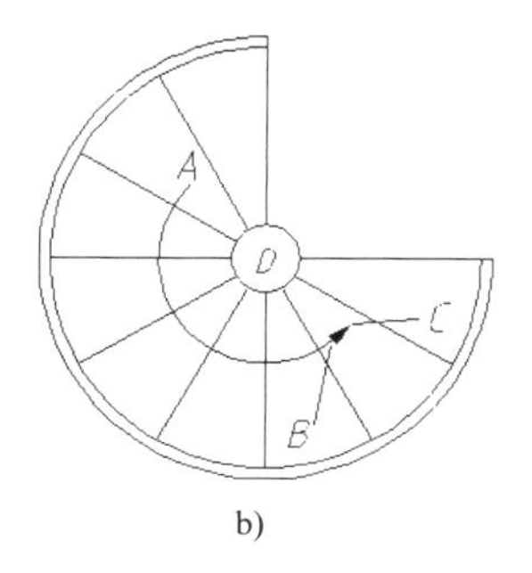

b)

图 3-15　画旋转楼梯中的箭头

关闭自动对象捕捉和正交工具。单击多段线按钮。
指定起点:　　//在 A 点附近单击
当前线宽为 0.0000
指定下一个点或 [圆弧(A)/半宽(H)/长度(L)/放弃(U)/宽度(W)]: A
//单击"圆弧(A)"选项，画圆弧
指定圆弧的端点或
[角度(A)/圆心(CE)/方向(D)/半宽(H)/直线(L)/半径(R)/第二个点(S)/放弃(U)/宽度(W)]: CE　　//单击"圆心(CE)"选项

指定圆弧的圆心:　　　　　　　　　　//捕捉圆心 D
指定圆弧的端点或 [角度(A)/长度(L)]:　　//在 B 点附近单击

说明：此箭头由 AB、BC 两段圆弧组成。下面画箭头部分(BC 圆弧)。

指定圆弧的端点或
[角度(A)/圆心(CE)/闭合(CL)/方向(D)/半宽(H)/直线(L)/半径(R)/第二个点(S)/放弃(U)/宽度(W)]:　W　　　　//单击“宽度(W)”选项
指定起点宽度 <0.0000>: 1　　　　　　//输入起点宽度
指定端点宽度 <10.0000>: 0　　　　　//输入终点宽度
指定下一个点或 [圆弧(A)/半宽(H)/长度(L)/放弃(U)/宽度(W)]: A
　　　　　　　　　　　　　　　　　//单击“圆弧(A)”选项
指定圆弧的端点或
[角度(A)/圆心(CE)/方向(D)/半宽(H)/直线(L)/半径(R)/第二个点(S)/放弃(U)/宽度(W)]:
CE　　　　　　　　　　　　　　　　//单击“圆心(CE)”选项
指定圆弧的圆心:　　　　　　　　　　//捕捉圆心 D
指定圆弧的端点或 [角度(A)/长度(L)]: A　　//在 C 点附近单击
指定圆弧的端点或
[角度(A)/圆心(CE)/闭合(CL)/方向(D)/半宽(H)/直线(L)/半径(R)/第二个点(S)/放弃(U)/宽度(W)]:Enter　　　　//结束命令

多段线命令其他两个选项的含义如下。

- 半宽(H)：输入多段线起始端、终止端线宽的 1/2，确定线宽。
- 放弃(U)：未结束命令以前，删除刚画的一段多段线。

3.8　利用构造线作图

构造线是无限长的直线，可以用来画角度已知，长度未知，端点是交点的直线，如图 3-16a 所示。构造线命令有 5 个选项，各选项的功能如下。

- 水平(H)：通过给定点画一条水平构造线。
- 垂直(V)：通过给定点画一条铅垂构造线。
- 角度(A)：通过给定点画一条指定角度的倾斜构造线。
- 二等分(B)：画给定 3 点组成的角的平分线。
- 偏移(O)：输入偏移距离以后，画一条与指定直线平行的构造线，两平行线之间的距离等于偏移距离。

【例 3-11】用构造线等命令，画阀门井，如图 3-16a 所示。

（1）打开一新图，设置并打开自动对象捕捉，包括圆心、交点、端点等捕捉形式。

（2）画圆：在屏幕适当位置单击输入圆心，输入直径。

（3）画构造线 A，如图 3-16b 所示。单击 绘图 ▾ ，展开【绘图】面板，单击其中的构造线按钮。

指定点或 [水平(H)/垂直(V)/角度(A)/二等分(B)/偏移(O)]: A
//调用“角度(A)”选项
输入构造线的角度 (0) 或 [参照(R)]: 45　　//输入构造线的倾斜角度
指定通过点:　　//捕捉圆心指定构造线通过的点
指定通过点:Enter　　//结束命令

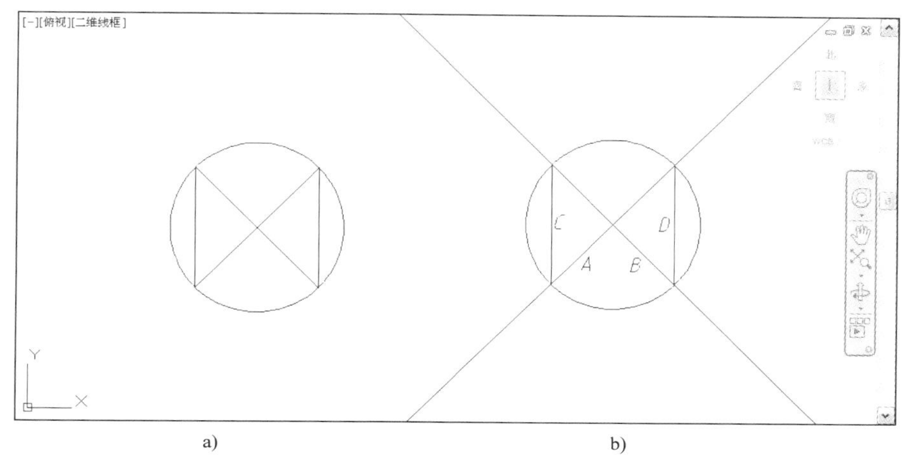

图 3-16　画阀门井

（4）同样画构造线 B。构造线的角度是-45°。

（5）捕捉交点画直线 C、D；用修剪命令（见第 4 章）修剪构造线。

3.9　填充图案的绘制与编辑

按国标规定，在剖面图中用填充图案表示建筑构配件的材料类别。AutoCAD 提供了多种填充图案供用户选用，图 3-17 是几种常用的填充图案及其编号。

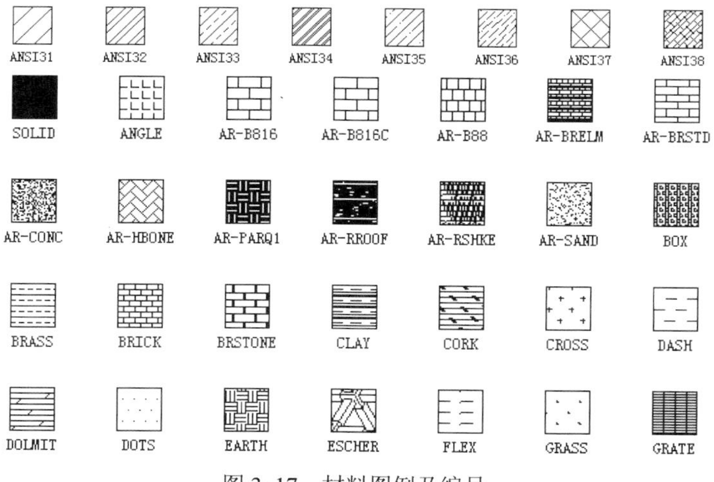

图 3-17　材料图例及编号

最常用填充图案的编号有普通砖 ANSI31、金属材料 ANSI32、石材 ANSI33、混凝土 AR-CONC 和涂黑 SOLID。钢筋混凝土要填入 ANSI31 和 AR-CONC 两种填充图案。

在画填充图案时，有两种选择填充边界的方法：

- 在欲画填充图案的封闭区域内单击，就指定了填充区域和填充边界。这是最常用的一种方法，也是默认方式。
- 通过选择组成填充边界的对象，确定填充边界。当图形特别复杂时，用户在填充区域内指定一点，AutoCAD 需要长时间查找才能最后确定填充边界。这种情况下，可以直接选择组成填充边界的图线。

【例 3-12】画填充图案，如图 3-18b 和图 3-18c 所示。

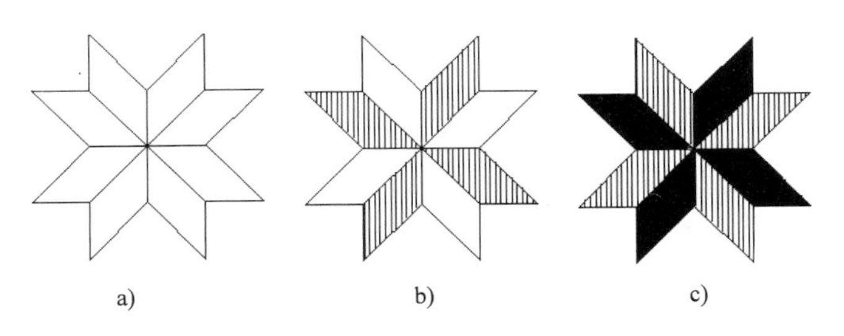

图 3-18　画材料图例

先画图 3-18b 所示的填充图案。

（1）单击图案填充按钮中的，屏幕上方显示【图案填充创建】选项卡，如图 3-19 所示。

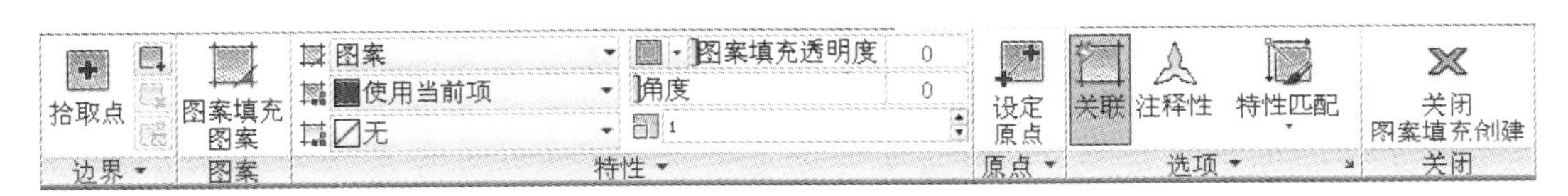

图 3-19　【图案填充创建】选项卡

（2）单击，打开下拉列表，如图 3-20a 所示，单击【ANSI31】填充图案。

（3）用十字光标的中心，依次在 4 个要填充的区域内单击选择填充区域。被选中区域的边界显示为虚线，并即时显示填充图案。

此时命令提示为“拾取内部点或 [选择对象(S)/设置(T)]”，说明可以用两种方法选择填充区域：①直接用十字光标在填充区域内单击。②单击命令提示中的“选择对象(S)”选项（或单击屏幕左上角的选择边界对象按钮），选择组成填充边界的图线。

（4）在比例文本框 1 中单击插入光标，输入比例“2”。在角度文本框 角度 0 中输入角度“45”。

AutoCAD 即时显示调整结果。用户可以重新输入比例和角度等调整填充结果，直至满意为止。

（5）填充效果满意后，按 Enter 键，或单击屏幕右上角的关闭按钮，完成填充。

（6）画图 3-18c 中的涂黑图案。按 Enter 键重复执行图案填充命令，选择【SOLID】填充图案，用十字光标依次在 4 个要填充的区域内单击。单击屏幕右上角的关闭按钮，完成填充。

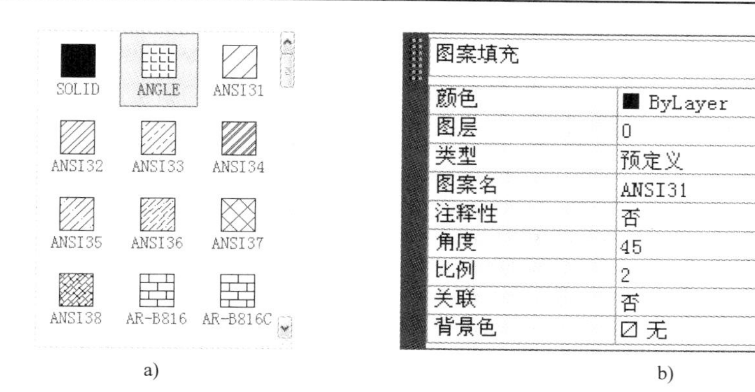

a)　　b)

图 3-20　图案填充

3.10　编辑填充图案

用户如果对绘制的填充图案不满意，可以随时修改。其方法如下：

（1）双击要修改的填充图案，显示【图案填充编辑器】选项卡（与图 3-19 所示的【图案填充创建】选项相同），并显示【图案填充】对话框，如图 3-20b 所示。

（2）用与画填充图案相同的方法，在【图案填充编辑器】选项卡或【图案填充】对话框中，修改各项目，包括填充图案样式、间隔比例、倾斜角度等。

（3）修改完以后，单击右上角的关闭按钮，退出选项卡和对话框，完成修改。

3.11　波浪线的绘制与编辑

在剖面图中，用波浪线作为剖切部分与非剖切部分的分界线，如图 3-21b 所示。虽然 AutoCAD 提供了一个画自由曲线的命令，但为了画出光滑的波浪线，最好还是用样条曲线命令画波浪线。

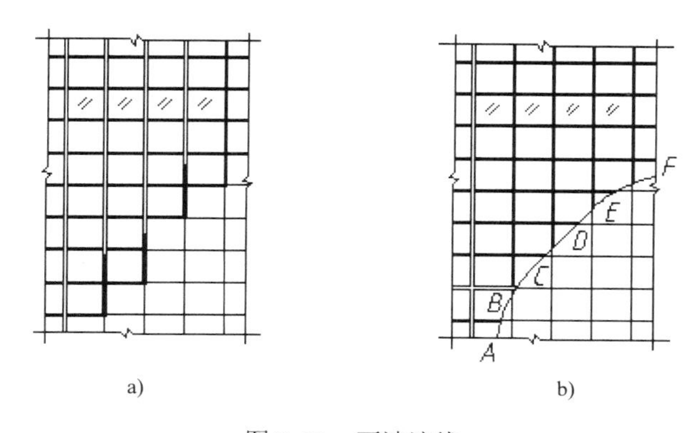

a)　　b)

图 3-21　画波浪线

3.11.1　绘制样条曲线

波浪线的端点必须在轮廓线上（例如图 3-21 中的 A、F 点）。为了做到这一点，可以先画一条两端都超出轮廓线的样条曲线，再修剪掉超出轮廓线的部分。最好的方法是调用“最近点捕捉”，捕捉轮廓线上的点。

最近点捕捉就是，当执行某一命令需要输入一点时，用该命令捕捉已经画出的图线上离十字光标中心最近的一个点作为输入点。

【例 3-13】用最近点捕捉、样条曲线命令画波浪线，将图 3-21a 画为图 3-21b。

自动对象捕捉（当图线较为密集时）和正交工具会干扰通过单击输入点，这时可以将它们暂时关闭。

（1）关闭自动对象捕捉和正交工具。

（2）画波浪线。单击 绘图▼ ，展开【绘图】面板，单击样条曲线拟合按钮。

当前设置: 方式=拟合 节点=弦
指定第一个点或 [方式(M)/节点(K)/对象(O)]: _M
输入样条曲线创建方式 [拟合(F)/控制点(CV)] <拟合>: _FIT
当前设置: 方式=拟合 节点=弦

说明： 以上是单击按钮以后，AutoCAD 显示的默认设置：以“拟合(F)”的方式画样条曲线。该方式画的样条曲线通过用户指定的每一个点。
单击另一个按钮，也显示类似的提示，将以“控制点(CV)”的方式画样条曲线。样条曲线与通过指定点的折线（多段直线）相切。画波浪线用即可。

指定第一个点或 [方式(M)/节点(K)/对象(O)]: //单击最近点捕捉按钮，移动鼠标指针到 A 点附近，显示“最近点捕捉”标记后单击，指定 A 点
输入下一个点或 [起点切向(T)/公差(L)]: //在 B 点附近单击指定 B 点
输入下一个点或 [端点相切(T)/公差(L)/放弃(U)]: //依次在 C、D、E 点附近单击
输入下一个点或 [端点相切(T)/公差(L)/放弃(U)/闭合(C)]:
//单击最近点捕捉按钮，捕捉 F 点
输入下一个点或 [端点相切(T)/公差(L)/放弃(U)/闭合(C)]: Enter //结束命令

说明： 在剖面图中对波浪线的形状要求不高，一般不用修改 AutoCAD 的默认设置。相贯线、截交线也可以用样条曲线命令绘制。

3.11.2 编辑样条曲线

用户可以用编辑样条曲线命令修改样条曲线。该命令的功能非常强大，可以用来闭合或合并样条曲线，编辑样条曲线的顶点等。其调用方法是：单击 修改▼ ，展开【修改】面板，单击其中的编辑样条曲线按钮。

提示： 第 4 章介绍的编辑命令，例如修剪、删除、移动、复制、镜像等命令都可以用来编辑样条曲线。

画完波浪线以后，常常需要调整一下形状。此时用夹点编辑比用编辑样条曲线命令更为

有效。例如要画图 3-22a 中表示窗帘的填充图案，需要画图 3-22b 所示的样条曲线作为填充边界。调整其形状的方法是：单击样条曲线，在画样条曲线的每一输入点处显示一个蓝色小方框（称为夹点），如图 3-22b 所示。单击要移动的方框，该方框变为红色，移动鼠标改变其位置。修改完以后，按 Esc 键退出编辑状态。

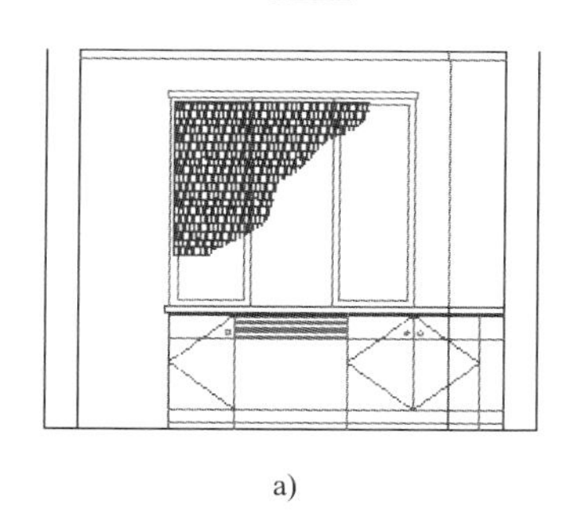

a)

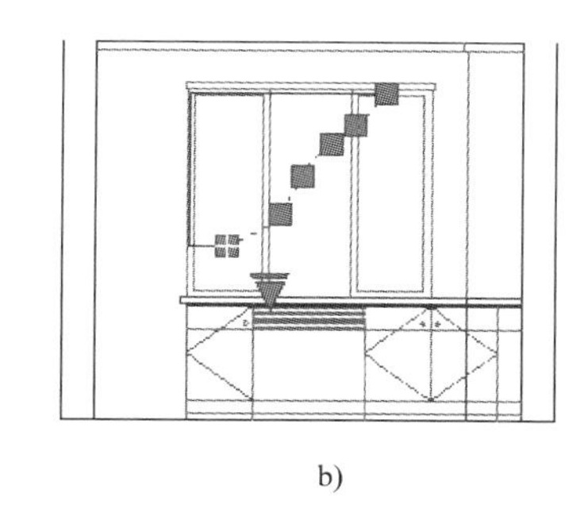

b)

图 3-22　夹点编辑

提示：调整夹点位置时，一般要关闭正交工具和对象捕捉。

单击三角形夹点，显示快捷菜单，包括“拟合”和“控制点”两个选项。单击“控制点”，样条曲线变为与通过指定点的折线相切的曲线（关键点显示为圆形）。单击“拟合”样条曲线变为通过指定点的曲线（关键点显示为方形）。附盘文件中有图 3-22 所示的图形。

3.12　小结

绘制基本图形是绘制复杂室内设计图样的基础，应熟练掌握，并能灵活运用。直线、圆、圆弧命令是 3 个常用的命令，它们的简化输入形式分别是 L、C、A。从键盘输入一个字母调用命令，有时比单击按钮更顺手。初学者应当根据命令提示，输入命令参数，并通过练习逐步减少对命令提示的依赖性。

为了减少转换计算，提高作图效率，AutoCAD 以选项的形式，为每种基本图形提供了几种不同的画法。命令选项的调用方法是，命令提示中显示该选项时，输入该选项后面的英文字母，或单击该选项。

剖面图是室内设计图的一种常用的表达方法。本章介绍了绘制剖面符号的基本方法，选择填充边界的两种方法，编辑剖面符号的两种命令。

3.13　习题与作图要点

1．不定项选择题（在正确选项的编号上画“√”）。

（1）调用画圆命令的“相切、相切、相切”选项的方法是：

A．菜单法　　B．按钮法

C．在命令行输入画圆命令　　D．任意方法

（2）除用 3 点法画圆弧以外，AutoCAD 按（　　）方向画圆弧？

A．逆时针　　B．顺时针

（3）用画矩形命令可以直接画出的矩形为：

A．带圆角的矩形　　B．带倒角的矩形

（4）选择填充边界的方法是：

A．在封闭的填充域内指定一点　　B．选择组成填充边界的对象

C．A 和 B 都对

（5）可用于编辑剖面符号的命令有：

A．删除命令　　B．偏移命令　　C．镜像命令　　D．图案填充编辑命令

（6）可用于波浪线编辑的命令有：

A．修剪命令　　B．删除命令　　C．移动命令　　D．编辑样条曲线命令

2．简答题。

（1）调用画椭圆命令的哪一选项，可以直接画出圆球表面上截交线（圆）的投影形成的椭圆？

（2）用哪两种方法，可以控制用画正多边形命令所画正多边形的转向？通过输入点指定半径，控制多边形的转向，对于圆外切、圆内接正多边形有什么不同？

（3）比较两种选择填充边界方法的特点。

（4）如何绘制填充图案？

（5）如何编辑填充图案？

3．将图 3-23 至 3-26 中的图 a 画为图 b（a 图对应的附盘文件分别为 dwg\03\3-23、3-24、3-25、3-26）。

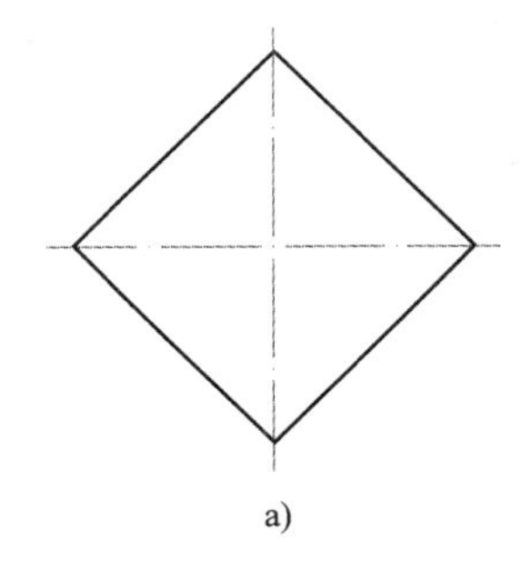

a)

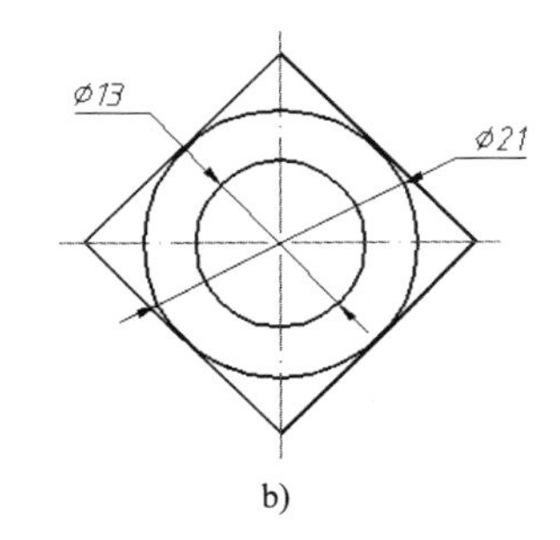

b)

图 3-23　画圆

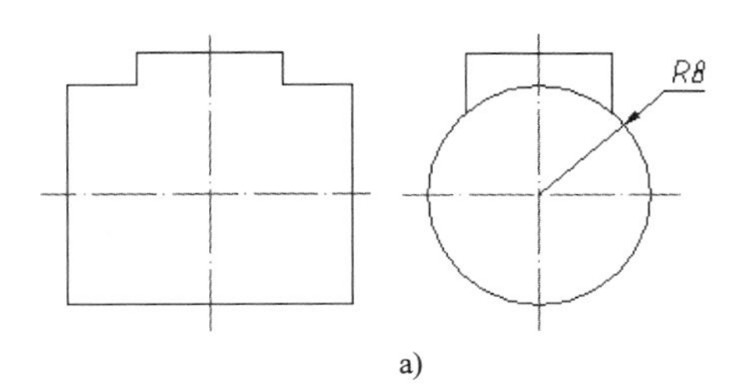

a)

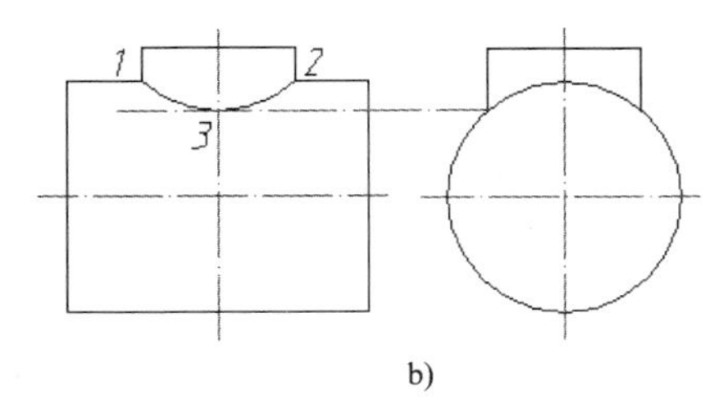

b)

图 3-24　画圆弧

此相贯线可以画为圆弧 123，有两种画法：①作水平辅助线求出点 3，用三点方式画圆弧。②用“起点、端点、半径”方式画圆弧，其半径等于大圆柱的半径 R8。

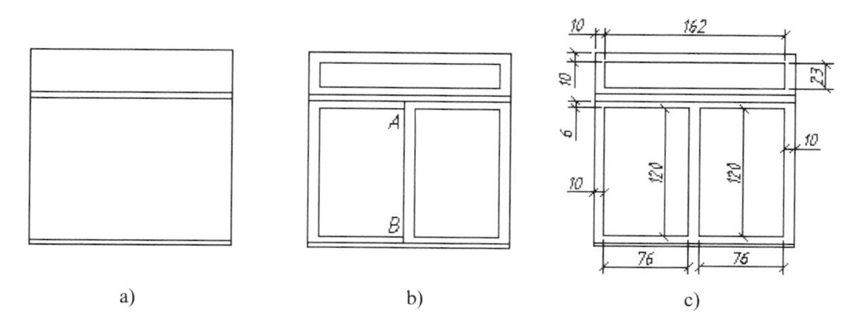

a)　　b)　　c)

图 3-25　画矩形

参考本章例 3-4 将图 a 画为图 c，用直线命令在 AB 两端补画直线。

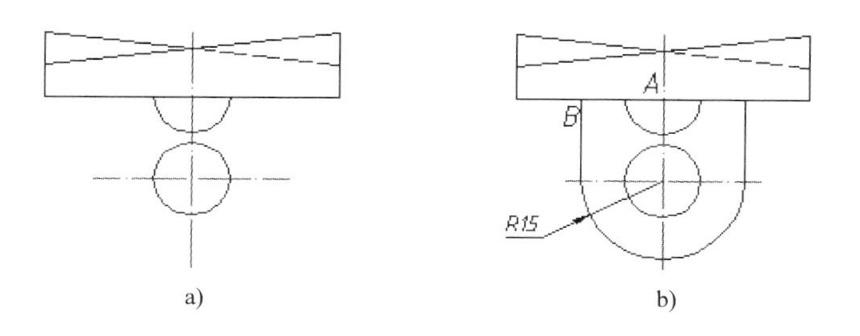

a)　　b)

图 3-26　画多段线

参考本章例 3-9，画多段线：过 A 点追踪确定 B 点（第 2 章参考例 2-6）。

第4章　高 效 作 图

AutoCAD 的修改命令不局限于删除、复制、移动等简单的编辑操作，而是真正高效的作图命令，例如偏移、修剪命令是绘制平行结构的主要命令，圆角命令是画相切圆弧的主要命令；其“高效”还体现在，多个相同结构，可以只画出一个，其他复制、阵列生成；对称结构可以只画出一半，另一半镜像生成。活用修改命令是提高作图效率的关键，能否巧妙运用修改命令绘制各种复杂图形，是衡量绘图者作图水平的主要依据。本章将结合绘制典型工程图，详细介绍这些命令的用途、调用方法与应用技巧。

4.1　绘制相同结构

图形中的相同结构，可以只画出其中的一个或一半，其他的通过复制、阵列、镜像生成。

4.1.1　复制图形

执行复制命令时，先选择要复制的图形（称为源对象），再指定要复制到的新位置。该命令有“多个”、“阵列”等复制方式，下面结合应用实例分别介绍。

【例 4-1】用复制命令，将图 4-1a 画为图 4-1b。

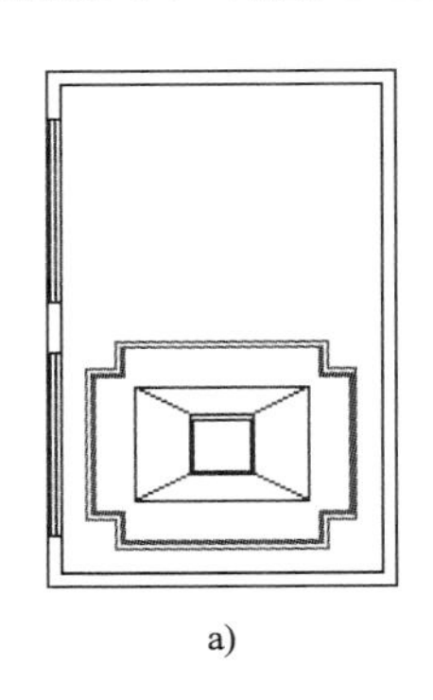

a)

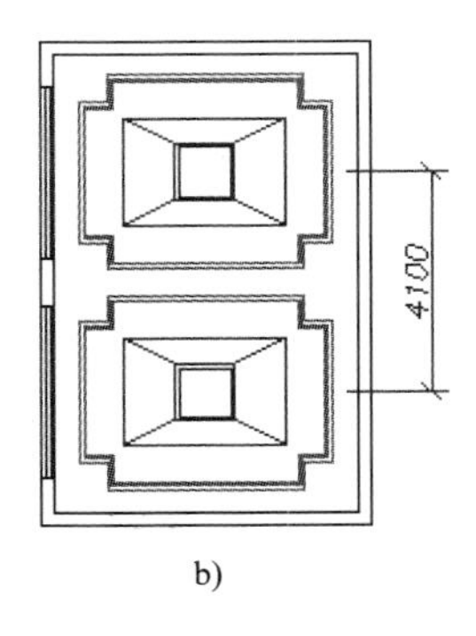

b)

图 4-1　木门立面图

> **提示：** 本章例题和习题的 a 图在附盘文件夹“\dwg\04”下，文件名与例图编号相同，练习时先打开相应的附盘文件。

单击复制按钮。

选择对象:　　　　　　　　　　　　//用窗口方式选择要复制的图形

选择对象:　　　　　　　　　　　　//单击鼠标右键，结束选择提示：选择对象时要根据图形特点，要复制图线的多寡，使用恰当的选择方式，选择要复制的图形。

当前设置：　复制模式 ＝ 多个　　//调用一次复制命令可生成“多个”备份
指定基点或 [位移(D)/模式(O)] <位移>:　　//在屏幕任意位置单击作为基点
指定第二个点或 [阵列(A)] <使用第一个点作为位移>:@0,4100
//输入要把基点复制到的新位置
指定第二个点或 [阵列(A)/退出(E)/放弃(U)] <退出>:Enter　　//结束命令

说明：位移的第二点在基点的正上方 4100 处，也可以用正交工具确定该点。

从例 4-1 可以看出，复制生成的图形的位置由基点与位移的第二点的坐标差决定，因此基点可以选择任意位置。除了上述方法之外，还可以用如下方法指定复制位置：

- 在命令提示“指定基点或 [位移(D)/模式(O)]”时，直接输入位移的第二点与基点的坐标差，例如例 4-1 输入 0,4100（不带@）；在提示“指定第二个点或 [阵列(A)] <使用第一个点作为位移>:”时，按 Enter 键。
- 依次捕捉两个点，分别作为基点和位移的第二点，见例 4-2。

【例 4-2】用复制命令复制生成多个副本，将图 4-2a 画为图 4-2b。

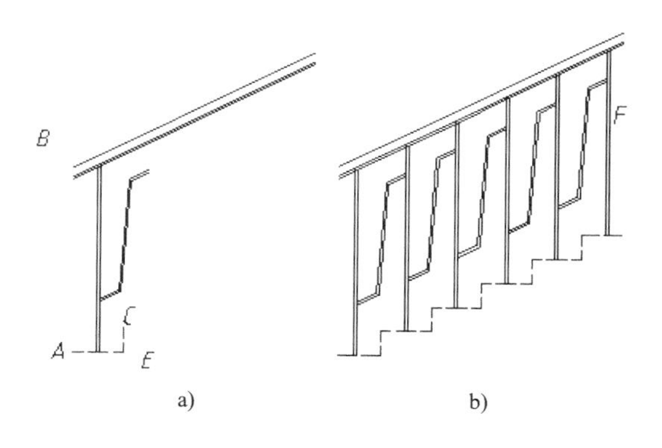

图 4-2　画楼梯栏杆

（1）设置并打开自动对象捕捉；单击复制按钮。

选择对象：　　//先后在 B、E 点附近单击，用窗口方式选择要复制的图线
选择对象：　　//单击鼠标右键，结束选择
当前设置：　复制模式 ＝ 多个　　//当前复制模式为“多个”，调用一次命令可以生成多个拷贝

提示：复制命令默认模式由系统变量 COPYMODE 控制。其值=0，默认为“多个”模式；其值=1，默认为“单个”模式。系统变量详见第 3 章。

指定基点或 [位移(D)/模式(O)] <位移>:　　//捕捉端点 A 作为基点
指定第二个点或 [阵列(A)] <使用第一个点作为位移>:

//捕捉 C 点作为位移的第二点

指定第二个点或 [阵列(A)/退出(E)/放弃(U)] <退出>:

//依次捕捉楼梯的其他踏步中点

指定第二个点或 [阵列(A)/退出(E)/放弃(U)] <退出>: Enter　　//结束命令

（2）删除立柱 F 右侧多复制的图线。

【例 4-3】用复制命令的“阵列(A)”选项，将图 4-3a 画为图 4-3b。

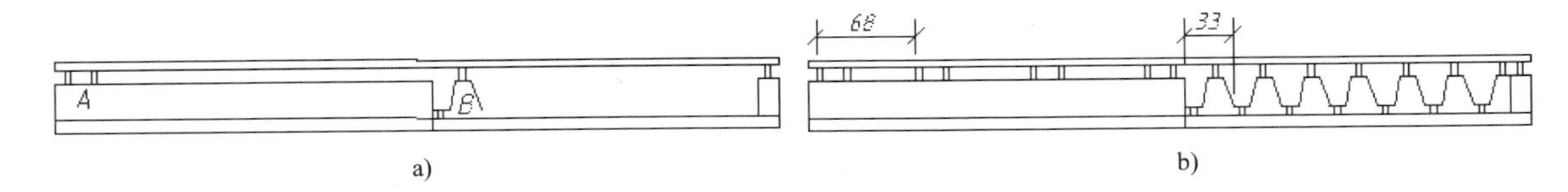

a)　　b)

图 4-3　复制阵列阳台

（1）阵列 A 处的图线。打开正交工具，单击复制按钮。

选择对象:　　//用窗口方式选择要复制的 4 条直线

选择对象:　　//单击鼠标右键，结束选择

当前设置:　复制模式 = 多个　　//当前复制模式为“多个”

指定基点或 [位移(D)/模式(O)] <位移>:　　//在任意位置单击作为基点

指定第二个点或 [阵列(A)] <使用第一个点作为位移>: A　//单击“阵列(A)”选项

输入要进行阵列的项目数: 4　　//输入阵列项目数（包括源对象）

指定第二个点或 [布满(F)]:68　　//向右移动鼠标，输入距离指定第二个点

（2）用同样的方法阵列 B 处的图线：7 列，列距：33。

本例已打开了正交工具，移动鼠标指定方向以后，输入距离即可指定第二点。AutoCAD 以第一点与第二点之间的距离为阵列间距。如果此时输入 F，调用“布满(F)”选项后再指定第二点，所有阵列对象就会等间隔分布在两点的连线上。

4.1.2　镜像图形

在工程图中有许多对称结构，可以只画出其中的一半，用镜像命令镜像生成另一半。执行镜像命令时，需要先选择要镜像的源对象，再指定两点确定镜像线（对称线）。

【例 4-4】用镜像命令，将图 4-4a 画为图 4-4b。

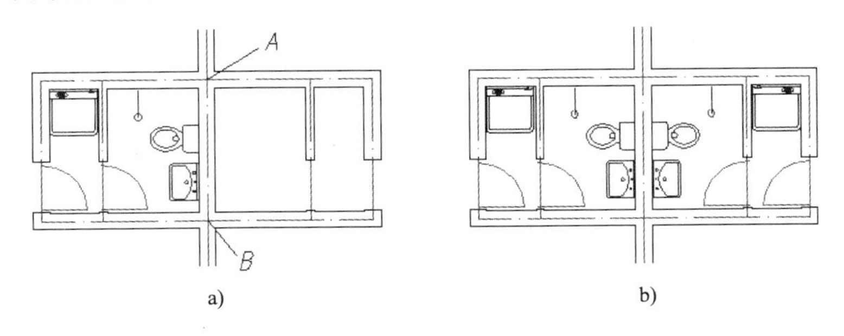

a)　　b)

图 4-4　洗手间平面图

单击镜像按钮。

选择对象:　　　　　　　　　　　　　　　　//选择要镜像的图形
选择对象:　　　　　　　　　　　　　　　　//单击鼠标右键结束选择
指定镜像线的第一点:　　　　　　　　　　　//捕捉点 A，作为镜像线的第一点
指定镜像线的第二点:　　　　　　　　　　　//捕捉点 B，作为镜像线的第二点
是否删除源对象？[是(Y)/否(N)] <N>: Enter　//镜像时不删除源对象

镜像时不删除源对象生成对称图形；删除源对象，则将源对象绕对称轴旋转 180°。

镜像线既可以是实际存在的直线，也可以通过捕捉自、对象捕捉追踪、正交工具、输入相对坐标值等方法给定两点确定。例如要将图 4-5a 画为图 4-5b，镜像左下角的图线时，可以捕捉 AB 中点（或椭圆的象限点等）作为镜像线的第一点，打开正交工具，在 AB 中点上方或下方任意位置单击指定镜像线的第二点。

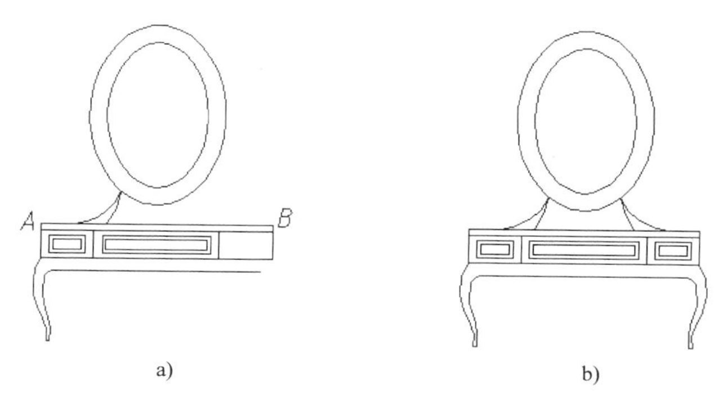

图 4-5　镜像图形

当图形基本对称时，也可以镜像后再修改。还可以从不同的图形中复制、镜像对称结构。

4.1.3 阵列图形

对于图 4-6、图 4-8 和图 4-9 所示的等间隔分布的相同结构，可以只画出其中之一，其余由阵列生成。

1．生成矩形阵列

矩形阵列是指多个相同结构按等行距、等列距分布，如图 4-6b 和图 4-6c 所示的玻璃。

【例 4-5】用矩形阵列和镜像命令将图 4-6a 画为图 4-6c。

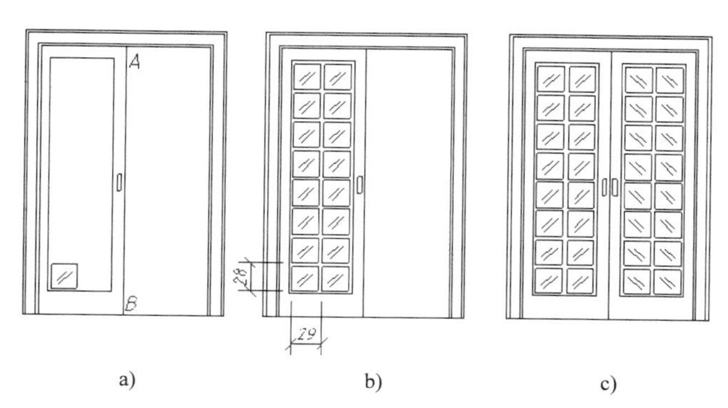

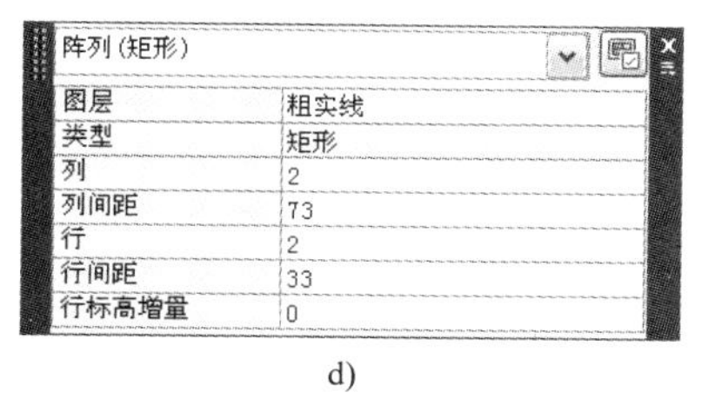

图 4-6　矩形阵列画玻璃

（1）单击阵列按钮中的，用窗口方式选择要阵列的图形，单击鼠标右键结束选择，显示【阵列创建】选项卡，如图 4-7 所示。

（2）在【列数】文本框中输入列数：2，在【行数】文本框中输入行数：8。

（3）在【列数】下面的【介于】文本框中输入列距：29，在【行数】下面的【介于】文本框中输入行距：28。单击关联按钮，使其显示为蓝色，生成关联阵列。

类型	列		行		层级		特性		关闭
矩形	列数：	4	行数：	3	级别：	1	关联	基点	关闭阵列
	介于：	309.5471	介于：	228.222	介于：	1			
	总计：	928.6413	总计：	456.444	总计：	1			

图 4-7 【阵列创建】对话框

提示：在【介于】文本框中输入负值，将沿相反方向阵列。

（4）单击关闭阵列按钮，完成作图。

关联阵列生成的图形是一个整体。双击这种图形，显示【快捷特性】对话框，如图 4-6d 所示。用户可以在其中修改图层、行距、列距等项目。非关联阵列生成的图形没有关联性，不能这样修改。如果不显示【快捷特性】对话框，则需要单击屏幕下方状态行上的快捷特性按钮，使其变为绿色。

2．生成环形阵列

环形阵列是指多个相同结构均匀分布在圆周上或者圆弧上，如图 4-8b 所示。

【例 4-6】用环形阵列命令，将图 4-8a 画为图 4-8b。

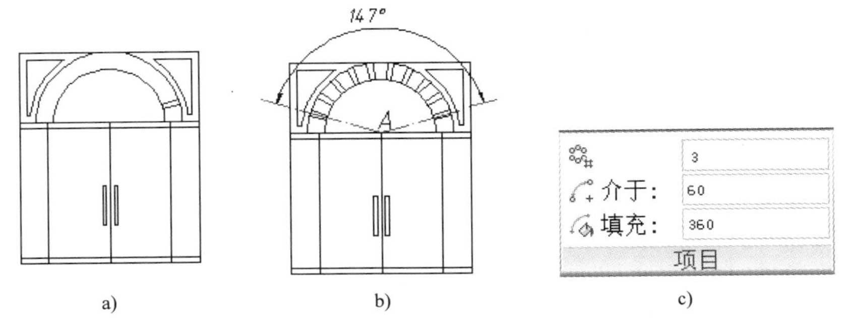

图 4-8　用环形阵列画门口

（1）打开对象捕捉，单击右边的，打开折叠工具条，单击环形阵列，用窗口方式选择要阵列的图线，单击鼠标右键结束选择，捕捉 A 点作为阵列的中心点，显示【阵列创建】选项卡。该选项卡与图 4-7 相似，图 4-8c 是与本例相关的部分。

（2）在右边的文本框中输入阵列个数：10，在【填充】文本框中输入阵列生成对象的分布范围：147。

提示：单击屏幕右上角的方向按钮，选择阵列方向，指定沿顺时针还是逆时针方向阵列图形。

（3）单击关闭阵列按钮，完成作图。

阵列或复制命令都可以复制生成多个相同结构。两者的区别是阵列生成的图形等间隔分布，需要用户指定间距，而复制命令由用户指定每一个副本的位置。

3．沿路径阵列

沿路径阵列是指阵列生成的多个相同结构均匀分布在指定的图线（路径）上。路径可以是直线、圆弧、圆、椭圆、多段线、样条曲线、螺旋线、三维多段线。

【例 4-7】用路径阵列命令，将图 4-9a 画为图 4-9b。

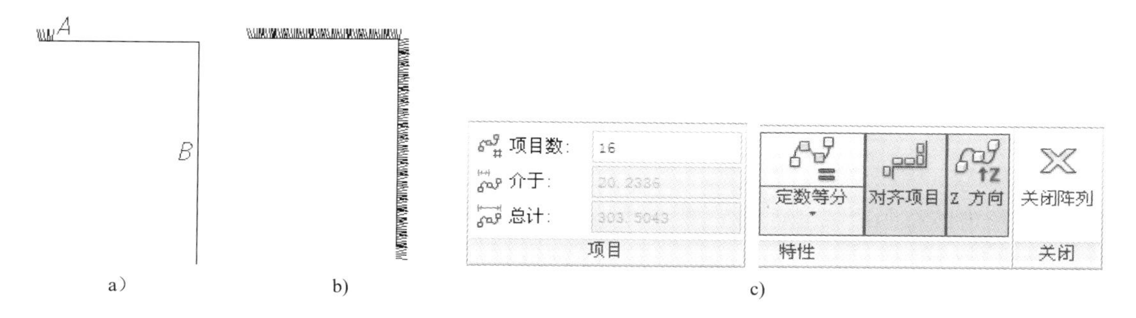

图 4-9　画地毯边缘

（1）单击右边的箭头，打开折叠工具条，单击，用窗口方式选择 A 处的图线，选择多段线 B 为阵列路径，显示【阵列创建】选项卡。该选项卡与图 4-7 相似，图 4-9c 是与本例相关的部分。

（2）从阵列选项卡右端第 4 个按钮组中选择【定数等分】，在【项目数】文本框中输入：30。单击关闭阵列按钮，完成作图。

如果保留默认设置【定距等分】，需要在【介于】中输入阵列对象之间的间距。

除了阵列命令以外，还有两个命令按钮右边有。这些命令的调用方法与矩形、椭圆命令的相同：单击打开折叠工具条，单击其中的命令按钮，调用相应命令。调用以后，折叠工具条在屏幕上显示的按钮替换为该按钮。单击该按钮，即可执行其对应的命令。

4.2　绘制平行结构

偏移命令用来生成已画出的直线的平行线，已画出的圆、圆弧、矩形、正多边形、多段线等曲线的等距曲线，例如同心圆。执行偏移命令，需要输入偏移距离（或指定图线偏移后通过的点），选择要偏移的图线，确定偏移方向。只能选择一个图元作为偏移对象。

4.2.1　画平行线

在室内设计图中，一般都标注了平行线之间的距离。该距离即为偏移距离，因此多数绘图者都习惯用偏移命令和修剪命令画平行结构，如图 4-10 所示。

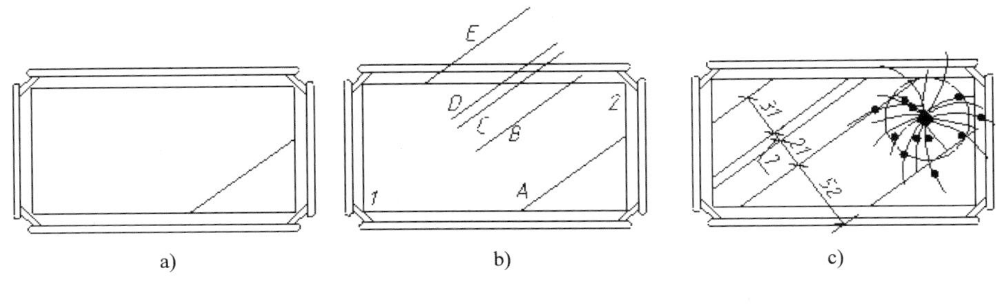

图 4-10 画茶几

【例 4-8】用偏移命令，将图 4-10a 画为图 4-10b。

（1）由直线 A 偏移生成直线 B。单击偏移按钮。

当前设置：删除源=否 图层=源 OFFSETGAPTYPE=0

//AutoCAD 显示的偏移命令的当前设置

指定偏移距离或 [通过(T)/删除(E)/图层(L)] <通过>: 52

//输入 A、B 之间的距离为偏移距离

选择要偏移的对象，或 [退出(E)/放弃(U)] <退出>: //单击直线 A（选择源对象）

指定要偏移的那一侧上的点，或 [退出(E)/多个(M)/放弃(U)] <退出>:

//在 A 左上侧单击，确定偏移方向

说明： 如果此时输入 m，调用“多个(M)”选项，在 A 左上侧每单击一次，则生成一条间隔为 52，向左上依次排列的直线。此种偏移可以替代阵列命令。

选择要偏移的对象，或 [退出(E)/放弃(U)] <退出>: Enter //结束命令

偏移命令是一条连续执行的复制命令，如果偏移距离相同，可以单击其他直线继续偏移，按 Enter 键结束命令。花草图案中的黑点、曲线分别用圆环、圆弧命令绘制。

（2）由直线 B 偏移生成直线 C。

键入命令：Enter //重复执行偏移命令

当前设置：删除源=否 图层=源 OFFSETGAPTYPE=0

指定偏移距离或 [通过(T)/删除(E)/图层(L)] <52.0000>: 21 //输入偏移距离

选择要偏移的对象，或 [退出(E)/放弃(U)] <退出>: //单击直线 B

指定要偏移的那一侧上的点，或 [退出(E)/多个(M)/放弃(U)] <退出>:

//在 B 上侧单击

选择要偏移的对象，或 [退出(E)/放弃(U)] <退出>: Enter //结束命令

（3）用同样的方法偏移生成其他图线。

4.2.2 画同心结构

用偏移命令可以绘制图元的同心结构，包括圆、椭圆、正多边形、用矩形命令画的矩形、多段线等图元。AutoCAD 将这些图形作为一个图元。

【例 4-9】用偏移命令，将图 4-11a 画为图 4-11b。

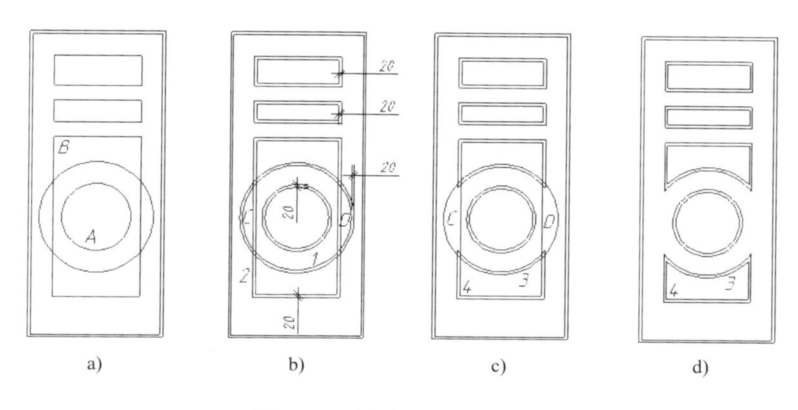

图 4-11　偏移命令应用例图

提示： 用矩形命令画的矩形是一条多段线，AutoCAD 将其视为一个图元。单击矩形的任意边将选中整个矩形。

（4）单击偏移按钮。

当前设置: 删除源=否　图层=当前　OFFSETGAPTYPE=0
指定偏移距离或 [通过(T)/删除(E)/图层(L)] <通过>:20　//输入偏移距离
选择要偏移的对象，或 [退出(E)/放弃(U)] <退出>:　//单击圆 A
指定要偏移的那一侧上的点，或 [退出(E)/多个(M)/放弃(U)] <退出>:
//在圆 A 内侧单击
选择要偏移的对象，或 [退出(E)/放弃(U)] <退出>:　//单击矩形 B
指定要偏移的那一侧上的点，或 [退出(E)/多个(M)/放弃(U)] <退出>:
//在矩形 B 内侧单击
选择要偏移的对象，或 [退出(E)/放弃(U)] <退出>:　//同样偏移其他圆和矩形
选择要偏移的对象，或 [退出(E)/放弃(U)] <退出>:Enter　//结束命令

（5）下节例 4-11 练习将图 4-11b 画为图 d。

4.3　延伸与修剪图线

延伸命令，用来延伸已经画出的图线（包括直线段、直线、圆弧），使之与其他图线相接。与之相接的图线称为边界。调用延伸命令时，需要先确定边界，后选择要延伸到该边界的图线。用拉长命令拉长图线不需要边界。

修剪命令，用来将已经画出的图线，以指定的线段为边界，剪掉多余的部分。修剪图线时，也要先选择修剪边界，后选择要修剪的图线。

例如要画图 4-12c 所示的图形，既可以将图线画得短一点（如图 4-12a）再进行延伸，也可以画得长一点（如图 4-12b）再进行修剪，其中的圆为延伸和修剪的边界。

AutoCAD 从 2002 版开始，延伸命令与修剪命令可以相互转换。执行延伸命令时，按 Shift 键，变为修剪命令；执行修剪命令时，按 Shift 键就具有延伸功能。用户可以根据要

延伸、修剪图线的多寡，决定用哪一个命令。调用两者之一都可以完成延伸与修剪工作。下面的例题说明这一方法。

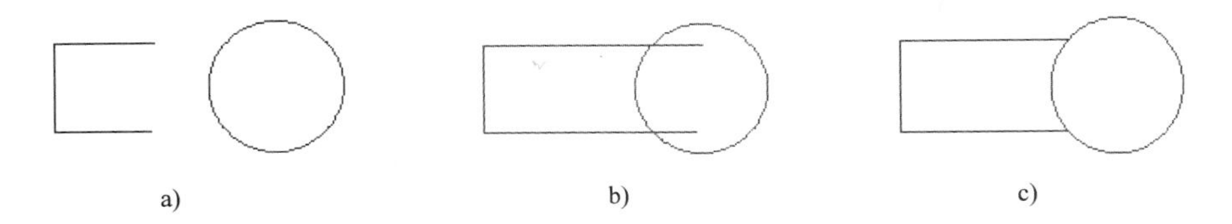

图 4-12 修剪命令和延伸命令比较例图

提示： 当被修剪的图线较多时，可以用交叉窗口方式选择要修剪的图线。

修剪按钮与延伸按钮折叠在一起，屏幕显示的是最后一次执行的命令对应的按钮，显示为或。可以直接单击显示出来的命令按钮，或单击，打开折叠工具条，单击要执行的命令按钮。

【例 4-10】用偏移、修剪命令，将图 4-13b 画为图 4-13c。

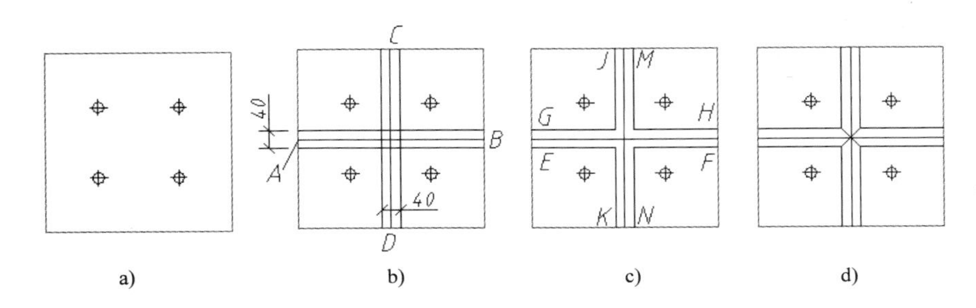

图 4-13 修剪图线

将图 4-13a 画为图 4-13d 的方法是：捕捉中点画直线 AB、CD；用偏移命令生成其他 4 条直线，如图 4-13b 所示；用修剪命令画为图 4-13c；捕捉交点画中间的线段成为图 4-13d。

（1）用偏移命令偏移直线，如图 4-13b 所示。

（2）修剪直线，如图 4-13c 所示。单击中的修剪按钮。

前设置:投影=UCS，边=无

选择剪切边...

选择对象或 <全部选择>:　　//依次单击 EF、GH、JK、MN 作为修剪边界

选择对象:　　//单击鼠标右键，结束选择

选择要修剪的对象，或按住 Shift 键选择要延伸的对象，或

[栏选(F)/窗交(C)/投影(P)/边(E)/删除(R)/放弃(U)]:

//依次单击要修剪线段的中间部位

提示： AutoCAD 以修剪边界为分界，剪掉单击的那一端。还可以用窗口方式或交叉窗口方式一次选择多条要修剪的直线。

选择要修剪的对象，或按住 Shift 键选择要延伸的对象，或
[栏选(F)/窗交(C)/投影(P)/边(E)/删除(R)/放弃(U)]: Enter　　　//结束命令

（3）单击屏幕左上角的放弃按钮，撤销修剪结果。单击右面的，打开折叠工具条，单击其中的延伸按钮。用延伸命令重做该例题。

（4）用直线命令，捕捉交点画中间的线段，如图 4-13d 所示。

说明：修剪、延伸命令都具有延伸和修剪功能，区别仅在于是否按 Shift 键。

修剪图线时要先分析用哪条线段做修剪边界更为快捷。有时需要像下例那样，分几次修剪。

【例 4-11】修剪图线，将图 4-11b 画为图 4-11c。

（1）将图 4-11b 修剪为图 4-1c。单击右面的，打开折叠工具条，单击按钮。

当前设置:投影=UCS，边=无
选择剪切边...
选择对象或 <全部选择>:　　　//单击圆 1 和矩形 2 作为修剪边界
选择对象:　　　//单击鼠标右键，结束选择
选择要修剪的对象，或按住 Shift 键选择要延伸的对象，或
[栏选(F)/窗交(C)/投影(P)/边(E)/删除(R)/放弃(U)]:　　//在 C 点附近单击圆 1 和矩形 2
选择要修剪的对象，或按住 Shift 键选择要延伸的对象，或
[栏选(F)/窗交(C)/投影(P)/边(E)/删除(R)/放弃(U)]:　　//在 D 点附近单击圆 1 和矩形 2
选择要修剪的对象，或按住 Shift 键选择要延伸的对象，或
[栏选(F)/窗交(C)/投影(P)/边(E)/删除(R)/放弃(U)]:Enter　　　//结束命令

（2）将图 4-11c 修剪为图 4-11d: Enter 重复执行修剪命令，选择圆 3 和矩形 4 作为修剪边界，先后在 C、D 点附近单击圆 3 和矩形 4。

【例 4-12】延伸、修剪图线，将图 4-10b 画为图 4-10d。

单击按钮中的。

选择剪切边...
选择对象或 <全部选择>:　　　//单击矩形 12 作为修剪、延伸边界
选择对象:　　　//单击鼠标右键，结束选择
选择要延伸的对象，或按住 Shift 键选择要修剪的对象，或
[栏选(F)/窗交(C)/投影(P)/边(E)/放弃(U)]:　　　//用窗口方式选择 B、C、D 的下端
选择要延伸的对象，或按住 Shift 键选择要修剪的对象，或
[栏选(F)/窗交(C)/投影(P)/边(E)/放弃(U)]:　　　//单击直线 E 的下端
选择要延伸的对象，或按住 Shift 键选择要修剪的对象，或
[栏选(F)/窗交(C)/投影(P)/边(E)/放弃(U)]:　　　//按住 Shift 键，单击直线 B 的上端
选择要延伸的对象，或按住 Shift 键选择要修剪的对象，或
[栏选(F)/窗交(C)/投影(P)/边(E)/放弃(U)]:　　　//按住 Shift 键，用窗口方式选择 C、D、E 的上端
选择要修剪的对象，或按住 Shift 键选择要延伸的对象，或
[栏选(F)/窗交(C)/投影(P)/边(E)/删除(R)/放弃(U)]: Enter　　　//结束命令

4.4　打断图线

打断（Break）命令用来将图线截去一段，或将一条图线打为两段（两打断点重合时）。

【例 4-3】用打断命令，将图 4-14a 画为图 4-14b。

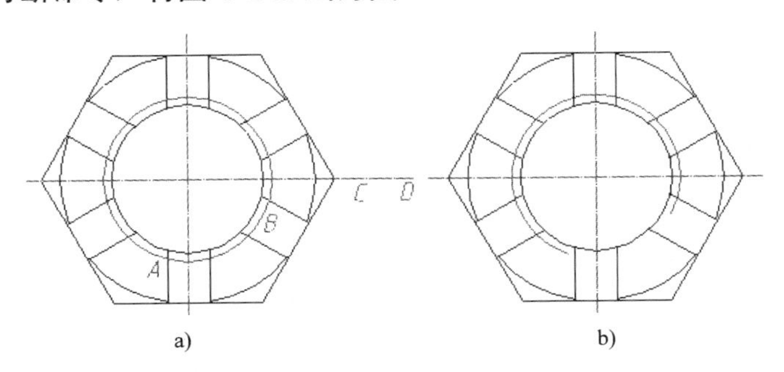

图 4-14　画螺母

（1）打断圆。单击【默认】选项卡中的 修改 ▾ ，展开【修改】面板，单击其中的打断按钮。

选择对象:　　//在 A 点附近单击圆，AutoCAD 自动将单击位置作为第一个打断点

指定第二个打断点或 [第一点(F)]:　　//在 B 点附近单击圆

提示： AutoCAD 按逆时针，截掉两打断点之间的圆弧。

（2）打断中心线。

键入命令：Enter　　//重复执行刚执行完的打断命令

选择对象:　　//在 C 点附近单击中心线

指定第二个打断点或 [第一点(F)]:　　//捕捉 D 点或在 D 点的右面单击

需要精确指定打断点时，调用“第一点(F)”选项，依次指定第一个、第二个打断点，见例 4-14。但画这种已经画出修剪边界的图形，用修剪命令更为快捷。

【例 4-14】用打断命令，将图 4-15a 画为图 4-15b。

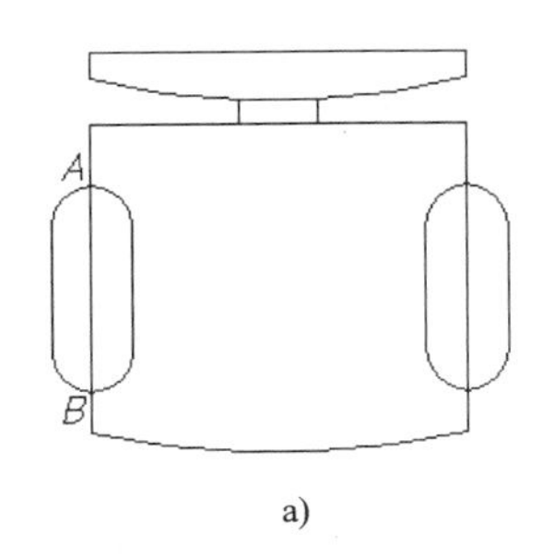

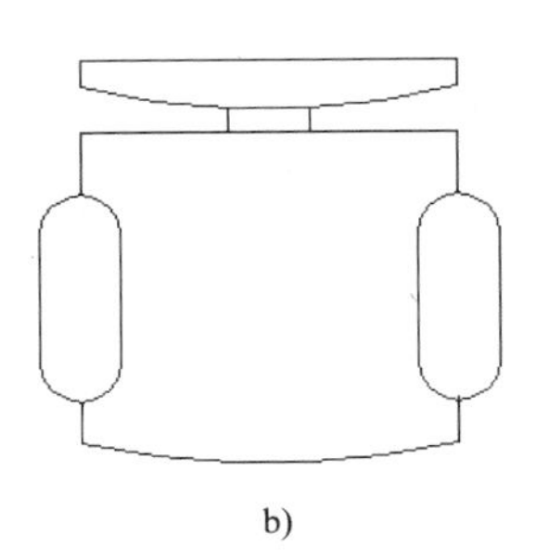

图 4-15　画沙发椅

（1）单击【默认】选项卡中的 修改 ▾ ，展开【修改】面板，单击其中的打断按钮。

选择对象:　　//单击直线 AB（此时光标变为拾取框）
指定第二个打断点 或 [第一点(F)]: F　　//单击“第一点(F)”选项
指定第一个打断点:　　//捕捉交点 A
指定第二个打断点:　　//捕捉交点 B

（2）用同样方法打断右侧的直线。

4.5　分解图线

主要有以下两种情况，需要分解图线：

- 一条直线两种线型。如图 4-16 所示的线段 AB，需要将其分别从 A、B 点处打断，再将 AB 改为虚线（修改线型见第 5 章）。
- 如果图线是用多段线命令画的折线，或用矩形、正多边形等命令画的矩形和正多边形，要偏移其中的部分图线，需要先分解再偏移。

例如图 4-17a 所示的洗衣机图例中的矩形 ABCD，是用矩形命令绘制的，要偏移生成矩形内的图线，需要先分解该矩形。AutoCAD 将矩形视为一个整体，如果不分解将偏移生成同心结构，如图 4-17d 所示。

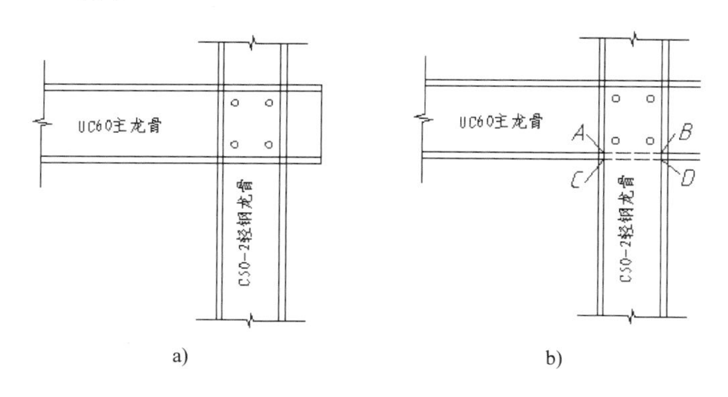

图 4-16　改变线型

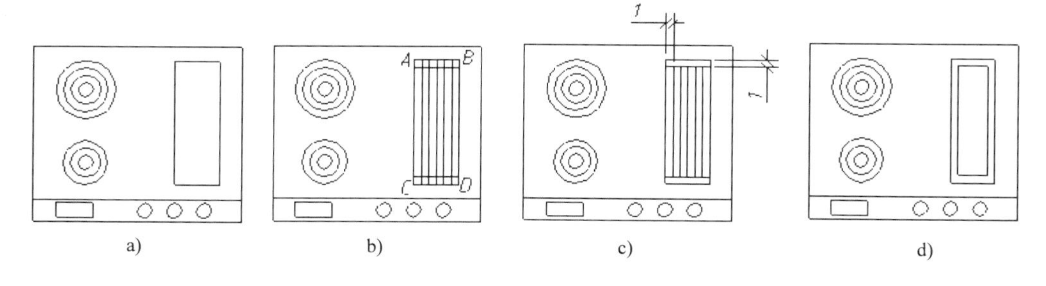

图 4-17　延伸命令应用例图

4.5.1　从一点打断图线

打断于点命令用来将一条线段打为两段。但该命令不是一个独立的命令，表现在如下两个方面：

- 执行完该命令以后，按Enter键，执行的是打断命令。
- 从其命令提示可以看出，该命令自动执行打断命令的“第一点(F)”选项，并使两个打断点的相对坐标为零（重合）。详见例 4-15。

【例 4-15】用打断命令、打断于点命令，将图 4-16a 画为图 4-16b。

（1）将直线 AB 分别从 A、B 两点打断。单击 修改 ▾ ，展开【修改】面板，单击打断于点按钮。

选择对象:	//单击 AB
指定第二个打断点或 [第一点(F)]: _f	//自动调用“第一点(F)”选项，如果用打断命令此时可以输入 F，调用该选项
指定第一个打断点:	//捕捉交点 A
指定第二个打断点: @	//命令自动输入@（第一、二打断点的相对坐标为零，即重合）

（2）单击打断于点按钮，将 AB 从 B 点打断；将 CD 从 C、D 两点处打断；将直线 AB、CD 改到“虚线”层，方法见第 5 章。

提示： 考虑到当虚线与粗实线共线时，虚线要在分界处断开，留下小的间隙。对于图 4-16b 所示的图形，可以用打断命令，将 AB、CD 从两端各打去一小段。

4.5.2 分解图形

分解命令用来将多段线、正多边形、用矩形命令画的矩形，分解为直线或圆弧，例如带圆角的矩形，将被分解为 4 条直线和 4 段圆弧。

【例 4-16】用分解、偏移命令，将图 4-17a 画为图 4-17b。

（1）分解矩形 ABCD。单击分解按钮。

选择对象:	//单击矩形
选择对象:	//单击鼠标右键，结束选择

（2）单击偏移按钮。

当前设置: 删除源=否 图层=源 OFFSETGAPTYPE=0

指定偏移距离或 [通过(T)/删除(E)/图层(L)] <通过>: 1	//输入偏移距离
选择要偏移的对象，或 [退出(E)/放弃(U)] <退出>:	//单击 AB
指定要偏移的那一侧上的点，或 [退出(E)/多个(M)/放弃(U)] <退出>:	//在 AB 下方单击
选择要偏移的对象，或 [退出(E)/放弃(U)] <退出>:	//单击 CD
指定要偏移的那一侧上的点，或 [退出(E)/多个(M)/放弃(U)] <退出>:	//在 CD 上方单击
移的对象，或 [退出(E)/放弃(U)] <退出>:	//单击 AC
指定要偏移的那一侧上的点，或 [退出(E)/多个(M)/放弃(U)] <退出>: m	//单击“多个(M)”选项

指定要偏移的那一侧上的点，或 [退出(E)/放弃(U)] <下一个对象>:

//在 AC 右侧单击 5 次

选择要偏移的对象，或 [退出(E)/放弃(U)] <退出>: Enter //结束命令

（3）第 5 章例 5-1，将图 4-17b 画为图 4-17c。

4.6 调整图线长度

用延伸和拉长命令都可以调整已经画出的图线的长度。

4.6.1 拉长图线

用拉长命令可以拉长直线或圆弧，这是绘制中心线的常用命令。拉长长度大于零时，拉长对象的实际尺寸变大；拉长长度小于零时，拉长对象的实际尺寸变小。

延伸命令与拉长命令的区别是，前者将已经画出的线段（包括直线段、直线、圆弧）延伸后与另一图线（边界）相接，而后者是将已经画出的线段拉长一定的长度，不需要边界。

【例 4-17】用拉长命令调整中心线长度，分别将图 4-18a、图 4-18c 画为图 4-18b。

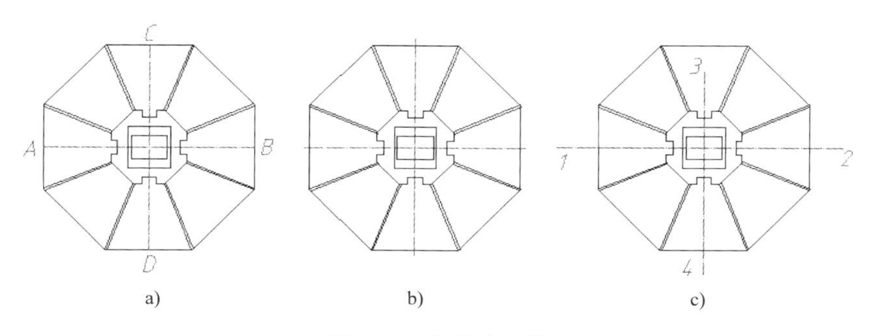

图 4-18 调整中心线

画工程图时，可以根据画图顺序的不同，采用如下两种方法调整中心线的长度。

- 先画图形，后画中心线。例如画图 4-18b 所示的图形，可以先画正八边形，再捕捉中点画中心线，如图 4-18a 所示。最后用拉长命令的“增量(DE)”选项，将中心线每一端都延长一定的长度。
- 先画中心线，后画图形。例如画图 4-18b 所示的图形，先打开正交工具，在屏幕上单击指定点画中心线，再画正八边形等图线。这样画出的中心线长短不一，如图 4-18c 所示。画完图以后用拉长命令的“动态(DY)”选项，目测长度，将中心线调整到所需长度。如果需要调整的中心线数量较少，还可以像例 4-13 那样，用打断命令调整中心线长度。

（1）将图 4-18a 画为图 4-18b。单击 修改 ▾，展开【修改】面板，单击其中的拉长按钮。

选择对象或 [增量(DE)/百分数(P)/全部(T)/动态(DY)]: DE

//输入 DE 或单击“增量(DE)”选项

输入长度增量或 [角度(A)] <0.0000>: 3　　//输入中心线每端延长量
选择要修改的对象或 [放弃(U)]:　　//依次单击 AB、CD 的两端
选择要修改的对象或 [放弃(U)]: Enter　　//结束命令

（2）将图 4-18c 画为图 4-18b。

键入命令：Enter　　//重复执行刚执行完的命令
选择对象或 [增量(DE)/百分数(P)/全部(T)/动态(DY)]: DY
　　//输入 DY 或单击“动态(DY)”选项，目测调整中心线长度
指定新端点:　　//单击 12 的左端
选择要修改的对象或 [放弃(U)]:　　//右移鼠标，当中心线达到所需长度后单击
选择要修改的对象或 [放弃(U)]:　　//单击 12 的右端
指定新端点:　　//左移鼠标，当中心线达到所需长度后单击
选择要修改的对象或 [放弃(U)]:　　//单击 34 的上端
指定新端点:　　//上移鼠标，当中心线达到所需长度后单击
选择要修改的对象或 [放弃(U)]: Enter　　//结束命令

提示：用拉长命令的“动态(DY)”选项调整中心线长度时，可以临时关闭自动对象捕捉。

本命令其他选项的功能如下。

- 百分数(P)：通过给定要拉长图线的尺寸与原尺寸的百分比来拉长或缩短图线。
- 全部(T)：将图线拉长或缩短到给定尺寸。

4.6.2　夹点编辑

单击直线和圆，将显示图 4-19 所示的蓝色方框。这些蓝色方框称为夹点。

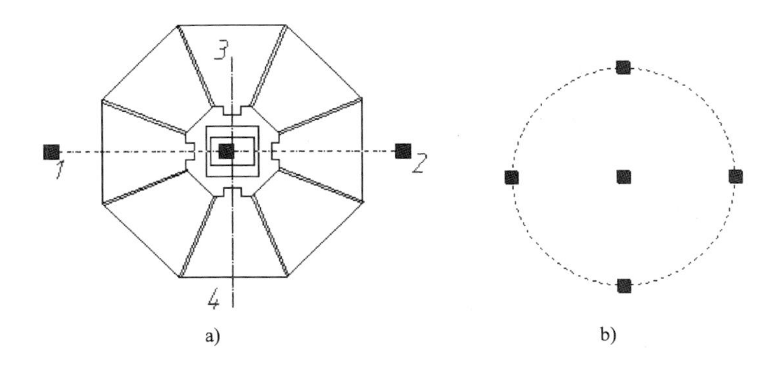

a)　　b)

图 4-19　夹点编辑

单击直线中间的方框，使其变为红色，移动鼠标改变直线的位置；单击直线两端的方框，使其变为红色，移动鼠标改变直线的长度或倾斜角度。

单击圆心处的方框，使其变为红色，移动鼠标改变圆的位置；单击圆周上的方框，使其变为红色，移动鼠标改变圆的直径。

上例步骤（2）可以变为，按 F8 键，打开正交工具，单击直线 12，单击夹点 1，右移鼠

标，当中心线达到要求长度后单击；单击夹点 2，左移鼠标，当中心线达到要求长度后单击。按 Esc 键退出夹点编辑。

说明：打开正交工具是为了保证编辑后中心线仍然是水平线和铅垂线。
作夹点编辑移动鼠标时，如果不打开正交工具或极轴追踪，往往会改变直线的倾斜方向，而拉长命令永远不会改变直线的倾斜方向。

AutoCAD 的许多对象，例如图线、文字、尺寸等，单击后都会显示相应的夹点。单击某一夹点，可以改变它们的位置、倾角、长度、大小等。这些功能与操作称为夹点编辑。

4.7　改变图形的大小

手工绘图时，特别强调在正式画图前要选择合适的作图比例，如果比例选择不当，可能会导致重画。用 AutoCAD 作图，一般都按 1:1 的比例绘制，画完以后用缩放或拉伸命令调整图形的局部大小，或通过打印比例调整打印输出的图形大小。修改设计方案或利用现有图形作图时，也常常需要缩放图形。

4.7.1　缩放图形

用缩放命令可以将图形在各个方向放大或缩小相同的倍数。如果执行缩放命令时调用“复制(C)”选项，可以生成一个放大或缩小的副本。

1．输入比例因子缩放图形

比例因子可以是数值或表达式。表达式详见第 10 章。

【例 4-18】用比例缩放、直线命令，将图 4-20a 画为图 4-20c。

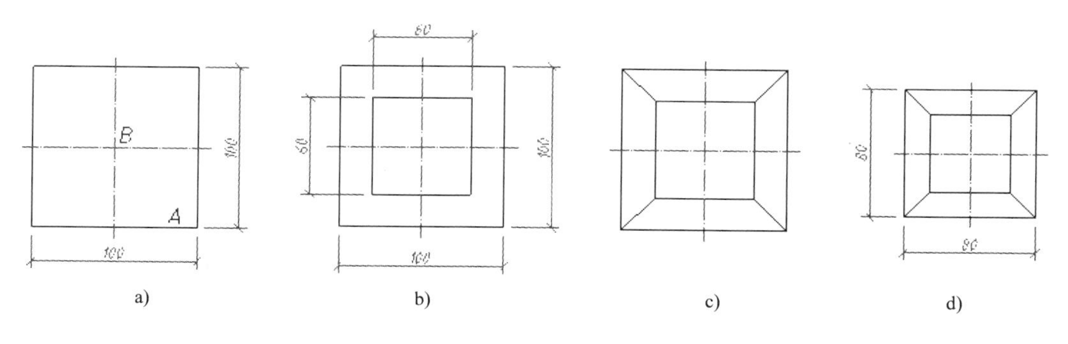

图 4-20　缩放复制图形

（1）单击比例缩放按钮。

选择对象:	//单击矩形 A
选择对象:	//单击鼠标右键，结束选择
指定基点:	//捕捉交点 B 作为基点

说明：基点是缩放中心，图形缩放后该点位置不变。

指定比例因子或 [复制(C)/参照(R)]:C　　//单击“复制(C)”选项缩放复制图形
指定比例因子或 [复制(C)/参照(R)]: 60/100　　//输入计算缩放系数的表达式

（2）捕捉端点画直线，将图 4-20 b 画为图 4-20 c。

（3）将图 4-20c 缩小为图 4-20d。单击比例缩放按钮。

选择对象:　　//单击矩形
选择对象:　　//单击鼠标右键，结束选择
指定基点:　　//捕捉交点 B 作为基点
指定比例因子或 [复制(C)/参照(R)]:80/100　　//输入缩放比例

2．用参照方式缩放图形

室内设计图经常用到正多边形。对于偶数边的正多边形，标注的尺寸往往是其对边距离。用户可以先画一个任意大小的正多边形，再用缩放命令的“参照(R)”选项，缩放到所需尺寸，详见例 4-19。

【例 4-19】用比例缩放，将图 4-21a 画为图 4-21b。

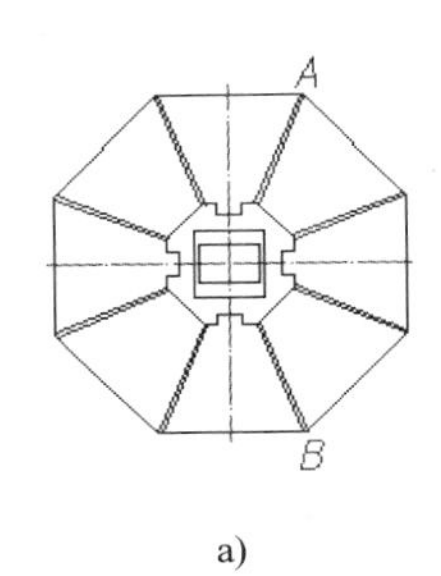

a)

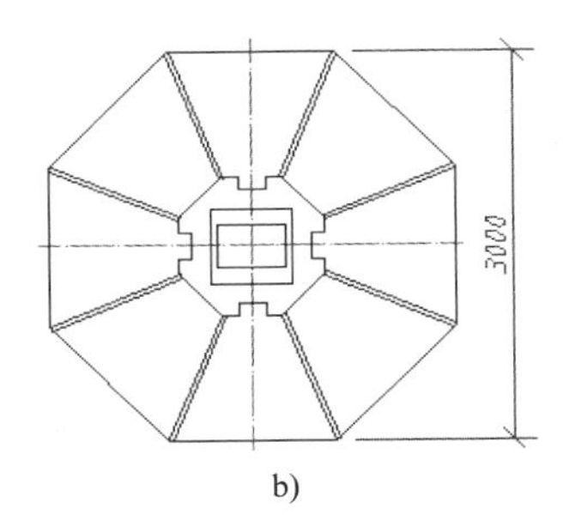

b)

图 4-21　比例缩放图形

单击比例缩放按钮。

选择对象:　　//选择全部图形
选择对象:　　//单击鼠标右键，结束选择
指定基点:　　//捕捉 A 点
指定比例因子或 [复制(C)/参照(R)]: R　　//单击“参照(R)”选项
指定参照长度 <1>:　　//捕捉 A 点
指定第二点:　　//捕捉 B 点（用 A、B 两点之间的距离作为参照长度）
指定新长度: 3000　　//输入新长度，即将 AB 长度缩放到 3000，全部所选对象缩放相同倍数

说明：用正多边形命令的“外切于圆(C)”选项也可以画图 4-21 所示尺寸的正六边形。

4.7.2　拉伸图形

在修改设计方案时，常常需要改变图形一个方向的尺寸，如图 4-22 所示。拉伸命令可

以将已经画出的图形，在某一方向拉伸或缩短一定长度。而缩放命令在两个（平面图）或三个（立体图）方向将图形缩放相同的倍数，不能只改变图形一个方向的尺寸。

【例 4-20】用拉伸命令，将图 4-22a 所示的图形拉长 2200-2000=200，如图 4-22b 所示。

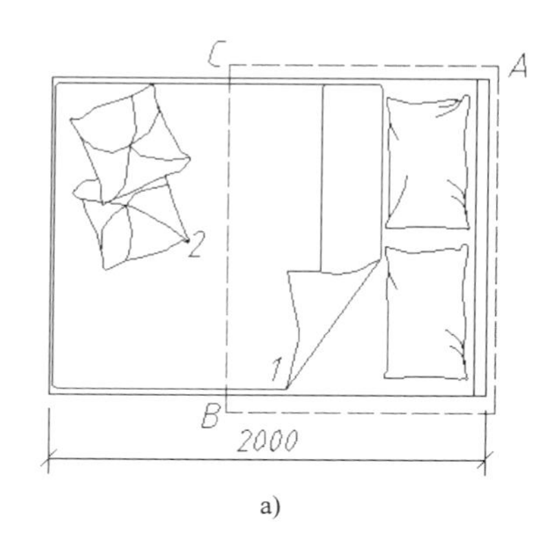

a)

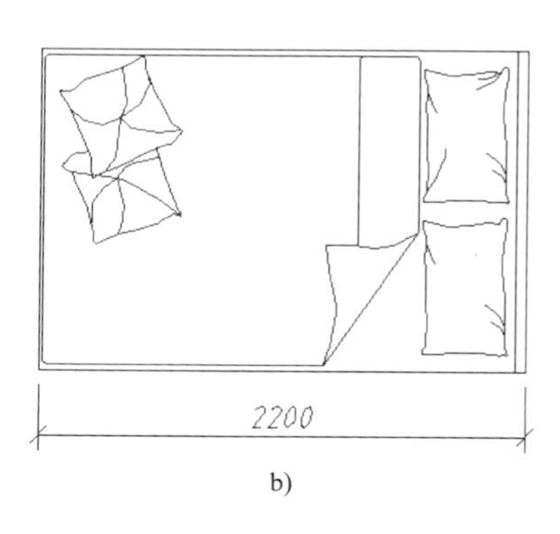

b)

图 4-22　调整床的长度

单击拉伸按钮。

以交叉窗口或交叉多边形选择要拉伸的对象...　　//命令提示用交叉方式选择对象
选择对象:　　//在 A 点附近单击
选择对象:　　//在 B 点附近单击
选择对象:　　//单击鼠标右键，结束选择

> **提示：**“交叉窗口”选择对象方式详见第 1 章，“交叉多边形”选择对象方式见第 5 章。选择对象的“交叉窗口”的 BC 边必须在 1、2 之间，即在图形要改变长度的部位。用“交叉”方式选择对象，同时指定了拉伸对象和拉伸部位。

指定基点或 [位移(D)] <位移>:　　//在屏幕任意位置单击指定位移的基点
指定位移的第二个点或 <用第一个点作位移>: 200
　　//打开正交工具，向右移动鼠标，输入距离

上述操作说明，拉伸命令通过将位移的基点移到第二点改变拉伸对象的长度，这两点的选择方法与复制命令的相同。

4.8　改变图形的位置

用移动命令改变图形位置，需要指定位移的基点和第二点，移动后基点与第二点重合。移动图形主要有两个方面的用途：

- 改变视图之间的相对位置。
- 为便于输入命令参数，先将图形画在任意位置，再移动到所需位置。

例如要画图 4-23c 所示的图形，先画图 4-23a 所示的两个图形，其中 AB 是一个带圆角的矩形，其圆角半径等于矩形短边长度的 1/2；然后用移动命令将图 a 画为图 b；最后用镜像

命令或者复制命令将图 4-23b 画为图 4-23c。

【例 4-21】用移动命令，将图 4-23a 画为图 4-23b。

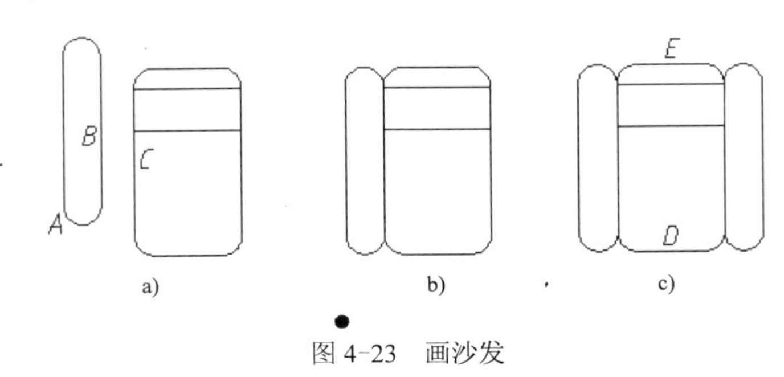

图 4-23　画沙发

（1）移动矩形 A。单击移动按钮。

选择对象:	//用窗口方式选择矩形
选择对象:	//单击鼠标右键，结束选择
指定基点或 [位移(D)] <位移>:	//捕捉中点 B，作为位移的基点
指定第二个点或 <使用第一个点作为位移>:	//捕捉交点 C，作为位移的第二点

（2）单击镜像按钮。

选择对象:	//单击矩形 AB
选择对象:	//单击鼠标右键，结束选择
指定镜像线的第一点:	//捕捉中点 E
指定镜像线的第二点:	//捕捉中点 D

是否删除源对象？[是(Y)/否(N)] <N>:Enter

从作图结果可以看出，移动图形后，位移的第二点与基点重合。

用移动命令调整视图之间的距离时，为了保证图形移动后保持“长对正、高平齐、宽相等”，需要在移动前打开正交工具。如果对图形移动后的位置要求不高，可以在屏幕任意位置单击指定移动的基点，移动鼠标，待随动的图形到达合适位置以后，单击指定位移的第二点。

4.9　绘制倾斜结构

用正交工具，可以非常方便地画水平线和铅垂线。有了旋转命令就可以先将倾斜结构按水平或铅垂位置画出，再将它们旋转到要求的角度。旋转命令还具有复制功能。

用旋转命令旋转图形，需要指定基点（旋转中心），输入旋转角度。例如，图 4-24b 所示的室内地台的台阶，就可以按上述方法绘制。

4.9.1　将图形旋转一定角度

【例 4-22】用旋转命令将图 4-24a 画为图 4-24b。

（1）旋转台阶，单击旋转按钮。

选择对象:	//选择要旋转的图形
选择对象:	//单击鼠标右键，结束选择

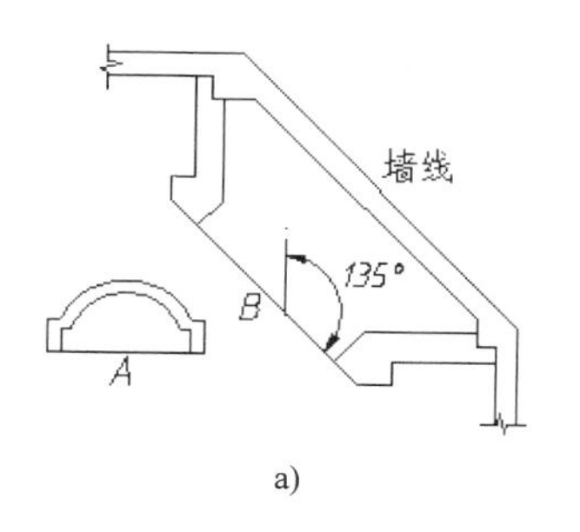

a)

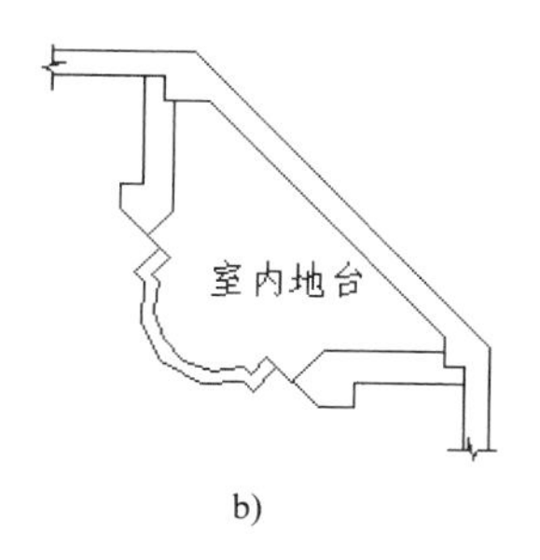

b)

图 4-24　画室内地台

指定基点:　　//捕捉 A 点
指定旋转角度或 [复制(C)/参照(R)]:135　　//输入旋转角度

（2）移动矩形，单击移动按钮。

选择对象:　　//用窗口方式选择要移动的图形
选择对象:　　//单击鼠标右键，结束选择
指定基点或 [位移(D)] <位移>:　　//捕捉中点 A，作为位移的基点
指定第二个点或 <使用第一个点作为位移>:　　//捕捉中点 B，作为位移的第二点

4.9.2　参照旋转

参照旋转是指执行旋转命令时，不输入旋转角度，而是给定 3 个点，用此 3 个点决定的夹角作为旋转角。这种方法适用于旋转角度未知、便于捕捉这 3 个点的图形。例如画图 4-25b 所示的图形，先画为图 4-25a，再用此法旋转图形。旋转角度就是∠BAC。

【例 4-23】用旋转命令，将图 4-25a 画为图 4-25b。

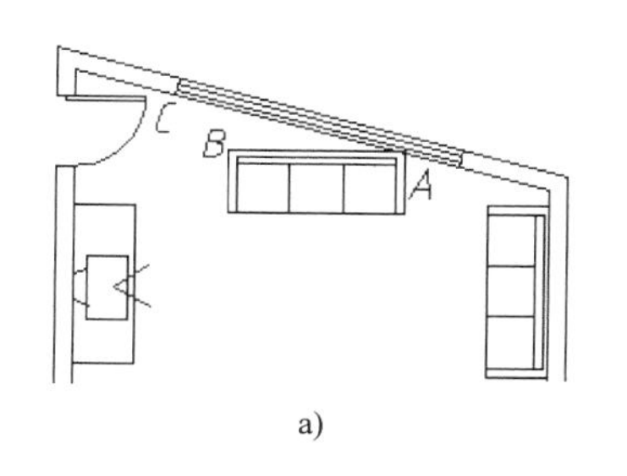

a)

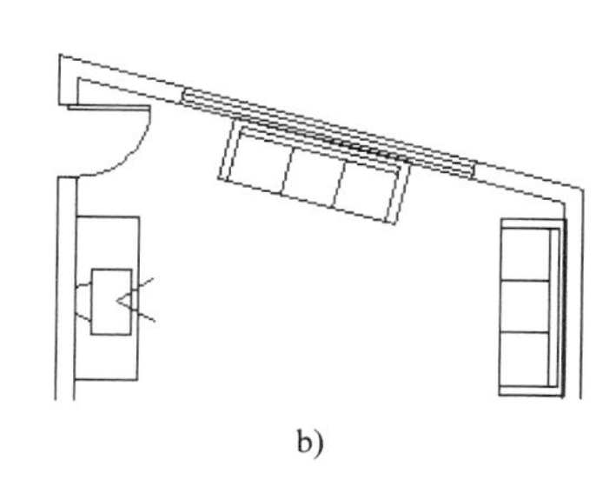
b)

图 4-25　参照旋转图形

单击旋转按钮。

选择对象:　　//用窗口方式选择要旋转的图线
选择对象:　　//单击鼠标右键，结束选择
指定基点:　　//捕捉交点 A
指定旋转角度，或 [复制(C)/参照(R)] <0> R
　　//单击“参照(R)”选项，进行参照旋转
指定参照角 <0>:　　//捕捉交点 A
指定第二点:　　//捕捉端点 B
指定新角度或 [点(P)] <0>　　//捕捉交点 C，即以∠BAC 为旋转角

【例 4-24】用旋转命令的“复制(C)”选项，移动、复制命令，将图 4-26a 画为图 4-26c。

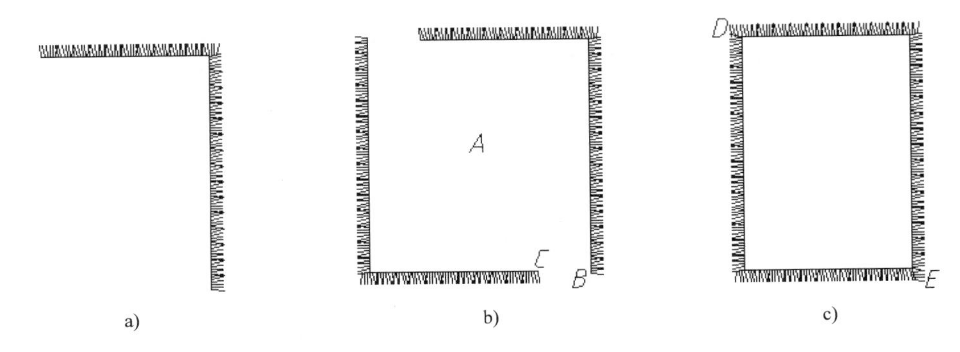

图 4-26　画地毯边缘

（1）将图 4-26a 画为图 4-26b。单击旋转按钮。

选择对象:　　　　　　　　//用窗口方式选择图 4-26a
选择对象:　　　　　　　　//单击鼠标右键，结束选择
指定基点:　　　　　　　　//在 A 点附件单击
指定旋转角度，或 [复制(C)/参照(R)] <0>:C　　　　//单击“复制(C)”选项
旋转一组选定对象。　　　　　　　　//命令提示
指定旋转角度，或 [复制(C)/参照(R)] <0>: 180　　　　//输入旋转角度

（2）移动图形：依次捕捉端点 B、C 作为位移的基点和第二点。目测位置指定位移的基点和第二点，在地毯角 D、E 处，复制拐角附近的 3~4 段直线。

4.10　画相切圆弧

AutoCAD 的圆角命令可以画图 4-27 所示的（1）、（2）、（3）、（4）四种圆弧，第 5 种形式的相切圆弧，通过画圆修剪得到。

提示：用圆角命令画图 4-27 所示的第 4 种圆弧时，要求两已知圆弧不能同心。

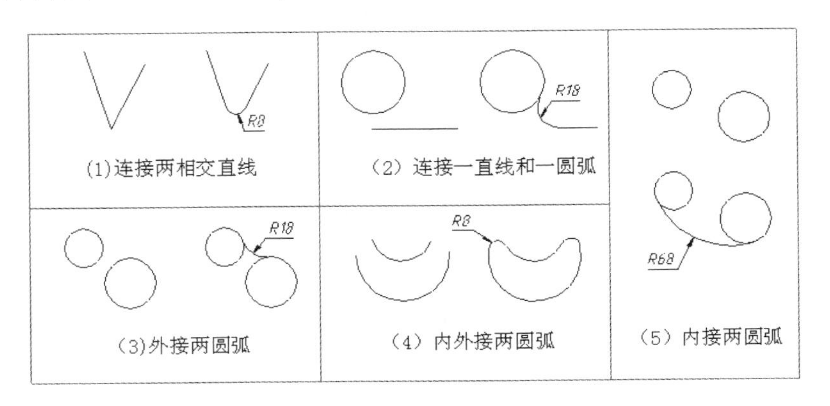

图 4-27　圆角命令可以画的 5 种圆弧

用圆角命令画相切圆弧，要先设置圆角半径，再单击与其相切的线段。

圆角命令有“修剪(T)”和“不修剪(N)”两种模式。“修剪(T)”：作圆角后剪掉圆弧切点一侧的直线（保留选择直线时单击的那一侧），画出的圆角如图 4-28b 所示。“不修剪(N)”：不修剪直线，画出的圆角如图 4-28c 所示。

【例 4-25】用圆角等命令，将图 4-28a 画为图 4-28b。

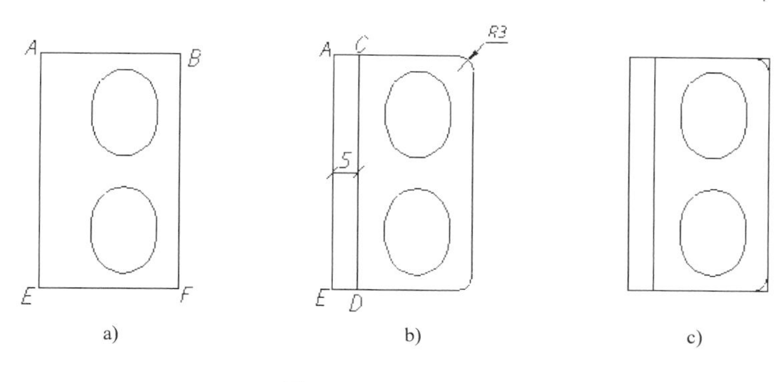

图 4-28　画相切圆弧

由于这两个圆角的直径相同，可以用圆角命令的“多个(M)”选项，一次做出。

（1）单击圆角按钮（如果没有显示该按钮，先单击右边的）。

当前设置: 模式 = 不修剪，半径 = 2.0000　//当前设置不符合要求，需要重新设置

选择第一个对象或 [放弃(U)/多段线(P)/半径(R)/修剪(T)/多个(M)]: T

//单击“修剪(T)”选项，设置修剪模式

输入修剪模式选项 [修剪(T)/不修剪(N)] <不修剪>: T

//单击“修剪(T)”选项，设置为修剪

选择第一个对象或 [放弃(U)/多段线(P)/半径(R)/修剪(T)/多个(M)]: M

//单击“多个(M)”选项，作多个尺寸相同的倒角

选择第一个对象或 [放弃(U)/多段线(P)/半径(R)/修剪(T)/多个(M)]: R

//输入 R 或单击“半径(R)”选项，设置圆角半径

指定圆角半径 <2.0000>: 3　//输入新的圆角半径

选择第一个对象或 [放弃(U)/多段线(P)/半径(R)/修剪(T)/多个(M)]:　//单击 AB

选择第二个对象，或按住 Shift 键选择对象以应用角点或 [半径(R)]:　//单击 BF

选择第一个对象或 [放弃(U)/多段线(P)/半径(R)/修剪(T)/多个(M)]:　//单击 BF

选择第二个对象，或按住 Shift 键选择对象以应用角点或 [半径(R)]:　//单击 EF

选择第一个对象或 [放弃(U)/多段线(P)/半径(R)/修剪(T)/多个(M)]:Enter //结束命令

（2）用偏移命令，由直线 AE 偏移生成 CD，如图 4-28b 所示。

4.11　画倒角

倒角是图中的常见结构。画倒角需要根据标注的尺寸选择不同的命令选项，下面结合作图实例分别介绍。

1. 根据两个倒角距离画倒角

画倒角时要先设置倒角的距离，再依次单击要作倒角的线段。倒角命令也有“修剪(T)”和“不修剪(N)”两种模式，见例 4-26 中的说明。

【例 4-26】用倒角命令，将图 4-29a 画为图 4-29b。

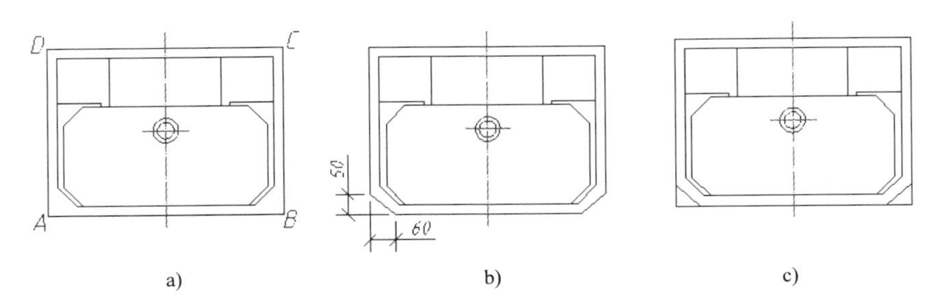

图 4-29　用倒角命令画洗手盆

（1）画 A 处倒角。单击倒角按钮（如果没有显示该按钮，先单击右边的）。

（“不修剪”模式）当前倒角距离 1 = 21.0000，距离 2 = 21.0000

//当前命令参数，需要重新设置

选择第一条直线或 [多段线(P)/距离(D)/角度(A)/修剪(T)/方式(M)/多个(U)]: T

//单击“修剪(T)”选项，设置修剪模式

输入修剪模式选项 [修剪(T)/不修剪(N)] <不修剪>:

//单击“修剪”选项，设置为修剪模式

> **说明：** 对于图 4-29 所示 A、B 两倒角，设置为“修剪”模式画出的倒角如图 b 所示，设置为“不修剪”画出的倒角如图 c 所示。

选择第一条直线或 [多段线(P)/距离(D)/角度(A)/修剪(T)/方式(M)/多个(U)]: D

//单击“距离(D)”选项

指定第一个倒角距离 <21.0000>: 60　　//输入 AB 边的倒角距离

指定第二个倒角距离 <60.0000>: 50　　//输入 AD 边的倒角距离

选择第一条直线或 [多段线(P)/距离(D)/角度(A)/修剪(T)/方式(M)/多个(U)]:

//单击 AB

选择第二条直线:　　//单击 AD

（2）用同样方法画 B 处倒角，不用重新设置距离，先单击 AB 再单击 BC。

当倒角在两个边上的尺寸不相同时，设置倒角尺寸与画倒角时选择边的顺序应当相同。做倒角时，先单击的边对应“第一个倒角距离 ”，后单击的边对应“第二个倒角距离”。

2. 根据距离和角度画倒角

当倒角尺寸标注为“距离 × 角度”的形式时，可以用倒角命令的“角度(A)”选项画这种倒角。用倒角的“ 多个(M)”选项，调用一次命令可以作多个尺寸相同的倒角。

【例 4-27】用倒角命令的“角度（A）”、“多个（M）”命令选项，将图 4-30a 画为图 4-30b。

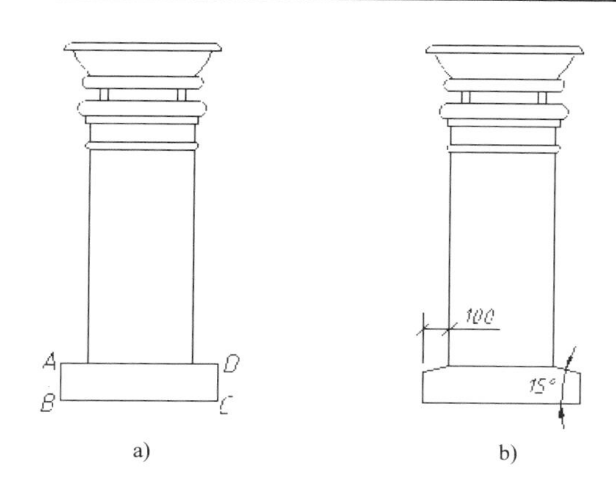

图 4-30　画倒角

单击倒角命令按钮。

(“修剪”模式) 当前倒角距离 1 = 10.0000，距离 2 = 10.0000　　//当前倒角设置

选择第一条直线或 [放弃(U)/多段线(P)/距离(D)/角度(A)/修剪(T)/方式(E)/多个(M)]: M　　//单击“多个(M))”选项，做多个尺寸相同的倒角

选择第一条直线或 [放弃(U)/多段线(P)/距离(D)/角度(A)/修剪(T)/方式(E)/多个(M)]: A　　//单击“角度(A)”选项，用“距离×角度”的形式画倒角

指定第一条直线的倒角长度 <20.0000>: 100　　//输入先单击边的倒角距离

指定第一条直线的倒角角度 <0>: 15　　//输入倒角角度

倒角的角度是倒角的倾斜线与先单击边（第一边）的夹角。距离也是先单击边的距离。角度不等于 45° 时，画倒角时必须先单击第一边。

选择第一条直线或 [放弃(U)/多段线(P)/距离(D)/角度(A)/修剪(T)/方式(E)/多个(M)]:　　//单击直线 AD

选择第二条直线，或按住 Shift 键选择直线以应用角点或 [距离(D)/角度(A)/方法(M)]:　　//单击直线 AB

选择第一条直线或 [放弃(U)/多段线(P)/距离(D)/角度(A)/修剪(T)/方式(E)/多个(M)]:　　//单击直线 AD

选择第二条直线，或按住 Shift 键选择直线以应用角点或 [距离(D)/角度(A)/方法(M)]:　　//单击直线 CD

选择第一条直线或 [放弃(U)/多段线(P)/距离(D)/角度(A)/修剪(T)/方式(E)/多个(M)]: Enter　　//结束命令

4.12　选择对象的方式

第 1 章介绍了单选、窗口、交叉窗口、全选共 4 种选择对象的方法。下面介绍的几种选择对象方式，虽然用得不多，但在特殊情况下，用来选择对象，会带来意想不到的便利。其调用方法是：当执行某一命令，需要选择对象时，输入该选择方式名称前面的大写字母（有一个或两个字母），按 Enter 键，或单击命令提示中选择对象方式对应的命令选项。

4.12.1 上一次（Previous）选择方式

上一次（Previous）选择方式的功能是选中上一次操作中选择的全部对象。

【例 4-28】用 Previous（P）方式选择对象，复制缩放、偏移、修剪图线，将图 4-31a 画为图 4-31f。

（1）设置并打开自动对象捕捉，包括交点、圆心等捕捉方式。

（2）放大显示图形：调用显示缩放命令的“窗口缩放”选项，在图形的左上角处单击，移动鼠标到图形的右下角单击。

（3）复制生成 B、C 处的两个圆，如图 4-31b 所示。单击复制按钮。

选择对象:　　//用窗口方式选择要复制的圆
选择对象:　　//单击鼠标右键，结束选择
当前设置: 复制模式 = 多个　　//当前复制模式是“多个”
指定基点或 [位移(D)/模式(O)] <位移>:　　//捕捉圆心 A 为基点
指定第二个点或 [阵列(A)] <使用第一个点作为位移>:　　//捕捉交点 B
指定第二个点或 [阵列(A)/退出(E)/放弃(U)] <退出>:　　//捕捉交点 C
指定第二个点或 [阵列(A)/退出(E)/放弃(U)] <退出>:Enter　　//结束命令

（4）用 Previous 方式选择对象，缩小 A 处的两个圆，如图 4-31c 所示。单击比例缩放按钮。

选择对象: p　　//调用 Previous 选择方式
找到 2 个　　//选中了刚执行过的复制命令选择的圆
选择对象:　　//单击鼠标右键，结束选择
指定基点:　　//捕捉圆心 A 作为基准点
指定比例因子或 [/参照(R)]: 100/120　　//输入计算缩放系数的表达式

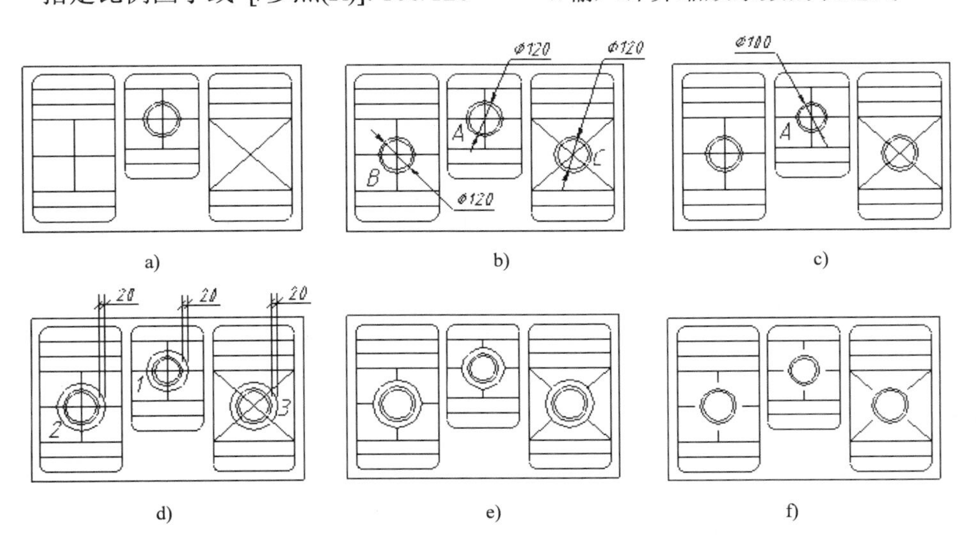

图 4-31　复制、缩放圆

（5）分别偏移圆 A、B、C，偏移距离为 20，如图 4-31d 所示。由于 3 个圆的偏移距离相等，调用一次偏移命令即可完成偏移。详见第 4 章例 4-31。

（6）修剪直线，如图 4-31e 所示。修剪时选择圆 1、2、3 为修剪边界，调用一次修剪命令即可完成修剪。

（7）删除圆 1、2、3，如图 4-31f 所示。

（8）调用显示缩放命令的“缩放上一个”选项，恢复到前一显示状态。

4.12.2　栏选（Fence）方式

栏选方式的功能是：画一条折线，选中被该折线穿过的全部对象。例如要将图 4-32b 修剪为图 4-32d，就可以用栏选方式选择被修剪的直线。执行修剪命令时，作栏选线 ABCD，一次剪掉被其穿过的所有直线。

【例 4-29】用栏选方式选择对象，将图 4-32a 修剪为图 4-32d。

（1）作环形阵列：打开对象捕捉，单击右边的，打开折叠工具条，单击 环形阵列，单击要阵列的直线，单击鼠标右键结束选择，捕捉圆心作为阵列的中心点。在右边的文本框中输入：20，在【填充】文本框中输入：360。单击关闭阵列按钮，完成阵列。

（2）修剪直线。单击修剪按钮。

当前设置:投影=UCS，边=无
选择剪切边...
选择对象或 <全部选择>:　　//单击大椭圆
选择对象:　　// 单击鼠标右键，结束选择
选择要修剪的对象，或按住 Shift 键选择要延伸的对象，或
[栏选(F)/窗交(C)/投影(P)/边(E)/删除(R)/放弃(U)]: F
　　//输入 F 或单击“栏选(F)”选项，选择被修剪的图线
指定第一个栏选点:　　//在 A 点附近单击
指定下一个栏选点或 [放弃(U)]:　　//依次在 B、C、D、E、F 点附近单击
指定下一个栏选点或 [放弃(U)]: Enter　　//结束用栏选方式选择对象
选择要修剪的对象，或按住 Shift 键选择要延伸的对象，或
[栏选(F)/窗交(C)/投影(P)/边(E)/删除(R)/放弃(U)]:
　　//移动光标指向圆心，向上滚动鼠标滚轮，放大显示图形，依次单击直线 1、2、3、4 的外端点
选择要修剪的对象，或按住 Shift 键选择要延伸的对象，或
[栏选(F)/窗交(C)/投影(P)/边(E)/删除(R)/放弃(U)]: Enter　　//结束命令

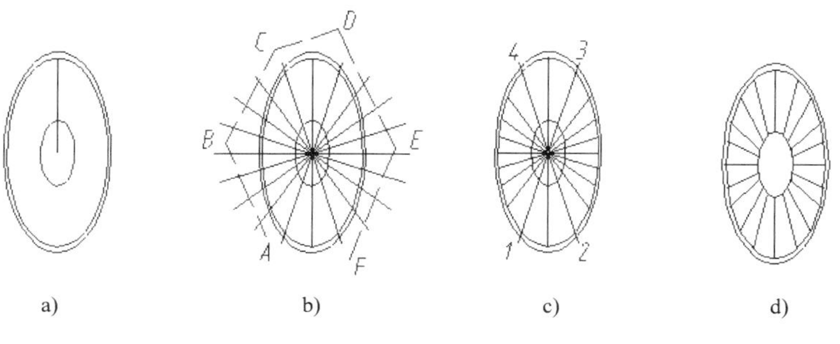

图 4-32　栏选方式作图

4.12.3　除去（Remove）选择方式

除去（Remove）方式的功能是从已经被选中的对象中，去掉调用该选择方式以后再选择的对象。

【例 4-30】用除去（Remove）方式选择对象，用拉伸命令将图 4-33b 修剪为图 4-33c。

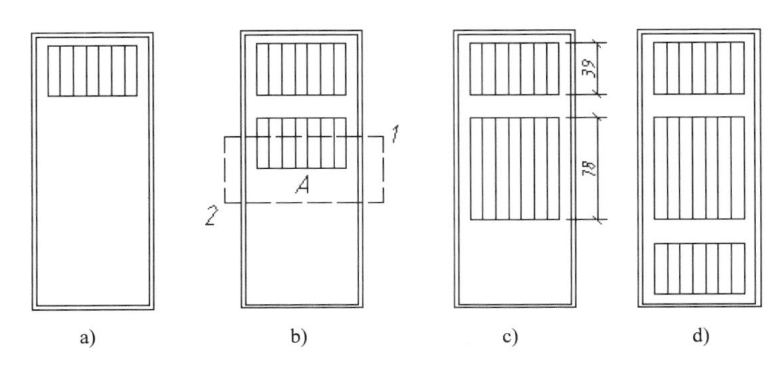

图 4-33　除去方式选择对象

将图 4-33a 画为图 4-33 d 的方法是，由图 4-33a 复制生成图 4-33b；将 A 结构拉伸 77-39=38 个作图单位，如图 4-33 c 所示；镜像生成图 4-33 d。

单击拉伸按钮。

以交叉窗口或交叉多边形选择要拉伸的对象...

选择对象:　　　　//先后在图示 1、2 点附近单击（这样多选择了门的外边框）

选择对象: r　　　//调用 Remove（除去）选择方式，除去多选的图线

删除对象:　　　　//用交叉窗口方式，选择要除去的 4 条边

> 说明：在选择对象的过程中，可以随时输入 U，按 Enter，取消一次错误选择。

删除对象:　　　　//单击鼠标右键，结束选择

指定基点或 [位移(D)] <位移>:0,- 39　　　//第二个点与基点的坐标差（无@）

指定第二个点或 <使用第一个点作为位移>: Enter　　//用上面输入的坐标差作位移

4.12.4　多边形（WPolygon）和交叉多边形（CPolygon）选择方式

多边形选择方式是画一个任意边数的多边形，被多边形完全包围的对象被选中。

交叉多边形选择方式是画一个任意边数的多边形，被多边形包围的对象，以及与多边形的边相交的对象都被选中。下面的例 4-31 就是使用这一选择对象的方式。

【例 4-31】用交叉多边形方式选择对象，将图 4-34c 画为图 4-34d。

将图 4-34a 画为图 4-34d 的方法是：用阵列命令将图 4-34a 画为图 4-34b；以正八边形为边界修剪小矩形，如图 4-34c 所示；以修剪后的矩形为边界修剪正八边形，如图 4-34d 所示。

移动光标指向圆心，向上滚动鼠标滚轮，放大显示图形。单击修剪按钮。

当前设置:投影=UCS，边=无

选择剪切边...

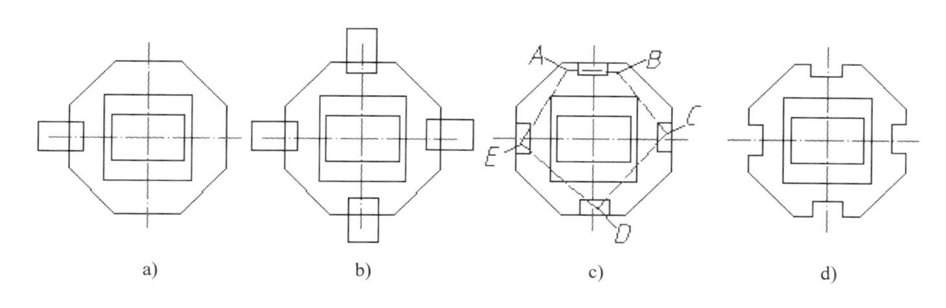

图 4-34　画棚面局部

选择对象或 <全部选择>: CP　//调用“交叉多边形（CPolygon）”选择方式
第一圈围点:　//依次在 A、B、C、D、E 点（见图 4-34c）附近单击，画交叉多边形 ABCDE

提示：“交叉多边形（CPolygon）”选择方式可以用来选择修剪边界，不能选择被修剪的图线。

指定直线的端点或 [放弃(U)]: Enter　//结束选择
选择要修剪的对象，或按住 Shift 键选择要延伸的对象，或
[栏选(F)/窗交(C)/投影(P)/边(E)/删除(R)/放弃(U)]:　//依次单击要剪掉的图线
选择要修剪的对象，或按住 Shift 键选择要延伸的对象，或
[栏选(F)/窗交(C)/投影(P)/边(E)/删除(R)/放弃(U)]: Enter　//结束命令

4.13　小结

能否熟练掌握、灵活运用本章和第 2 章所介绍的命令和作图方法，是提高作图效率的关键。本章介绍了全部修改命令。

镜像命令用来绘制对称结构，复制命令用来绘制相同结构。调用一次阵列命令或复制命令的多重复制选项，都可以复制生成多个相同结构，两个命令的区别是、阵列命令要求复制生成的多个相同结构之间的行距和列距分别相等或均匀分布在圆或圆弧上，多重复制命令可由用户在执行复制的过程中，控制复制生成的相同结构的位置。

修剪（Trim）命令和延伸（Extend）命令是两个非常有用的命令，这两个命令用来画方向已知，一个端点是待求交点的直线非常有效。用户既可以将线段画得长一些，然后用修剪命令剪掉多余的部分，也可以将线段画得短一些，然后用延伸命令延伸到所需长度。拉长（Lengthen）命令和打断（Break）命令也有类似的功能。拉伸（Stretch）命令在修改设计方案时非常有用。

本章最后介绍了几种选择对象的方法。前一次（Previous）选择方式、除去（Remove）选择方式、栏选（Fence）方式都是常用的选择方式，也是非常有效的选择方式。交叉多边形选择方式、多边形选择方式适合于特殊场合。它们的命令行简化输入形式是其英文名称的第一个英文字母。

4.14　习题与作图要点

1．判断下列各命题，正确的在（　　）内画上“√”，不正确的在（　　）内画上“×”。

（1）镜像时删除源对象，就是将源对象绕对称轴旋转 180°。（　　）

（2）偏移命令实质上是一条复制命令。（　　）

（3）偏移命令和镜像命令都是连续执行的命令，需要由用户按 Enter 键结束命令的运行。（　　）

（4）阵列命令可以代替复制命令的多重复制选项。（　　）

（5）调用阵列命令生成矩形阵列时，行距和列距不能为负值。调用拉长命令拉长对象时，拉长长度也不能为负值。（　　）

（6）用修剪命令时要先选择被修剪线段，再选择作为修剪边界的线段。（　　）

（7）画方向已知、一个端点是待求交点的直线，修剪命令比延伸命令更有效。（　　）

2．不定项选择题（在正确选项的编号上画“√”）。

（1）在下列命令中，具有修剪功能的命令有：

A．修剪命令　　B．倒角命令　　C．圆角命令　　D．打断命令

（2）在下列命令中，调用一次可以复制生成多个与源对象相同的结构的命令有：

A．阵列命令　　B．复制命令　　C．偏移命令　　D．镜像命令

（3）在下列命令中，可以改变已经画出的对象的大小或长度的命令有：

A．比例缩放命令　B．拉伸命令　　C．拉长命令　　D．修剪命令

（4）在下列命令中，具有删除功能的命令有：

A．撤销命令　　B．打断命令　　C．镜像命令　　D．修剪命令

3．分析比较题。

（1）分析比较用比例缩放命令、拉伸命令、拉长命令、修剪命令、延伸命令、打断命令、倒角命令、圆角命令改变图形的大小或长度的特点。

（2）分析比较复制命令的多重复制选项与阵列命令。

（3）分析比较用修剪命令、延伸命令，画方向已知，一个端点是待求交点的直线的特点。

（4）分析比较修剪命令、倒角命令、圆角命令、打断命令的修剪功能。

（5）分析比较第 1 章和本章介绍的各种选择对象方式的特点，构造几个常用选择方式适用的典型图形。

4．将图 4-35 至图 4-38 中的图 a 画为图 b（a 图对应的附盘文件分别为 dwg\04\4-35、4-36、4-37、4-38）。

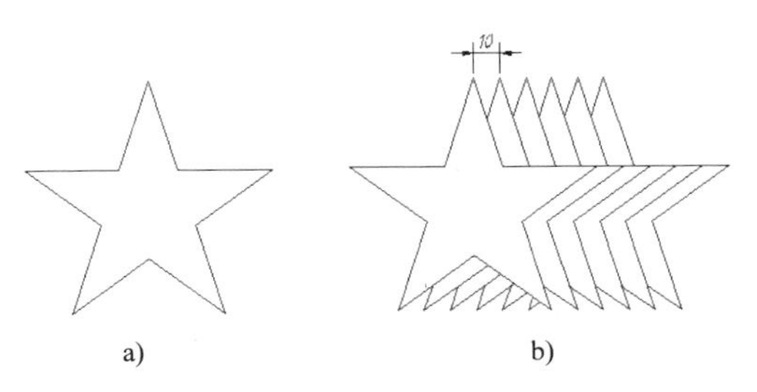

图 4-35　阵列与修剪

作图要点：用阵列命令或复制命令的“阵列”选项阵列五角星，再修剪图线。

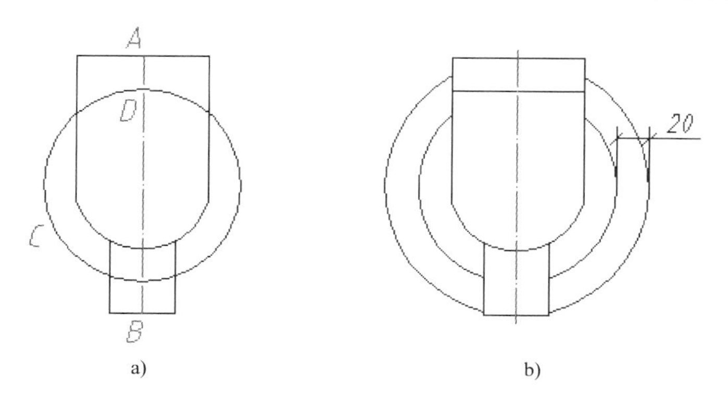

图 4-36　画圆、修剪图线等

作图要点：分别以 A、D 作为位移的基点和第二点复制水平线 A，偏移圆 C，修剪圆，用拉长命令调整中心线长度。

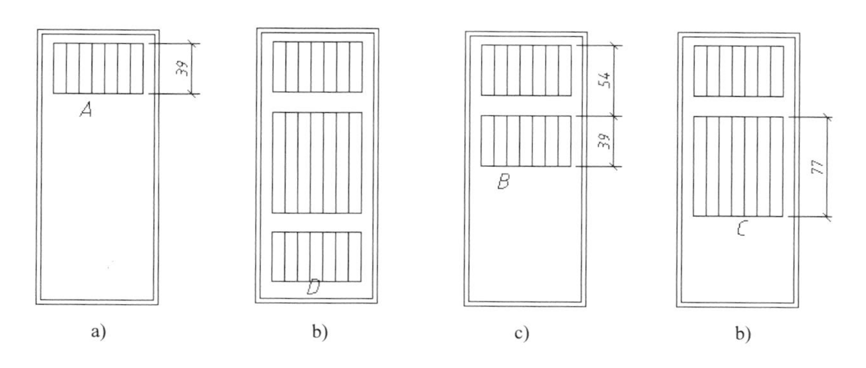

图 4-37　复制、拉伸与镜像

作图要点：由 A 复制生成 B，由 B 拉伸生成 C，由 A 镜像生成 D。

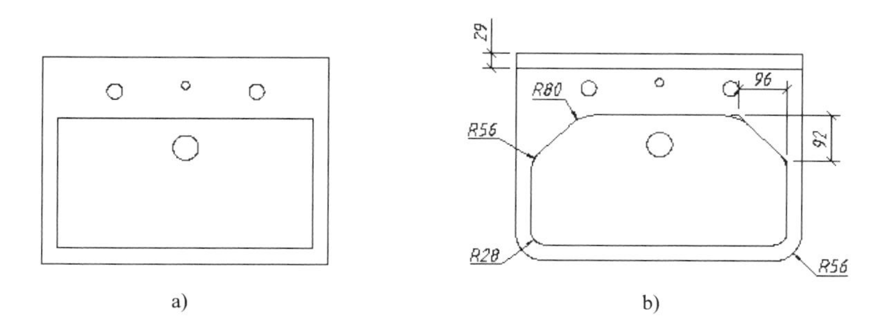

图 4-38　画倒角、圆角

作图要点：用偏移命令画直线，用倒角命令画两条斜线，用圆角命令画 8 个相切圆弧。

第 5 章　显示控制与图层

真实的室内设计图样的尺寸千变万化，图线有粗有细，线型多种多样。要画真正的室内设计图样需要解决如下两个问题：

- 放大显示小的图形结构，缩小显示查看图形全貌。
- 控制图形的线型和宽度。

显示控制命令用来改变图形的显示大小和显示位置，图层用来控制图形的线型和宽度等。本章将介绍这两个方面的内容。

5.1　缩放显示图形

用户可以用鼠标滚轮或显示缩放命令，缩放显示图形。比较而言，用鼠标滚轮更为快捷。

5.1.1　用鼠标滚轮缩放显示图形

要用鼠标滚轮放大或缩小显示图形的某一部位（或全部图形），需要移动鼠标指针指向该部位的中心位置，向上滚动滚轮，放大显示图形；向下滚动滚轮，缩小显示图形。

【例 5-1】完成第 4 章例 4-16，即将图 5-1a 修剪为图 5-1b。

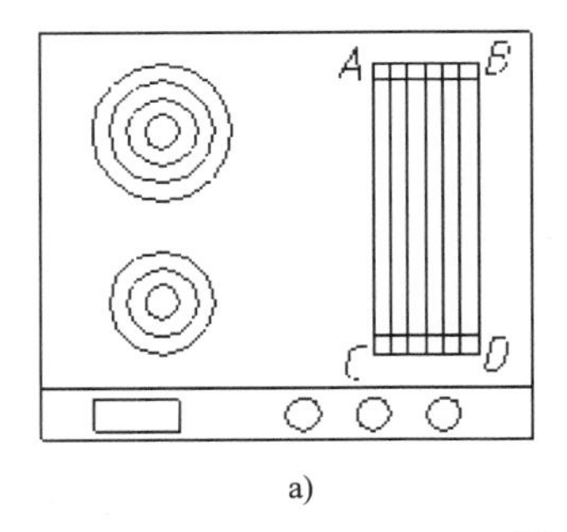

a)

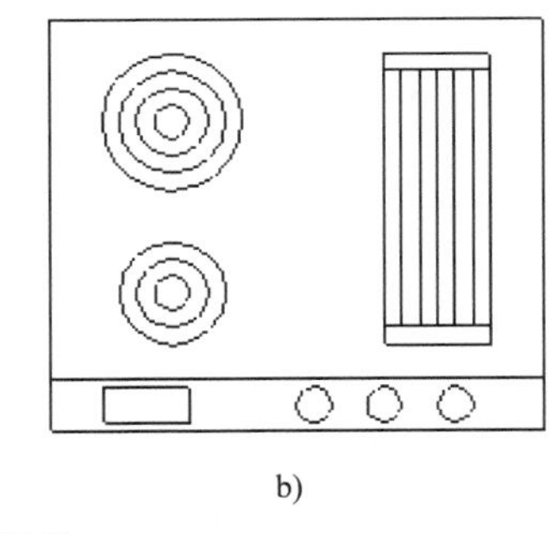

b)

图 5-1　修剪图线

> **提示：** 本章例题和习题中的图 a 在附盘文件夹“\dwg\05”下，文件名与例图的编号相同，例如本例附盘文件名为：5-1，练习时先打开相应的附盘文件。

（1）由于图线要剪掉的部分很短，修剪时不便于选择，先将其放大显示。移动鼠标到矩形 ABCD 的中心位置附近，向上滚动鼠标滚轮，图形以该点为中心向四周放大显示，结果如图 5-2 所示。

（2）单击修剪按钮 中的 。

当前设置:投影=UCS，边=无
选择剪切边...
选择对象或 <全部选择>: Enter　　//选择全部图线为边界，实际用到的边界是直线 AB、CD，多选不影响修剪
选择要修剪的对象，或按住 Shift 键选择要延伸的对象，或
[栏选(F)/窗交(C)/投影(P)/边(E)/删除(R)/放弃(U)]:　　//先后在 1、2 点附近单击（用交叉窗口方式选择要修剪的直线，见图 5-2）
选择要修剪的对象，或按住 Shift 键选择要延伸的对象，或
[栏选(F)/窗交(C)/投影(P)/边(E)/删除(R)/放弃(U)]:　　//先后在 3、4 点附近单击（用交叉窗口方式选择要修剪的直线）
选择要修剪的对象，或按住 Shift 键选择要延伸的对象，或
[栏选(F)/窗交(C)/投影(P)/边(E)/删除(R)/放弃(U)]: Enter　　//结束命令

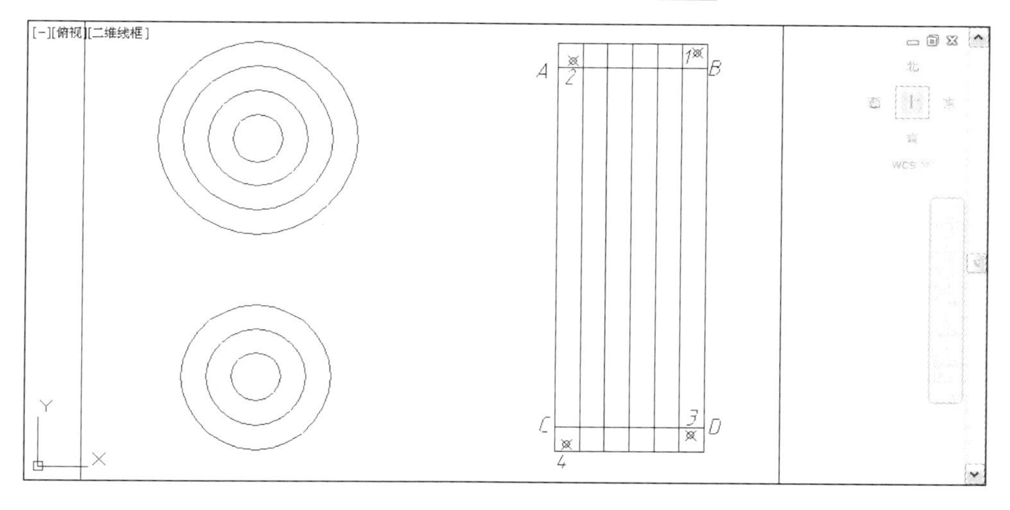

图 5-2　放大显示图形

5.1.2　用显示缩放命令缩放显示图形

显示缩放命令用来在不改变图形尺寸的情况下，放大或缩小显示图形。

该命令有许多选项。在默认状态下，屏幕右边的工具条上按钮的下面，显示最后一次调用该命令执行选项对应的按钮和一个小箭头。例如，最后一次执行的是“窗口缩放”选项，命令按钮显示为。单击，执行“窗口缩放”选项；单击，打开命令选项菜单，如图 5-3a 所示。如果单击菜单中的【缩放上一个】，系统执行该选项，返回到上一次显示状态，命令按钮显示为。下面将调用该命令各选项简述为：调用缩放显示命令的“XXX”选项。下面是命令各选项的功能。

- 范围缩放：尽可能大地显示图中的全部实体，包括图线、文字等。

提示：双击鼠标滚轮或中键，也可以执行该选项。

- 窗口缩放：在屏幕上单击指定两点，形成一个选择框，选择框内的图形被放大至整个作图区，其他部分也放大显示相同的倍数。

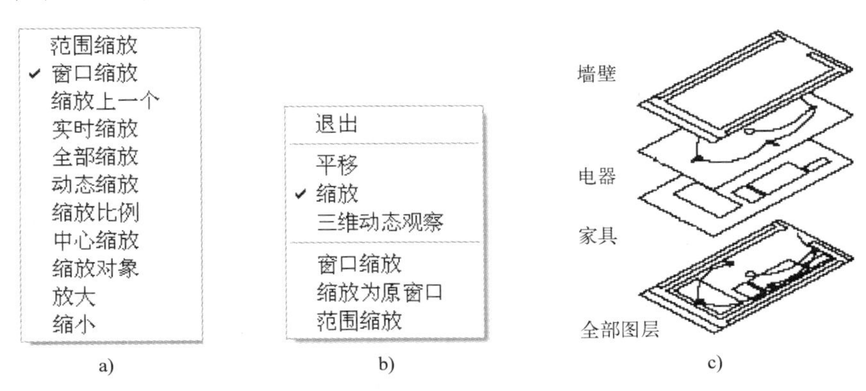

图 5-3 显示缩放命令选项菜单

- 缩放上一个：执行该选项一次，系统返回到上一次显示状态，即撤销一次缩放显示操作。
- 实时缩放：执行该选项后，鼠标指针变为实时缩放光标，按住鼠标左键不放，向下移动鼠标，图形变小；向上移动鼠标，图形变大。达到要求后单击鼠标右键，显示图 5-3b 所示的快捷菜单，单击【退出】，退出该命令。

提示： 按 Esc 键或按 Enter 键都可以退出实时缩放命令。
AutoCAD 提供了大量的快捷菜单，不管什么时候，无论是在绘图区，还是在命令对话区，只要单击鼠标右键，都将弹出一个快捷菜单，供用户调用其中的命令，这是调用 AutoCAD 命令的又一种有效方法。

- 全部缩放：显示图形界限内全部图形。如果图形超过了图形界限，显示全部图形。
- 动态缩放：显示出全部图形，并显示一个中心有叉号（中心标记）的矩形方框，移动方框中心（叉号所在位置）到欲显示部分的中间位置，单击鼠标左键定位方框。移动鼠标调整方框大小，使其与显示范围大小相当后，单击鼠标右键（或按 Enter 键），方框内图形放大至作图区。
- 缩放比例：按输入比例缩放图形。例如输入 2，图形将放大到原来的两倍。
- 中心缩放：指定一点作为显示中心点，输入缩放比例（或高度）缩放显示图形。
- 缩放对象：将选择的对象（图线、文字等）尽可能大地显示在屏幕中间。
- 放大：单击按钮一次，放大一次。
- 缩小：单击按钮一次，缩小一次。

用户还可以输入 ZOOM 或 Z 调用缩放命令。命令提示如下：

指定窗口的角点，输入比例因子 (nX 或 nXP)，或者

[全部(A)/中心(C)/动态(D)/范围(E)/上一个(P)/比例(S)/窗口(W)/对象(O)] <实时>:

第 1 行提示说明：命令的默认方式是窗口缩放和比例缩放。调用命令后，可以直接画一

个选择框，AutoCAD 将选择框内的图形放大至整个作图区（与单击按钮的效果相同），或者直接输入缩放比例，将按此比例缩放图形。

第 2 行提示说明："<实时>"方式是默认方式，按 Enter 键即执行实时缩放，其功能与使用按钮相同。该行提示中其他选项（调用方法是输入括号内的字母，或单击命令选项）的功能与上述菜单中的选项相同。

【例 5-2】 用缩放显示命令重做例 5-1。

（1）接例 5-1。单击屏幕最上方的放弃按钮，撤销上例操作结果。

（2）调用缩放显示命令的"窗口缩放"选项，在 B 点（见图 5-1a）附近单击，移动鼠标到 C 点附近单击，结果如图 5-2 所示。

（3）同例 5-1 步骤（3）。

（4）调用缩放显示命令的"【缩放上一个】"选项，返回前一显示状态，显示出全部图形。

5.2 平移命令

平移命令是在不改变图形显示比例的情况下，在屏幕上显示图形的不同部位。

5.2.1 用鼠标滚轮

图形放大显示以后，只能看到局部。这时可以按下鼠标滚轮或中键（不放），光标变为，拖动鼠标（按下左键不放，移动鼠标）显示图形的不同部分，放开鼠标退出平移命令。

用鼠标缩放显示图形、平移图形，比用相应命令快捷得多。本书后面章节的附盘动画文件中，主要用这种方法。

5.2.2 平移命令

图形被放大显示以后，可以用平移命令显示图形的不同部位。调用此命令有两种方法：

- 在命令行输入"pan"。
- 单击按钮。

命令执行后光标变为，拖动鼠标，屏幕上的图形将随鼠标的移动而移动，待显示出所需图形（部分）后，按 Esc 键或按 Enter 键退出此命令。用户也可以单击鼠标右键，显示如图 5-3b 所示的快捷菜单，单击【退出】选项退出该命令。

提示： 用户还可以单击滚动条上的箭头，或拖动滑块平移图形。

5.3 建立和管理图层

图层是一种分组管理图形的有效方法，常用来控制图线的宽度和线型等。一个图层相当于一张透明的图纸，如果在每张图纸上分别画上墙壁、电器、家具等图形，将 3 张图纸叠放在一起就是全部图形，如图 5-3c 所示。

图层是一个非常直观、形象的概念。本章将以建立表 5-1 所示的 7 个常用图层为例，介绍建立、管理、使用图层的方法。例如，绘制图 5-4a 所示的平面图，需要用表 5-1 中的前 6 个图层，绘制图 5-4b 所示的防盗网立面图需要用表 5-1 中的“粗虚线”层。

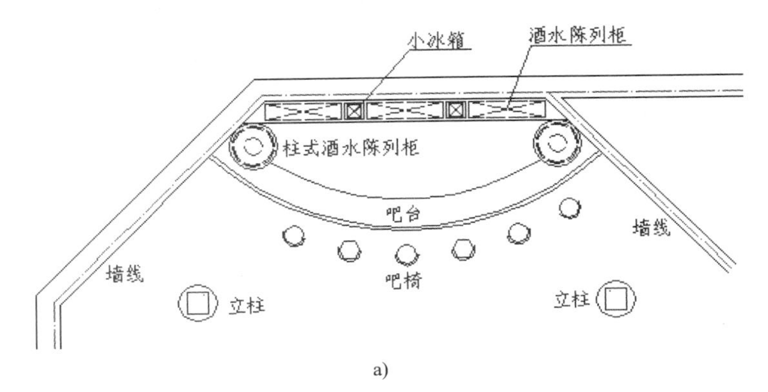

a)

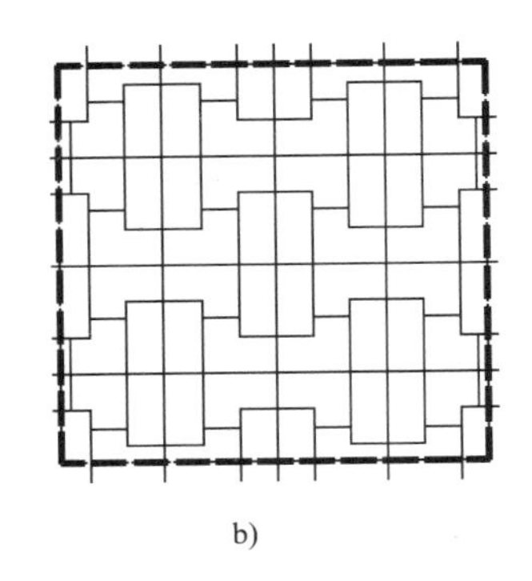

b)

图 5-4　图层的概念与应用

表 5-1　绘制图 5-4b 所需图层

名　称	颜　色	线　型	线　宽	存放图元
粗实线	白	Continuous	0.8	见国标中的相关说明
中实线	颜色 8	Continuous	0.4	
点画线	红	ACAD_ISO04W100	0.2	
细实线	品红	Continuous	0.2	
细虚线	蓝	ACAD_ISO02W100	0.2	
标注	蓝	Continuous	0.2	
粗虚线	蓝	ACAD_ISO02W100	0.8	

用户可以建立任意数量的图层，在每一层可以存放任意数量的图元或文字等内容。使用图层管理图形具有以下优点：

- 把图形中具有相同线型和相同线宽的图形对象放在同一层中，只需给该“图层”设置一次线型和线宽，画在该层上的所有图线就都具有了这一线型和线宽。这样避免了给每一图元分别设定线型和线宽。
- 在绘图过程中，可随时打开或关闭某一层。被关闭图层中的图线等不再显示在屏幕上，这样可以简化图面，提高对象捕捉的效率，减少意外删除图线的可能性。还可以用这种方法选择打印部分图层上的图线，例如只打印中实线层上的墙线等。

AutoCAD 的默认图层为“0”层，如果用户不设置新图层，AutoCAD 自动将图形画在“0”层上。这样绘制的图形只有一种线型、一种线宽，不能满足国家标准的要求。以后画图时，要先根据需要建立足够的图层，并将图形画在相应的图层上。

5.3.1　建立新图层

要建立图层，需要给图层命名。图层名称可以用汉字、英文字母、数字等符号，最长可有 255 个字母或 127 个汉字，不能使用<、>、/、\、”、:、,、;、?、*、= 等符号。为了以后调用方便，图层名应能体现图层的特色。图层的名称、颜色等目前还没有统一的国家标准。为了便于看图和画图，建议读者选择一个自己认为比较合理的方案，坚持使用下去。设计院所最好制定一个本单位的标准。这样既方便交流，又避免重复劳动。

提示：为了避免每次绘图时都要建立图层，可以打开一张新图，建立常用图层，将其存盘，以后画图时，打开此文件，作图时直接调用其中的图层。

【例 5-3】建立表 5-1 所示的图层。

（1）单击图层特性按钮，显示【图层特性管理器】对话框，如图 5-5 所示。

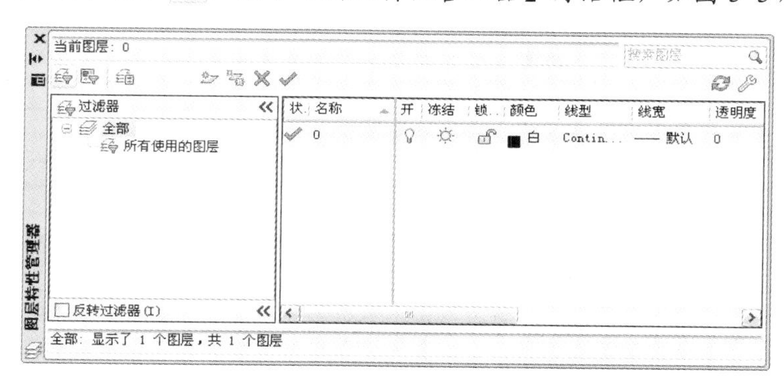

图 5-5　【图层特性管理器】对话框

（2）单击新建图层按钮，将在图层列表的下面自动生成一个名为【图层 1】的新图层。此时的【图层 1】反黑显示，可以直接键入一个新名称，例如键入“粗实线”，按 Enter 键，就建立了“粗实线”层。

（3）再按 Enter 键，建立一个新图层，用同样的方法输入图层名称。

（4）用同样的方法建立其他图层。建立完图层以后，单击对话框左上角的 ✖ 按钮，退出对话框。

说明：按上述步骤建立的图层，图各层特性都保留了默认设置，还不符合表 5-1 中的要求，下面介绍如何设置图层特性。

5.3.2　设置图层的颜色、线型和线宽

1．图层的颜色

用户可以给每一个图层指定一种颜色，绘制在该图层上的图线都使用这种颜色，图层的默认颜色是“白色”。图层颜色有以下两种用途：

- 在打印出图时，对某一颜色指定一种线宽，该颜色的所有图线就以这种线宽进行打印。因而最好将不同线宽的图线所在的图层，设置为不同的颜色。
- 在工程图样中，粗实线和细实线是两种不同的线型，用以区分不同种类的图元，不同的颜色也可以起到类似的作用。

AutoCAD 提供了 9 种标准颜色，分别是红、黄、绿、青、篮、紫、白、颜色 8 和颜色 9，其他颜色没有名称，只有一个数字编号。应尽量将图层设置为标准颜色。

2．图层的线型

用户可以给每一图层指定一种线型，绘制在该图层上的所有图线都使用该线型。如果用户不设置图层的线型，AutoCAD 自动设置为“Continuous”（实线）线型。

AutoCAD 为用户提供了一个标准线型库，其文件名为 acadiso.lin，用户可以从中选择所需线型，三种常用线型的名称分别如下：

- 虚线——ACAD_ISO02W100。
- 点画线——ACAD_ISO04W100。
- 双点画线——ACAD_ISO05W100。

3．图层的线宽

用户可以给每一个图层指定一种线宽，绘制在该图层上的所有图线都使用该宽度。打印图形时，可以用此线宽打印图形。

提示：AutoCAD 提供了两种控制打印图线宽度的方法，详见第 16 章。

下面的例题具体说明如何设置图层的颜色、线型和线宽。

【例 5-4】接例 5-3，设置所建图层的颜色、线型和线宽。

（1）单击图层特性按钮，显示【图层特性管理器】对话框。

下面将“点画线”层设置为红色。

（2）单击图层列表中【点画线】行中的【白】，显示【选择颜色】对话框，如图 5-6a 所示。

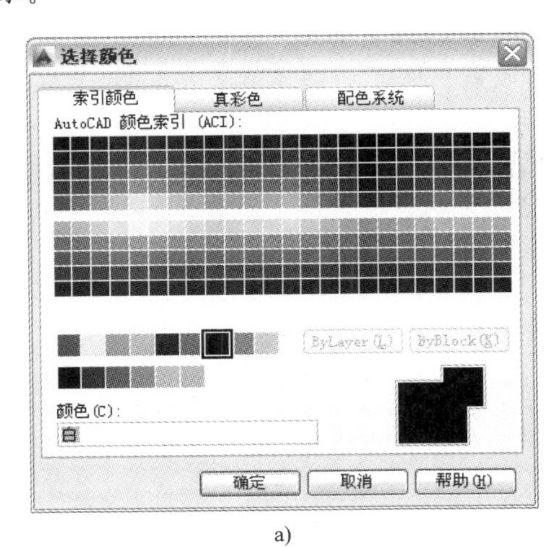

a)

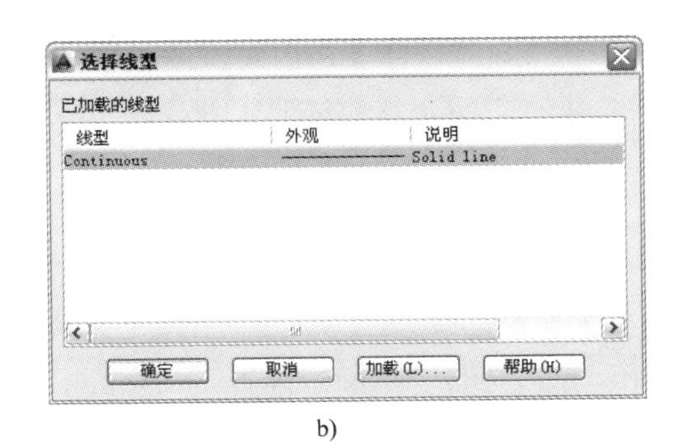

b)

图 5-6 【选择颜色】、【选择线型】对话框

（3）单击【标准颜色】（【颜色】以上第 2 行）中的红色框，单击 确定 按钮，返回【图层特性管理器】对话框，现在“点画线”层的颜色变为红色。

（4）用同样的方法根据表 5-1 设置其他图层的颜色。

提示：用上述方法，可以修改图层已有的颜色。

下面将“点画线”层的线型设置为点画线（ACAD_ISO04W100）。

（5）单击“点画线”行中的【Continuous】，显示【选择线型】对话框，如图 5-6b 所示。

由于对话框的线型列表中没有所需线型【ACAD_ISO04W100】，下面从线型库中调入。

（6）单击 加载(L)... 按钮，显示【加载或重载线型】对话框，如图 5-7a 所示。

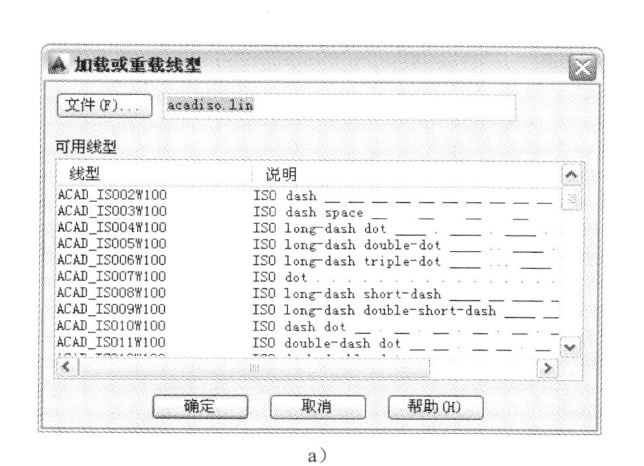

a）

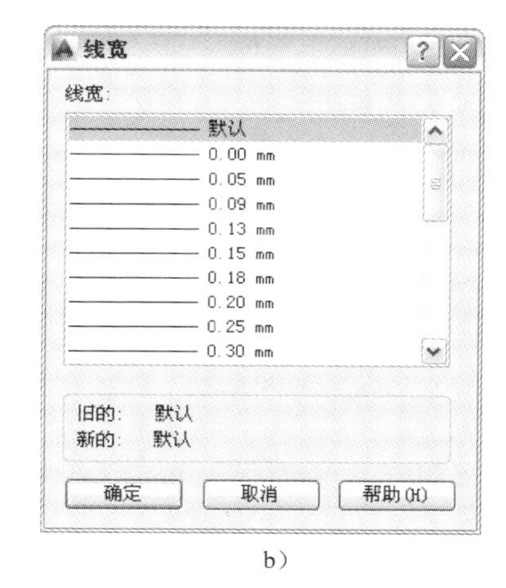

b）

图 5-7　【加载或重载线型】、【线宽】对话框

（7）单击线型【ACAD_ISO04W100】，单击 确定 按钮，返回【选择线型】对话框。单击【ACAD_ISO04W100】选择该线型，单击 确定 按钮，返回【图层特性管理器】对话框，此时“点画线”层的线型已经变为 ACAD_ISO04W100。

（8）用同样的方法将“细虚线”和“粗虚线”的线型修改为 ACAD_ISO02W100。

从【图层特性管理器】对话框中的【线宽】列中可以看出，用户未设置前，线宽值都是“默认”值，是细线。打印机以能打印的最小宽度打印图线。

下面将“粗实线”层的线宽设置为 0.8mm，其他层保留“默认”值。

（9）单击【粗实线】行中的【默认】，弹出【线宽】对话框，如图 5-7b 所示。

（10）单击【线宽】对话框右边滚动条的箭头或拖动中间的滑块，使要选的线宽显示出来，单击【0.80mm】，单击 确定 按钮，返回【图层特性管理器】对话框，现在【粗实线】层的线宽已经变为“0.80 mm”。

说明：用户应当根据图形的大小、复杂程度、自己的打印机，确定粗实线的宽度。一般设置为“0.60 mm”即可。

（11）用同样的方法改变其他图层的线宽。

（12）单击对话框左上角的 ✖ 按钮，退出对话框，完成对颜色、线型、线宽的设置。

给图层设置了颜色、线型、线宽以后，绘制在该图层上的图线都具有这种颜色、线型和线宽。AutoCAD 在默认的情况下不显示线宽（所有图线显示为细线）。单击屏幕下方状态行上的[+]按钮，使其显示为绿色，显示线宽。从显示结果可以看出，AutoCAD 显示的线宽严重失真。因而在绘图过程中都不显示线宽，以免线条太粗影响作图（可以通过图线颜色和线型区分不同性质的图线）。建议读者再单击该按钮，使其显示为灰色，恢复到不显示线宽状态。本书所有插图是从绘图过程中复制过来的，是绘图过程的再现，大多没有显示线宽。

AutoCAD 图形是矢量图，虽然线宽显示失真，但只要在图层中设置了线宽，就能按设置的线宽打印出标准线宽的图形，详见第 16 章。

5.3.3 修改图层名称、删除图层

1. 修改图层名称

在【图层特性管理器】对话框中，单击要改名的图层的名称，再单击该名称插入光标，键入新名称后按 Enter 键，即完成改名。

2. 删除图层

在【图层特性管理器】对话框中，单击要删除图层的名称，选中该图层，单击✖按钮，即删除所选的图层。

提示：0 层、当前层（正在使用的层）、含有图形、文字等对象的层不能被删除。

5.3.4 选择当前层

1. 设置当前层

现在已经建立了多个图层，在每一个图层上都可以绘制图形，要将图形画在哪一个图层上，就将该图层设置为当前层。设置当前层有如下两种方法。

- 如果还未退出【图层特性管理器】对话框，单击要设置为当前层的图层名称，再单击✔按钮。
- 如果已经退出了【图层特性管理器】对话框，设置当前层最快捷的方法是：单击图层下拉列表右边的▾，打开图层下拉列表，如图 5-8 所示，单击欲设置为当前层的图层名称。

请读者练习使“点画线”层为当前层，看画出的轴线是否为点画线。

2. 使对象层为当前层、图层匹配、返回上一图层

用户还可以选择一种图形对象，使其所在的层成为当前层，有时用这种方法设置当前层更为方便。

【例 5-5】用“使对象层为当前层”命令，将“虚线”层变为当前层。

（1）打开附盘文件“\dwg\05\5-4”，该文件中有图 5-4a 所示的图形和表 5-1 中的图层。

（2）单击将对象的图层置为当前图层按钮。

选择将使其图层成为当前图层的对象:　　　　//单击任意轴线

点画线 现在是当前图层。　　　　//点画线层已为当前层

此时图层下拉列表显示的当前层也是“点画线”。现在画直线，画出的直线将是点画线。

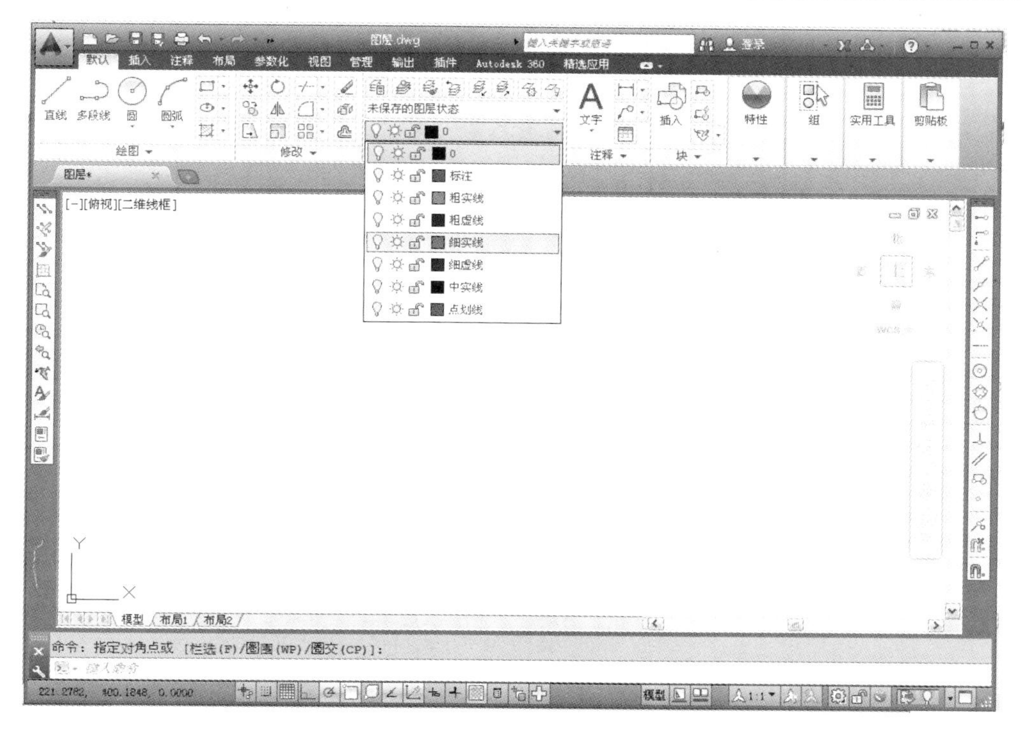

图 5-8　图层下拉列表

单击图层匹配按钮，选择要改变图层的图线，例如粗实线，再选择要修改到图层中的某一图线，例如细实线，被选中的粗实线变为细实线。

单击上一个按钮，使上一个图层（当前层之前的那个层）变为当前层，撤销一次图层更改。

5.3.5　管理图层

管理图层主要是指控制图层的打开/关闭、冻结/解冻、锁定/解锁、打印特性等。

单击图层下拉列表右边的，打开图层下拉列表（见图 5-8），或者打开【图层特性管理器】对话框，就会发现每一图层都有、、三种图标，就是通过这些图标来控制图层的状态。

1．打开/关闭图层

被关闭的图层不再显示在屏幕上，不能被编辑，不能被打印输出，可以被重新打开。打开/关闭图层的方法如下：

单击某一图层中的图标（黄色小灯泡），使之变为（灰色小灯泡），此图层就由打开变为关闭。反之，单击某一图层中的灰色小灯泡，使之变为黄色，此图层就由关闭变为打开。

用户还可以单击屏幕上方【图层】面板中的关闭按钮，选择要关闭图层上的任意一条图线，关闭该图线所在层。

【例 5-6】接例 5-5，练习关闭/打开“粗实线”层。

（1）接例 5-5，单击图层下拉列表右边的▾，打开图层下拉列表。

（2）单击“粗实线”行中的黄色小灯泡，使之变为灰色，在下拉列表外单击，粗实线从屏幕上消失。再单击使灰色小灯泡，变为黄色，在下拉列表外单击，粗实线又重新显示出来。

（3）单击屏幕上方【图层】面板中的关闭按钮。

当前设置: 视口=视口冻结，块嵌套级别=块
选择要关闭的图层上的对象或 [设置(S)/放弃(U)]: //单击任意轴线
图层“点画线”为当前图层，是否关闭它？ [是(Y)/否(N)] <否(N)>: Y
//单击“是(Y)”选项

说明： 如果“点画线”层不是当前图层，将不显示此提示。单击轴线后，“点画线”层即刻被关闭。

已经关闭图层“点画线”。 //提示“点画线”层已经关闭
选择要关闭的图层上的对象或 [设置(S)/放弃(U)]:Enter //结束命令

（4）单击上一个按钮，轴线重新显示。

2．冻结/解冻图层

被冻结的图层不再显示在屏幕上，不能被编辑，不能被打印输出。被冻结的图层可以被解冻恢复到原来的状态。冻结图层与关闭图层的区别在于：冻结图层可以减少重新生成图形的计算时间。由于计算机硬件的飞速发展，如果图形不是特别复杂，用户感觉不到两者的区别。

冻结/解冻图层的操作方法与打开/关闭图层相同，冻结/解冻图层的代表符号如下：

- ☼——图层未被冻结。
- ❄——图层被冻结。

读者可以参照操作冻结/解冻“粗实线”层，观察操作过程中图形的变化情况。

用户还可以单击【图层】面板中的冻结按钮，选择要关闭图层上的任意一条图线，冻结该图线所在层。

3．锁定/解锁图层

被锁定的图层仍然显示在屏幕上，但不能被修改。既可以在被锁的图层上绘制新图形，也可以捕捉上面的对象点，还可以打印输出被锁图层上的图线。在绘制复杂图形时，应当注意运用图层的这一特性。

锁定/解锁图层的操作方法与打开/关闭图层相同，锁定/解锁图层的代表符号如下：

- 🔓——解锁图层。
- 🔒——锁定图层。

【例 5-7】接例 5-6，观察图层的锁定/解锁功能。

（1）接例 5-6。打开图层下拉列表，单击【粗实线】行上的🔓图标，使其变为🔒，锁定【粗实线】层，可以看到被锁定图层上的配筋粗实线仍然显示在屏幕上。

（2）单击删除按钮。

选择对象：找到 1 个　　　//单击一段表示配筋的粗实线
1 个在锁定的图层上。　　//提示"一个在锁定的层上"，被选图线没有变为虚线，表示不能被选中
选择对象:　　　　　　　//单击右键结束选择

执行完删除命令以后，选择的中实线没有被删除。

（3）单击直线按钮，画直线时仍然可以捕捉粗实线上的点。

提示： 虽然可以通过其他方法改变图元的线型、线宽、颜色等特性，但这种修改不便于图形管理和打印出图。建议读者不要不通过图层改变图元的上述特性，本书也不介绍这些方法。

做完上述例题以后，就建立了绘制室内设计图所需图层。用户可以将所建图层存为没有图形的空文件，以后画图时打开该文件，就可以使用其中的图层来画图。

5.4　小结

在绘制稍微复杂的图形或尺寸偏大或偏小的简单图形时，都要反复调用缩放显示和平移命令。将两个命令结合使用，可以使绘图方便而高效。例如，用窗口方式放大显示局部图形以后，可以用平移命令显示其他部分。

本章介绍了缩放显示图形的鼠标法。向上滚动滚轮放大显示图形，向下滚动滚轮缩小显示图形；按下鼠标滚轮或中键（不放），拖动鼠标显示图形的不同部分；双击鼠标滚轮或中键，尽可能大地显示图中的全部实体，包括图线、文字等。

另外键入"z"，Enter，再键入"a"，Enter，显示全部图形，也非常快捷。

5.5　习题与作图要点

1．判断下列各命题，正确的在（）内画上"√"，不正确的在（）内画上"×"。

（1）按下鼠标中键，拖动鼠标执行平移命令。（　　）

（2）双击鼠标中键，相当于调用按钮对应选项。（　　）

（3）用窗口方式放大显示图形以后，AutoCAD 将窗口内的图形放大到整个作图区，也将图形的其他部分放大了相同的倍数。（　　）

（4）键入"z"，Enter，再键入"a"，Enter，可以显示图形的全部内容。（　　）

2．简答题。

（1）说明通过按钮调用 Zoom 命令各选项的方法。

（2）说明如何将显示缩放命令和平移命令结合使用，提高作图效率。

3．画起吊孔平面图，如图 5-9a 所示。

作图要点：

（1）创建表 5-1 所示的图层，或打开附盘文件"\dwg\05\图层.dwg"。打开正交工具，设置并打开自动对象捕捉，包括中点、端点等捕捉形式，详见第 2.3 节。

（2）使“粗实线”层为当前层（见 5.3.4 节），画圆角半径为 8 的矩形 A，参考第 3 章例 3-4；过中点 A、B 追踪确定圆心，画圆 C（半径见图中标注的尺寸，参考第 2 章例 2-7），如图 5-9b 所示。

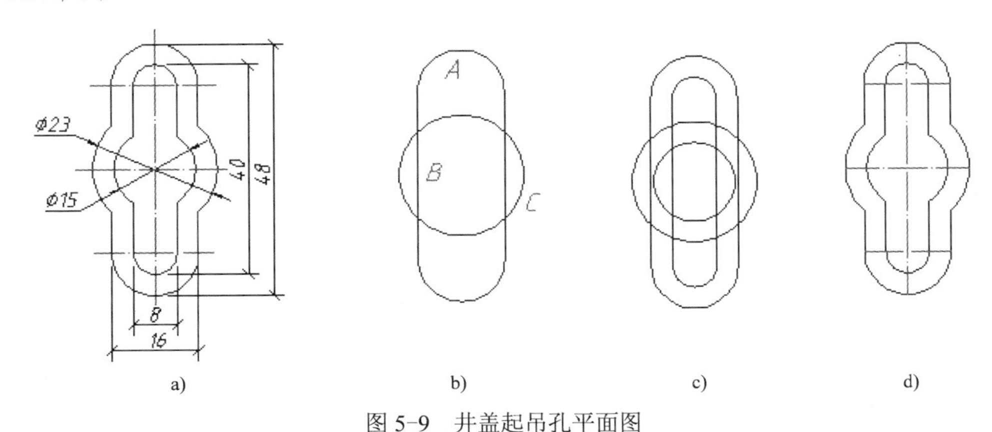

图 5-9　井盖起吊孔平面图

（3）用偏移命令偏移矩形和圆。用修剪命令修剪图线。使“中心线”层为当前层，捕捉中点、端点画中心线，如图 5-9c 所示。

（4）用拉长命令调整中心线长度，如图 5-9d 所示。

4．画吊钩平面图，如图 5-10a 所示。

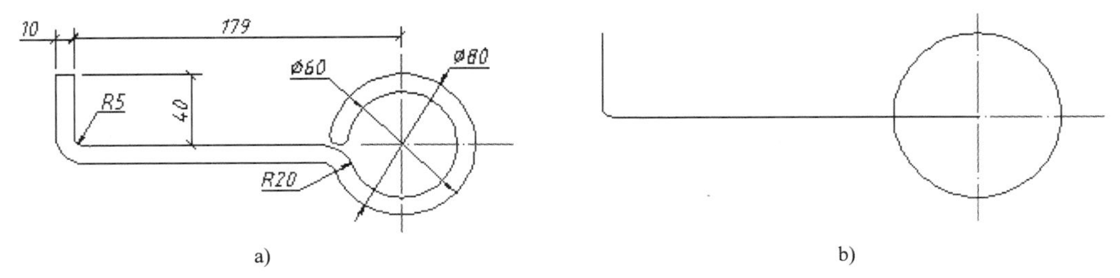

图 5-10　吊钩平面图

作图要点：

（1）打开正交工具，设置并打开自动对象捕捉，包括交点、端点等捕捉形式。

（2）使“点画线”层为当前层，目测位置输入点画中心线。捕捉中心线的交点确定圆心画圆。打开正交工具，捕捉交点，输入长度画直线，用圆角命令画圆弧，如图 5-10b 所示。

（3）用偏移命令，偏移直线和圆弧，如图 5-11a 所示。

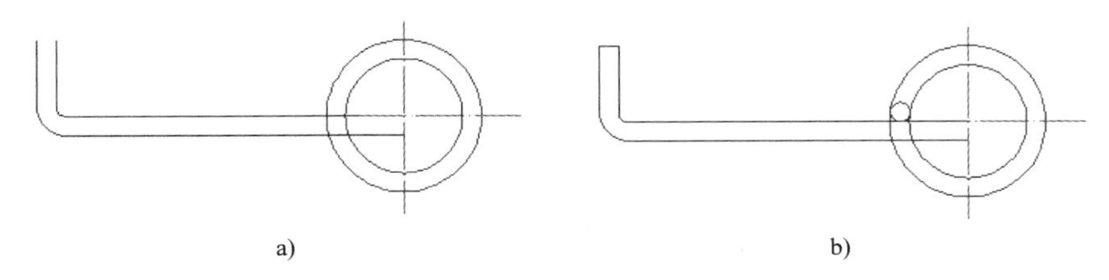

图 5-11　画直线和圆

（4）用“相切、相切、相切”方式画圆，参考第 3 章例 3-4；捕捉端点画直线，如图 5-11b 所示。

（5）用圆角命令画圆弧，用偏移命令偏移生成另一圆弧，如图 5-12 所示，

（6）用修剪命令修剪圆。

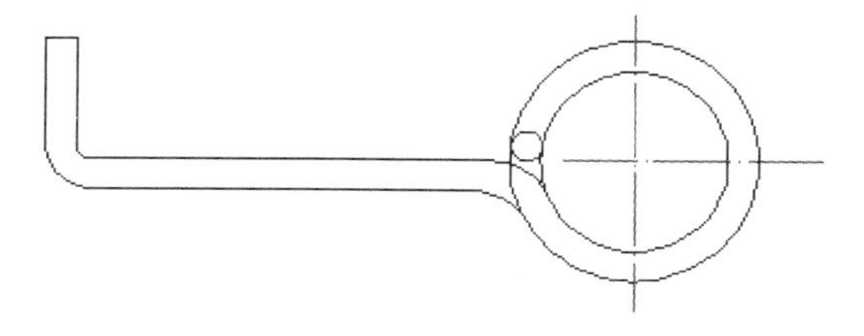

图 5-12　画圆弧

第 6 章　画平面图专用命令与综合演练

在室内设计平面图和剖面图中，用 2 条或 3 条平行线表示墙体。如果用直线、圆弧和偏移命令画这些平行线，一次只能画其中的一条线段，还需要修剪或延长接头处的图线，难以提高作图效率。本章要介绍的多线命令和多线编辑命令，一次可以画出多条不同线型的平行线，快速编辑接头处的图线，具有很高的作图效率。由于多线、多线编辑、多线样式这 3 个命令主要用来绘制室内设计平面图中的墙线，本章将它们称为专用命令。下面以绘制图 6-1 所示平面图为例，介绍这 3 个命令的功能和应用技巧。

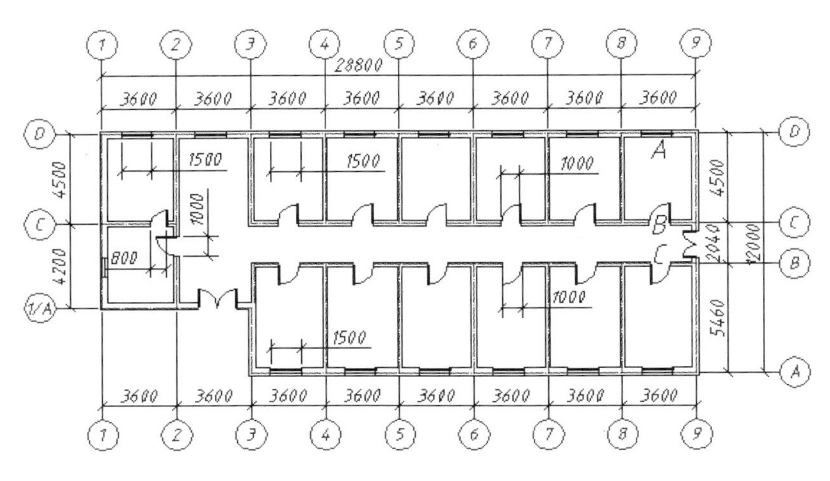

图 6-1　建筑平面图

读者已经学了 AutoCAD 的主要作图命令，只要灵活运用这些命令就可以绘制任意形状的室内设计图样，但与高效绘制各种室内设计图还有一段距离。为了趁热打铁，温故而知新，本章通过绘制商场展台、防盗网、浴池、洗手盆、邮箱标记、六角星、花格，介绍绘制室内设计图样的常用命令和方法。为了突出重点，前几章的例题大多采用补图的形式。从本章开始，将从零开始绘制上述室内设计图样。由于例题图形复杂、步骤较多，书中只给出了作图要点，将详细作图过程录制为配音动画文件，放在本书附盘中。基础好的读者可以先画图，再分析书中作图要点，从中找出可以借鉴的绘图方法；初学者可以先看作图要点再画图，或看完作图要点和动画以后再练习。

6.1　创建自己的工具条

在 AutoCAD 2014 中，有一些常用命令按钮没有显示在屏幕上，不便于调用。下面建立一个名为“常用”的工具条，存放如下命令按钮：多线、多线编辑、多线样式、文字样式、标注样式、图形界限、窗口缩放、实时缩放、缩放上一个、全部缩放、快速引线。

（1）单击屏幕右下角的切换空间按钮，显示快捷菜单，单击其中的“自定义”，显示【自定义用户界面】对话框，如图 6-2 所示。

图 6-2 【自定义用户界面】对话框

（2）在对话框左上方，单击【工具栏】将其展开。拖动右侧滚动条中的滑块，使显示最后一个工具条【点云】。右键单击【点云】显示快捷菜单（将新建工具条放在最后），单击其中的“新建工具栏”，输入新建工具栏的名称：常用。

（3）将多线按钮拖放到【常用】工具条中。单击对话框左下方的仅所有命令，打开按类别过滤命令列表，单击其中的“绘图”，拖动右边滚动条中的滑块，使显示“多线”，移动鼠标指针指向“多线”，按下鼠标左键不放，向上移动鼠标将其拖放到【常用】工具条中。

（3）用同样的方法分别将“格式”中的“标注，标注样式”、“多线样式”、“图形界限”、“文字样式”，“修改”中的“多线编辑”，“视图”中的“窗口缩放”、“实时缩放”、“缩放，上一个”、“缩放，全部”，将“标注”中的“标注，引线”等其他按钮拖放到新建工具条中。

（4）单击确定(O)，退出【自定义用户界面】对话框，完成创建。

（5）新创建的【常用】工具条显示在绘图区，移动鼠标指针指向其左端的黑色区域，按下鼠标左键，将其拖放到绘图区左侧或右侧。

6.2　用多线命令绘制墙体

多线是由多条（不超过 16 条）平行线组成的复合线。本节在绘制图 6-1 所示平面图的过程中，介绍多线、多线（Mline）样式、多线编辑这 3 个命令。

6.2.1　设置多线墙样式

多线中线的数量、线型、颜色、线之间的间隔等要素，称为多线样式。在室内设计图样中的墙线有多种样式，例如双墙线的宽度有 240、360 之分，墙体是否画出轴线，这些都要通过设置多线样式来实现。若要绘制图 6-1 所示的平面图，至少要建立外墙线（宽 360）、内墙线（宽 240）两种样式。由于 AutoCAD 可以通过颜色控制打印图线的宽度，最好将轴线与墙线设置为不同的颜色。本例将墙线设置为白色（White），轴线设置为红色（Red）。

【例 6-1】绘制图 6-1 所示平面图的多线样式。

（1）单击自己建立的【常用】工具条中的多线样式按钮，显示【多线样式】对话框，如图 6-3 所示。

图 6-3　【多线样式】对话框

下面建立外墙线样式。

（2）单击新建(N)...按钮，显示【创建新的多线样式】对话框，如图 6-4a 所示。在【新样式名】文本框中输入新建样式名称：W。

> 提示：样式名称要能够代表样式的特点，画外墙线用的多线样式取名为“外墙线”就非常通俗易记，但考虑到建立的样式不多，名字之间不会产生混淆，调用样式时需要从键盘输入中文名称又比较繁琐，本例将外墙样式取名为：W。

修改样式名称的方法是：在【多线样式】对话框中，单击要修改的样式名称，单击 重命名(R) ，输入新名称，按 Enter 键。

a)　　b)

图 6-4 【创建新的多线样式】、【选择线型】对话框

（3）单击 继续 ，显示【新建多线样式】对话框，如图 6-5 所示。

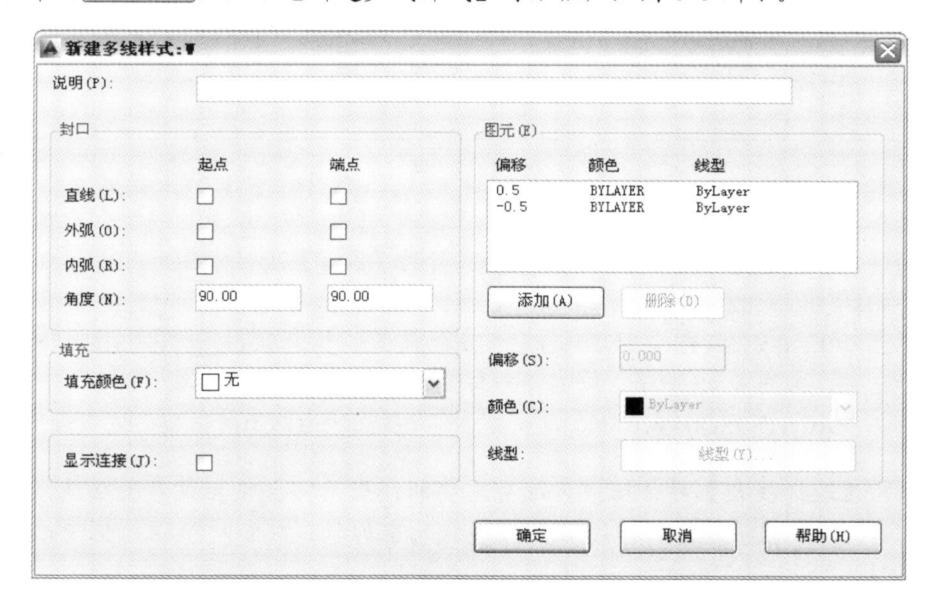

图 6-5 【新建多线样式】对话框

在此对话框中，设置多线的封口形式，平行线的数量，平行线之间的距离、颜色、线型等。在默认情况下，多线由两条平行线组成，颜色为白色，线型为实线。

（4）在【说明】文本框中输入对样式用途、特征的简要描述：外墙线样式。在【封口】区设置多线两端的封口方式。各封口方式的功能见表 6-1。本例在【直线】右边的【起点】、【端点】两个复选框中单击，使小方框中出现“√”号，即用直线封闭多线两端。

（5）单击 添加(A) 按钮，添加一条线。

（6）单击“0.5　BYLAYER　ByLayer”行的任意位置选中该项，在下面的【偏移】文本框中输入 240，在文本框之外单击确认输入。

表 6-1　多线封口形式

封 口 形 式	不封口图例	封 口 图 例	功　　能
直线			在不封闭的多线的两端自动添加与其垂直的直线，使端口封闭
外圆弧			在不封闭的多线的两端最外两条线上，自动添加与其相切的半圆圆弧，使端口封闭
内圆弧			功能同上。添加圆弧的线段分别为：如果多线由奇数条线组成，不连接中间的线。例如，如果有 7 条线，将连接 2 和 6、3 和 5；如果多线由偶数条线组成，将连接除最外两条之外的所有线。例如，如果多线有 6 条线，将连接 2 和 5、3 和 4
角度			封闭直线与多线倾斜，倾斜角度在【角度】文本框中设置

提示： 如果不将样式存为样式文件，所建样式只能在建立样式的图形中调用。

（7）同样将“-0.5　BYLAYER　ByLayer”行的【偏移】的值修改为-120。

下面将中间的线段改为轴线。

（8）单击“0　BYLAYER　ByLayer”行中的任意位置，单击 线型(Y)... 按钮，显示【选择线型】对话框，如图 6-4b 所示。以下操作与设置图层的线型完全相同。

（9）单击“ACAD_ISO04W100”，单击 确定 按钮，返回原对话框，完成设置。

提示： 如果【选择线型】对话框中，没有需要的线型，需要按与设置图层线型相同的方法，单击 加载(L)... 按钮，显示【加载或重加载线型】对话框，从中选取所需线型。

（10）将轴线的颜色设置为“红色”：单击【颜色】下拉列表 ByLayer 右边的 按钮，单击“红”。如果墙线的颜色不是黑色，用同样的方法将其设置为黑色。

（11）单击 确定 按钮，返回【多线样式】对话框，完成外墙线样式设置。

（12）创建内墙样式：单击刚建立的外墙样式的名称“W”，以该样式为基础样式。新建样式继承基础样式的全部选项，只需要设置不同的项目。单击 新建(N)... 按钮，在【新样式名】中输入：N。单击 继续 ，在【说明】文本框中输入：内墙线样式。单击“240　BYLAYER　ByLayer”，将【偏移】值修改为 120，其他选项不变。

（13）单击“W”，单击 置为当前(U) ，将外墙样式置为当前样式，单击 确定 按钮，退出【多线样式】对话框。

6.2.2　设置屏幕显示范围

工程图的大小千变万化，要将其画在大小固定的作图区域内，需要设置作图区域的长、宽尺寸，这由图形界限（Limits）和显示缩放（Zoom）配合完成。

1．设置图形界限

图形界限是一个矩形区域。如果打开图形界限检测，只能在该区域内作图；如果关闭该项检测，图形界限内、外都可以画图。AutoCAD 在默认状态下不检测图形界限。设置图形界限以后，执行 Zoom 命令的“全部（A）”选项，使图形界限等于屏幕的显示区域，用以控制屏幕的显示范围。此处的“屏幕”是指 AutoCAD 的作图区。调用图形界限命令有如下 3 种方法：

- 单击 6.1 节调出的图形界限按钮。
- 执行菜单【格式】→【图形界限】（显示菜单的方法见第 1 章）。
- 从键盘输入：Limits 或 limi。

根据图 6-1 标注的尺寸，要按 1:1 的比例绘图，需要将作图区设置为 30000×20000。

单击 6.1 节创建的【常用】工具条中的图形界限按钮。

重新设置模型空间界限:

指定左下角点或 [开(ON)/关(OFF)] <0.0000,0.0000>: Enter

//接受默认值，即以坐标原点为左下角点

> **提示：** 此时输入 ON 或单击“开（ON）”选项，打开图形界限检测；输入 OFF 或单击“关（OFF）”选项，关闭界限检测。

指定右上角点 <420.0000,297.0000>: 30000,20000　　//指定右上角点

30000、20000 分别是图形界限的长度和宽度。由于其长、宽比与作图区固定的长、宽比不一定相等，将图形界限缩放至最大（本书简述为全屏）之后，图形界限的长度和宽度只有一个起作用。由于作图时随时可以用缩放命令改变显示范围，图形界限的设置没有必要很精确。

2．使图形界限等于作图区

上面已经将图形界限设置为 30000×20000，但此时图形界限并不等于作图区。单击缩放全部按钮，使图形界限充满作图区，或执行缩放命令：

键入命令: z　　//输入 Zoom 命令的简化输入形式

指定窗口角点，输入比例因子 (nX 或 nXP)，或

[全部(A)/中心点(C)/动态(D)/范围(E)/上一个(P)/比例(S)/窗口(W)] <实时>: a

//显示整个图形界限

6.2.3　绘制平面图

本节将利用 6.2.2 节建立的多线样式绘制图 6-6 所示的平面图，6.2.4 节介绍如何编辑多线接头，绘制门窗洞等。

【例 6-2】用画多线、阵列等命令，绘制图 6-6 所示的平面图。

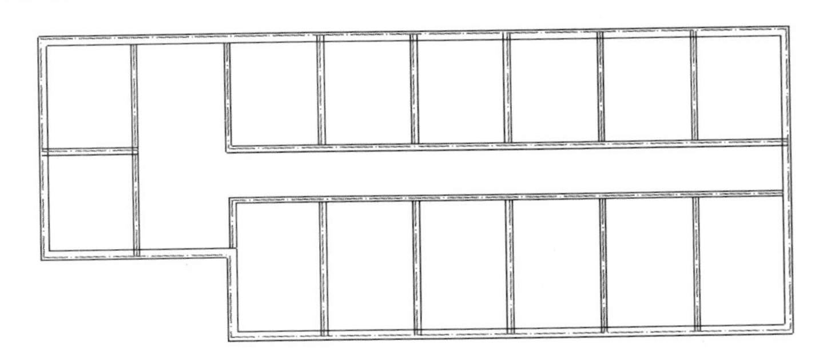

图 6-6　用画多线命令绘制平面图

1．设置多线的对正方式

与绘制直线相同，绘制多线时也要输入多线的端点。但多线的宽度较大，用户首先应当确定多线的哪一点通过输入点，即多线的对正方式。AutoCAD 提供了图 6-7a 所示的 3 种对正方式供用户选用。

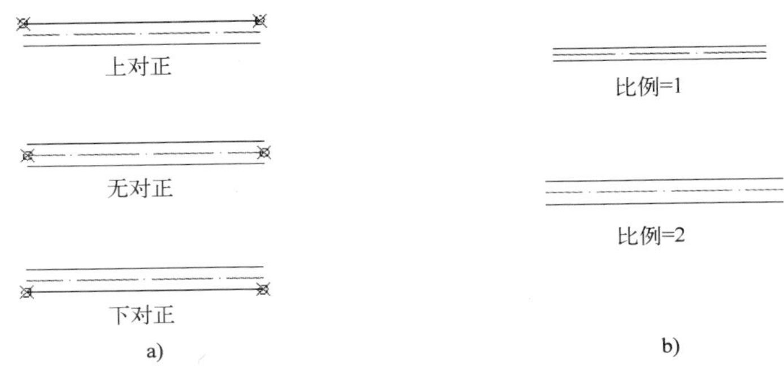

图 6-7　多线的对正方式与比例

这 3 种对正方式分别如下。

- 上对正：多线的顶线通过输入的端点。
- 无对正：多线的轴线通过输入的端点。在下面的例题中将使用这种对正方式，这也是使用最多的一种对正方式。
- 下对正：多线的底线通过输入的端点。

顶线、底线相对于画线方向而定。如果从左向右画线，顶线在上，底线在下；从右向左画线顶线在下，底线在上；从下向上画线顶线在左，底线在右；如果从上向下画线，顶线在右上，底线在左。按逆时针画封闭或半封闭多线，顶线在外，底线在内。

2．设置多线比例

用户可以通过给定不同的比例改变多线的宽度。图 6-7b 是用同一样式绘制的比例分别为 1 和 2 的多线。

3．画外墙线（如图 6-8 所示）

单击前面创建的【常用】工具条中的多线按钮。

当前设置：对正 = 上，比例 = 20.00，样式 =W

//当前设置不符合要求，需要重新设置

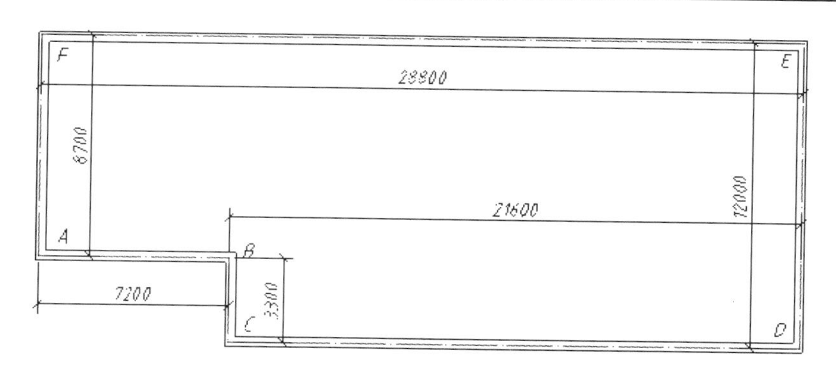

图 6-8　画外墙线

指定起点或 [对正(J)/比例(S)/样式(ST)]:J
　　　　//单击“对正(J)”选项，设置多线对正方式
输入对正类型 [上(T)/无(Z)/下(B)] <上>:Z　　　　//设置为轴线对正
指定起点或 [对正(J)/比例(S)/样式(ST)]:S
　　　　//单击“比例(S)”选项，设置多线比例
输入多线比例 <20.00>:　1　　　　//输入多线比例
当前设置: 对正 = 无，比例 = 1.00，样式 = W　　　　//多线设置已符合要求
指定起点或 [对正(J)/比例(S)/样式(ST)]:　　　　//在屏幕的左下方单击输入 A 点
指定下一点:　7200　　　　//按F8键打开正交工具，向右移动鼠标拉出一条水平线，输入 AB 长度
指定下一点或 [放弃(U)]: 3300　　　　//确定 BC 方向，输入长度
指定下一点或 [闭合(C)/放弃(U)]: 21600　　　　//确定 CD 方向，输入长度
指定下一点或 [闭合(C)/放弃(U)]: 12000　　　　//确定 DE 方向，输入长度
指定下一点或 [闭合(C)/放弃(U)]: 28800　　　　//确定 EF 方向，输入长度
指定下一点或 [闭合(C)/放弃(U)]:C　　　　//单击“闭合(C)”选项

4．设置线型比例

如果画出的墙的轴线显示为实线，是由于线型比例太小的缘故。线型比例由系统变量 Ltsacle 控制，下面将线型比例设置为 50。

键入命令: lts　　　　//输入 ltscale 的简化输入形式
输入新线型比例因子 <1.0000>: 50　　　　//输入新线型比例

设置线型比例的另一种方法是，在【常用】选项卡中，移动鼠标指针指向特性面板将其展开。单击 ————ByLayer （在第 3 行）中的箭头将其展开，单击【其他】，显示【线型管理器对话框】，在【全局比例因子】文本框中输入：50。如果没有显示该文本框，单击显示细节(D)，使其显示出来。

5．下面将图 6-8 画为图 6-9

（1）设置并打开对象捕捉，包括端点、交点等捕捉形式。单击对象捕捉追踪按钮，使其显示为绿色，启动对象捕捉追踪，详见 2.3 节。

（2）画多线 BC。单击多线按钮。

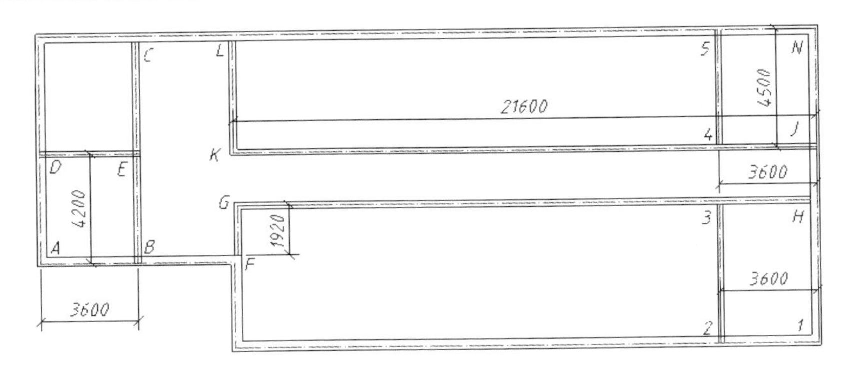

图 6-9　画内墙线

当前设置: 对正 = 无，比例 =1.00，样式 =W
指定起点或 [对正(J)/比例(S)/样式(ST)]: ST　　　　//单击“样式(ST)”选项
输入多线样式名或 [?]: N　　　　//输入内墙线样式名称
当前设置: 对正 = 无，比例 =1.00，样式 =N
指定起点或 [对正(J)/比例(S)/样式(ST)]:36000
　　　　//移动鼠标到 A 点（轴线交点），显示端点标记（不要单击）后，向右移动鼠标，显示水平追踪标记后输入 B 点与 A 点的距离
指定下一点:　　　　//捕捉垂足 C
指定下一点或 [放弃(U)]:Enter　　　　//结束命令

提示：6.2.4 节介绍如何用多线编辑命令修改多线接头，垂足在轴线还是在墙体边线上不影响编辑结果。

（3）画多线 DE: Enter，重复执行刚执行完的命令，过 A 点沿竖直方向向上追踪，输入 D 与 A 的距离 4200，捕捉垂足 E。

（4）画多线 JKL: 过轴线的交点 N 沿竖直方向向下追踪，输入 J 与 N 的距离 4500。打开正交工具，左移鼠标，确定 JK 方向，输入长度: 21600，捕捉垂足 L。

（5）画多线 FGH。为了使所画多线 FG 与下面多线的右侧对齐，需要将多线的对正方式设置为“下（B）”对正。捕捉轴线的交点 F，上移鼠标，输入 FG 长度 1920，捕捉垂足 H。

（6）画多线 23: 将多线的对正方式设置为“无（Z）”，过轴线的交点 1 沿水平方向向左追踪，输入 2 与 1 的距离 3600，捕捉垂足 3; 画多线 45: 过轴线的交点 N 沿水平方向向左追踪，输入 5 与 N 的距离 3600，捕捉垂足 4。

（7）阵列生成其他墙线。单击矩形阵列按钮，用窗口方式选择多线 23、45。在【列数】文本框中输入: 5，在【行数】文本框中输入行数: 1。在【列数】下面的【介入】文本框中输入: -3600，单击关闭阵列按钮，完成作图。

6.2.4 编辑多线

用多线命令画完墙线以后，一般要用编辑命令修正多线相交处的接头形式，打出门窗洞以插入门窗等。多线编辑命令可以将多线的十字接头、丁字接头、角接头修正为图 6-10a 所示的形式。还可以打断、连接多线，在多线上添加或删除顶点，如图 6-10b 所示。

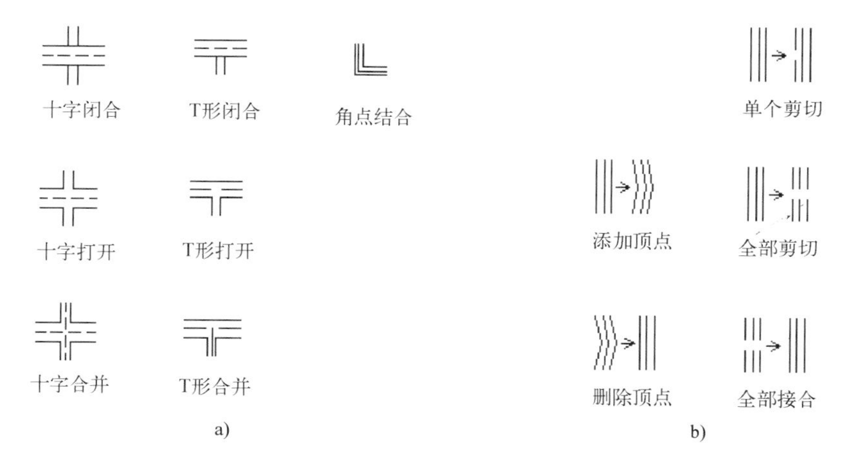

图 6-10　多线编辑命令的功能

下面在绘图过程中，介绍该命令的调用方法和相关作图技巧。

【例 6-3】用多线编辑命令，修正图 6-6 中多线的丁字接头，结果如图 6-11 所示。

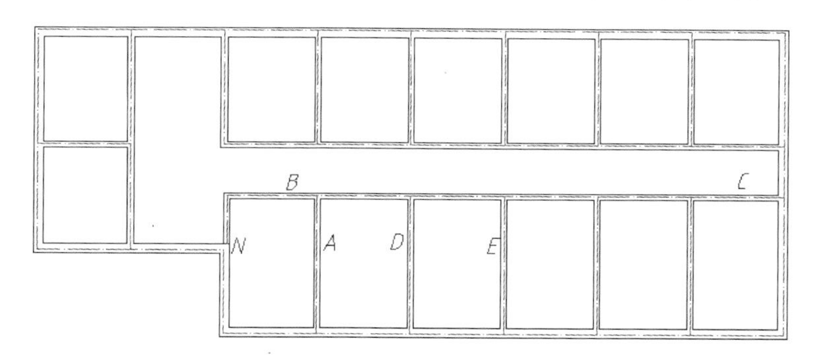

图 6-11　编辑墙线

（1）接例 6-2。单击上面已经调出的多线编辑命令按钮，显示【多线编辑工具】对话框，如图 6-12 所示。

（2）单击第 3 行第 2 列的【T 形合并】，退出对话框。

选择第一条多线:　　　　//单击多线 A
选择第二条多线:　　　　//单击多线 BC
选择第一条多线 或 [放弃(U)]:　　　　//单击多线 D
选择第二条多线:　　　　//单击多线 BC
选择第一条多线 或 [放弃(U)]:　　　　//依次单击除 N 处以外，要处理的多线

提示： 在作多线编辑时，如果系统提示选择无效，可以改变单击的顺序或单击的位置，还可以放大显示接头，单击多线的轴线。N 点处的多线需要用修剪命令处理。如果出现意外，可以单击“放弃（U）”选项，撤销本次操作，重新编辑。

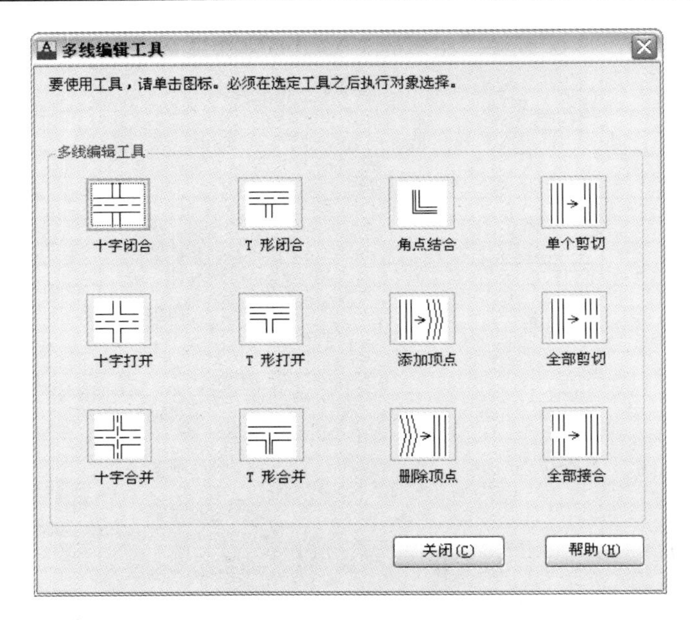

图 6-12 【多线编辑工具】对话框

【例 6-4】用修剪命令开门窗洞，将图 6-11 画为图 6-13。

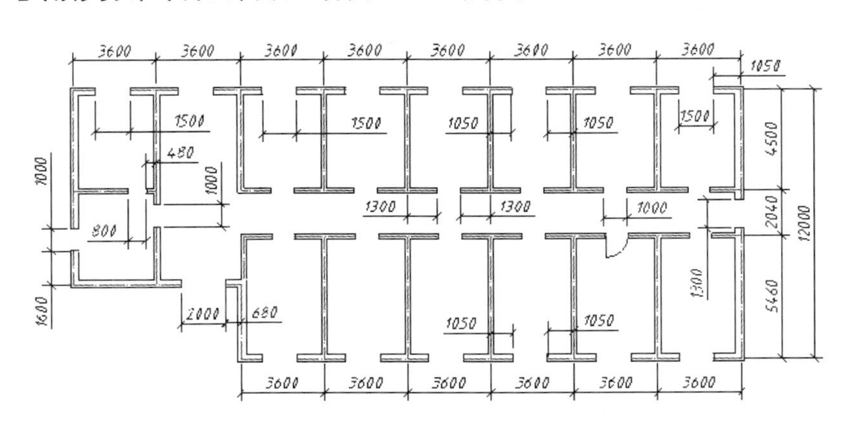

图 6-13　开门窗洞

> **提示：**为了精确控制门窗洞的尺寸，先画图 6-17 所示门窗洞两侧的直线，后面简称为门口线。

（1）接例 6-3。移动鼠标到图形右上角，向上拨动鼠标滚轮，放大显示右上角图形，结果如图 6-14 所示。

（2）画直线 AB：打开对象捕捉和对象捕捉追踪。单击直线按钮，过墙线的交点 E 沿水平方向向左追踪，输入 A 与 E 的距离 1050，捕捉垂足 B

（3）偏移生成 CD。单击偏移命令按钮，输入偏移距离 1500，单击 AB，在 AB 左侧单击。

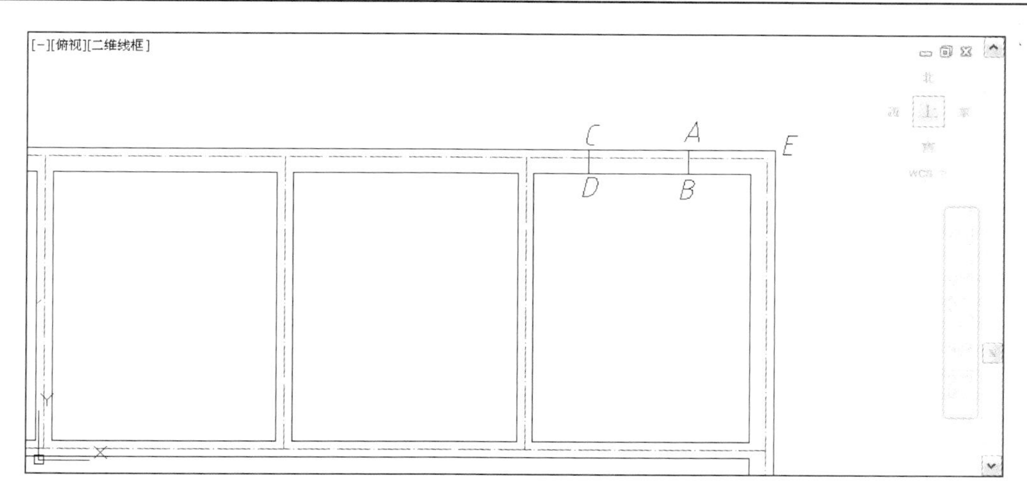

图 6-14　放大显示图形

（4）阵列生成其他窗口线：矩形阵列，2 行 8 列，行距为“-11880”，列距为“-3600”。单击上面建立的【常用】工具条中的缩放上一个按钮，返回前一显示状态，如图 6-15 所示。

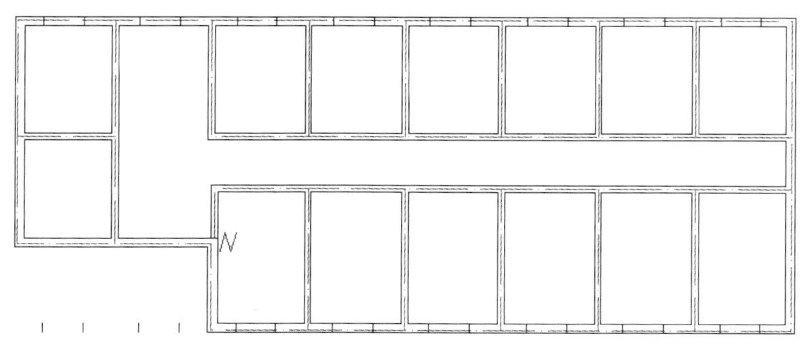

图 6-15　阵列窗口线

（5）删除左下角多余的图线。用同样的方法，画走廊两侧的门口线（尺寸见图 6-13），如图 6-16 所示。

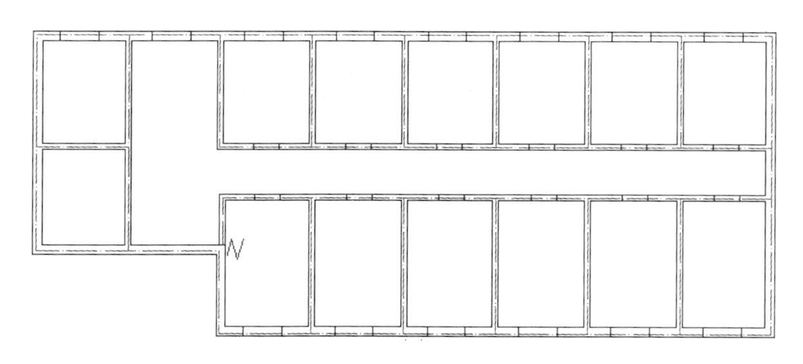

图 6-16　绘制门口线

（6）通过对象捕捉追踪和垂足捕捉，绘制 A、B、C、D、E 各处的门口线（尺寸见

图 6-13），如图 6-17 所示。

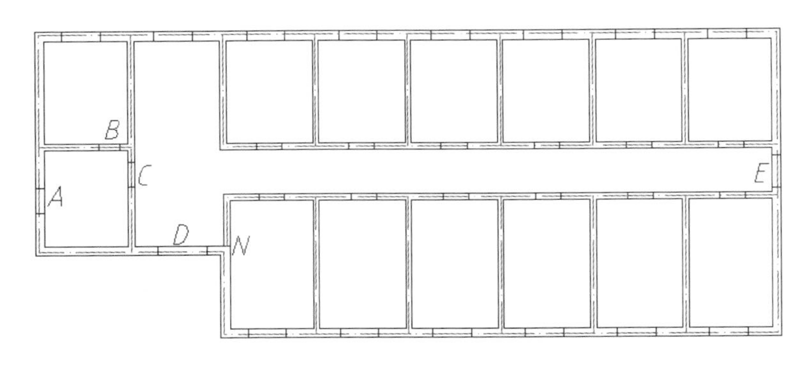

图 6-17　绘制其他门口线

（7）用修剪命令打出生成门窗洞，如图 6-18 所示。单击修剪按钮。

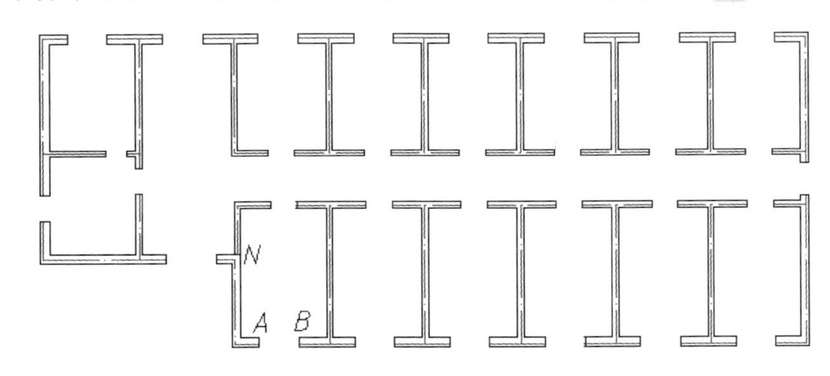

图 6-18　生成门窗洞

当前设置:投影=UCS，边=无
选择剪切边...
选择对象或 <全部选择>:Enter　　//执行默认选项：全部选择
选择要修剪的对象，或按住 Shift 键选择要延伸的对象，或
[栏选(F)/窗交(C)/投影(P)/边(E)/删除(R)/放弃(U)]:　　//在门窗洞口中间（例如 A、B 之间）单击多线
选择要修剪的对象，或按住 Shift 键选择要延伸的对象，或
[栏选(F)/窗交(C)/投影(P)/边(E)/删除(R)/放弃(U)]:　　//同样打出其他门窗洞

虽然多线编辑命令也可以打断多线（【多线编辑工具】对话框第 2 行第 4 列的【全部剪切】），生成门窗洞，但不能精确控制打断位置。

图 6-18 所示 N 处的多线需要分解后再修剪。

（8）放大显示 N 处的图形，如图 6-19 所示。

（9）分解 N 处的多线 A、C：单击分解按钮，单击多线 A、C。

（10）修剪图线：以铅垂线 C 为边界，单击 AN 的右端。显示全部图形，完成作图。

第 9 章介绍用定义图块、插入图块的方法绘制图 6-1 中的门窗图例。用图块的方法绘制室内设计图中的门窗图例是一种非常有效的作图方法。

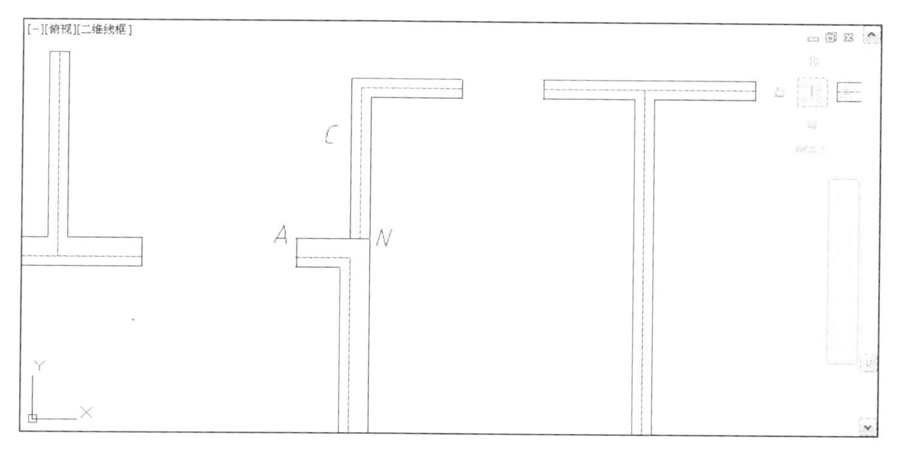

图 6-19　修剪墙线

6.3　综合分析、应用实例

本节以绘制商场展台、浴池、防盗网等为例，说明如何综合运用所学命令和方法，绘制复杂室内设计图样。

6.3.1　将尺寸转化为命令参数

用 AutoCAD 作图，最关键的一步是将图中标注的尺寸转换为命令参数。至此已经介绍完了将尺寸转换为命令参数的所有方法，这些方法大致分为两大类。

- 用偏移命令。平行线之间的距离尺寸就是偏移距离，不需要进行转换计算，但偏移生成多条平行线以后，图面较乱，修剪繁琐。
- 用对象捕捉、对象捕捉追踪、正交工具、极轴追踪等。捕捉自将尺寸转换为相对坐标值；临时追踪、正交工具、极轴追踪把尺寸转换为长度参数，需要进行少量的转换计算，但图面整洁，步骤清晰；过两点追踪、用对象捕捉定位点，不需要输入其他参数，但只能输入特定点。

灵活运用上述方法，才能提高作图效率。对象捕捉追踪是利用“长对正、高平齐、宽相等”的投影规律作图的有效方法。

6.3.2　作图前的准备工作

手工绘图时首先要确定比例、布置视图。用 AutoCAD 画图，可以先按 1:1 的比例画出图形，打印时再通过调整打印比例，控制图形的大小。在绘图过程中可以随时调用移动命令改变视图的位置。尽管如此，在正式画图前还应当做下面的分析与准备工作。

（1）分析图形的主要结构特点，将图形分为几个主要部分，决定一个合理的画图顺序，决定画每一部分主要采用哪些命令，将尺寸转换为命令参数等。

（2）设置作图环境。

设置作图环境，包括确定图幅、绘制边框、标题栏、确定作图单位和作图精度、设置文字样式、尺寸样式、建立必要的图层、设置自动对象捕捉方式等。有许多项目在以前的绘图中都使用了默认设置，如何设置这些项目，将在后面的章节中介绍，本例仅对图幅和图层进行设置。图层是用来管理图形的有效工具，在正式绘图前，要先建立足够数量的图层，并将图线画在相应的图层上。下面的例题将使用第 5 章创建的表 5-1 中的图层。

6.3.3　典型应用实例精解

本节以绘制商场展台、浴池、防盗网、床、洗手盆、沙发、家具为例，介绍绘制室内设计图样的常用方法与技巧。

【例 6-5】画商场展台，如图 6-20a 所示。本例详细作图步骤见动画文件“6-05”。

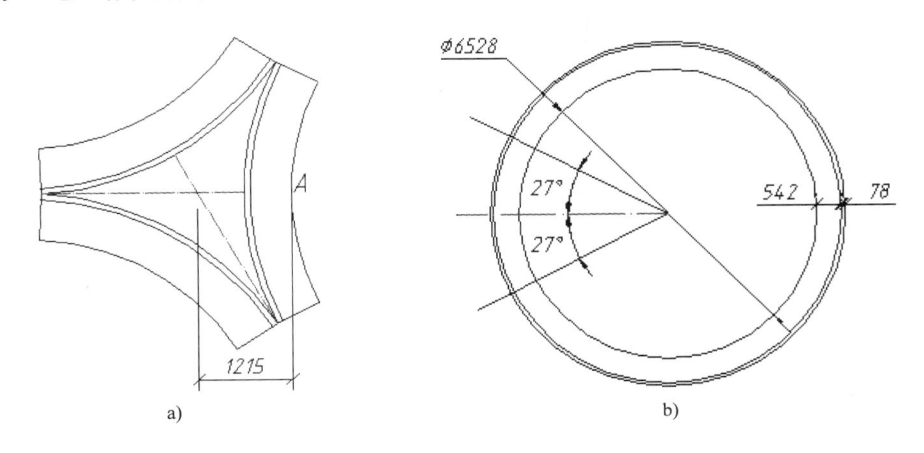

图 6-20　展台平面图

作图要点：

（1）按第 5 章例题所述方法创建表 5-1 所示图层，或打开附盘文件“\dwg\06\图层.dwg”。将图形界限设置为 20000×15000，单击缩放全部按钮。打开正交工具，设置并打开自动对象捕捉，包括端点、象限点等捕捉形式，见第 2 章。

（2）使“点画线”层为当前层，用正交工具画中心线（单击输入端点）。使“中实线”层为当前层，画圆：捕捉端点指定圆心，输入半径 6528/2（AutoCAD 自动计算出半径）。偏移生成另外两个圆。用角度替代画两条倾斜线，如图 6-20b 所示。

（3）修剪圆和直线，如图 6-21a 所示。

（4）阵列图形：环形阵列，过象限点 A（见图 6-20a）沿水平方向向左追踪确定阵列中心，结果如图 6-20a 所示。

> **提示：**在本书的“附盘使用说明”中，介绍了动画文件的使用方法。本章例题绘制过程制成的动画文件，在附盘文件夹“\avi\06”下，文件名与例题编号相同。

【例 6-6】画浴池，如图 6-21b 所示。本例详细作图步骤见动画文件“6-06”。

作图要点：

（1）按例 6-5 步骤（1）设置作图环境。将图形界限设置为 400×300。

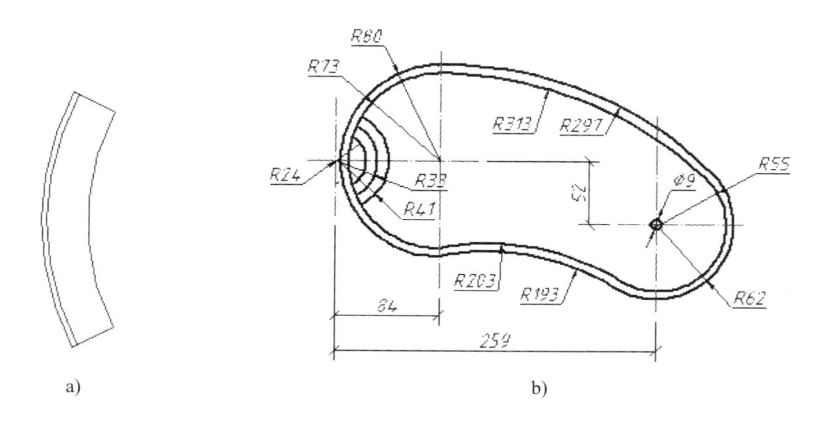

a)　　b)

图 6-21　修剪图形、浴池平面图

（2）使“点画线”层为当前层。打开正交工具，单击输入点，分别画一条水平、铅垂中心线，偏移生成其他中心线。使“中实线”层为当前层，画圆，用圆角命令画两个外切圆弧，用拉长命令调整中心线长度，如图 6-22a 所示。

（3）由于圆角命令不能画内切圆弧，用“相切、相切、半径”方式画两个内切圆，画左端的 3 个小圆（捕捉交点指定圆心，输入半径），如图 6-22b 所示。

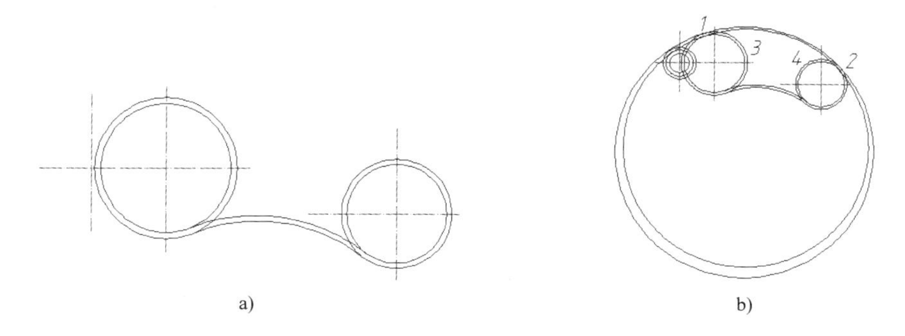

a)　　b)

图 6-22　画中心线、圆、圆弧

用“相切、相切、半径”方式画的圆，是内切还是外切，取决于指定切点时单击的圆的位置。若在图 6-22b 所示的内切点 1、2 点附近单击圆，将画成内切圆；若在外切点 3、4 点附近单击圆，将画成外切圆。

（4）画右端的小圆，修剪图线，结果如图 6-21b 所示。

【例 6-7】画防盗网，如图 6-23a 所示。本例详细作图步骤见动画文件“6-07”。

作图要点：

（1）按例 6-5 步骤（1）设置作图环境。将图形界限设置为 3000×2000。

（2）使“中实线”层为当前层。画矩形 AB：单击输入 A 点，输入 B 点的相对坐标。复制生成矩形 C：命令提示指定基点时输入 360,360，命令提示指定第二个点时按 Enter 键，如图 6-23b 所示。

（3）画直线 EF：打开对象捕捉追踪，过 D 沿铅垂方向向下追踪，输入 E 与的 D 距离 60，捕捉垂足 F，如图 6-23c 所示。

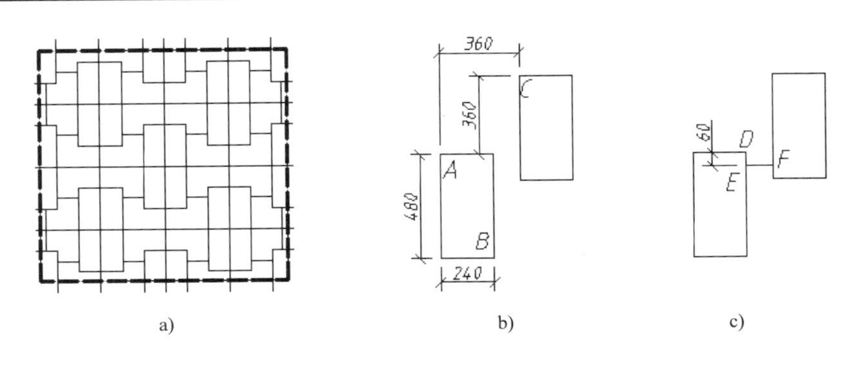

图 6-23　防盗网

（4）阵列矩形和直线。矩形 AB :3 行 3 列，行距为 720，列距为 720；矩形 C：2 行 2 列，行距为 720，列距为 720；直线 EF：4 行 4 列，行距为 360，列距为 360，如图 6-24a 所示。

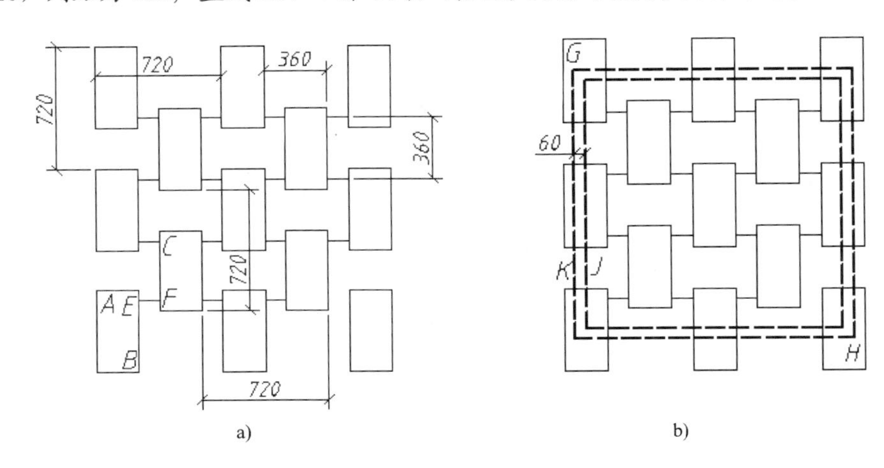

图 6-24　作图过程分析

（5）打开对象捕捉追踪，使“粗虚线”层为当前层。用矩形命令画窗口 J：分别过矩形 G、H 的两边中点追踪确定两个角点。偏移矩形 J 生成矩形 K 作为修剪边界（在屏幕适当位置单击输入两点，以这两点之间的距离为偏移距离）。

说明：要过中点追踪确定点，需要在自动捕捉中包括中点。在多数情况下，可以通过“捕捉自”确定矩形的角点。

（6）修剪矩形：以矩形 K 为边界，用交叉窗口选择要修剪的矩形。删除矩形 K，如图 6-23a 所示。

【例 6-8】画洗手盆，如图 6-25a 所示。本例详细作图步骤见动画文件“6-08”。

作图要点：

（1）按例 6-5 步骤（1）设置作图环境。将图形界限设置为 800×600。

（2）在屏幕任意位置画大矩形，偏移生成另一矩形；调用“倒角（C）”选项，在任意位置画带倒角的矩形，如图 6-25b 所示。

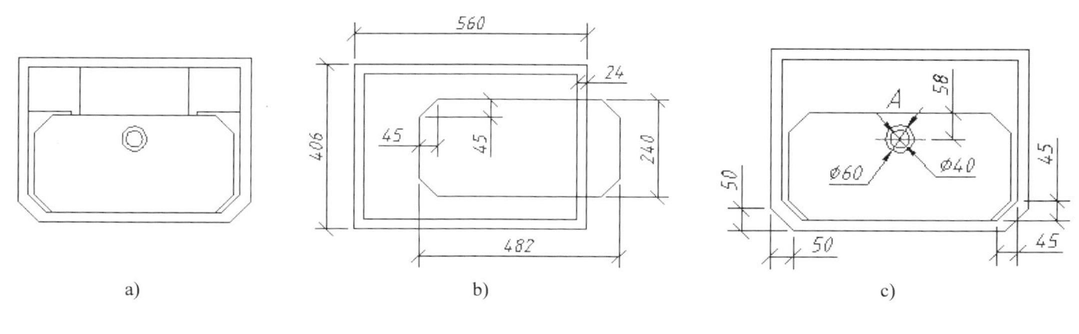

图 6-25　画洗盆

提示：调用矩形命令以后，要注意观察命令提示，如果提示为“当前矩形模式：倒角=45.0000 × 45.0000”，将画倒角为 45 × 45 的矩形。要画不带倒角的矩形，需要将倒角值设置为 0。

（3）捕捉边的中点确定位置，移动矩形；给另外两个矩形作倒角。过中点 A 追踪确定圆心画一个圆，捕捉圆心画另一个圆，如图 6-25c 所示。

（4）捕捉中点画辅助线 B。分解矩形，偏移直线，如图 6-26a 所示。

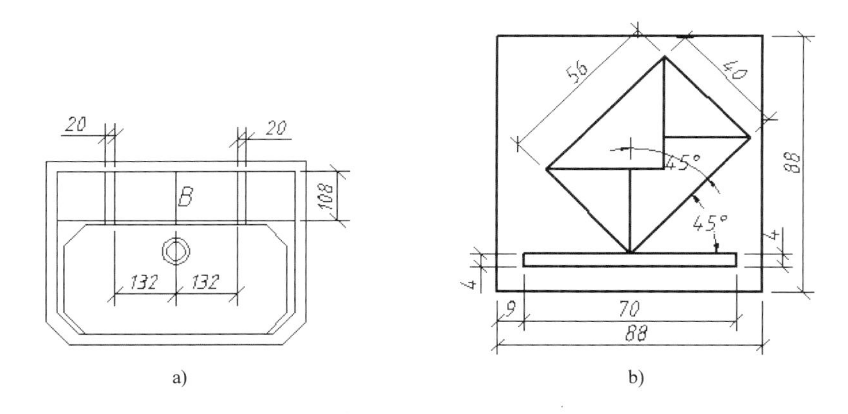

图 6-26　画圆和直线

（5）删除辅助线 B，修剪图线，如图 6-25a 所示。

6.4　特殊绘图方法

本节介绍的通过移动、旋转、等分命令作图，利用辅助线作图，可以用来绘制某些特殊图形，能够显著提高作图效率。

6.4.1　通过移动、旋转作图

绘制某些图形结构时，为了便于输入命令参数，先将其画在屏幕的任意位置，画完后再移到要求的位置；画倾斜结构时，为了利用正交工具、对象捕捉追踪作图，先将其按水平或铅垂位置画出，然后再旋转到倾斜位置，例如图 6-26b 所示的图形。

【例 6-9】用旋转、移动等方法，画图 6-26b 所示的邮箱标志。本例详细作图步骤见动画文件“6-09”。

（1）画矩形 AB：在适当位置单击输入 A 点，输入 B 与 A 的相对坐标。用捕捉自确定 C 点，画矩形 CD。在适当位置单击输入 G 点，画矩形 GH；用构造线的“角度（A）”选项，画倾斜构造线 G、H、E、F，倾斜角度分别为 45、45、-45、-45，如图 6-27 所示。

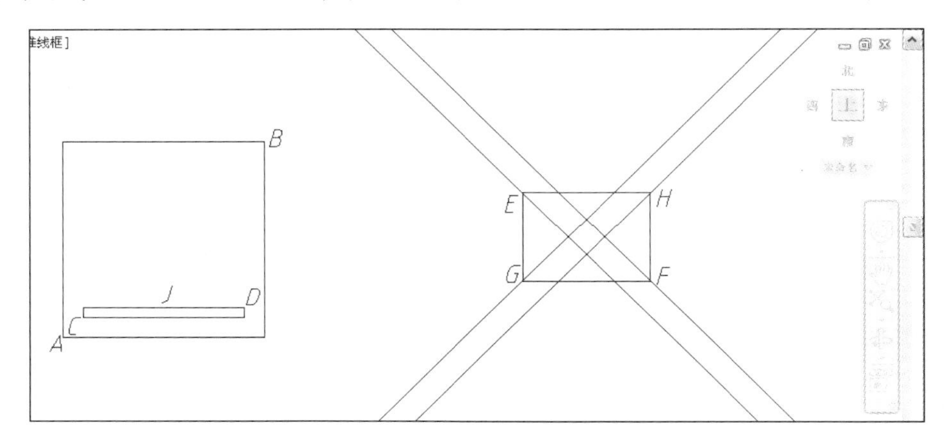

图 6-27 作图过程分析

（2）修剪构造线：以矩形、构造线 E、H 为修剪边界，用交叉窗口方式在矩形外选择构造线，如图 6-28a 所示。继续单击 E、H 的下端，G、F 的上端，如图 6-28b 所示。

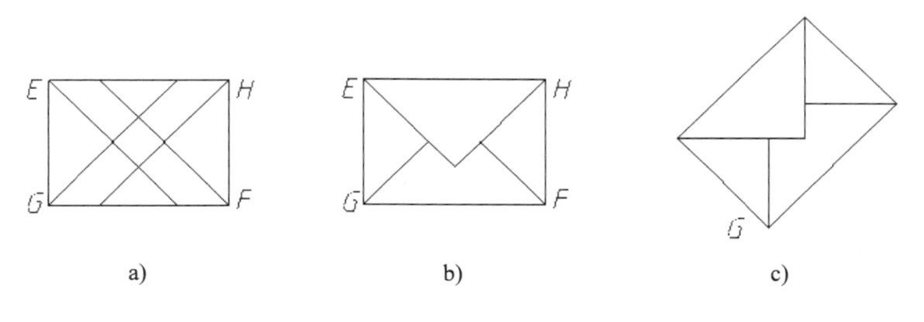

a) b) c)

图 6-28 画信封

（3）将图 6-28b 旋转 45°，如图 6-28c 所示。

（4）移动图 6-28c：捕捉 G 点作为位移的基点，捕捉 J 点（见图 6-27a）作为位移的第二点，如图 6-26c 所示。

6.4.2 利用辅助线作图

作图辅助线可以用来：①为了便于将尺寸转换为命令参数，画临时辅助线，用完后再将其删除，见例 6-10。②确定镜像线或移动、复制图形的位置等。③画内切圆弧时，作辅助线求圆心和切点，见图 6-32。

【例 6-10】通过作辅助线，将图 6-29a 画为图 6-29b。本例详细作图步骤见动画文件“6-10”。

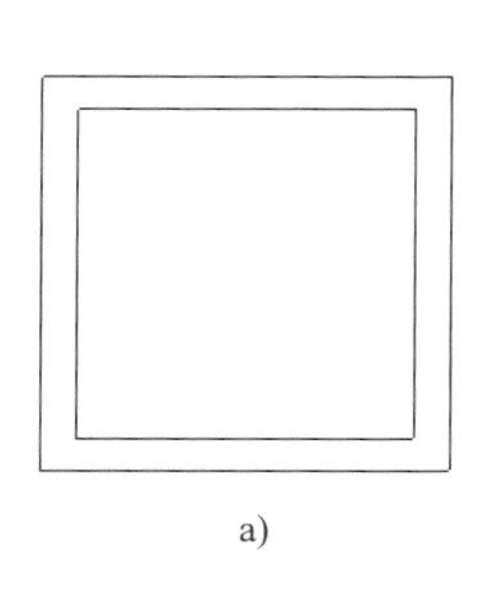
a)

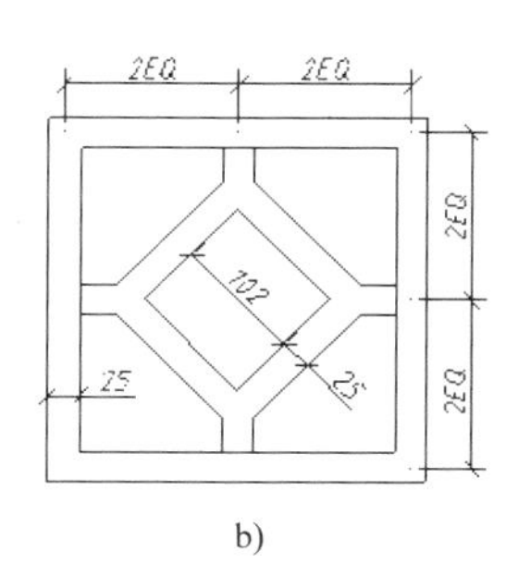

b)

图 6-29　利用辅助线作图

（1）打开对象捕捉，捕捉端点或交点画辅助线 AB、CD，如图 6-30a 所示。

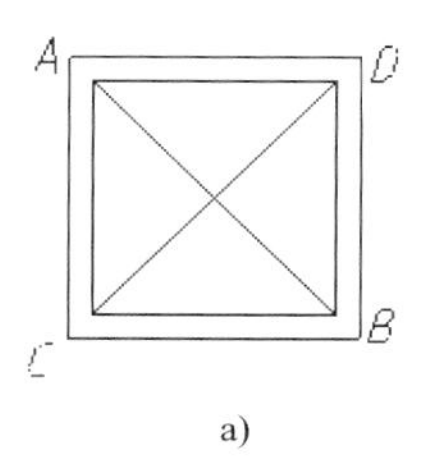

a)

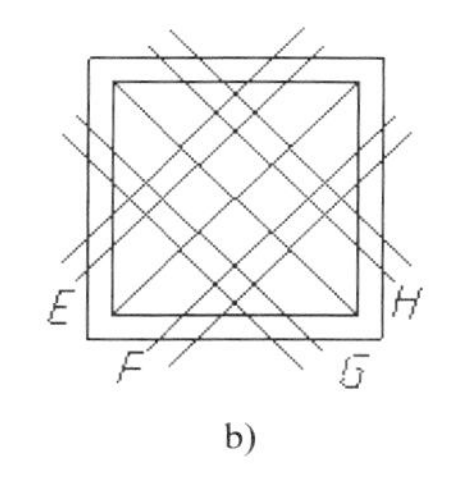

b)

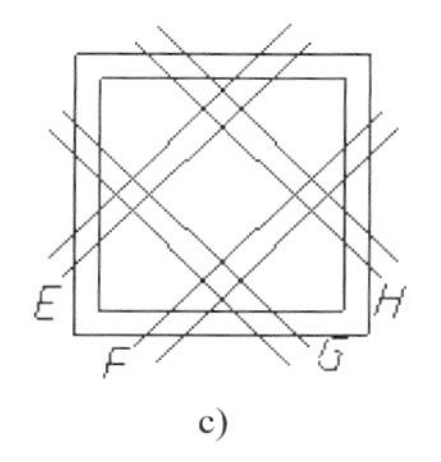

c)

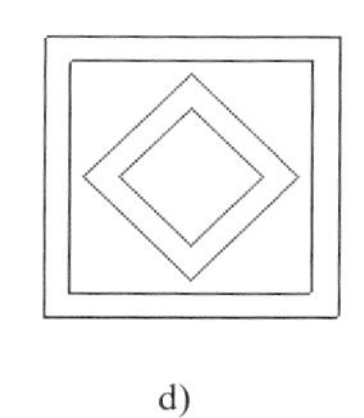
d)

图 6-30　画中间菱形

（2）偏移 AB、CD 生成其他直线，如图 6-30b 所示；删除辅助线 AB、CD，如图 6-30c 所示。将半径设置为 0，用圆角命令修剪直线，如图 6-30d 所示。捕捉端点、中点画辅助线 A、B、C、D，如图 6-31a 所示。

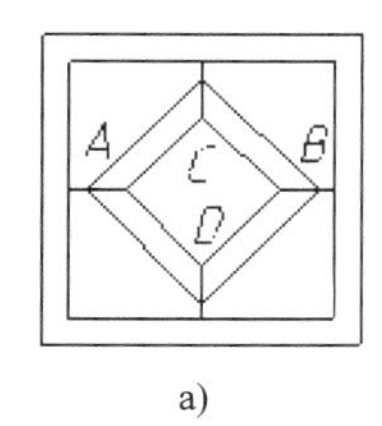

a)

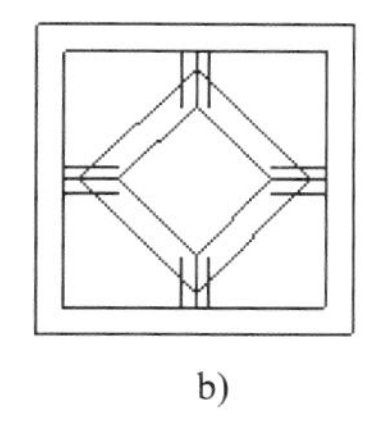
b)

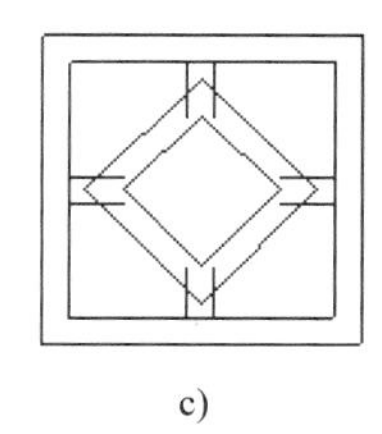
c)

图 6-31　画直线、修剪直线

（3）分别由 A、B、C、D 偏移生成其他直线，偏移距离 12.5，如图 6-31b 所示。

（4）删除辅助线 A、B、C、D，如图 6-31c 所示。修剪图线：选择全部图线为修剪边界（多选择的图线不影响修剪结果），依次单击要剪掉的部分，如图 6-29b 所示。

提示：该图可以只画出 1/2 或 1/4，再镜像生成其余部分。

为了求内切圆弧的圆心和切点，例如图 6-32a 中的圆弧 R70（与圆弧 R18 内切），可以以 B 为圆心，半径差（70−18=52）为半径，画辅助圆求圆心；画连心线 AB，延伸交圆于 C 点，求得切点 C，如图 6-32b 所示。还可以用第 10 章介绍的用参数化命令画这种圆弧，但由于 AutoCAD 的局限，用参数化命令画这种圆弧，需要添加许多额外的约束。有时添加约束的顺序也会影响作图结果。通过辅助线画这种圆弧，往往具有较高的作图效率。

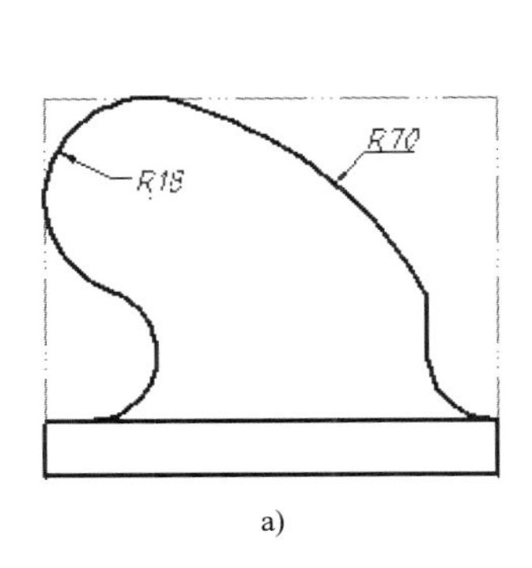

a)

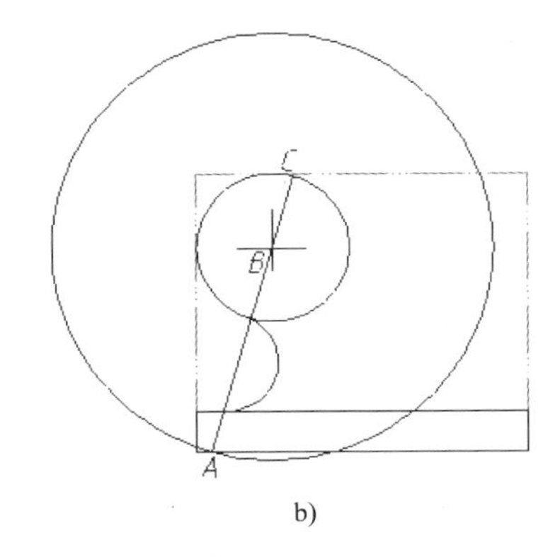

b)

图 6-32 画辅助线求圆心和切点

6.4.3 利用等分命令作图

等分命令（Divide）的功能是在所选对象的每一等分处作上一个点标记或插入一个图块。图块的有关知识见第 9 章。执行作图命令时，可以用“节点捕捉”捕捉这些点。为了看清点标记，需要在等分前先设置点的样式。

【例 6-11】用等分命令画六角星，如图 6-33a 所示。本例详细步骤见动画文件“6-11”。

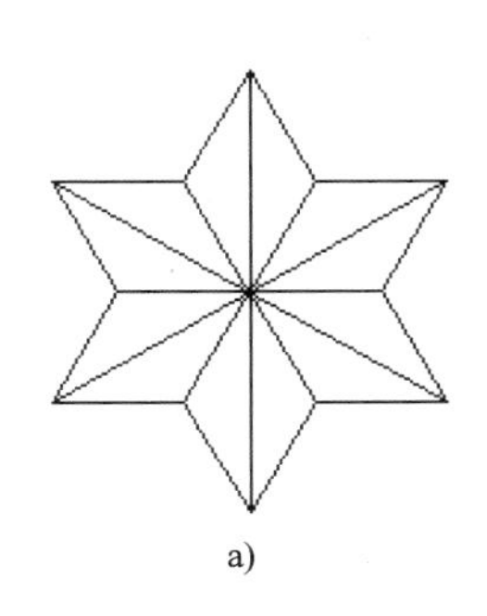

a)

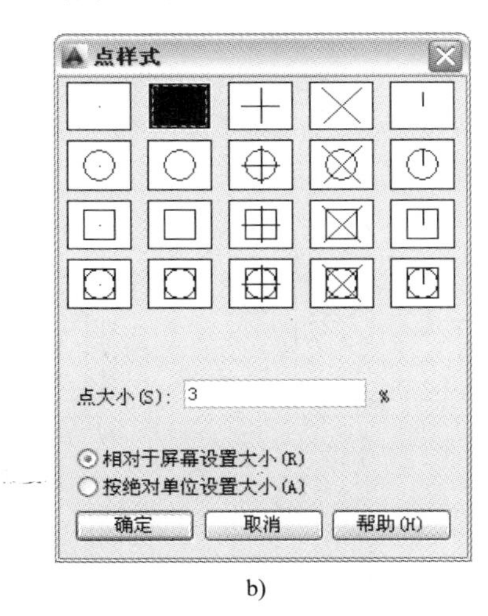

b)

图 6-33 六角星

（1）设置并打开自动对象捕捉，包括节点、交点等捕捉方式。

（2）设置点样式：在【默认】选项卡中，移动鼠标指针指向实用按钮，展开【实用工具】面板，单击其中的 点样式...，显示点样式对话框，如图 6-33b 所示。单击第 2 行、第 4 列的点样式，单击 确定 按钮，退出对话框，完成设置。

（3）在屏幕适当位置画圆，在圆上画等分点：单击 绘图 ▾，展开【绘图】面板，单击其中的定数等分按钮，单击圆，输入等分数 6，如图 6-34a 所示。

（4）将圆和点旋转 30°，捕捉节点画直线，如图 6-34b 所示。

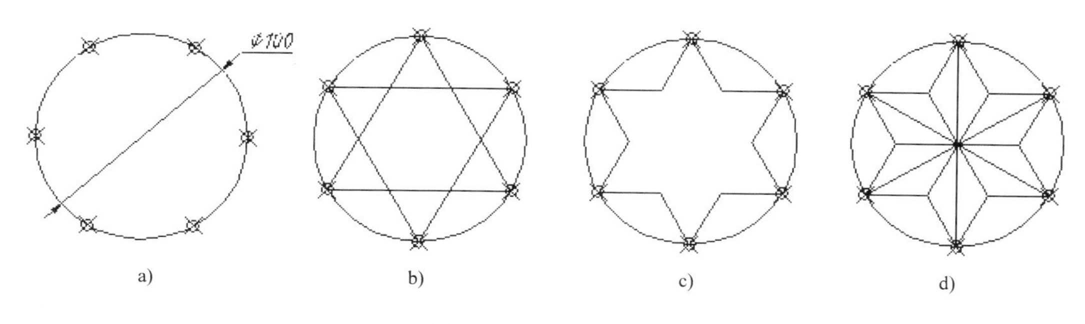

图 6-34　作图过程说明

说明： 与其他对象捕捉相同，可以通过自动对象捕捉或单击节点捕捉按钮 捕捉节点。

（5）修剪直线，如图 6-34c 所示；捕捉端点或节点画直线，如图 6-34d 所示。

（6）执行点样式命令，单击【点样式】对话框中的第 1 行、第 2 列的点样式，将点样式设置为“无”。删除圆，完成作图。

6.5　小结

建筑平面图中的墙线主要用多线命令和多线编辑命令绘制。绘图以前要先设置多线式样，选择对正方式，设置线宽比例等，画完以后还要用多线编辑命令或修剪命令修正多线的交接处。个别墙线接头要先用分解命令将多线分解，然后用修剪、拉长、延伸等命令进行修正。

对于较复杂的图形，作图前要先进行形体分析，将图形分为几部分，一部分一部分地画。画图前还要确定用什么方法将图中标注的尺寸转换为命令参数，大致分为如下两大类。灵活运用这些方法，才能高效绘制室内设计图样。

- 用偏移命令。平行线之间的距离尺寸就是偏移距离，不需要进行转换计算，图面较乱，修剪繁琐。
- 用捕捉自、对象捕捉追踪、正交工具、极轴追踪等，需要进行少量的转换计算，但图面整洁，步骤清晰；过两点追踪、用对象捕捉定位点，不需要输入其他参数，但只能输入特定点。

有时画一条简单的辅助线，可以显著简化作图步骤，提高作图效率。本章总结了作辅助线的常见用途，给出了应用实例；绘制特殊图形时，用等分命令可以显著提高作图效率。

6.6　习题与作图要点

1．简答题。

（1）试述绘制建筑平面图的要点。

（2）如何建立多线式样？说明编辑多线命令的主要功能，编辑多线应注意的问题。

（3）分析本章相关例题，说明何时需要移动、旋转命令、作辅助线画图。

2．参照本章相关例题，画图 6-35 所示平面图中的墙线。

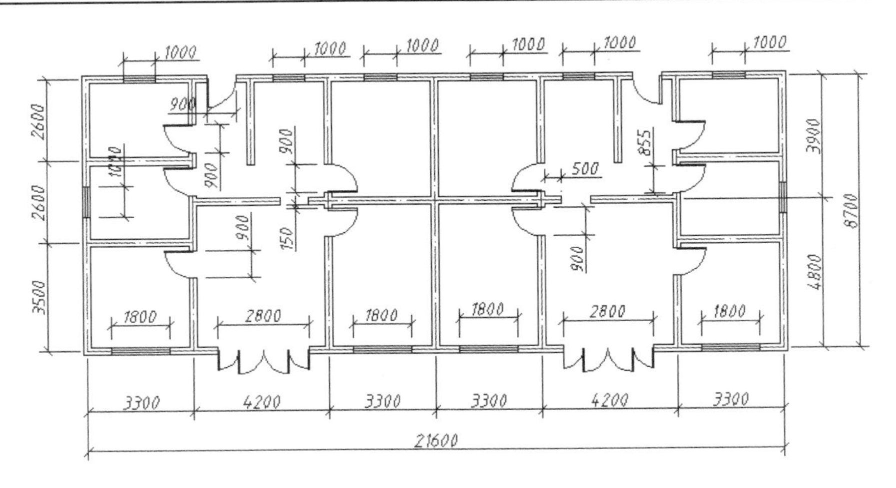

图 6-35 画平面图

作图要点：

（1）将图形界限设置为 22000 × 15000，创建多线样式：将【偏移】值都设置为 120。

（2）画外墙线：将多线对正方式设置为“无（Z）”，利用正交工具，输入轴线的长度画多线 ABC；通过对象捕捉追踪输入第一个端点，捕捉垂足输入第二个端点画 D、E 之外的其他多线，通过对象捕捉追踪输入第一个端点，输入长度确定第二个端点画多线 D 和 E，如图 6-36a 所示。

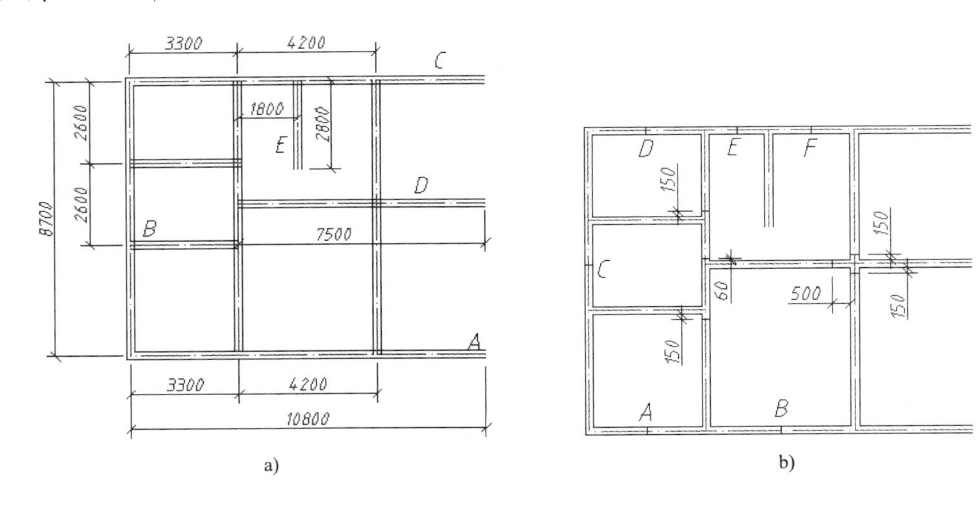

a)　　b)

图 6-36 画墙线

（3）用例 6-3 介绍的方法处理多线接头。在作多线编辑时，如果出现意外，可以单击【放弃（U）】选项，撤销本次操作，改变单击的顺序或单击的位置重新编辑，单击墙线的轴线。为了画门窗洞两侧的直线，捕捉中点、垂足画直线 A、B、C、D、E、F；通过对象捕捉追踪输入第一个端点，捕捉垂足输入第二个端点画其他直线，如图 6-36b 所示。

（4）用偏移命令偏移生成门口线和窗口线；捕捉中点或内墙角点定位，由窗口线 A 复制生成窗口线 B、C；由门口线 D 复制生成门口线 E，如图 6-37a 所示。

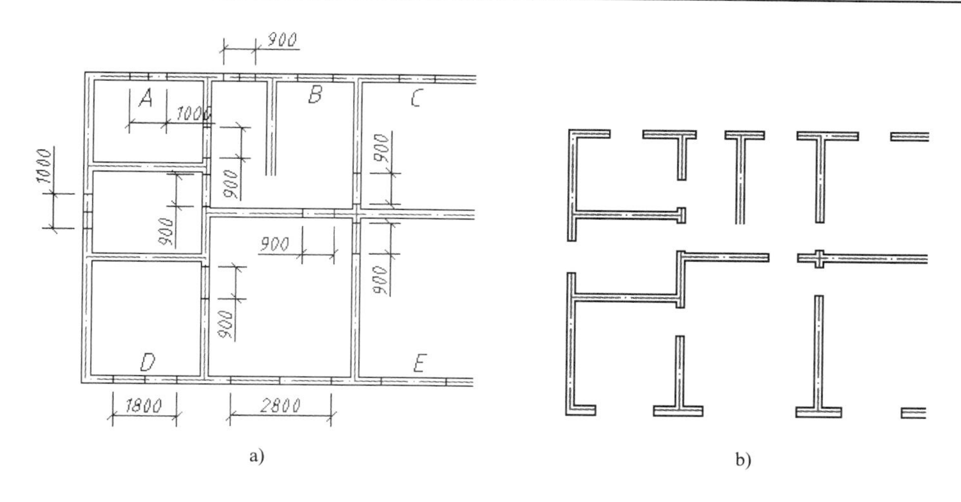

a)　　b)

图 6-37　画门窗洞

（5）用修剪命令修剪生成门、窗口，如图 6-37b 所示。

（6）捕捉墙线的右端点确定镜像线，镜像全部墙线；捕捉端点画多线 AB，如图 6-38 所示。

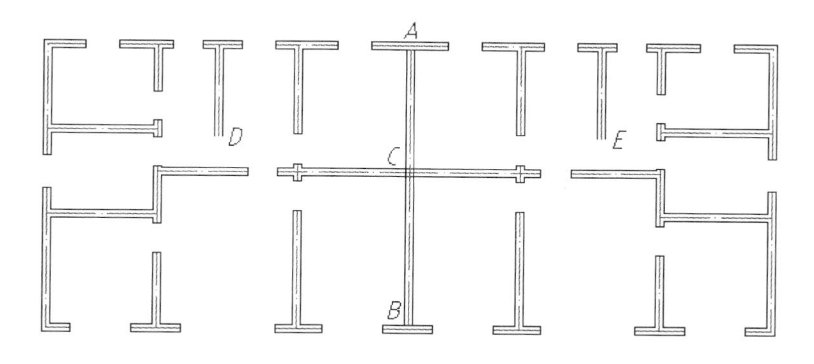

图 6-38　修正墙线

（7）用多线编辑命令修正 C 处的多线接头；用分解命令分解丁字形墙线 A 和 B，修剪 A、B 两处的墙线。使"粗实线"层为当前层，用直线命令封闭墙线 DE，如图 6-35 所示。

3．参照本章相关例题，绘制花格立面图，如图 6-39a 所示。

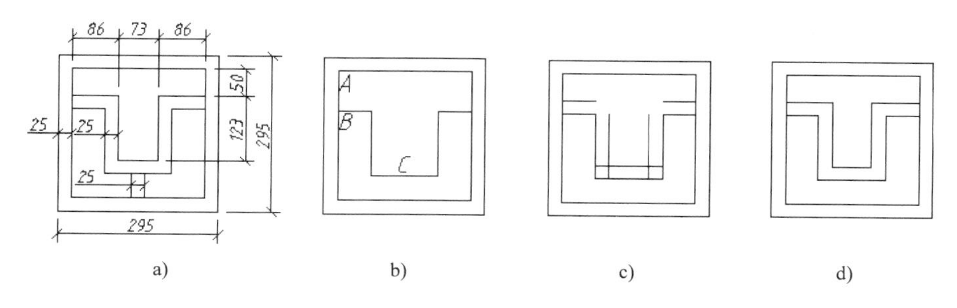

a)　　b)　　c)　　d)

图 6-39　画花格

作图要点：

（1）用矩形命令画矩形，偏移生成另一矩形。打开正交工具，过 A 点追踪确定 B 点，用直线命令画折线 BC，如图 6-39b 所示。

（2）用偏移命令偏移折线 BC，如图 6-39c 所示。

（3）将圆角半径设置为 0，用圆角命令修剪、延伸直线，如图 6-39d 所示。

4．将图 6-40、41 中的 a 图画为 b 图（a 图对应的附盘文件分别为 dwg\06\6-40、6-41）。

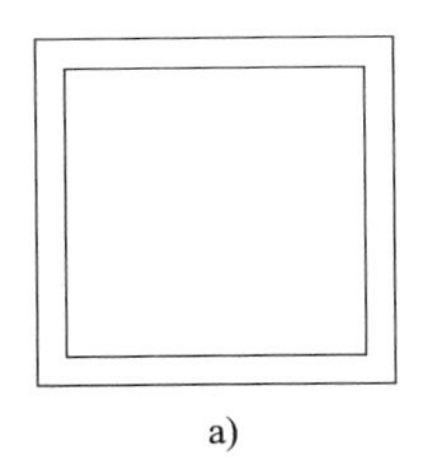

a)

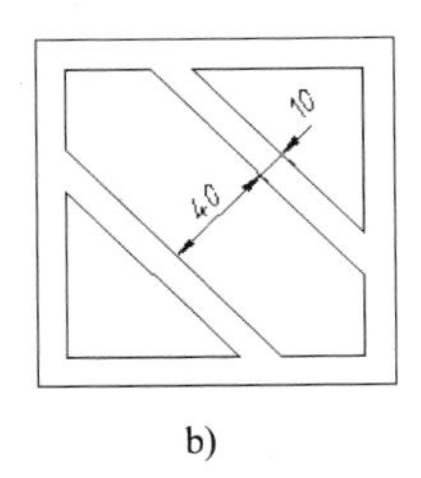

b)

图 6-40　画花弧

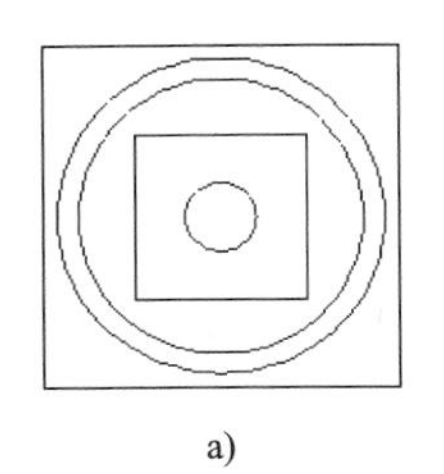

a)

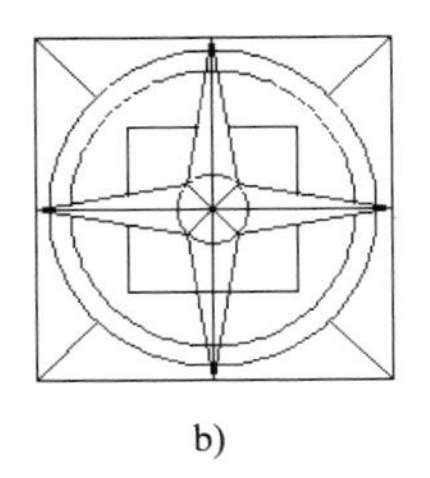

b)

图 6-41　画四角星

作图要点：捕捉对角点画辅助线，偏移生成其他直线，修剪完成作图。

作图要点：捕捉矩形边的中点画十字线，将小圆 8 等分，捕捉节点、中点、交点画直线，修剪完成作图。

第 7 章　注写文字、创建表格

标注是室内设计图的一项重要内容。本章介绍如下两个方面的命令与方法：

- 建立、管理文字样式：用单行文字（Dtext）和多行文字命令（Mtext）书写文字，在图形上标注做法和施工要求，编辑输入的文字等。
- 建立、管理表格样式：创建标题栏、会签栏、门窗列表等表格，输入表中的文字。

标注尺寸和标高等内容，见第 8 章和第 9 章。

7.1　建立、管理文字样式

按照国家标准规定，室内设计图中的汉字采用长仿宋体，字体宽度约为字体高度的 2/3。如果文字采用斜字体，文字要向右倾斜，与铅垂线约成 15°。

国标要求的数字、字母样式对应字体文件是“gbeitc.shx”和“gbenor.shx”，前者是斜体，后者是正体。汉字用“gbcbig.shx”或“仿宋_GB2312”字体。

为了达到国标要求，输入文字以前，要先建立文字样式或者调用已经建立好的文字样式。在文字样式中，包括字体、字高、宽度比例、倾斜角度等项目。

AutoCAD 提供的默认样式名称为：STANDARD（标准），此样式的字体为“宋体”，不符合国标要求，不能输入“Φ”等符号。下面建立一个新样式，用于在室内设计图中输入符合国标要求的汉字和字母。

7.1.1　建立新文字样式

在一个文字样式中可以使用两种字体。下面建立一个包括两种字体的文字样式：字体“gbeitc.shx”输入斜体数字、字母，字体“gbcbig.shx”输入正体汉字。

【例 7-1】建立一个文字样式，取名为“室内设计图文字样式”，包括“gbeitc.shx”和“gbcbig.shx”两种字体。

（1）单击【默认】选项卡上的 注释 ▾ 按钮，打开样式下拉列表。单击下拉列表第一行的 按钮，显示【文字样式】对话框，如图 7-1 所示。

> 提示：调用该命令的另一种方法是，单击第 6 章创建的【常用】工具条中的文字样式按钮。

（2）单击 新建(N)... 按钮，显示【新建文字样式】对话框，如图 7-2 所示。

（3）在【样式名】文本框中输入样式名称“室内设计图文字样式”，单击 确定 按钮，返回【文字样式】对话框。从【字体名】下拉列表中选择【gbeitc.shx】；勾选【使用大字体】选项。显示【大字体】下拉列表，从中选择【gbcbig.shx】。

（4）在【高度】文本框中输入文字高度。本例保留默认值 0。

图 7-1 【文字样式】对话框

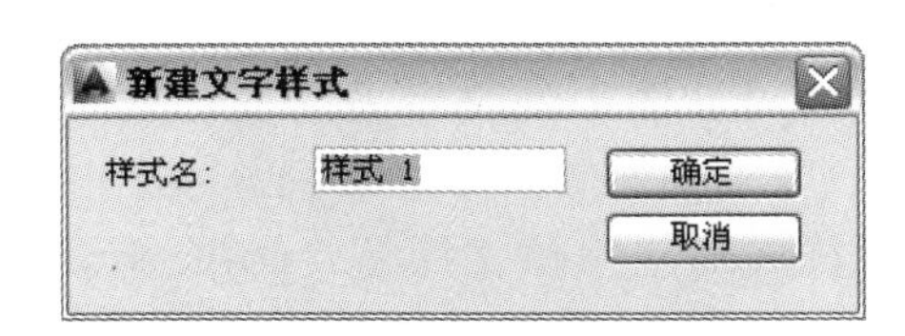

图 7-2 【新建文字样式】对话框

说明：文字高度为 0，每次输入文字时都要设置文字高度；文字高度不为 0 时，输入的文字采用此高度，不用再设置文字高度。在【文字样式】对话框右下角的【预览】区，实时显示设置结果。

（5）在【宽度比例】文本框中输入文字的宽、高比。因为所选字体本身的宽高比已经符合国标要求，故本例采用默认值：1。

（6）在【倾斜角度】文本框输入文字倾斜角度。本例采用默认值 0 不变。

说明：当倾斜角度大于 0 时，文字字头向右倾斜；小于 0 时，文字向左倾斜。
由于“gbeitc.shx”本身就是斜体，而汉字一般采用正体，所以本例文字倾斜角度为 0。如果汉字也要输入斜体，字母、数字可以采用“gbenor.shx”字体（正体），汉字仍然采用“gbcbig.shx”字体，在【倾斜角度】文本框中输入倾斜角度：15。

（7）单击【应用(A)】按钮，使“室内设计图文字样式”为当前样式。单击【关闭(C)】按钮，退出【文字样式】对话框，完成设置。

可以打开第 5 章建议读者保存的图层的文件，在其中建立上述文字样式，以后打开该文件作图、输入文字。

7.1.2 修改文字样式

对已建立的文字样式，可根据需要修改样式中的某些选项和样式的名称等，方法如下：

（1）依次单击 注释▼ 、A，显示【文字样式】对话框。

（2）在对话框左上方单击要修改的样式名称，再单击插入光标，输入样式的新名称，按 Enter 键，或在输入框外单击完成修改。

（3）还可以用与建立样式相同的方法，重新设置该对话框中的各选项。例如【字体】、【高度】、【宽度因子】、【倾斜角度】等。

（4）完成修改以后，依次单击 应用(A) 、 关闭(C) ，退出【文字样式】对话框。

7.1.3　选择当前文字样式

建立了多个文字样式以后，可以用如下两种方法之一选择当前文字样式，接下来输入的文字就采用这一样式。

- 按前述方法调出【文字样式】对话框，单击要使用的样式名称，依次单击 置为当前(C) 、 关闭(C) 按钮，退出【文字样式】对话框，完成选择。
- 在【默认】选项卡中，单击 注释▼ ，单击A右边的下拉列表，打开下拉列表，单击要使用的文字样式名称。

7.2　输入文字

在 AutoCAD 中，可以用单行文字命令或多行文字命令输入文字。这两个命令各有特点，分别适合不同的输入场合。本节介绍如何用这两个命令输入一般文字和特殊符号等。

7.2.1　用单行文字命令输入文字

用单行文字命令输入的文字，AutoCAD 将每一行文字作为一个对象来处理。单行文字命令的键入形式是：Dtext，简化输入形式是：dt。

【例 7-2】用例 7-1 建立的文字样式，输入图 7-3 所示的文字。

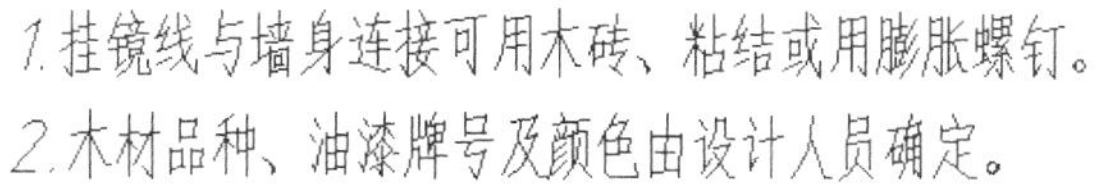

1.挂镜线与墙身连接可用木砖、粘结或用膨胀螺钉。

2.木材品种、油漆牌号及颜色由设计人员确定。

图 7-3　输入单行文字

（1）选择文字样式：在【默认】卡中，单击 注释▼ ，打开样式下拉列表。单击文字样式下拉列表（在第一行），单击其中的“室内设计图文字样式”。

（2）单击文字按钮 A 文字 下面的 文字▼ ，打开文字工具条，单击其中的 A 单行文字 按钮。

当前文字样式：　“室内设计图文字样式”　文字高度：10　注释性：否

//AutoCAD 对当前样式进行说明

指定文字的起点或 [对正(J)/样式(S)]:　　//在屏幕适当位置单击指定文字的起点

指定高度 <10.3677>:7　　//输入文字高度

指定文字的旋转角度 <0>: Enter　　//接受默认值

说明：如果此时输入旋转角度，输入的文字将倾斜排列。旋转角度是文字底线与水平方向的倾角。

（3）依次输入图 7-3 所示的两行文字，输入完一行按 Enter 键换行，输入完第 2 行后按 Enter 键，再按 Esc 键结束命令。

该命令两个选项的功能分别如下。

- 对正（J）：指定文字的对齐方式，默认方式为左对齐。
- 样式（S）：指定当前文字样式。

用单行文字命令输入文字时，可以在不中断命令执行的情况下，输入完一行文字后，按 Enter 键，换行输入下一行文字；也可以在屏幕任意位置单击指定一点作为输入文字的起点，在新位置继续输入文字。调用该命令一次，可以在图形的不同位置输入多行文字。

提示：用户还可以从【注释】选项卡中，调用上述命令。

7.2.2　输入特殊符号

AutoCAD 将“°”、“Φ”等符号视为特殊符号。常见特殊符号的输入方法见表 7-1。

表 7-1　特殊符号输入形式

输入形式	输入结果	输入形式	输入结果
%%D	°	%%O	打开/关闭上画线
%%C	Φ	%%U	打开/关闭下画线
%%P	±		

提示：输入表 7-1 中的 D、C、P、O、U 时，大小写等效。

【例 7-3】用“室内设计图文字样式”输入图 7-4 所示的文字。

说　明
1.内墙粉刷为1：2水泥砂浆底，7厚1：2水泥砂浆面
掺5%防水剂，表面刷一底二度白色调和漆。
2.壁柜门及木隔板油漆详单项设计图注。
3.挂橱与墙身与Ø6用膨胀螺栓固定。

图 7-4　输入特殊符号

接例 7-2。单击单行文字按钮 A（例 7-2 中执行过一次该命令，该按钮已显示在屏幕上），或按 Enter 键，重复执行单行文字命令。

当前文字样式：汉字　当前文字高度：8.0000

指定文字的起点或 [对正(J)/样式(S)]:　　　　//在屏幕适当位置单击

指定高度 <8.0000>: Enter　　//接受默认值

指定文字的旋转角度 <0>: Enter　　//接受默认值

依次输入图 7-4 所示的 3 行文字，输入完一行按 Enter 键换行，输入完 3 行文字后按 Enter 键，再按 Esc 键结束命令。输入第 1 行文字时，先输入 7 个空格，使文字在中间位置，再输入%%u 说明%%U。第一个%%u 开始添加下画线，第二个%%u 结束下画线。输入第 2 行文字时，“：”、“%”从键盘直接输入，“ Φ”通过输入%%C 输入。

> 说明：用户可以将“室内设计图文字样式”中的“gbeitc.shx”字体改为“gbenor.shx”，输入正体字母。
> 如果输入表 7-1 中的特殊符号，系统显示为“？”号或小方框，说明当前字体库中没有该符号，例如用仿宋体输入ф。处理的方法是：将字体改为有这种符号的字体，例如“gbeitc.shx”、“gbcbig.shx”、“romans.shx”等。

7.2.3　用多行文字命令输入文字

AutoCAD 将调用一次多行文字命令输入的全部文字作为一个对象来处理。用多行文字命令，可以更方便地输入和编辑多种字体的文字和特殊符号。

【例 7-4】用多行文字命令输入图 7-5a 所示的文字。

说　明

1.墙身防潮层作法为2厚12水泥砂浆内加5%防水剂。

2.基本风压W_0≤75/m^2。

3.配筋直径>Ø20。

a)

abc

b)

图 7-5　输入多行文字

（1）单击文字按钮下面的 文字 ，打开文字工具条，单击其中的 A 多行文字 按钮。

（2）在绘图区左上方单击，向右下方移动鼠标，显示一个随动的方框，如图 7-5b 所示。待方框达到合适宽度以后单击，在屏幕上方显示【文字编辑器】选项卡，如图 7-6 所示。

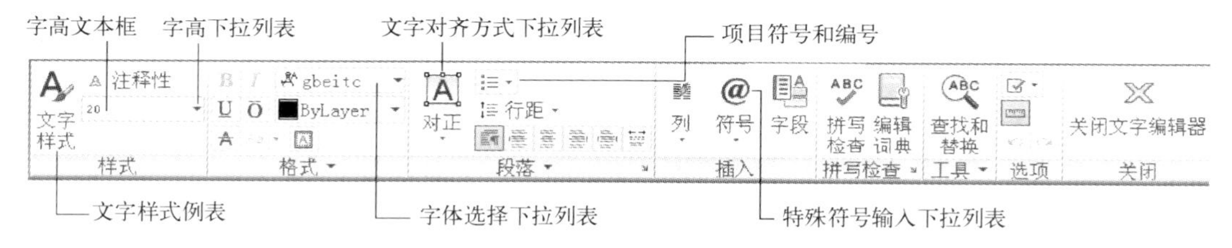

图 7-6　【文字编辑器】选项卡

（3）步骤（2）指定的方框变为【文字编辑器】，如图 7-7 所示。

图 7-5b 所示的方框决定输入文字“行”的长度，不影响行数，文字自动从上向下排列。用户还可以拖动图 7-7 所示的编辑框右上角的◁▷，改变行的长度。在此编辑框中用

Windows 支持的输入法输入文字。

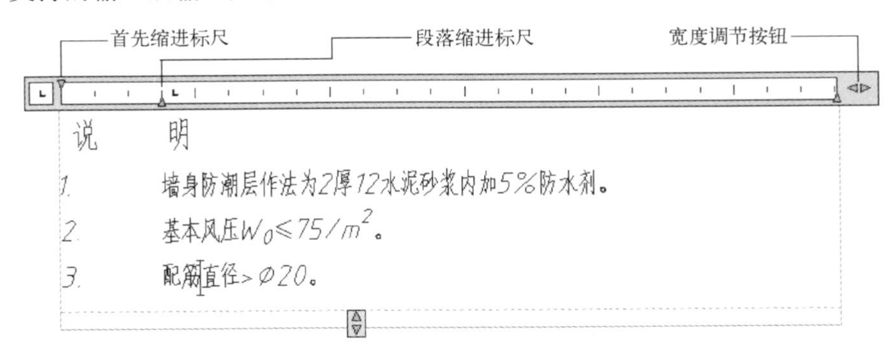

图 7-7 【文字编辑器】

（4）选择当前文字样式：单击屏幕左上角的文字样式按钮，展开【文字样式】列表，单击“室内设计图文字样式”（如果该样式已经反色显示就不用再选择）。

（5）在字高文本框中输入：5；在文字区输入：说　　　明。

文字的高度根据图形大小和打印比例确定。

（6）为“说　　明”加下画线：按下鼠标左键拖动选择“说　　明”（被选中的汉字反黑显示）。单击 U，在选择区域之外单击鼠标左键，使“说　　明”恢复正常显示。

（7）输入字高：3.5；单击，打开【项目符号和编号】下拉列表，单击【以数字标记】，让 AutoCAD 自动生成编号。从键盘输入“墙身防潮层做法为 2 厚 12 水泥砂浆内加 5% 防水剂”。

下面重点说明特殊符号：≤、下标：$_0$、上标：^{2}的输入方法。

（8）输入：基本风压 W^0，选中“^0”，单击 格式 ▾，打开格式下拉列表，单击 堆叠，使其变为 W_0。

（9）用字符映射方法输入符号“≤”。单击 @符号，打开符号菜单，如图 7-8a 所示。单击其中的【其他】，显示【字符映射表】，如图 7-8b 所示。从【字体】下拉列表中选有该符号的字体，例如“Symbol”，拖动右边的滑块，使“≤”显示出来，单击该符号，单击 选择(S)，单击 复制(C)，单击右上角的，关闭【字符映射表】。在【文字编辑器】中单击插入光标，单击鼠标右键，弹出快捷菜单，单击【粘贴】完成输入。

（10）将“≤”变为斜体：按下鼠标左键将“≤”拖黑，单击 I。

（11）输入 75/m2^，选中“2^”，单击 格式 ▾，单击 堆叠，使其变为 $75/m^2$。

（12）输入：配筋直径>；输入符号“Φ”：单击 @符号，打开符号菜单，单击【直径　%%c】插入“%%c”；输入：20。

说明： 既可以用上述方法输入特殊符号，也可以用表 7-1 中的方法输入特殊符号。

（13）调整各行的位置。在第 1 行单击插入光标，拖动首行缩进标尺的小三角（见图 7-7），将首行文字拖到中间位置后放开鼠标左键。在其他行单击插入光标，向左拖动段落缩进标尺的小三角（见图7-7），到达合适位置后放开鼠标左键。

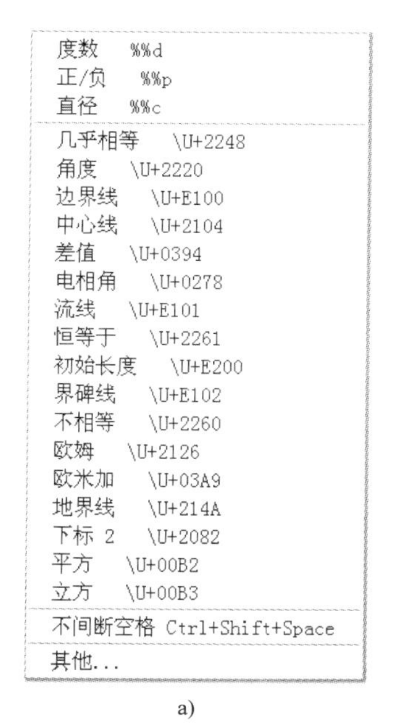

a)

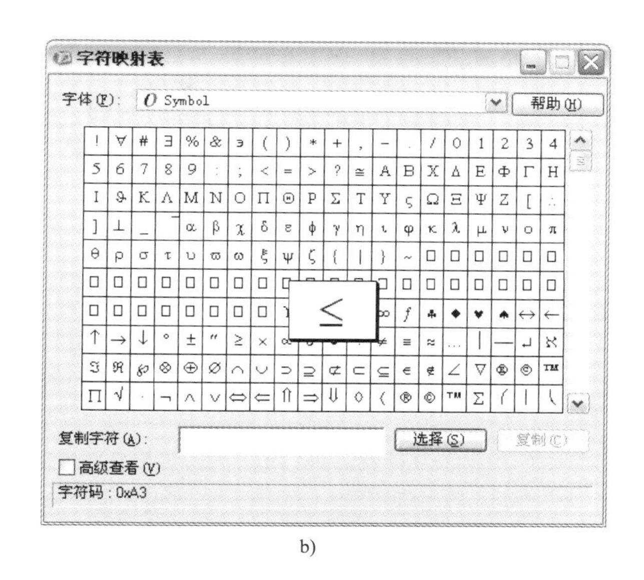

b)

图7-8　字符映射表

从图7-8a可以看出，通过【字符】下拉列表，还可以输入°、Φ、±等符号。另外，一些汉字输入法可以直接输入特殊符号。例如用搜狗、QQ拼音输入法，可以输入∨、≥、=、//、⊥、∠、θ、μ、δ等。

另外，在多行文字编辑器中，输入22/33，选中后单击[堆叠]，将输入$\frac{22}{33}$；输入22#33，选中后单击[堆叠]，将输入$^{22}/_{33}$；输入22^33，选中后单击[堆叠]，将输入$^{22}_{33}$。

如果输入的“~”符号显示位置不正确，可以按下鼠标左键选中该符号，从【字体选择下拉列表】（见图7-6）中选择其他字体，例如“Times New Roman”。

7.2.4　输入带引出线文字

在图形中输入文字，常常需要在文字的下面画上引出线。下面介绍输入文字和绘制引出线的方法。

【例7-5】输入图7-9a所示的文字，并画引出线。

（1）打开附盘文件“dwg\07\09.dwg”，图形如图7-9a所示。

（2）选择“室内设计图文字样式”为当前样式，用单行文字命令输入图7-9所示的3行文字。输入完一行按Enter键，继续输入下一行文字。

（3）画直线AB：单击直线按钮，单击捕捉插入点按钮，移动鼠标到A点附近，显示插入点标记后单击（捕捉点文字插入点A），打开正交工具，在B点附近单击。

（4）偏移生成其他两条直线。单击偏移按钮。

提示： 此处要以两行文字的插入点C、D之间的距离为偏移距离。

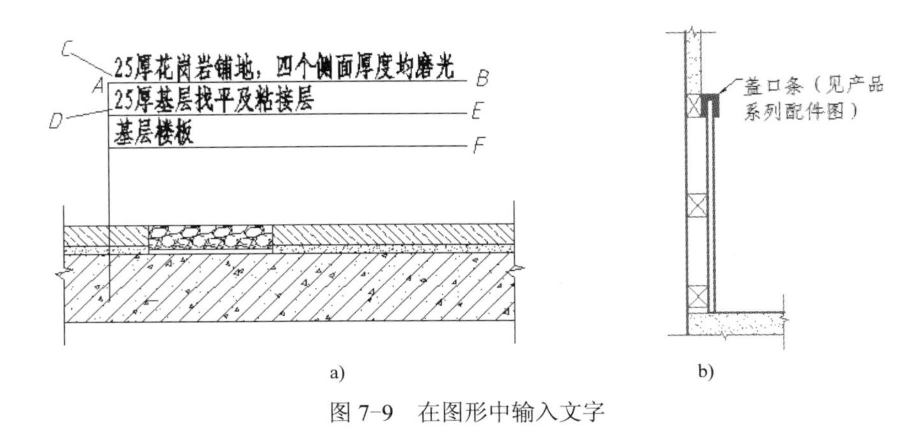

a) b)

图 7-9 在图形中输入文字

指定偏移距离或 [通过(T)/删除(E)/图层(L)] <通过>:
//单击捕捉插入点按钮，移动鼠标到 C 点附近，显示插入点标记后单击（捕捉 C 点）；用同样的方法捕捉 D 点

选择要偏移的对象，或 [退出(E)/放弃(U)] <退出>: //单击 AB

指定要偏移的那一侧上的点，或 [退出(E)/多个(M)/放弃(U)] <退出>:
//在 AB 下方单击

选择要偏移的对象，或 [退出(E)/放弃(U)] <退出>: //单击刚生成的直线 E

指定要偏移的那一侧上的点，或 [退出(E)/多个(M)/放弃(U)] <退出>:
//在 E 下方单击

选择要偏移的对象，或 [退出(E)/放弃(U)] <退出>: Enter //结束命令

对于图 7-9b 所示只有一条引出线的文字，可以用第 8 章介绍的快速引线命令进行标注。该命令自动添加引出线。

7.3 编辑文字

第 4 章学习的删除、复制、阵列、移动、镜像、旋转等命令都可以编辑文字。但要修改文字内容和样式，需要用下面介绍的命令和方法。

7.3.1 编辑单行文字

1．修改文字内容

修改单行文字内容的方法是：双击要修改的文字，再单击插入光标，修改文字内容以后，在文字之外单击确认修改。

2．修改文字属性

修改文字属性，是指更换文字样式，修改文字的高度、倾斜角度等。其方法是：单击要修改的文字，单击鼠标右键，单击快捷菜单中的【特性】，显示【特性】对话框，单击【样式】右边的单元格，再单击，打开样式下拉列表，单击所需样式；在【高度】行右边的单元格中单击，插入光标，修改高度值，按 Enter 键；同样可以修改倾斜角等；修改完后，单击对话框左上角的 ✖ 退出对话框，按 Esc 键，完成修改。

7.3.2 编辑多行文字

编辑多行文字的方法是：双击要编辑的多行文字，显示【文字编辑器】选项卡（与输入多行文字时显示的相同）。用户可以用与输入文字相同的方法修改文字。例如，删除文字、重新输入文字，选择文字，改变其字体、字高等。

7.4 创建表格

AutoCAD 从 2005 版开始，提供了类似于 Word、Excel 等软件的表格命令，用来设置表格样式、创建表格、输入文字等。

7.4.1 建立表格样式

表格样式包括表格线宽度、字体、字高、对齐方式等。与输入文字一样，创建表格之前也要先创建样式。

【例 7-6】建立图 7-10 所示表格的样式。

设 计						
制 图						
校 对						
审 核						
专业负责人						
工程负责人						
			比 例		设计阶段	
审 定			日 期		档案号	

图 7-10 创建表格

（1）单击【默认】面板上的 注释 ▾，打开样式下拉列表。单击下拉列表第 4 行的按钮，显示【表格样式】对话框，如图 7-11a 所示。

（2）单击 新建(N)... 按钮，显示【创建新的表格样式】对话框，如图 7-11b 所示。

（3）在【新样式名】文本框中输入样式名称“室内设计图标题栏”，单击 继续 按钮，显示【新建表格样式】对话框，单击【边框】选项卡，使其显示在最前面，如图 7-12 所示。

从对话框左下角显示的表格样例可以看出，表格单元格分为 3 种：第 1 行只有一个单元格，名为“标题”，用以输入表格名称。第 2 行为“表头”，与数据区列数相同，用以输入列标题。其他为数据区。例如要建立一个工资表，可在“标题”中输入“xxx 工资表”，第 1 列的表头中输入“姓名”，第 2 列的表头中输入“职务”，第 3 列的表头中输入“工资”、第 4 列的表头中输入“奖金”……。在数据区，一行输入一个员工的相应信息，依次为姓名、职务、工资、奖金……

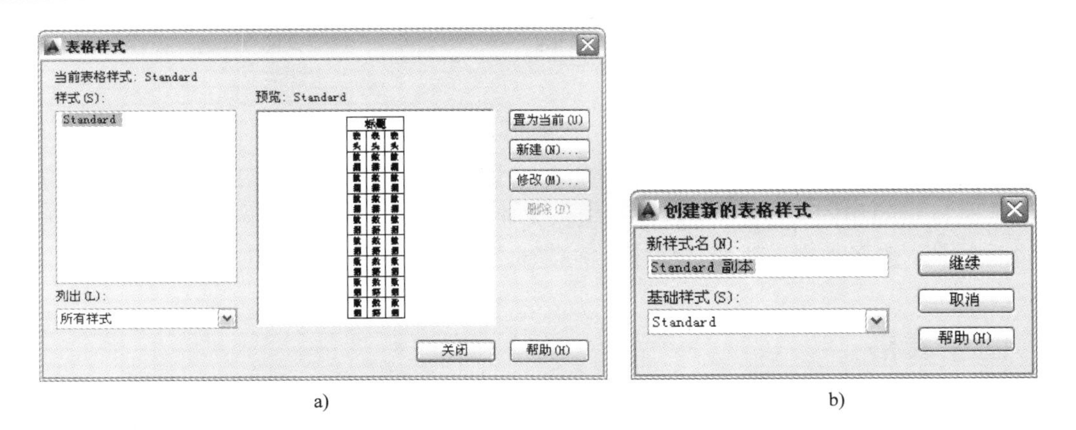

图 7-11 【表格样式】、【创建新的表格样式】对话框

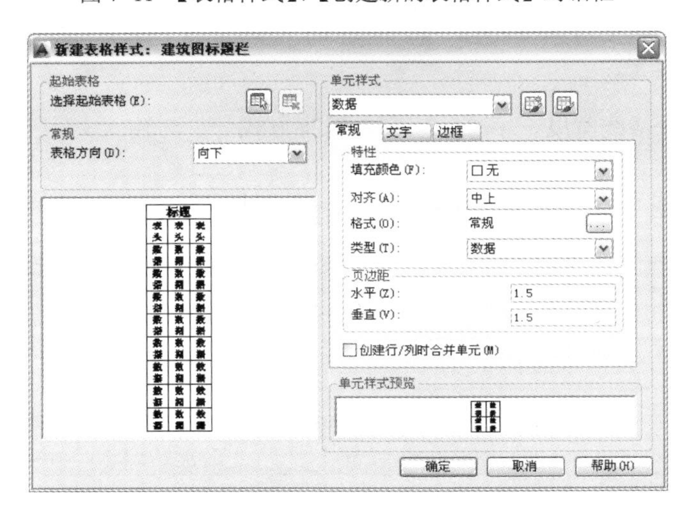

图 7-12 【新建表格样式】对话框

图 7-10 所示的表格只有数据单元格，下面设置数据单元格样式。标题、表头单元格设置方法与此相同。

（4）从【单元样式】下拉列表中选择【数据】。在【边框】选项卡中，从【线宽】下拉列表中选择“0.00”，单击⊞，使内部表格线为细实线。从【线宽】下拉列表中选择“0.6”，单击□，将数据区外边框设置为粗实线。

说明：对于一般打印机，表格中粗实线的宽度设置为“0.60”较为合理。
宽度设置为“0.00”是打印机能打印的最细宽度。

（5）所有【线型】保持“byBlock”或“byLayer”不变，表格线使用所在图层的线型。

（6）单击【文字】，使【文字】选项卡显示在最前面，如图 7-13a 所示。

（7）从【文字样式】下拉列表中选择“室内设计图文字样式”，在【文字高度】文本框中输入：3.5。

（8）单击【常规】，使【常规】选项卡显示在最前面，如图 7-13b 所示。从【对齐】下拉列表中选择“正中”。在【页边距】的【水平】文本框中输入：0，【垂直】文本框中输入：0.67。

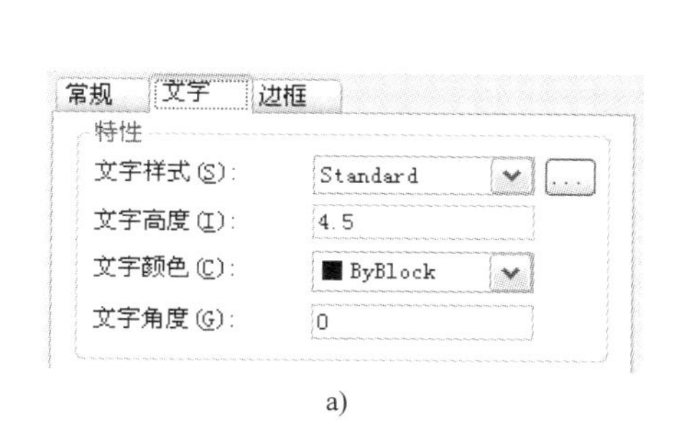

a)

b)

图 7-13 【文字】、【常规】选项卡

【对齐】方式选择“正中”，保证文字在单元格的正中间；【水平】选项控制文字到单元格竖线的左右距离。边距为零，可以保证单元格容纳更多文字；【垂直】选项控制文字到单元格水平线的上下距离，可以用来控制表格行距。通过实验证明，当文字高度= 3.5 时，垂直边距= 0.67，水平线之间的距离=6.0067，足够接近要求的行距 6。

（9）分别从【单元样式】下拉列表中选择【标题】、【表头】，将文字高度设置为 3.5，在【垂直】文本框中输入：0.67。

（10）单击 确定 按钮，返回【新建表格样式】对话框，单击 关闭(C) 按钮，退出对话框，完成设置。

建立完表格样式以后保存起来，后面的例题需要使用这一表格样式。

7.4.2　修改表格样式

对已建立的表格样式，可根据需要，修改样式中的某些选项、样式名称等。其方法如下：

（1）单击依次 注释 、 ，显示【表格样式】对话框。

（2）单击要修改的样式名称，再单击插入光标，输入样式的新名称，按 Enter 键，或在文字外单击完成修改。

（3）单击要修改的样式，单击 修改(M)... ，按照与建立样式相同的方法，重新设置该对话框中的各选项。

（4）完成修改以后，依次单击 确定 、 关闭(C) ，退出对话框。

7.4.3　选择当前表格样式

建立了多个表格样式以后，可以用如下方法之一选择当前样式，接下来插入的表格就采用这一样式。

- 单击 注释 ，单击 右边的表格样式下拉列表，单击要选择的表格样式。
- 调用创建表格命令以后，在【插入表格】对话框（见图 7-14）中，从【表格样式】下拉列表中选择所需样式。

7.4.4　创建表格

【例 7-7】接例 7-6。利用例 7-6 建立的表格样式插入图 7-10 所示的表格。

（1）单击表格按钮（在文字按钮右下方），显示【插入表格】对话框，如图 7-14 所示。

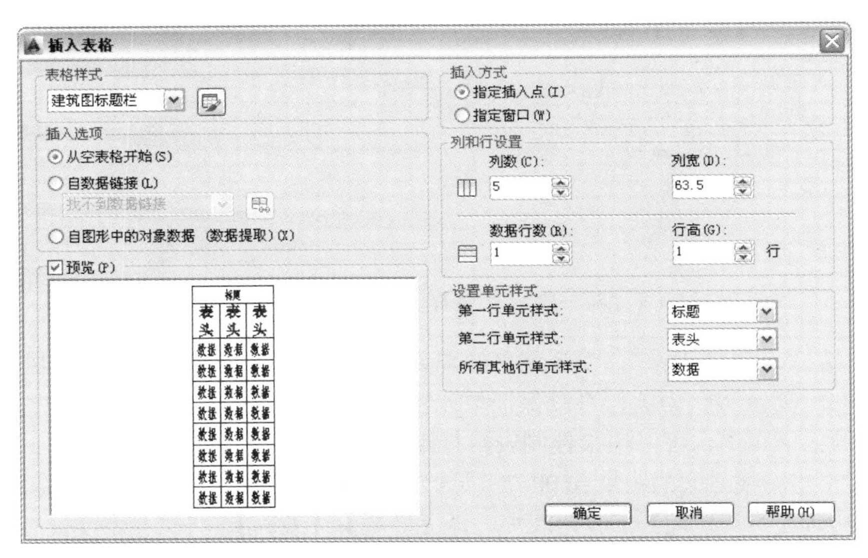

图 7-14　【插入表格】对话框

（2）从【表格样式】下拉列表中选择所需样式。刚建立的表格样式自动为当前样式，本例不用选择。

（3）在【列数】文本框中输入：7，在【列宽】文本框中输入：25，在【数据行数】文本框中输入：6，在【行高】中输入：1（占 1 行的宽度）。

说明：该表有多个列宽，输入相同列数较多的列宽值。其他列的宽度创建以后再修改。由于表格有标题、表头这两行，所以数据行设置为 6。

（4）将表格所有行都设置为数据行：从【第一行单元样式】、【第二行单元样式】、【所有其他行单元样式】下拉列表中，都选择“数据”。

（5）单击 确定 按钮，退出该对话框，在屏幕适当位置单击指定表格左上角位置，结果如图 7-15 所示（没有其中的字母）。

			A			
						B
			C			
						D

图 7-15　插入表格

下面调整行距、列宽、合并单元格，如图 7-16 所示。

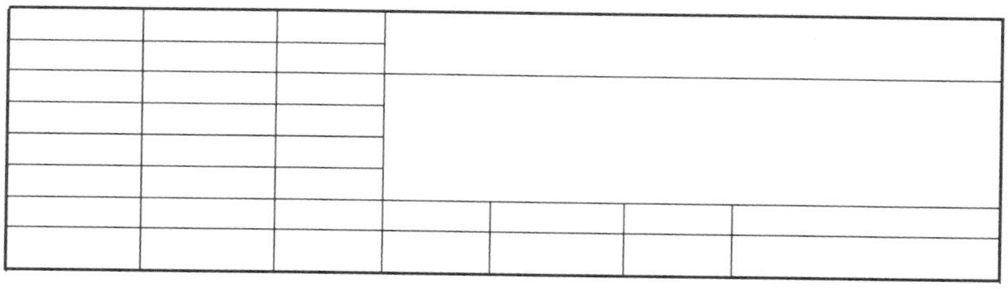

图 7-16　调整表格

（6）调整第 3 列的列宽和倒数第 1 行的行距：在第 3 列、倒数第 1 行的单元格内单击（选择该列），单击鼠标右键，弹出快捷菜单，单击其中的【特性】，弹出【特性】对话框，在【单元宽度】文本框中输入：20，按 Enter 键确认更改；在【单元高度】右边的文本框中输入：8，按 Enter 键。不退出【特性】对话框，继续调整其他单元。

提示：如果只调整列宽，可以在该列的任意单元格内单击。上面同时调整第 2 列的宽度、倒数第 1 行的行距，所以在第 2 列、倒数第 1 行的单元格内单击。

（7）调整第 4 列的列宽：在第 4 列的任意单元格内单击，用上述方法将【单元宽度】设置为 20。同样将第 6、7 列的列宽分别修改为 20 和 50，尺寸如图 7-10 所示。

（8）合并单元格：在单元格 A（见图 7-15）内单击，按下 Shift 键不放，在单元格 B 内单击，选中 A、B 之间的 8 个单元格，此时屏幕上方显示【表格单元】选项卡，如图 7-17 所示。单击其中的【合并单元】按钮，展开合并单元格工具条，单击其中的 合并全部 按钮。同样合并 C、D 之间的 16 个单元格，结果如图 7-16 所示。

图 7-17　【表格单元】选项卡

（9）输入图 7-10 所示的文字：双击要输入文字的单元格，插入光标，输入文字。输入以后在单元格外单击，确认输入。

（10）单击【另存为】按钮，保存文件，取名为“标题栏”，以备后面的例题使用。

【表格单元】选项卡各命令的功能和操作方法与 Word、Excel 等软件相似。例如单击某一单元格（选择该单元格），单击，在所选单元格上方插入一行；单击，在所选单元格下方插入一行；单击，删除单元格所在行。

单击，在源单元格内单击，再在目标单元格内单击，目标单元格将与源单元格具有相同的格式：字体、字高、间距、边线样式等。

在某一单元格内单击，单击，可以设置该单元格中文字的对齐方式。

在某一单元格内单击，可以在该单元格中插入图块、计算公式等。例如，移动鼠标指向（当屏幕分辨率较低时），依次单击 *fx*、【求和】，再选择几个单元格，先选单元格中的数据变为后选单元格的数据之和。

【例 7-8】接例 7-7。建立所需样式，创建图 7-18 所示的表格。

由于 AutoCAD 没有拆分单元格的功能，同一个表格内不能有错开的分隔线，无法做到不同部分列宽或行宽不相等。例如画图 7-18 所示的表格，需要分为图 7-19 所示的 4 个表格，单独创建后，再移到一起。

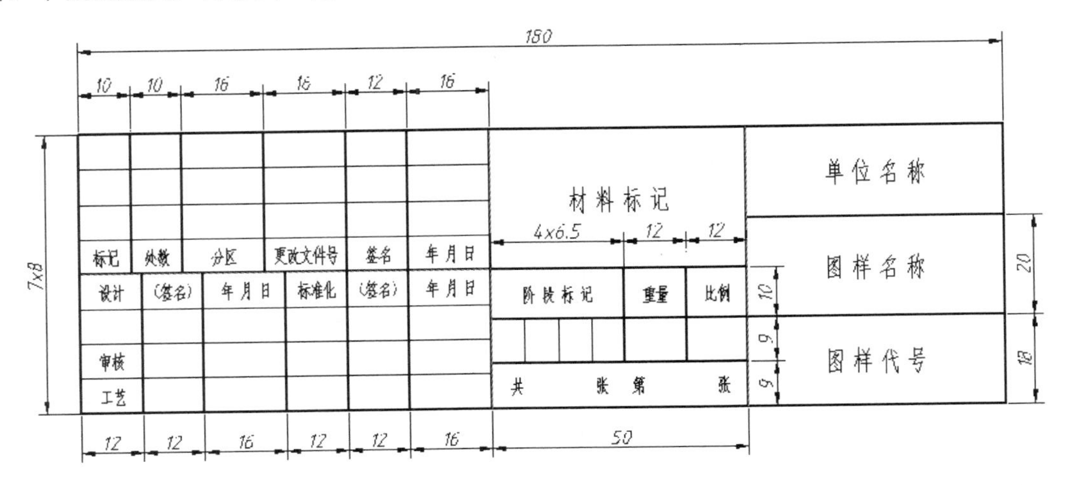

图 7-18 绘制单元格

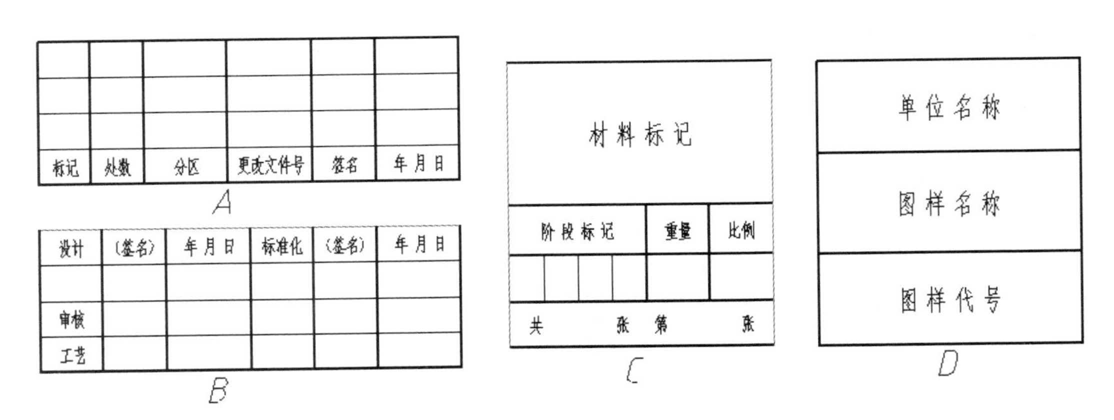

图 7-19 拆分表格

由于 4 个表格的线宽样式都不相同，需要建立 4 个表格样式，分别用来创建这 4 个表格。建立的样式可以无限次重复使用，一种表格建立一种样式，是创建表格的有效方法。

用户可以在前面建立的表格样式基础上建立新的表格样式。建立新表格样式时，只需要将图线宽度分别修改如下：

- 表格 A，横线为细实线，竖线、外边框为粗实线。
- 表格 B，横线为细实线，竖线、外边框 3 条边为粗实线（上边无线）。
- 表格 C，横线、两条竖线为粗实线，外边框无竖线，其余为细实线。
- 表格 D，全部为粗实线。

下面创建表格 A 所示样式。

（1）打开例 7-6 建立的表格样式所在图形文件，依次单击 注释 、 按钮，在【表格样式】对话框中单击例 7-6 建立的表格样式“室内设计图标题栏样式”，以其为基础样式，取名为“标题栏样式 A”。

说明：新建样式继承基础样式中的所有格式。例如，文字样式、线型等。

（2）从【单元样式】下拉列表中选择【数据】。在【边框】选项卡中，从【线宽】下拉列表中选择“0.60”，单击 或 ，将数据区竖线宽度设置为“0.60”。在【文字】选项卡的【文字高度】文本框中输入：3.5。

 、 分别设置单元格左侧、右侧竖线宽度，由于本例基础样式外边框宽度已经为“0.60”，因而这两个按钮设置效果相同。

用户可以从【线型】下拉列表中选择表格线的线型，方法与选择图层的线型相同。

勾选【双线】复选框，可以生成双线表格，还可以在【间距】文本框中输入双线的间距。

表格 B 与表格 A 的区别仅在于外框没有上横线，但由于不能在样式中删除一条边线，建立样式时需要使表格无边线，再分别设置其他边线宽度。

（3）创建表格 B 所示样式，取名为“标题栏样式 B”。选择“标题栏样式 A”为基础样式。在【边框】选项卡中，单击 ，使表格无线；从【线宽】下拉列表中选择“0.00”，单击 ，表格内部为细实线。从【线宽】下拉列表中选择“0.60”，单击 、 和 ，使单元格下横线、竖线为粗实线。

说明：本例将多个表格组合在一起，要求行间距不能有误差。由于在样式中无法严格控制行间距，因此在样式中不设置行间距，插入表格后再修改。

下面建立的标题栏样式 C 所有内部竖线为粗实线，也需要插入后再将部分单元格竖线修改为细实线。

（4）创建表格 C 所示样式，取名为“标题栏样式 C”。选择本例上面建立的表格样式 A 或 B 为基础样式。在【边框】选项卡中，单击 ，使表格无线。从【线宽】下拉列表中选择“0.60”，单击 、 、 ，使表格内部、外框横线为粗实线。

（5）创建表格 D 所示样式，取名为“标题栏样式 D”。选择“标题栏样式 C”为基础样式。在【边框】选项卡中，从【线宽】下拉列表中选择“0.60”，单击 ，使表格线全部为粗实线。在【文字】选项卡的【文字高度】文本框中输入：5。

（6）下面创建表格 A，如图 7-20 所示。使“细实线”层为当前层，单击表格按钮 ，从【表格样式】下拉列表中选择“标题栏样式 A”，在【列数】文本框中输入：6，在【列宽】文本框中输入：16，在【数据行数】文本框中输入：2，在【行高】中输入：1（占 1 行的宽度）。【第一行单元样式】、【第二行单元样式】、【所有其他行单元样式】下拉列表中，都选择“数据”。

（7）插入表格 B：选择“标题栏样式 B”为当前样式，列数=6，列宽=12，数据行数=2，都设置为数据行。

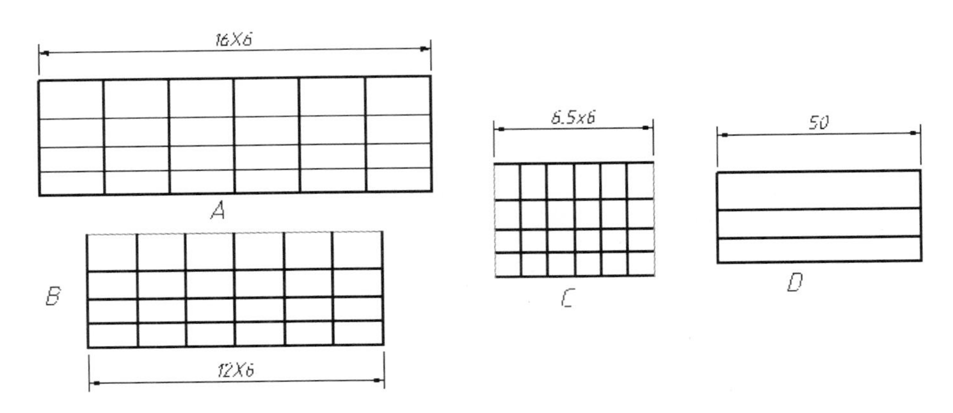

图 7-20　刚插入未调整的表格

（8）插入表格 C：选择“标题栏样式 C”为当前样式，列数=6，列宽=6.5，数据行数=2，都设置为数据行。

（9）插入表格 D：选择“标题栏样式 D”为当前样式，列数=1，列宽=50，数据行数=1，都设置为数据行。

（10）用上例介绍的方法调整单元格高度和宽度，合并表格 C 的单元格，如图 7-21 所示。

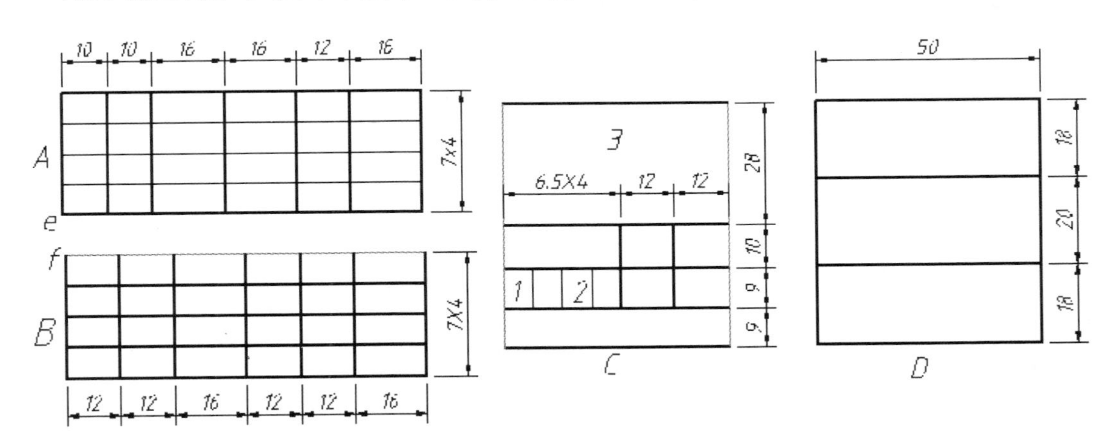

图 7-21　调整单元格

（11）将表格 C 的 1、2 之间单元格的右边线调整为细实线：选择 1、2 之间的 3 个单元格，单击鼠标右键，弹出快捷菜单，单击其中的【边框】，显示【单元边框特性】对话框，如图 7-22 所示。

（12）从【线宽】下拉列表中选择“0.00”，单击 ，单击 确定 按钮，退出对话框。

（13）将表格 C 中单元格 3 的文字高度调整为 5：单击单元格 3，单击鼠标右键，单击【特性】，显示【特性】对话框，向下拖动右边的滑块，显示【文字高度】文本框后，在其中输入：5，Enter，单击 ×，退出对话框。

（14）双击要输入文字的单元格输入文字。

（15）分别捕捉 f、e 点作为位移的基点和第二点，移动表格 B；同样捕捉相应表格的角点移动表格 C、D。

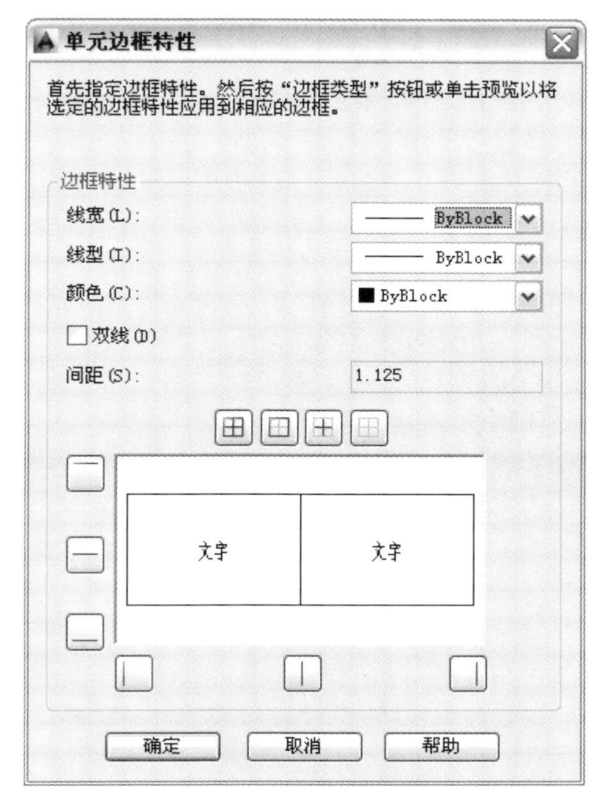

图 7-22 【单元格边框特性】对话框

（16）单击另存为按钮，保存文件，取名为“标准标题栏”，以备后面的例题使用。

7.5　小结

在一张图纸中输入文字，用单行文字、多行文字命令都很方便。比较而言，单行文字命令适合输入行数不多的左对齐文字；多行文字命令适合输入行数较多的文字，更便于输入不同字体的文字、特殊符号和编辑文字。

为了便于控制输入文字的样式，输入文字以前，要先建立文字样式。输入文字时，通过选择当前样式，控制文字外观。本章建立的“室内设计图文字样式”，可以满足在室内设计图中输入汉字和字母的要求。

创建表格之前，也要先建立表格样式。本章以创建国标中给出的两种标题栏为例介绍了有关内容。用例 7-8 介绍的方法可以创建任意复杂的表格。

7.6　习题与作图要点

1. 判断下列各命题，正确的在（）内画上“√”，不正确的在（）内画上“×”。

（1）调用一次单行文字命令，只能输入一行文字。（　　）

（2）本章建立的“室内设计图文字样式”，可以满足在室内设计图中输入汉字和字母的要求。（　　）

（3）在不中断单行文字命令执行的情况下，用户可以在屏幕的任意位置单击，指定下一行输入文字的基点。（　　）

（4）同一个表格内不能有错开的分隔线，无法做到不同部分列宽或行宽不相等。遇到类似情况，需要将表格拆分为几部分，单独创建后，再移到一起。（　　）

2．简答题。

（1）输入文字有两个命令，说明在何种情况下，调用哪一个命令更有效。

（2）如何修改文字样式、表格样式的名称？

（3）如何修改已经建立的文字样式、表格样式？

（4）如何选择当前文字样式、表格样式？

3．创建图 7-23 所示的表格，并输入文字。

<table>
<tr><td colspan="4" rowspan="3"></td><td colspan="3">工程编号</td><td></td></tr>
<tr><td colspan="3">专　业</td><td></td></tr>
<tr><td>校 核</td><td></td><td>阶段</td><td></td></tr>
<tr><td rowspan="2">工程名称</td><td colspan="2" rowspan="2"></td><td rowspan="2">图 纸 目 录</td><td>制表</td><td></td><td>日期</td><td></td></tr>
<tr><td colspan="4">本表共　　页第　　页</td></tr>
<tr><td>序号</td><td>图 号</td><td colspan="2">图　纸　名　称</td><td colspan="2">图 幅</td><td colspan="2">备 注</td></tr>
<tr><td></td><td></td><td colspan="2"></td><td colspan="2"></td><td colspan="2"></td></tr>
</table>

图 7-23　图纸目录表

创建方法提示：

（1）创建表格样式取名为“图纸目录”，字体使用本章例 7-1 创建的“室内设计图文字样式”，字高为 4.5。在【边框】选项卡中，从【线宽】下拉列表中选择“0.60”，单击、和，使单元格上横线、竖线为粗实线。从【线宽】下拉列表中选择“0.00”，单击，表格内部为细实线。

（2）插入表格：列数=8，列宽=26，数据行数=6，都设置为数据行，如图 7-24 所示。

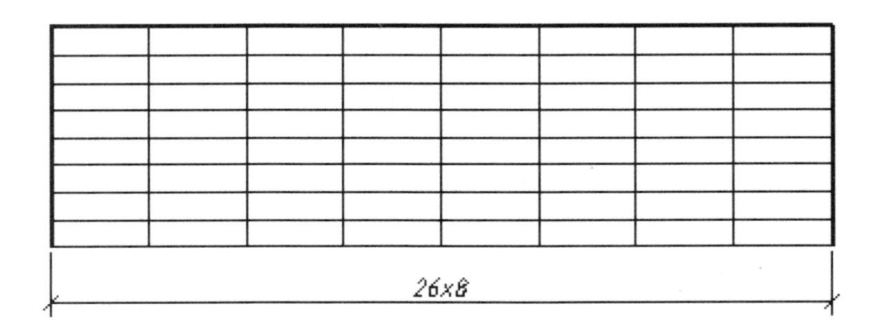

图 7-24　插入表格

（3）通过属性修改单元格的列宽和行距，如图 7-25 所示。

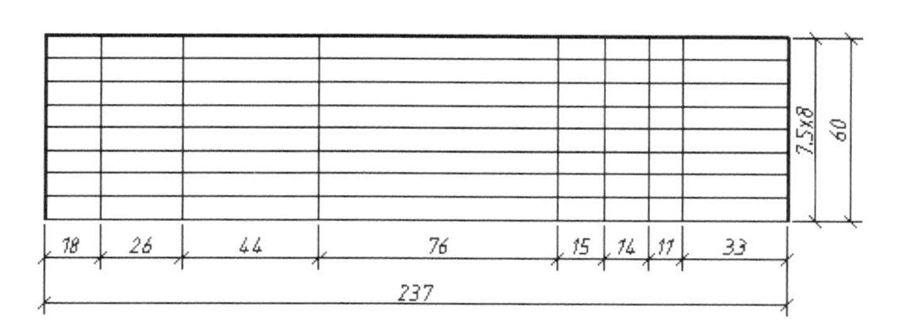

图 7-25　调整列宽和行距

（4）合并单元格，输入文字，通过修改属性将“图纸目录”字高修改为 10，“工程名称”、“本表共 页 第 页”字高修改为 5，如图 7-23 所示。

第 8 章　尺寸标注与引出标注

尺寸标注和引出标注是室内设计图的一项重要内容。引出标注是指图 8-1 中的标注文字和引线。标注的尺寸要完整、齐全、清晰、正确，这些需要执行国家标准的有关规定，AutoCAD 对此不能提供任何帮助。但它提供了多种类型的尺寸标注命令，能自动绘制尺寸线、尺寸界线、箭头，自动测量、自动填写尺寸数字，可以非常简便地设置和修改尺寸样式，效率高且操作简单。

本章对室内设计图中的各种尺寸进行了分类与归纳，建立了相应的尺寸样式，介绍了各种尺寸的标注方法与技巧，包括基本尺寸样式，在非圆视图上标注直径、只有一条尺寸界线的尺寸等特殊尺寸样式，这些样式能满足标注各种室内设计图尺寸的需要。

8.1　线性标注

在【默认】选项卡中有标注尺寸常用命令的折叠工具条。该工具条在文字输入按钮的右侧。如果显示为⊢⊣▾，单击⊢⊣，即可调用该按钮对应的线性标注命令。否则（折叠工具条显示最后一次调用命令对应的按钮，详见第 3 章），单击⊢⊣▾右边的▾，展开折叠工具条，单击其中的⊢⊣线性。以后简述为：打开【标注】工具条，单击 xxx 按钮。另外，标注尺寸时，还用到图 8-1a 所示的几个概念，详细解释请参考工程制图教材。

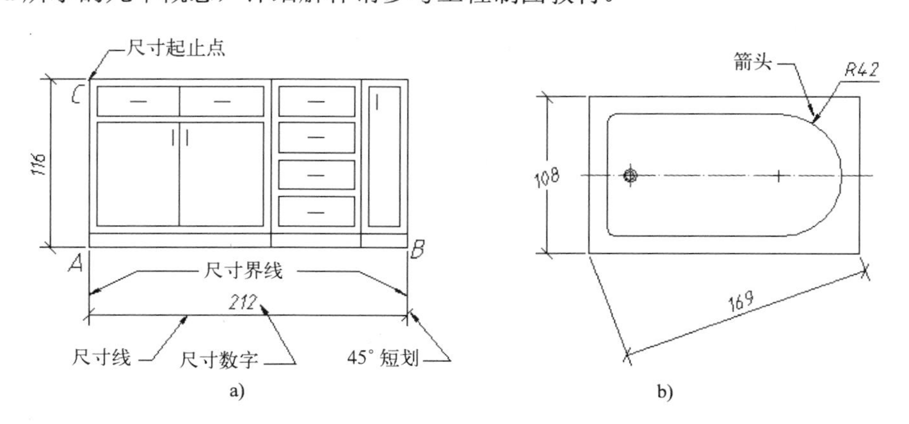

图 8-1　尺寸标注的几个常用概念

为了使读者对标注尺寸有一个直观的认识，下面先用 AutoCAD 的默认样式标注图 8-1a 所示的尺寸 212 和 116。AutoCAD 将这种水平方向和垂直方向的长度尺寸称为线性尺寸。标注线性尺寸的方法是：调用线性标注命令，捕捉线段的两个端点，或单击鼠标右键，再单击选择要标注的线段，然后移动鼠标，到达适当位置后再单击确定尺寸线的位置。

【例 8-1】用线性标注命令，标注图 8-1a 所示的线性尺寸。

提示：本章例题所用图形在附盘文件夹“\dwg\08”下，文件名与例图编号相同，做例题时先打开相应的附盘文件。
标注前按第 2 章介绍的方法，设置并打开自动对象捕捉；建议在实际作图中，建立一个存放尺寸的图层，将其设置为当前层，把尺寸标注在该层上。

（1）捕捉端点标注 AB 尺寸。打开【标注】工具条，单击线性按钮。

指定第一条尺寸界线原点或 <选择对象>:　　//捕捉 A 点
指定第二条尺寸界线原点:　　//捕捉 B 点
指定尺寸线位置或
[多行文字(M)/文字(T)/角度(A)/水平(H)/垂直(V)/旋转(R)]:
//移动鼠标，待尺寸线到达适当位置后，单击确定尺寸线的位置
标注文字 =212　　//AutoCAD 测量的 AB 长度

说明：用线性标注命令标注尺寸时，如果捕捉的两点不在同一条水平线或铅垂线上，可以通过上下、左右移动鼠标，选择标注水平尺寸或铅垂尺寸。

（2）选择线段标注 AC 尺寸。

键入命令：Enter　　//重复执行命令
指定第一条尺寸界线原点或 <选择对象>: Enter　　//或单击鼠标右键执行默认选项，通过选择对象标注尺寸
选择标注对象:　　//单击 AC
指定尺寸线位置或[多行文字(M)/文字(T)/角度(A)/水平(H)/垂直(V)/旋转(R)]:
//移动鼠标待尺寸线到达适当位置后，单击确定尺寸线位置
标注文字 =116　　//AutoCAD 自动测量的尺寸数字

线性标注命令有许多选项，其中“多行文字(M)”、“文字(T)”选项的功能是分别调用多行文字、单行文字命令输入尺寸数字，详见后面的例题。下面简要说明其他选项的功能。

- 水平（H）：标注两点之间的水平尺寸。
- 垂直（V）：标注两点之间的铅垂尺寸。
- 角度（A）：将尺寸数字旋转指定的角度，如图 8-1b 所示的尺寸数字为 108。
- 旋转（R）：将尺寸组成要素（尺寸界线、尺寸线、尺寸数字等）一起旋转指定的角度，尺寸数字变为旋转后的尺寸界线长度值，如图 8-1b 所示的尺寸为 169。

提示：AutoCAD 将尺寸的所有组成元素（如尺寸线、尺寸界线、箭头、尺寸数字）作为一个整体来处理。单击某一尺寸，将选中这一尺寸的全部组成元素。例如单击某一尺寸，再单击删除按钮，将删除尺寸的所有组成元素。

8.2 设置尺寸样式

尺寸的外观形式称为尺寸样式。与输入文字相同，标注尺寸前也要先建立尺寸样式。建立尺寸样式主要在【新建标注样式】对话框中进行。此对话框项目繁多，但并不是标注每一个尺寸都要设置所有的项目。本章对室内设计图中各种尺寸进行了分类与概括，将尺寸样式的诸多内容按用途分类，放入各小节中结合标注实例进行介绍，并建立了相应的尺寸样式。这些样式能够满足标注室内设计图的各种尺寸的需要。

本节将建立一个用于标注室内设计图尺寸的基本尺寸样式，包括表 8-1 中的所有项目，各项目所指尺寸要素请参考图 8-2a。后面会结合实例陆续介绍尺寸样式对话框中其他选项的用途和设置方法。

表 8-1　基本尺寸样式表

项 目 代 号	类　别	项 目 名 称	设 置 新 值
1	尺寸线	颜色	随层
		线宽	随层
2	尺寸界线	颜色	随层
		线宽	随层
3		起点偏移量	1
4		超出尺寸线	2
5	箭头	第一个	倾斜或建筑标记
		第二个	倾斜或建筑标记
		箭头长度	2
6	文字外观	文字样式	字母
		文字高度	3.5
7	文字位置	水平	默认位置
		垂直	默认位置
		从尺寸线偏移	1

提示： 选择颜色、线宽为随层，表示颜色、线宽分别与尺寸所在图层的颜色、线宽一致，这是为了便于图形管理。

【例 8-2】建立一个基本尺寸样式，取名为“室内设计图尺寸样式”，并用此样式标注图 8-2 所示的尺寸。

在【默认】选项卡中，调用标注样式命令的方法：单击 注释▾ 按钮，展开注释面板，单击第 2 行的标注样式按钮。用于标注尺寸的全部命令在【注释】选项卡上，下面例题介绍的都是在该选项卡中调用命令的方法。

（1）打开一个有第 7 章建立的文字样式（室内设计图文字样式）的图形文件，或按第 7 章介绍的方法建立该样式。

（2）单击屏幕上方的【注释】选项卡，使其显示在最前面，单击 标注▾ 右边的 ，打开【标注样式管理器】对话框，如图 8-3a 所示。

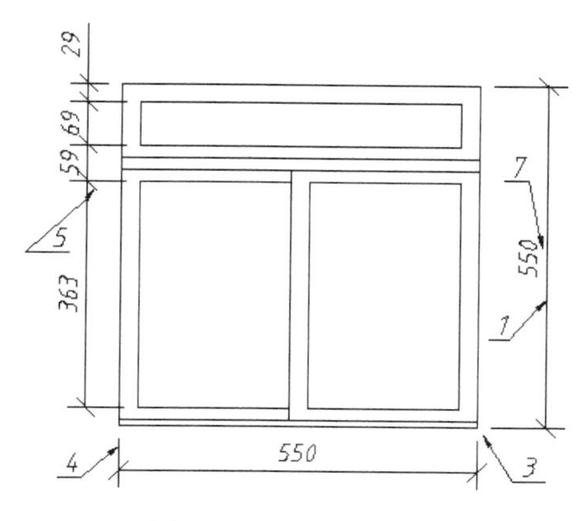

图 8-2　基本尺寸样式

（3）单击 新建(N)... 按钮，显示【创建新标注样式】对话框，如图 8-3b 所示。

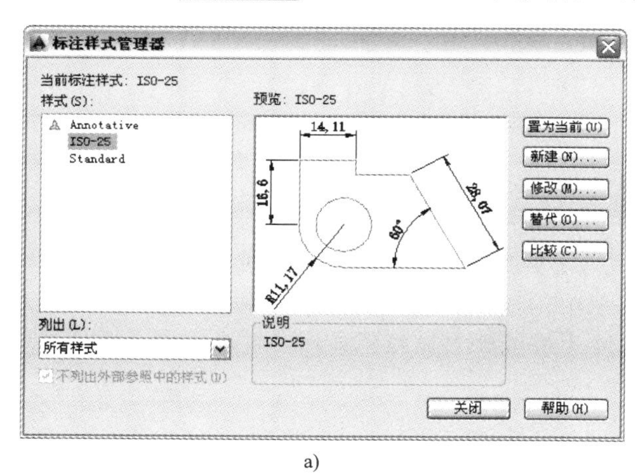

a)

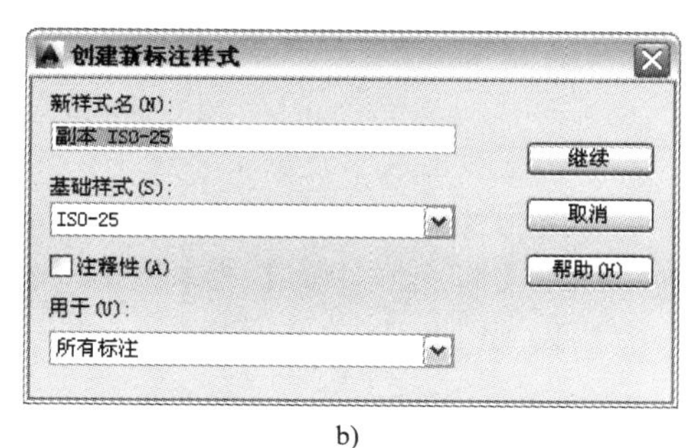

b)

图 8-3　【标注样式管理器】对话框

（4）从【基础样式】下拉列表中选择“ISO-25”为基础样式。新建样式的默认选项与该样式的相同。

（5）在【新样式名】文本框中输入样式名称“室内设计图尺寸样式”。单击 继续 按钮，显示【新建标注样式】对话框。单击【线】选项卡，使其显示在最前面（如果该卡已经显示在最前面，就不要再单击），如图 8-4 所示。

在此选项卡中，设置尺寸线、尺寸界线等样式。

（6）在【尺寸线】区设置尺寸线的样式。

- 从【颜色】下拉列表中，设置尺寸要素的颜色。为了便于图形管理，选择：ByLayer（随层）。
- 从【线宽】下拉列表中，设置尺寸线、尺寸界线等尺寸要素的宽度。本例选择：ByLayer（随层）。

（7）在【尺寸界线】区设置尺寸界线的格式。

- 颜色和线宽的设置同上。

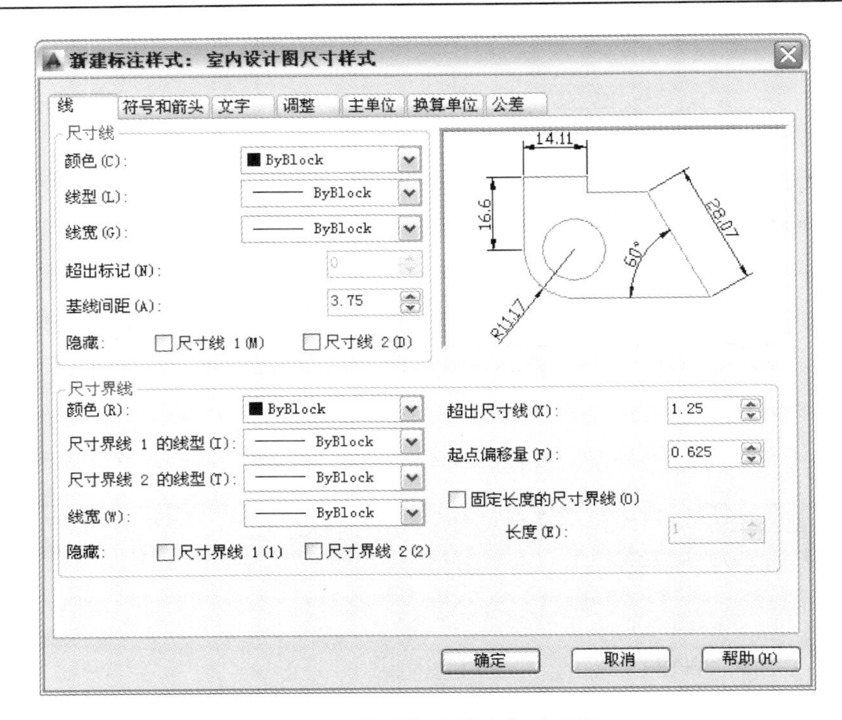

图 8-4 【新建标注样式】对话框

- 在【超出尺寸线】文本框中，输入尺寸界线超出尺寸线的出头长度（图 8-2a 中的 4 所指处）。本例输入 2。
- 在【起点偏移量】文本框中，输入尺寸界线的实际起始点相对于其指定点的偏移距离（图 8-2a 的 3 所指处）。本例设置为 1。

说明： 输入数字的文本框的右边，一般都有上下箭头按钮，单击或按下下箭头不放，文本框中的数字变小，单击或按下上箭头不放，文本框中的数字变大，这是输入数字的另一种方法。

（8）单击【符号和箭头】选项卡，使其显示在最前面，如图 8-5 所示。

（9）在【箭头】区选择箭头样式，本例作如下设置：

- 从【第一个】下拉列表中选择“建筑标记”或“倾斜”，【第二个】下拉列表自动选择相同项目。
- 在【箭头大小】文本框中，输入箭头长度为“2”。

（10）单击【文字】选项卡，使其显示在最前面，如图 8-6 所示。

（11）在【文字外观】区，设置文本的外观、样式。本例作如下设置：

- 从【文字样式】下拉列表中选择：室内设计图文字样式。

说明： 若此下拉列表中无用户所需的文本样式，可以单击【文字样式】右边的按钮，显示【文字样式】对话框（见第 7 章）。在此对话框中，按第 7 章介绍的方法建立、设置文字样式。

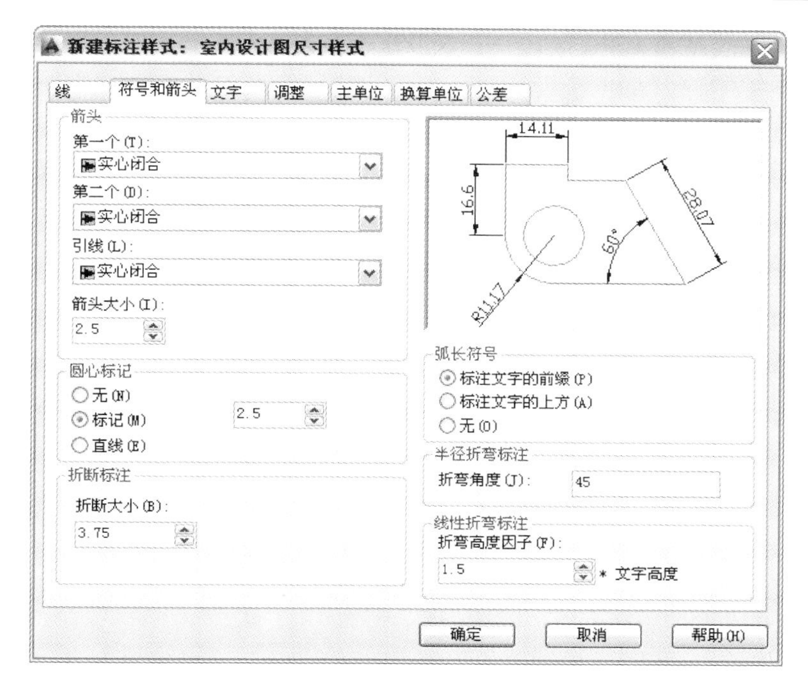

图 8-5 【符号和箭头】选项卡

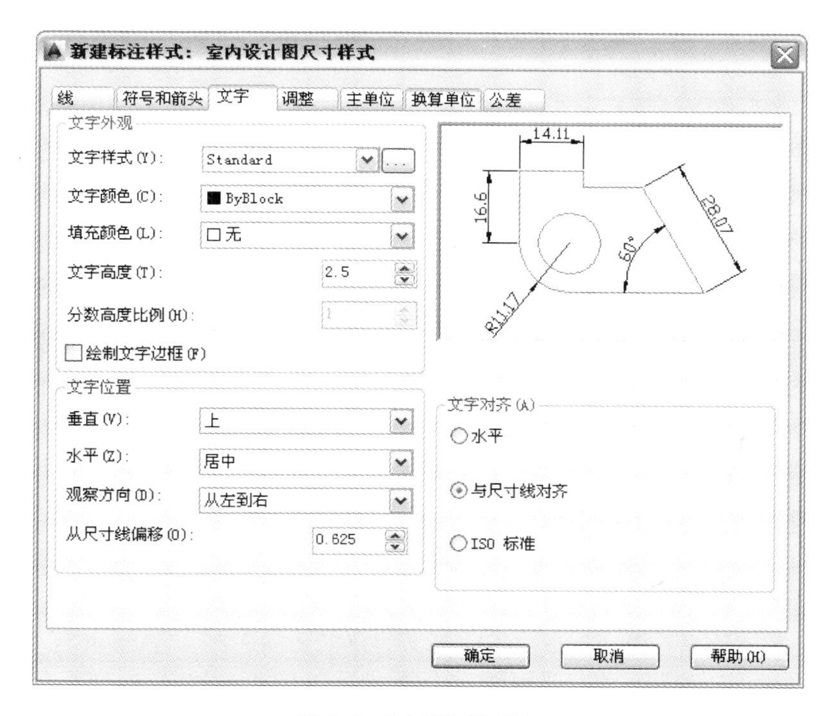

图 8-6 【文字】选项卡

（12）在【文字高度】文本中输入文本高度为“3.5”。在【文字位置】区中，设置文本位置。

- 从【垂直】下拉列表中，选择尺寸文本在垂直方向的对齐方式。
- 从【水平】下拉列表中，选择尺寸文本在水平方向的对齐方式。

上述两项在本例中都保留默认设置，分别为“上”、“居中”。

用户改变了尺寸样式的某一设置，对话框右上角的图例就会实时显示相应的修改结果。用户做了上述设置以后，尺寸样式如图 8-7a 所示。如果在【文字位置】区的【垂直】下拉列表中选择“置中”，结果如图 8-7b 所示。

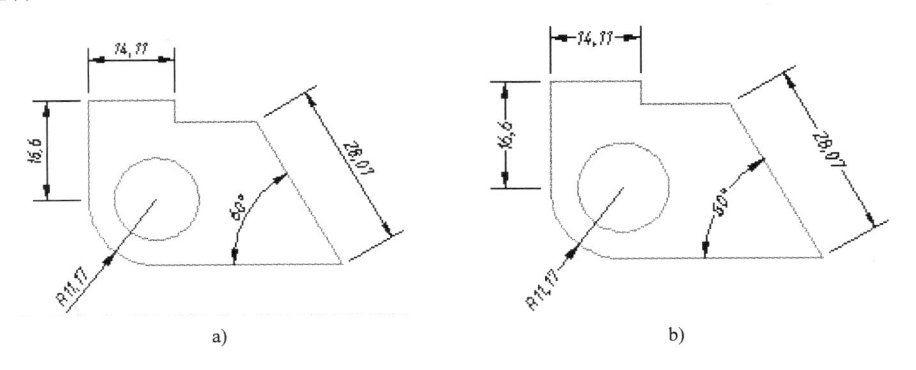

图 8-7　设置效果图例

希望读者在建立样式时，多观察图例的变化，适时调整所作的设置，这也是了解各选项功能的好办法。另外，AutoCAD 的大多数对话框有一个 帮助(H) 按钮，单击此按钮，会显示该对话框中各选项的帮助信息。

（13）在【从尺寸线偏移】文本框中，设置尺寸文字与尺寸线的间隙（图 8-2a 的 7 所指处）。本例输入距离为“1”。

（14）单击 确定 按钮，返回【标注样式管理器】对话框。

（15）单击 关闭 按钮，关闭对话框，完成样式设置。

打开附盘文件“08\8-02”，图形如图 8-2a 所示，里面有按上述方法建立的“室内设计图尺寸样式”，请按例 8-1 介绍的方法，标注图 8-2a 所示的尺寸。

从标注结果来看，用“室内设计图尺寸样式”标注的尺寸数字在屏幕上显示得有些小，但是打印出来以后，3.5mm 是一个最常用的尺寸数字高度。

用户建立的尺寸样式，目前只能在建立该样式的图形文件中使用，应及时存盘，存盘后新样式才会保存下来。以后要用所建样式标注尺寸，或者在已有样式的基础上建立新样式。在第 11 章中介绍通过建立样板图保存、调用所建的尺寸样式。

8.3　选择当前尺寸样式

建立了多个尺寸样式以后，要用哪一个样式标注尺寸，就将这一样式设置为当前样式。在【注释】选项卡中，当前样式显示在标注按钮右边的样式下拉列表中。做完上面的例题以后，样式下拉列表显示为 建筑图尺寸样式 。选择当前尺寸样式有如下两种方法。

- 单击样式下拉列表，将其展开，单击所需样式。

- 单击[标注▾]右边的[↘]，显示【标注样式管理器】对话框，在【样式】列表中，单击要置为当前样式的样式名称，依次单击[置为当前(U)]、[关闭]按钮，退出【标注样式管理器】对话框。

8.4 修改尺寸样式

从图 8-7 可以看出，在默认情况下，AutoCAD 将尺寸数字保留两位小数，用“,”号作为整数位与小数位的分隔符。下面将例 8-2 建立的尺寸样式作如下修改。

- 尺寸数字不保留小数位。
- 将尺寸全局比例改为 3，将尺寸元素（包括数字的高度、箭头等）放大到 3 倍。

说明：“尺寸全局比例因子”用来控制尺寸各元素的大小，比例因子变大/小，各元素也变大/小。标注尺寸时，经常要调整全局比例，以适应图形的打印比例，例如按 1:10 打印图形，全局比例可设置为 10；按 2:1 打印，全局比例可设置为 0.5，这样打印出来的尺寸数字的高度、箭头的长度等都等于建立尺寸样式时输入的数值。

【例 8-3】接例 8-2。修改“室内设计图尺寸样式”，以满足上述要求。

（1）单击[标注▾]右边的[↘]，显示【标注样式管理器】对话框。单击【样式】列表中的“室内设计图尺寸样式”，选中该样式（选中后高亮显示）。

（2）单击[修改(M)...]按钮，显示【修改标注样式】对话框。单击【调整】选项卡，使其显示在最前面，如图 8-8 所示。

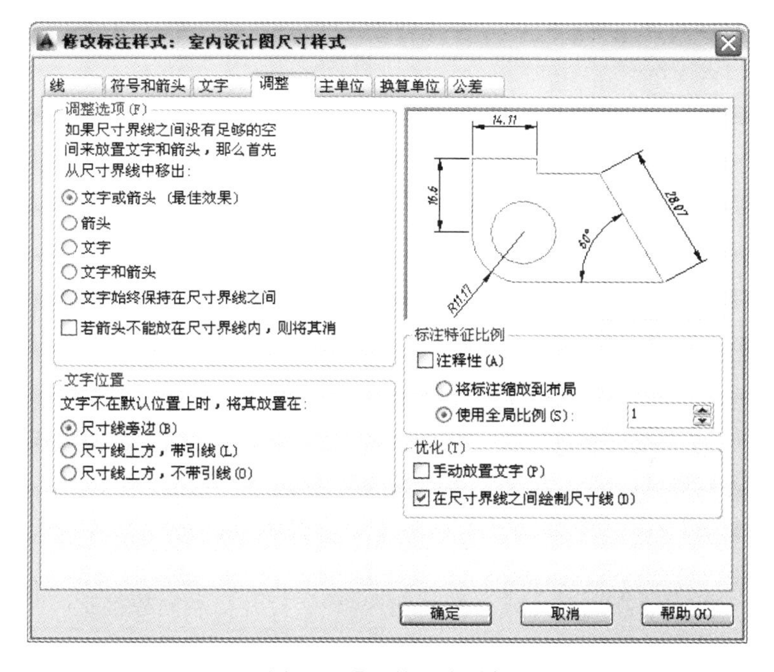

图 8-8 【调整】选项卡

（3）在【使用全局比例】右边的文本框中输入“3”。单击选择【使用全局比例】，使其左边的圆圈中出现小黑点。对话框右上角的图例中各尺寸要素变大。

（4）单击【主单位】选项卡，使其显示在最前面，如图 8-9 所示。

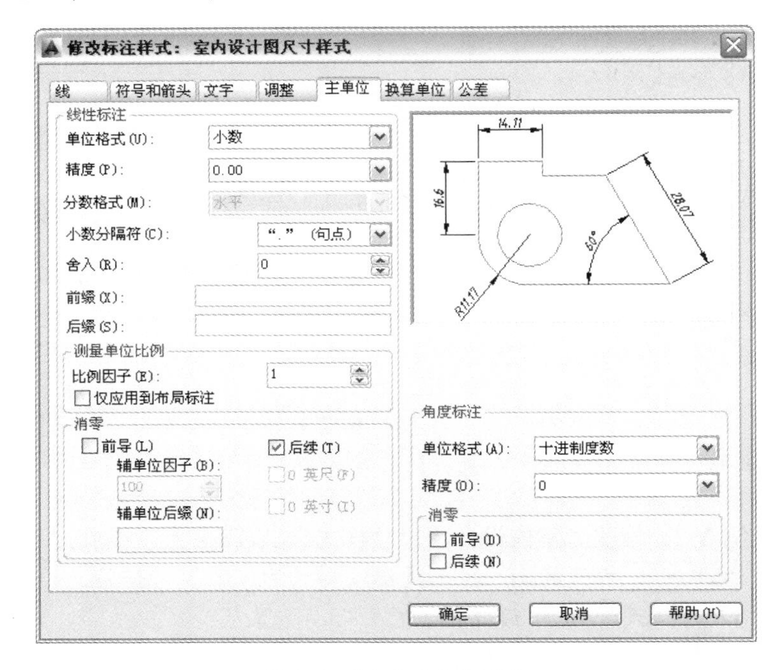

图 8-9 【主单位】选项卡

从【精度】下拉列表中选择“0”，即保留 0 位小数。如果想保留小数位，还应当从【小数分隔符】下拉列表中选择“. ”作为小数位与整数位的分隔符。

（5）单击 确定 按钮，返回【标注样式管理器】对话框，单击 关闭 按钮，退出【标注样式管理器】对话框，完成尺寸样式修改。

（6）删除上面标注的尺寸，重新标注一次，观察变化。

8.5 对齐型尺寸标注

对齐型尺寸的特点是尺寸线与所标注的线段平行。本命令一般用来标注处于倾斜位置的尺寸，如图 8-10a 所示。标注水平、铅垂尺寸用线性标注命令更好一些。

【例 8-4】用“室内设计图尺寸样式”标注对齐型尺寸，如图 8-10a 所示。

（1）按例 8-3 所述方法，将尺寸全局比例修改为 3。

（2）标注 AB 的尺寸：在【注释】选项卡中，单击 标注 ，打开【标注】工具条，单击 对齐 按钮。

指定第一条尺寸界线原点或 <选择对象>:　//打开自动对象捕捉，捕捉交点 A

指定第二条尺寸界线原点:　//捕捉交点 B

指定尺寸线位置或

[多行文字(M)/文字(T)/角度(A)]:　//在适当位置单击，确定尺寸线的位置

标注文字 =1640　　　　//AutoCAD 自动测量的尺寸数字

（3）用同样的方法标注 BC 的尺寸。

【注释】选项卡中的【标注】工具条，与【默认】选项卡中的【标注】工具条具有相同的标注命令。该工具条也显示最后一次调用的命令按钮。例如，执行对齐标注命令以后，屏幕显示为［标注］，直接单击［对齐］，即可调用对齐标注命令。以后简述为：打开【标注】工具条，单击 xxx 按钮。

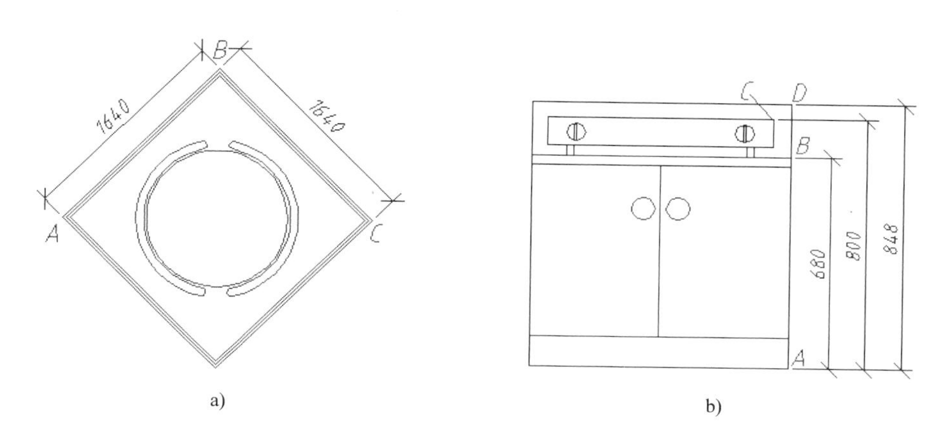

图 8-10　对齐型、基线型尺寸标注

8.6　基线型尺寸标注

基线型尺寸是指图 8-10b 所示的尺寸。这种尺寸的特点是：标注的所有尺寸有一条公用的尺寸界线，这条尺寸界线叫基线。

基线型尺寸的标注方法是：先用线性标注命令（或对齐标注、角度标注命令）标注第一个尺寸（选择基线作为第一条尺寸界线），再用基线型尺寸标注命令标注其他尺寸。标注基线型尺寸时，只需要指定第二条尺寸界线。

8.6.1　标注基线型尺寸

在剖面图中标注尺寸，如果图中已经画出了填充图案，可以在标注尺寸以前关闭填充图案所在的图层，以免影响标注尺寸时捕捉对象点。

【例 8-5】用“室内设计图尺寸样式”标注图 8-10b 所示的基线型尺寸。

（1）标注 AB 的尺寸。打开【标注】工具条，单击［线性］按钮。

指定第一条尺寸界线原点或 <选择对象>:　　　　//捕捉 A 点
指定第二条尺寸界线原点:　　　　//捕捉交点 B
指定尺寸线位置或
[多行文字(M)/文字(T)/角度(A)/水平(H)/垂直(V)/旋转(R)]:　　　　//定位尺寸线
标注文字 =680

（2）标注 AC、AD 尺寸。在【注释】选项卡中，单击基线标注按钮。

指定第二条尺寸界线原点或 [放弃(U)/选择(S)] <选择>: //捕捉 C 点
标注文字 =800
指定第二条尺寸界线原点或 [放弃(U)/选择(S)] <选择>: //捕捉 D 点
标注文字 =848
指定第二条尺寸界线原点或 [放弃(U)/选择(S)] <选择>: Enter //结束命令

提示： 基线标注和连续标注命令在一个折叠工具条中。如果没有显示，需要单击中的，再单击基线。屏幕显示这两个命令中，最后一次调用的命令按钮。

8.6.2 调整尺寸线间隔

用户可以用下述方法调整基线型尺寸的尺寸线之间的间隔。

（1）单击 标注 右边的，显示【标注样式管理器】对话框。单击【样式】列表中的"室内设计图尺寸样式"，选中该样式。

（2）单击 修改(M)... 按钮，显示【修改标注样式】对话框，单击【线】选项卡，使其显示在最前面，如图 8-11 所示。

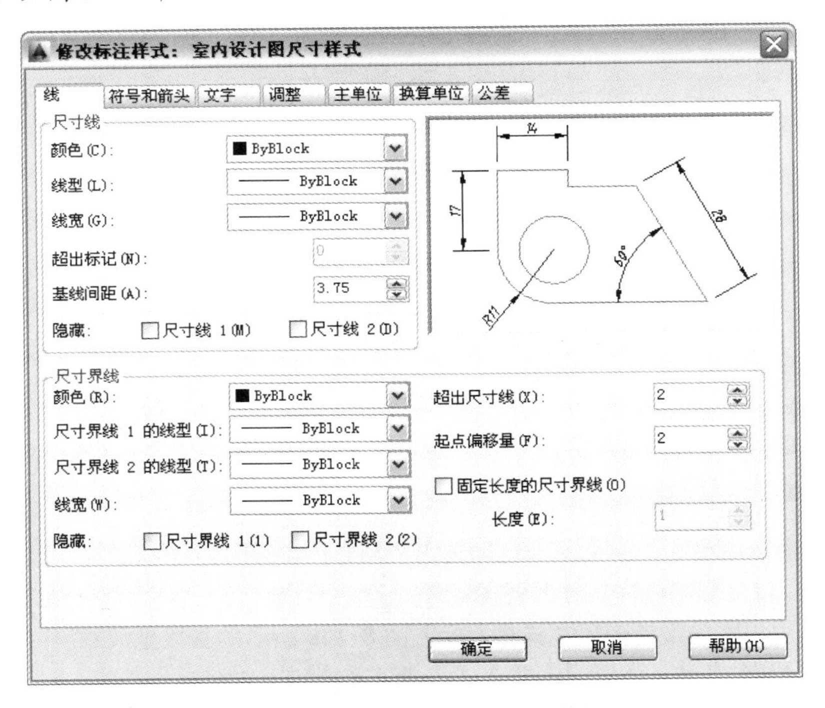

图 8-11 【修改尺寸样式】对话框

（3）在【基线间距】文本框中输入尺寸线之间的间隔值。该值一般取为尺寸数字高度的两倍。

（4）单击 确定 按钮，返回原对话框，单击 关闭 按钮，退出【标注样式管理器】对话框，完成尺寸样式修改。

（5）删除上例标注的尺寸，重新标注。

8.7　连续型尺寸标注

连续型尺寸是指图 8-12 所示的尺寸。这种尺寸的特点是，第一个尺寸的第二条尺寸界线是第二个尺寸的第一条尺寸界线，各尺寸首尾衔接。标注这种尺寸的方法是：先用线性标注命令（或对齐、角度标注命令）标注第一个尺寸，再用连续型标注命令标注其他相应尺寸。标注连续性尺寸时，只需要指定第二条尺寸界线。

【例 8-6】用"室内设计图尺寸样式"，标注图 8-12 所示的尺寸。

（1）打开【标注】工具条，单击 线性 按钮，捕捉 A 点、B 点，标注 AB 的尺寸。

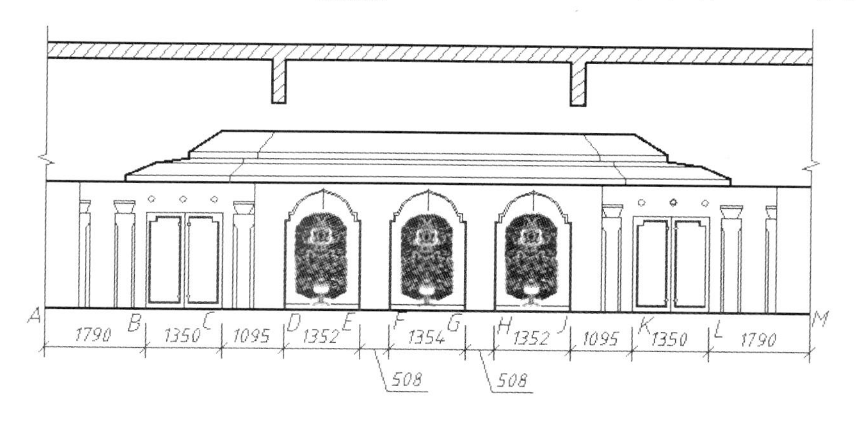

图 8-12　连续型尺寸标注

（2）标注其他尺寸。单击连续标注按钮 。

指定第二条尺寸界线原点或 [放弃(U)/选择(S)] <选择>:　//捕捉 C 点

标注文字 =42

指定第二条尺寸界线原点或 [放弃(U)/选择(S)] <选择>:　//依次捕捉要注尺寸的点 D、E、…、M

指定第二条尺寸界线原点或 [放弃(U)/选择(S)] <选择>: Enter　//结束命令

> **提示：** 如果没有显示 ，需要单击 中的 ，打开折叠工具条，单击其中的 连续。

8.8　标注直径和半径

标注直径、标注半径命令，分别用来在圆视图上标注圆和圆弧的直径或半径尺寸，但不能标注非圆视图上圆的直径（如图 8-13a 所示的直径尺寸 ϕ35）。本节以标注图 8-13a 所示的尺寸为例，介绍各种直径和半径的标注方法。

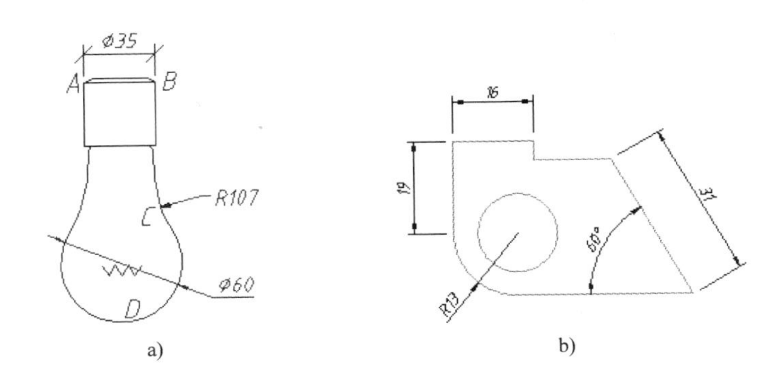

图 8-13　标注直径和半径

8.8.1　在圆视图上标注直径

为了标注圆视图中的直径（图 8-13a 中的ϕ60 和 *R*107）需要在“室内设计图尺寸样式”基础上建立一个新的尺寸样式。

【例 8-7】建立一个尺寸样式，取名为“半径与直径尺寸样式”，标注图 8-13a 所示的直径ϕ60 和半径尺寸 *R*107。

建立尺寸样式。

（1）单击 标注 ▾ 右边的↘，显示【标注样式管理器】对话框。

（2）单击 新建(N)... 按钮，显示【创建新标注样式】对话框。从【基础样式】下拉列表中选择“室内设计图尺寸样式”，在【新样式名】文本框中输入：半径与直径尺寸样式。

（3）单击 继续 按钮，显示【新建标注样式】对话框。在【文字】选项卡的【文字对齐】区，单击【水平】。否则标注的半径将呈现图 8-13b 中的 *R*13 所示的形式。

（4）在【符号和箭头】选项卡中，在【箭头】区，将【第一个】、【第二个】下拉列表都选择“实心闭合”。依次单击 确定 、 置为当前(U) 、 关闭 按钮，退出【标注样式管理器】对话框。

下面标注尺寸。

（5）标注圆 D 的直径。打开【标注】工具条，单击 直径 按钮。

选择圆弧或圆:　　　　　　　　//单击圆弧 D

标注文字 =60

指定尺寸线位置或 [多行文字(M)/文字(T)/角度(A)]:

　　　　　　　　//移动鼠标当尺寸线移到适当位置单击，定位尺寸线

> **提示：** 此时可以调用“多行文字（M）”或“文字（T）”选项，输入尺寸数字、特殊符号ϕ等。特殊符号的输入方法见第 7 章。
>
> 标注直径或半径时，移动鼠标既可以改变尺寸线的位置，也可以改变尺寸数字的位置。

（6）标注圆弧 C 的半径。打开【标注】工具条，单击 半径 按钮。

选择圆弧或圆:　　　　　　　　//单击圆弧 C

标注文字 =107
指定尺寸线位置或 [多行文字(M)/文字(T)/角度(A)]:
//移动鼠标，当尺寸线移到适当位置单击，定位尺寸线

8.8.2　标注非圆视图的直径

将图 8-13a 所示的直径尺寸ϕ35 称为非圆视图上的直径。这种尺寸不能用直径标注命令标注。从前面的标注可以看出，直径标注命令标注的直径尺寸，在尺寸数字前面自动加上前缀ϕ；用线性标注命令标注的尺寸，在尺寸数字前面没有ϕ。标注非圆视图上的直径，可以用如下两种方法：

- 用线性标注命令标注尺寸，从键盘输入尺寸数字。
- 设置尺寸样式，为线性尺寸加上前缀ϕ，仍然用线性标注命令，由 AutoCAD 在尺寸数字前面添加前缀ϕ。下面用此方法标注直径尺寸ϕ35。

【例 8-8】建立新尺寸样式，取名为：非圆视图上标注直径。添加前缀“ϕ”，用其标注图 8-13a 所示的直径尺寸ϕ35。

（1）按例 8-7。在【标注样式管理器】对话框中，单击“室内设计图尺寸样式”，以其为基础样式，单击[新建(N)...]，新建样式取名为：非圆视图上标注直径。在【主单位】选项卡左边中间位置的【前缀】文本框中，输入“%%C”，依次单击[确定]、[置为当前(U)]、[关闭]按钮，退出【标注样式管理器】对话框。

> **提示：** 要标注球的直径尺寸，需要在【前缀】文本框中输入“S%%C”；要在尺寸数字的后面标出尺寸单位，例如“m”或“米”。用户可以建立一个新样式，在【后缀】文本框中输入“m”或“米”。以后使用该样式标注的每一个尺寸数字的后面，都自动添加上前缀或后缀。

（2）标注直径 AB。打开【标注】工具条，单击[线性]按钮。

指定第一条尺寸界线原点或 <选择对象>:　　//捕捉 A 点
指定第二条尺寸界线原点:　　//捕捉 B 点
指定尺寸线位置或
[多行文字(M)/文字(T)/角度(A)/水平(H)/垂直(V)/旋转(R)]:　　//定位尺寸线
标注文字 =35

8.9　标注只有一条尺寸界线的尺寸

对于只画出其中的一半的对称图形、局部剖视图、半剖视图，标注的尺寸只有一条尺寸界线，如图 8-14a、b、d 所示。本书将这种尺寸称为只有一条尺寸界线的尺寸，没有画出的尺寸界线和尺寸线的一端，在 AutoCAD 中称为“隐藏”。

AutoCAD 将标注尺寸时先捕捉的一端称为尺寸线 1、尺寸界线 1，后捕捉的称为尺寸线 2、尺寸界线 2，可以隐藏这 4 项或其中的几项。一般隐藏尺寸线 1、尺寸界线 1，或隐藏尺寸线 2、尺寸界线 2。在下面的练习中隐藏尺寸线 2、尺寸界线 2。要达到这一目的，可以建

立一个新样式，专门用来标注这种尺寸。

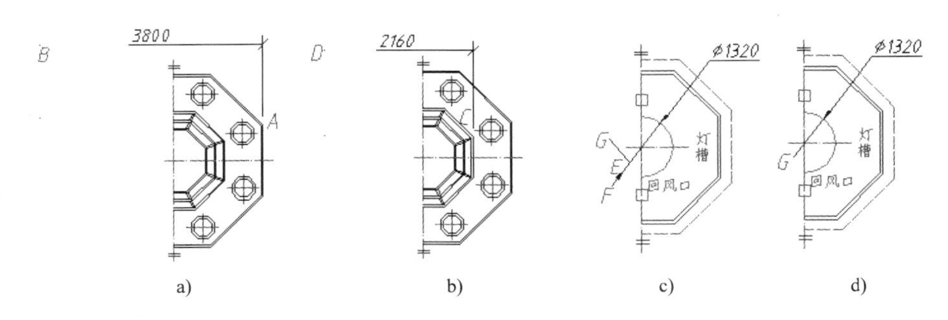

图 8-14　只有一条尺寸界线的尺寸例图

标注只有一条尺寸界线的尺寸时，要使尺寸线略超过对称中心线，如图 8-14a、b、d 所示。如果尺寸处于倾斜位置，用对齐命令标注。

【例 8-9】建立尺寸样式，取名为“标注一条尺寸界线的尺寸”，标注图 8-14 所示的尺寸。

（1）单击 标注 ▾ 右边的 ↘，显示【标注样式管理器】对话框，单击 新建(N)... 按钮，显示【创建新标注样式】对话框。从【基础样式】下拉列表中选择“室内设计图尺寸样式”，在【新样式名】文本框中输入：标注一条尺寸界线的尺寸。

（2）单击 继续 按钮，显示【新建标注样式】对话框，单击【线】选项卡，使其显示在最前面。

（3）在【尺寸线】区的【隐藏】行中有两个选择框，勾选【尺寸线 2】，即隐藏尺寸线 2。用同样的方法选中对话框下面【尺寸界线】区的【尺寸界线 2】。

（4）在【调整】选项卡中，选择【使用全局比例】，并将其值设置为 1.5。

（5）依次单击 确定 、置为当前(U)、 关闭 按钮，退出对话框。

（6）标注尺寸 AB：打开【标注】工具条，单击 线性 按钮。

指定第一条尺寸界线原点或 <选择对象>:　　//捕捉 A 点（见图 8-14）
指定第二条尺寸界线原点:　　//在 B 点附近单击
指定尺寸线位置或
[多行文字(M)/文字(T)/角度(A)/水平(H)/垂直(V)/旋转(R)]: //移动鼠标，定位尺寸线
标注文字 =4770　　//AutoCAD 标注的尺寸数字

隐藏功能，将尺寸线隐藏了 1/2，因而要使标注的尺寸线超过对称中心线，AB 之间的距离要超过实际尺寸。

AutoCAD 自动测量的尺寸数字 4770，是标注时指定的 AB 两点之间的水平距离，显然不是要标注的实际尺寸。修改尺寸数字有如下两种方法：

- 双击尺寸数字，删除原数字，输入正确值，在数字之外单击，完成标注。这就是方便、快捷的在位编辑功能。
- 标注尺寸时输入正确的尺寸数字，见步骤（7）。

标注图 8-14d 所示的直径ϕ1320，用“隐藏”尺寸线和尺寸界线的方法，难以做到使尺寸线超过圆心。可以用如下方法标注：使“直径与半径尺寸样式”为当前样式，用直径

命令标注直径。分解标注的直径尺寸，删除箭头 E 和直线 F，用拉长或打断命令调整直线 G 的长度。

（7）标注尺寸 CD。

键入命令： Enter　　//重复执行线性命令
指定第一条尺寸界线原点或 <选择对象>:　　//捕捉 C 点
指定第二条尺寸界线原点:　　//在 D 点附近单击
指定尺寸线位置或
[多行文字(M)/文字(T)/角度(A)/水平(H)/垂直(V)/旋转(R)]:T //单击“文字(T)”选项
输入标注文字 <3169>:2160　　//输入尺寸数字
指定尺寸线位置或
[多行文字(M)/文字(T)/角度(A)/水平(H)/垂直(V)/旋转(R)]:　//移动鼠标定位尺寸线

（8）标注直径 E：从标注按钮右边的样式列表中，选择“直径与半径尺寸样式”为当前样式。打开【标注】工具条，单击直径按钮。

选择圆弧或圆:　　//单击圆弧 E
指定尺寸线位置或 [多行文字(M)/文字(T)/角度(A)]: //移动鼠标，确定尺寸线位置

（9）单击分解按钮，分解直径尺寸，删除箭头 E 和直线 F。

（10）调整尺寸线的长度。单击打断按钮。

选择对象:　　//在 G 点附近单击直线 G
指定第二个打断点或 [第一点(F)]:　　//捕捉 G 的下端点

8.10　绘制中心线

通常中心线要超出轮廓线 2～5mm，因而用画直线命令绘制中心线很繁琐。为此 AutoCAD 提供了一个专门的命令，用来绘制圆或圆弧的中心线，此命令可以绘制图 8-15a 所示的 A、B 两种中心线。在 AutoCAD 中，将中心线 A 称为标记，中心线 B 称为直线。默认样式是“标记”。在室内设计图中需要改为“直线”。

【例 8-10】标注 B 处圆的中心线，如图 8-15a 所示。

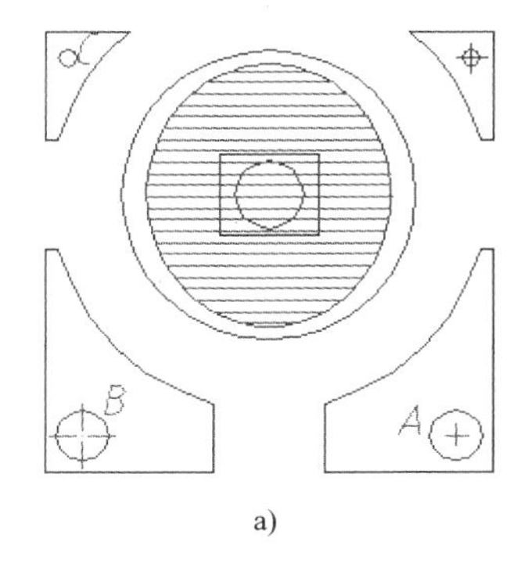

a)

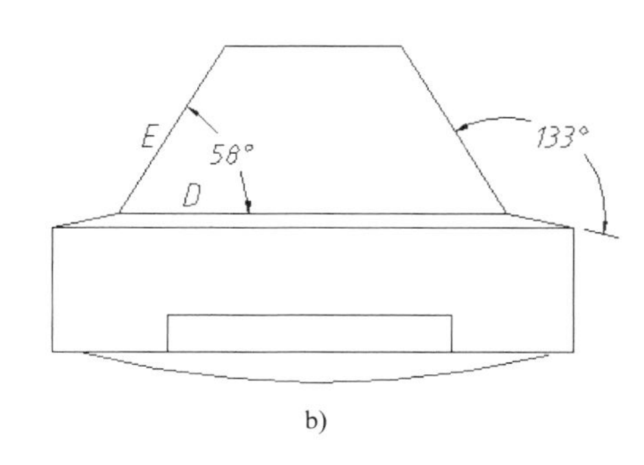

b)

图 8-15　标注中心线和角度

（1）修改“室内设计图尺寸样式”：在【符号和箭头】选项卡的【圆心标记】区，选择【直线】选项，在【大小】文本框中输入：3。

（2）选择“室内设计图尺寸样式”为当前样式。使“点画线”层为当前层。

（3）单击 标注 ▾ ，展开标注工具条，单击圆心标记按钮⊕，单击圆 B。

【圆心标记】区有 3 个单选项（只能选择其中之一），其功能分别如下。

- 无：不标注任何圆心标记，例如图 8-15a 中圆 C。
- 标记：标注圆心标记，例如图 8-15a 所示的中心线 A。
- 直线：标注中心线，例如图 8-15a 所示的中心线 B。

8.11 标注角度尺寸

角度标注命令可以标注圆弧的圆心角、两直线的夹角等。

用前面建立的“半径与直径尺寸样式”标注角度尺寸，能够满足国标要求。为了便于调用，可以将该样式改名为“半径、直径、角度尺寸样式”，用于标注这三种尺寸。

为了使角度尺寸的尺寸数字写在尺寸线的外侧，还可以在“半径与直径尺寸样式”基础上建立一个新的尺寸样式，取名为“角度尺寸样式”，下面的例题采用这一方法。

【例 8-11】在“半径与直径尺寸样式”基础上建立一个新的尺寸样式，取名为“角度尺寸样式”。用该样式标注角度尺寸，如图 8-15b 所示。

（1）建立新尺寸样式：以“半径与直径尺寸样式”为基础样式，取名为：角度尺寸样式。在【文字】选项卡的【文字位置】区，从【垂直】下拉列表中选择“外部”。

（2）选择“角度尺寸样式”为当前样式，打开【标注】工具条，单击 角度 按钮。

选择圆弧、圆、直线或 <指定顶点>: //单击直线 D

提示：此时单击一圆弧，就可以标注圆弧的圆心角。

选择第二条直线: //单击直线 E

指定标注弧线位置或 [多行文字(M)/文字(T)/角度(A)]: //移动鼠标定位尺寸线

8.12 引出标注

用多重引线命令，能自动绘制、输入图 8-16 所示的引线和文字。

标注引出标注以前也要先建立引线样式，以控制文字的字体、字高、引出线末端形式等。在室内设计图中，引出线一般采用图 8-16 所示的三种末端形式：箭头、圆点和无符号。这需要建立三种样式，分别用来标注这三种引线。另外，由于引出标注的注释文字中可能有汉字或字母，其样式应当用包括两种字体的“室内设计图文字样式”。

【例 8-12】建立 3 个引线样式，分别取名为“引线样式_末端箭头”、“引线样式_末端圆点”和“引线样式_末端无符号”，用来标注图 8-16 所示的引线。

（1）打开附盘文件“\08\8-16”，文件中有图 8-16 所示的 4 个图形。

下面建立图 8-16a 所示的引线样式，取名为“引线样式_末端箭头”。

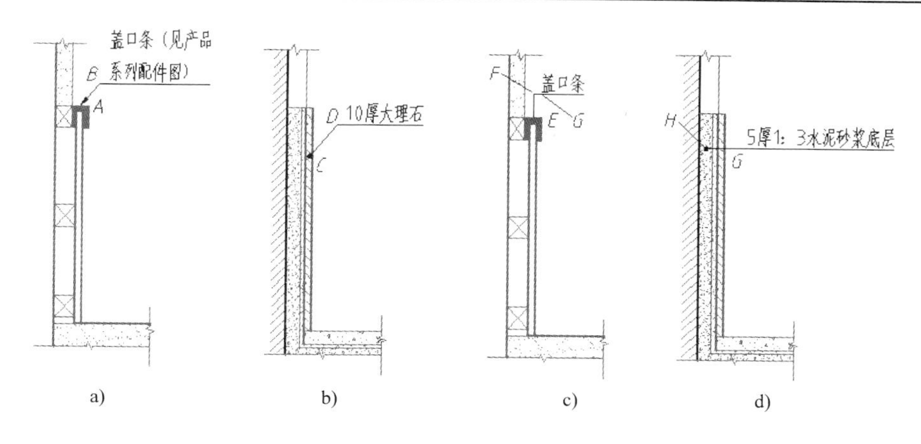

图 8-16　引出标注

（2）在【注释】选项卡中，单击【引线】右边的↘，显示【多重引线样式管理器】对话框，如图 8-17a 所示。

（3）单击【新建(N)...】按钮，显示【创建新多重引线样式】对话框，如图 8-17b 所示。在【新样式名】文本框中输入：引线样式_末端箭头。从【基础样式】下拉列表中选择基础样式，本例保持默认值。

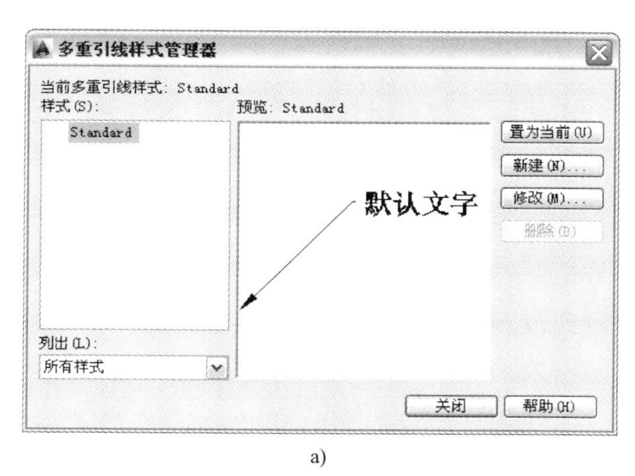

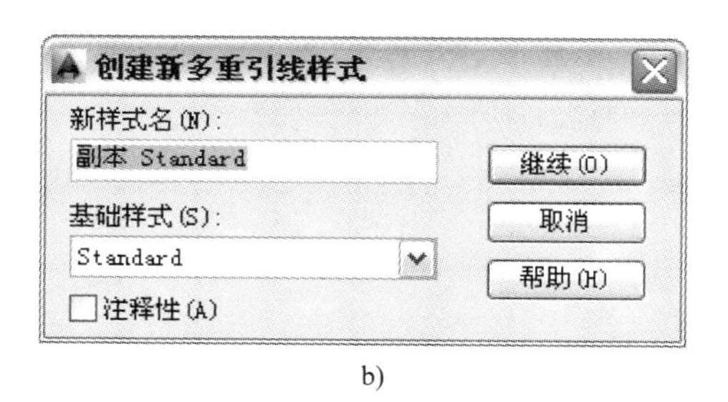

a)　　b)

图 8-17　多重引线样式对话框

（4）单击【继续】按钮，显示【修改多重引线样式】对话框，单击【引线格式】选项卡，使其显示在最前面，如图 8-18 所示。

（5）在【箭头】区，从【符号】下拉列表中选择“实心闭合”；在【大小】文本框中输入：2.5。

（6）单击【引线结构】选项卡，使【引线结构】选项卡显示在最前面，如图 8-19a 所示。

（7）在【约束】区作如下设置：

- 勾选【最大引线点数】选项，在其右边的文本框中输入：2。引线只有两个点。引线点如图 8-19b 所示。
- 使【第一段角度】左边的小方框为空。第一段引线可倾斜任意角度。

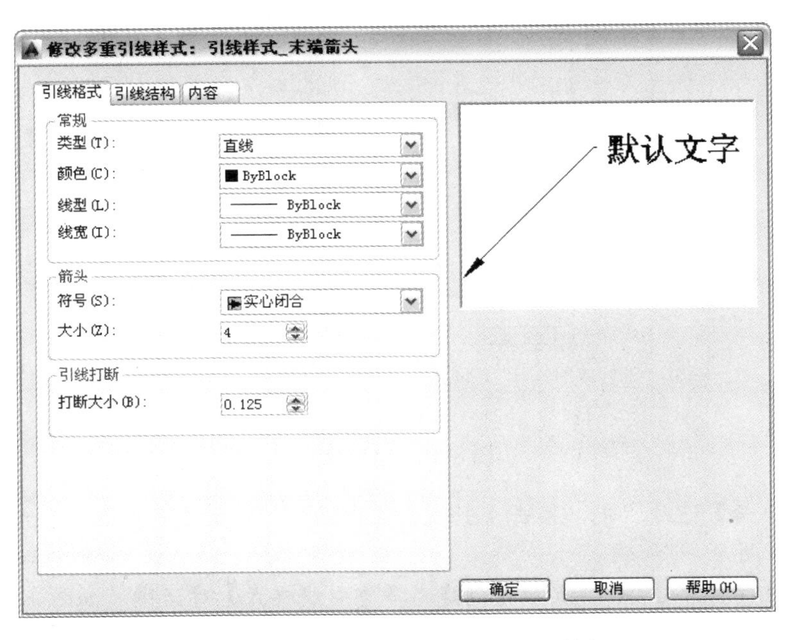

图 8-18 【修改多重引线样式】对话框

● 勾选【第二段角度】选项，在其右边的文本框中输入或选择：90，使引出线的第 2 段只能沿水平或铅垂两个方向绘制。

（8）在【基线设置】区，选中【自动包含基线】，在【设置基线距离】文本框中输入：1。此距离是注释文字起点与引线第 2 点之间的距离，见图 8-19b。

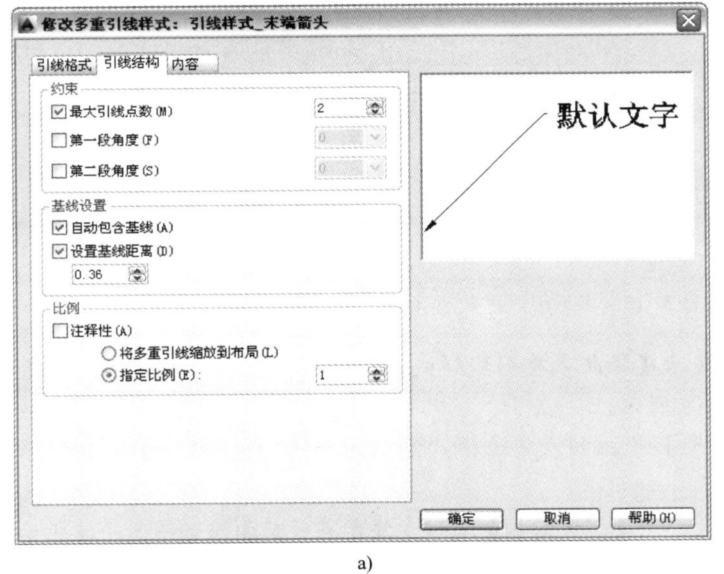

a)

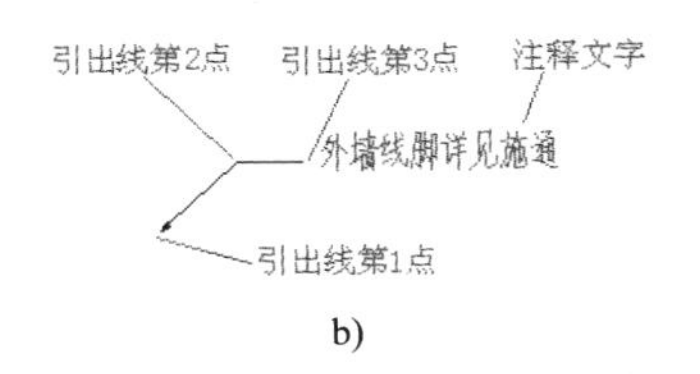

b)

图 8-19 【引线结构】选项卡

（9）在【比例】区，单击选择【指定比例】选项，在其右边的文本框中输入：2.6。

提示：此比例与尺寸样式中的【使用全局比例】作用相同。同时缩放引线样式中的所有选项，包括文字高度、箭头大小等。例如后面将文字高度设置为 5（比尺寸数字大一号），由于此比例的作用，实际标注的文字高度：$5 \times 2.6=13$。

一般可以在样式中将文字高度设置为 5，用此比例调整实际大小，以适应不同的图纸。

（10）单击【内容】选项卡，使【内容】选项卡显示在最前面，如图 8-20 所示。

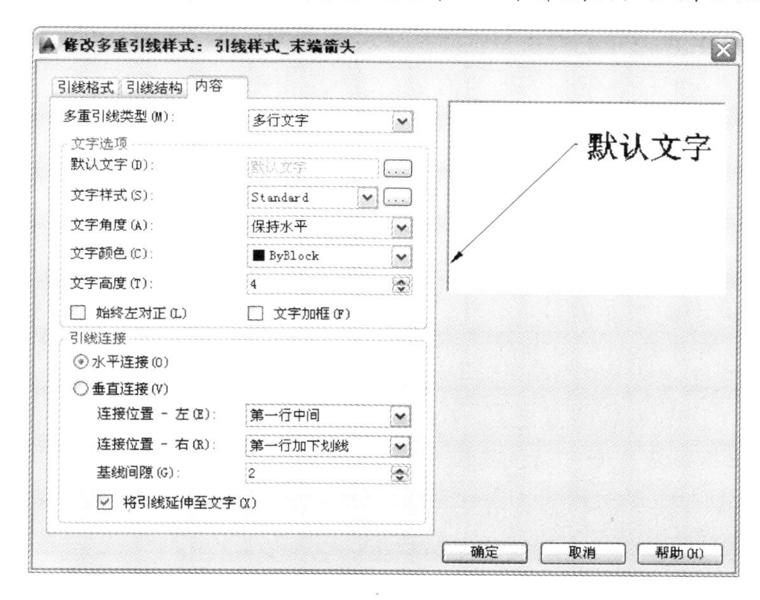

图 8-20 【内容】选项卡

（11）在【文字选项】区，从【文字样式】下拉列表中选择“室内设计图文字样式”，在【文字高度】文本框中输入：5。

（12）在【引线连接】区，从【连接位置-左】、【连接位置-右】下拉列表中都选择“最后一行加下画线”；在【基线间隙】文本框中输入文字到基线的距离：1.5。

（13）单击 确定 ，返回【多重引线样式管理器】对话框，建立完第一个样式。

（14）建立图 8-16b 所示的引线样式：选择刚建立的引线样式为基础样式，取名为“引线样式_末端圆点”。在【引线格式】选项卡的【箭头】区作如下设置：从【符号】下拉列表中选择“点”，在【大小】文本框中输入：1.2。

（15）建立图 8-16c 所示的引线样式：选择刚建立的引线样式为基础样式，取名为“引线样式_末端无符号”，作如下设置。

- 在【引线格式】选项卡的【箭头】区，从【符号】下拉列表中选择“无”。
- 在【引线结构】选项卡的【约束】区，在【最大引线点数】右边的文本框中输入：3；勾选【第一段角度】，在其右边的文本框中输入或选择：90。

（16）单击“引线样式_末端箭头”，依次单击 置为当前(U) 、 关闭 按钮，退出【多重引线样式管理器】对话框。

【例 8-13】接例 8-12。标注图 8-16 所示的引出标注。

（1）用上例设置的当前样式：“引线样式_末端箭头”，标注图 8-16a 所示的引出标注。单击多重引线按钮 多重引线。

指定引线箭头的位置或 [引线基线优先(L)/内容优先(C)/选项(O)] <选项>:
//在 A 点处单击，指定第 1 点
指定引线基线的位置: //在 B 点附近单击，指定第 2 点，输入：盖口条（见产品系列配件图），Enter，在文字外单击。

（2）标注图 8-16b 所示的引出标注。选择当前样式：单击 右边的引线样式下拉列表 引线样… （在多重引线命令按钮的右边），将其展开，单击其中的“引线样式_末端圆点”。单击多重引线按钮，依次在 C、D 点处单击，输入：10 厚大理石，在文字外单击。

提示：标注图 8-16d 所示的引出标注时，需要打开正交工具，依次在 H、G 点附近单击。

（3）标注图 8-16c 所示的引出标注。选择“引线样式_末端无符号”为当前样式，单击多重引线按钮，依次在 E、F、G 点处单击，输入：盖口条，在文字外单击。

提示：例 8-12“引线样式_末端无符号”的【最大引线点数】设置为 3，是为了此处可以输入引出线第 3 点 G，以控制输入的文字在 EF 的左侧还是右侧。

8.13 快速标注

快速标注命令可以用来标注连续型、并列型、基线型尺寸，标注坐标、半径、直径、基准点等。执行该命令的方法是：调用该命令，选择需要标注尺寸的线段，选择相应的尺寸类型，AutoCAD 会自动标注完选择的全部线段的尺寸。由于各种尺寸都有专门的标注命令，特别是许多情况下标注的是两点间的尺寸（参见图 8-21a），并不是某一线段的尺寸，因而在室内设计图中，快速标注命令用得并不多。

【例 8-14】用快速标注命令，标注尺寸，如图 8-21b 所示。

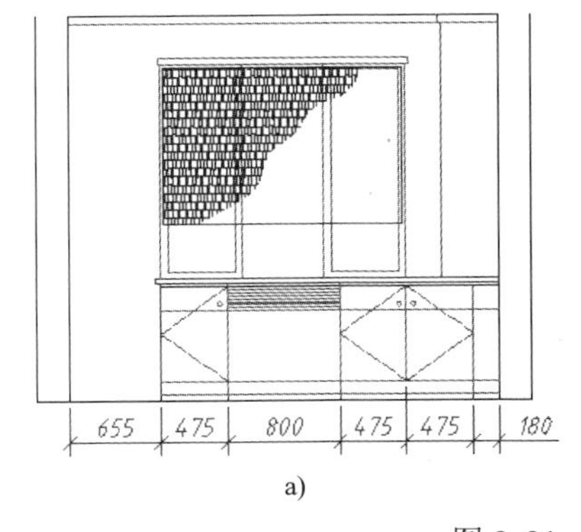

a)

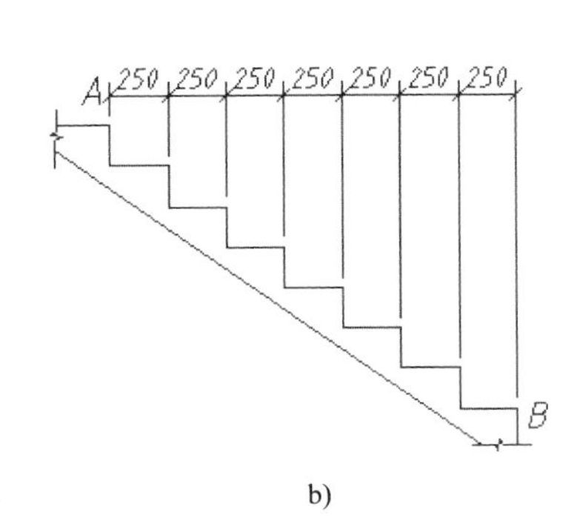

b)

图 8-21 标注尺寸

单击快速标注按钮。

选择要标注的几何图形:　//依次在 A、B 点附近单击，用窗口方式选择要标注的水平线

选择要标注的几何图形:　//单击鼠标右键，结束选择

指定尺寸线位置或 [连续(C)/并列(S)/基线(B)/坐标(O)/半径(R)/直径(D)/基准点(P)/编辑(E)/设置(T)] <连续>:　//移动鼠标到 A 点附近单击，确定尺寸线的位置

8.14　编辑尺寸

对于已经标注的尺寸，可以非常方便地变更尺寸样式、调整位置、改变倾斜角度、修改尺寸数字等。按本书倡导的原则，先选择样式再标注尺寸，可以规范尺寸，减少修改量。但由于实际室内设计图尺寸较多，标注完尺寸以后，一般都需要调整位置和间隔。

8.14.1　更改尺寸样式

标注更新命令，用来更改已标注尺寸的样式。将用其他尺寸样式标注的尺寸，改为当前尺寸样式。命令的调用方法如下：

（1）选择目标尺寸样式为当前样式。

（2）单击标注更新按钮，选择要更改样式的尺寸。

8.14.2　调整尺寸位置

用夹点编辑的方法可以非常快捷地调整尺寸数字、尺寸线的位置、尺寸界线的长度等。

【例 8-15】用夹点编辑，将图 8-22a 所示的尺寸，调整为图 8-22b 所示的形式。

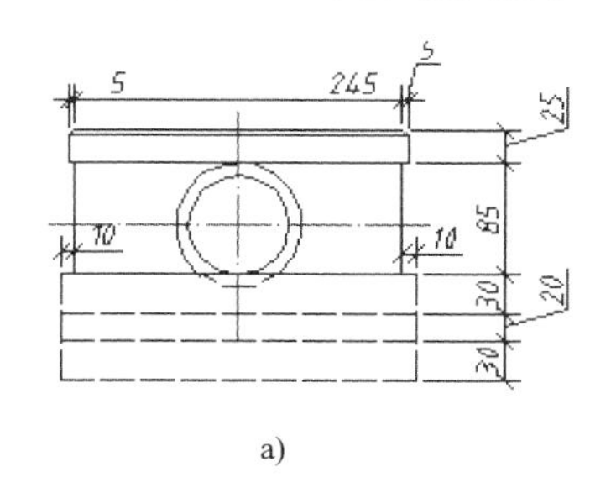

a)

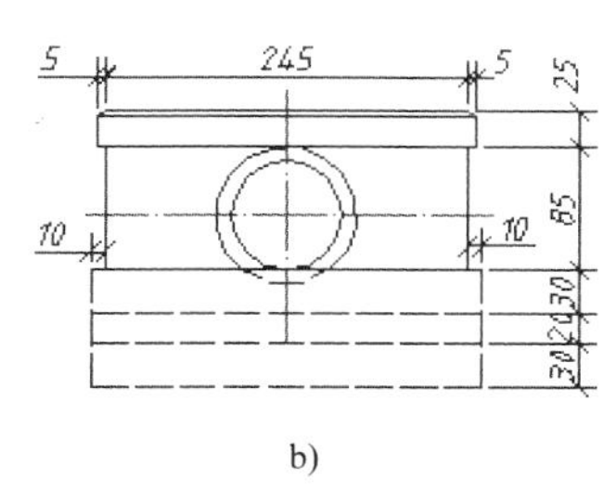

b)

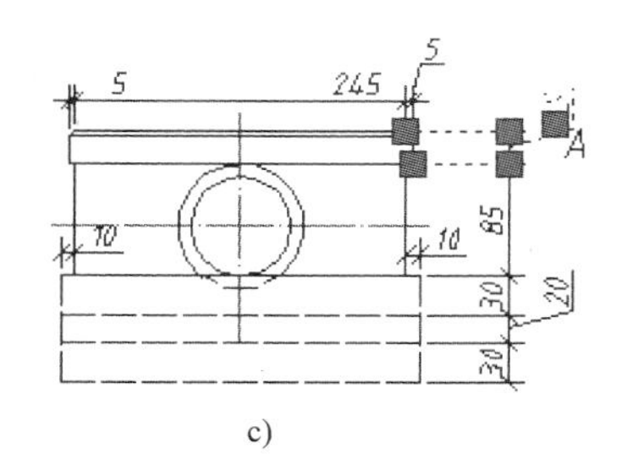

c)

图 8-22　调整尺寸位置

（1）调整右上角的尺寸 25。单击尺寸 25，显示尺寸夹点如图 8-22c 所示，单击尺寸数字上的夹点 A，向左上方移动鼠标（系统动态显示调整结果）到达合适位置后单击。

（2）通过移动尺寸数字上的夹点调整其他尺寸：调整左上角的尺寸 5 时，向左移动鼠标；调整右上角的尺寸 5 时，向右下方移动鼠标；调整左下方的尺寸 10 时，向左移动鼠标；调整右下方的尺寸 20 时，向左下方移动鼠标。

（3）调整上方尺寸 245。在【注释】选项卡中，单击 标注▾ ，展开标注面板，单击居中对正按钮，单击尺寸 245。

在标注折叠工具条中，有几个调整尺寸数字方位和尺寸界线位置的命令按钮，其功能分别如下：

- 居中对正按钮，将尺寸数字移到尺寸线的中间，如图 8-23 a 所示。
- 左对正按钮，将尺寸数字移到尺寸线的左端，如图 8-23b 所示。
- 右对正按钮，将尺寸数字移到尺寸线的右端，如图 8-23 c 所示。
- 文字角度按钮，将尺寸数字旋转一定角度，如图 8-23 d 所示。
- 倾斜按钮，将尺寸界线旋转一定角度，如图 8-23e 所示。

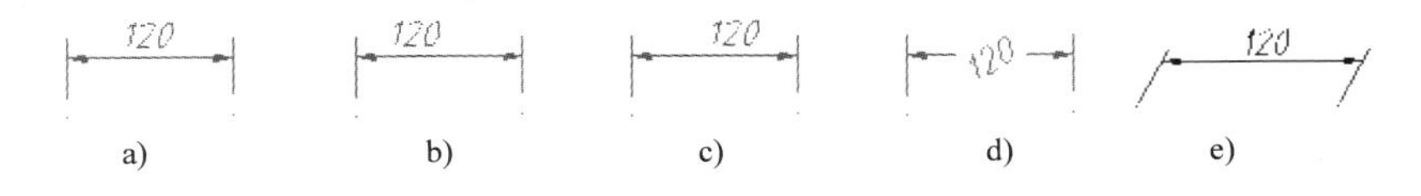

图 8-23　调整尺寸数字方位

【例 8-16】将图 8-24a 中的尺寸界线旋转-30°，变为图 8-24b 所示的形式。

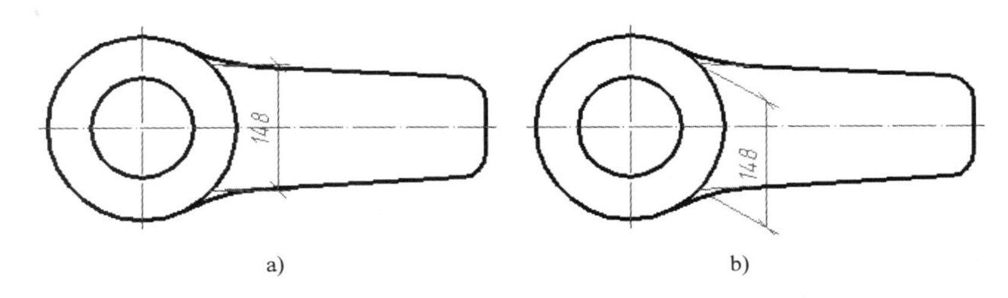

图 8-24　旋转尺寸界线

单击 标注 ▾ ，打开标注工具条，单击倾斜按钮。

　　输入标注编辑类型 [默认(H)/新建(N)/旋转(R)/倾斜(O)] <默认>: _o

从命令提示可以看出，倾斜命令由 AutoCAD 以前版本的编辑标注命令简化而来。该命令自动执行编辑标注命令的【倾斜（O)】选项。

　　选择对象:　　　　　　　　　　　　　//单击要倾斜的尺寸 148
　　选择对象:　　　　　　　　　　　　　//单击鼠标右键，结束选择
　　输入倾斜角度 (按 ENTER 表示无): -30　//输入倾斜角度

8.14.3　编辑尺寸数字

尺寸数字由 AutoCAD 自动测量并填写。只要图形正确，尺寸数字就不会有错。但有如下两种情况，可能需要修改尺寸数字。

- 只有一条尺寸界线的尺寸（见 8.9 节）。该节介绍的标注方法是，用【多行文字(M)】或【文字（T)】选项输入数字。还可以让 AutoCAD 自动填写数字，再用本节介绍的方法修改。
- 尺寸数字有小数位的尺寸。如果在尺寸样式中，将【主单位】选项卡的【精度】设置为“0”(无小数位)，系统按四舍五入将尺寸数字取整数。例如将 6.5 标注为 7。

修改尺寸数字与修改单行文字方法相同：双击要修改的尺寸数字，再单击插入光标，修

改以后，在数字之外单击确认修改。

【例 8-17】接例 8-16，将图 8-24 中的尺寸 148 修改为 168。

双击要修改的尺寸数字“148”，再单击插入光标，删除“148”，输入“168”，在尺寸数字之外单击，确认修改。

8.15　修改实体特性

图样中的图线、文字、尺寸等称为实体。实体特性是指实体所在的图层，实体的颜色、线型、尺寸、位置等。

8.15.1　用特性命令修改对象特性

在【默认】选项卡中，移动鼠标指针指向特性按钮，展开【特性】面板，如图 8-25a 所示。

【特性】面板从上到下依次是【颜色】、【线宽】、【线型】下拉列表，从中可以改变已选择实体的相应特性。为了便于图形管理，建议都保留默认值“ByLayer”（随层），通过图层控制实体特性。

用特性命令修改实体特性的方法是，移动鼠标指针指向特性按钮，展开【特性】面板，单击【特性】右面的↘，显示【特性】对话框。对于不同实体，显示的【特性】对话框不尽相同。例如，先选择一个圆，再调用特性命令，显示的【特性】对话框，如图 8-25b 所示。可以从对话框上面的【图层】下拉列表中，选择圆欲改到的新图层。从下面的【圆心 X 坐标】、【圆心 Y 坐标】、【半径】、【直径】文本框中，修改圆的相应参数。

> **提示：**第 6 章已经将特性、特性匹配（8.15.2 节介绍）两个命令对应的按钮，放到自己创建的【常用】工具条上。可以直接单击按钮调用这两个命令。

a)

b)

c)

图 8-25　【特性】面板

如果先选择一行文字，再调用特性命令，则显示的【特性】对话框，如图 8-25c 所示。可以在其中修改文字的【图层】、【样式】、【对正】、【高度】等特性。如果先选择一个尺寸，再调用特性命令，也显示类似的【特性】对话框，从中修改相应项目。

8.15.2　特性匹配

特性匹配是将一个对象的特性赋予另一个对象。从中提取特性的对象叫源对象，要赋予提取特性的对象叫目标对象。可以复制的特性一般有图层、颜色、线型、线宽、线型比例等。可以匹配的对象特性因源对象、目标对象的不同有所变化。

例如，偏移命令是使用频率极高的命令。在绘图过程中，经常使用偏移命令生成平行线或同心结构。有两种方法可以控制偏移生成图线的特性，①用偏移命令的默认设置，使生成的图线继承源对象的图层、颜色、线型、线宽等特性，用特性或特性匹配命令修改偏移生成图线的特性。②通过选择当前层，将图线偏移到当前层，以控制图线特性。这需要两次变换当前层。绘制少量的虚线、点画线，用第①种方法效率更高。例如，在图 8-26a 中，转向轮廓线 B、C 分别由 A、D 偏移生成，B、C 将继承 A、D 的特性，是粗实线，但实际要求是虚线。下面用特性匹配命令，将其变为虚线。

【例 8-18】用特性匹配命令，将图 8-26a 调整为 8-26b。

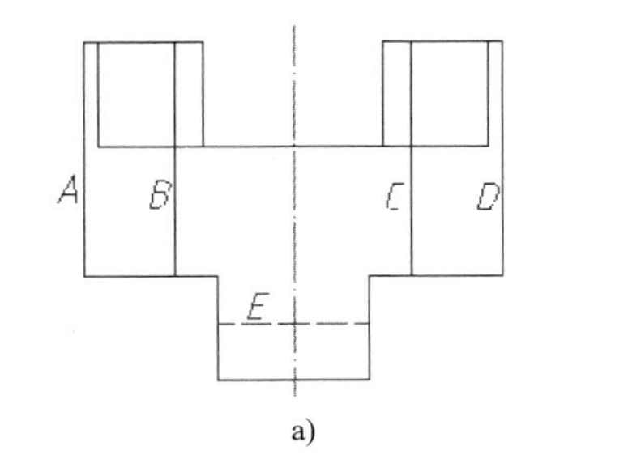

a)

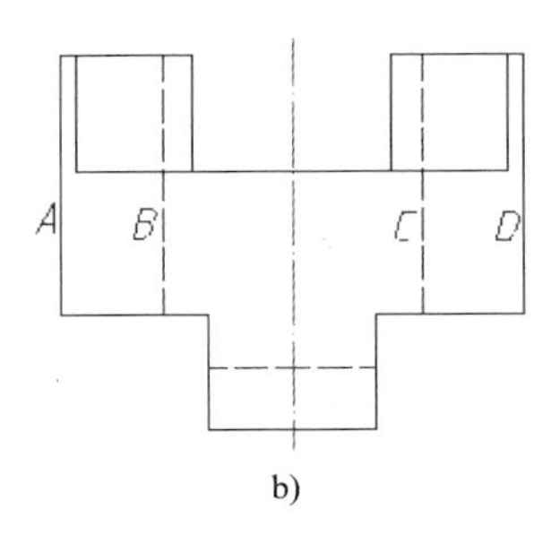

b)

图 8-26　修改特性应用例图

移动鼠标指针指向 剪贴板，展开【剪贴板】面板，单击其中的特性匹配按钮。

选择源对象:　　　　　　　　　　　　　　　　//单击虚线 E
当前活动设置: 颜色 图层 线型 线型比例 线宽 透明度 厚度 打印样式 标注 文字 图案填充 多段线 视口 表格材质 阴影显示 多重引线 //当前可以匹配的特性
选择目标对象或 [设置(S)]:　//此时光标变为，用小方框单击直线 B、C
选择目标对象或 [设置(S)]: Enter

8.16　小结

标注尺寸需要经常建立新尺寸样式，修改已有的样式，设置当前样式等，这些操作都在【标注样式管理器】对话框中进行。由于尺寸样式内容非常多，为了便于读者学习和掌握有关内容，本章按提出问题、解决问题的方式，将这些内容按照它们的用途分为几组，放于多节中进行介绍。学习完本章以后，应进行适当的总结和概括，以便更系统地理解和把握有关内容。

本章介绍了学习 AutoCAD 的两种“在线”学习方法：一，通过观察【标注样式管理器】对话框中的例图的变化，学习对话框内各选项的功能；二，AutoCAD 大多数对话框有一个【帮助(H)】按钮，单击此按钮，显示该对话框中各选项的帮助信息。

标注尺寸，用得最多的是线性标注命令，可以用来标注线性尺寸，在非圆视图上标注直径等。本章建立了多种尺寸样式，可以直接应用到工作中，满足实际需要。

8.17　习题与作图要点

1．判断下列各命题，正确的在（）内画上“√”，不正确的在（）内画上“×”。

（1）标注尺寸前要先建立尺寸样式。本章建立的“直径、半径尺寸样式”可以用来标注角度尺寸。（　　）

（2）改变了尺寸样式的某一设置，对话框右上角的图例实时显示相应的修改结果。（　　）

（3）尺寸样式的默认设置的【小数分隔符】是逗号。（　　）

（4）对齐标注命令只能标注倾斜尺寸。（　　）

（5）一般来说标注两点之间的水平距离，用线性标注命令比对齐标注命令更有效。（　　）

（6）在非圆视图上，用线性标注命令标注直径尺寸。（　　）

（7）只有一条尺寸界线的尺寸，是隐藏了一条尺寸界线、一半的尺寸线。（　　）

（8）用多重引线命令标注引线之前，要先建立引线样式。室内设计图中常用三种引线样式。（　　）

（9）用夹点编辑的方法，可以非常快捷地调整尺寸数字位置、尺寸线的位置、尺寸界线的长度。（　　）

2．简答题。

（1）什么样的尺寸称为线性尺寸？本章介绍了哪两种标注线性尺寸的方法？

（2）说明对齐型尺寸的特点。

（3）基线型尺寸有何特点？如何标注其中的第一个尺寸？如何修改基线型尺寸线之间的距离？

（4）连续型尺寸有何特点？如何标注这种尺寸？

（5）说明只有一条尺寸界线的尺寸的特点。本章介绍了哪两种标注方法？标注时应注意什么问题？

（6）按标注方法的不同，本章将直径尺寸分为哪两种形式？用哪两种方法可以在非圆视图上标注直径尺寸？简述这两种标注方法的特点。

（7）中心线的默认标注形式是什么？如何修改中心线的标注形式？

（8）与线性尺寸相比，角度尺寸有何特点？本章为什么要专门建立一个用于标注角度尺寸的尺寸样式？

（9）何谓引出标注？如何设置引出标注的样式？

（10）分析 8.15 节介绍的两个编辑实体特性命令的特点，简述它们各自的主要用途。

（11）简述建立尺寸样式的要点。分析本章建立的尺寸样式，举例说明建立新样式和修改已有样式的原因。

3．打开附盘文件 dwg\08\8-27，建立所需样式，参考图 8-27，标注尺寸和工程做法。

标注要点提示：

（1）打开附盘文件，建立文字样式取名为“室内设计图文字样式”，包括 gbeitc.shx 和 gbcbig.shx 两种字体。至少建立两个尺寸样式，分别用来标注线性尺寸、半径和角度尺寸。建立尺寸样式：室内设计图尺寸样式、角度尺寸样式、直径和半径尺寸样式。

（2）参考本章相关例题标注尺寸。

（3）标注工程做法：用第 7 章介绍的单行文字或多行文字命令输入文字，用正交工具和直线命令画引出线。

4．打开附盘文件 dwg\08\8-28，建立所需样式，参考图 8-28，标注尺寸。

标注要点：

（1）建立尺寸样式：室内设计图尺寸样式、直径和半径尺寸样式、非圆视图上标注直径尺寸样式、只有一条尺寸界线的尺寸样式。建立如下引线样式：引线样式_末端无符号。

（2）参考本章相关例题标注尺寸。

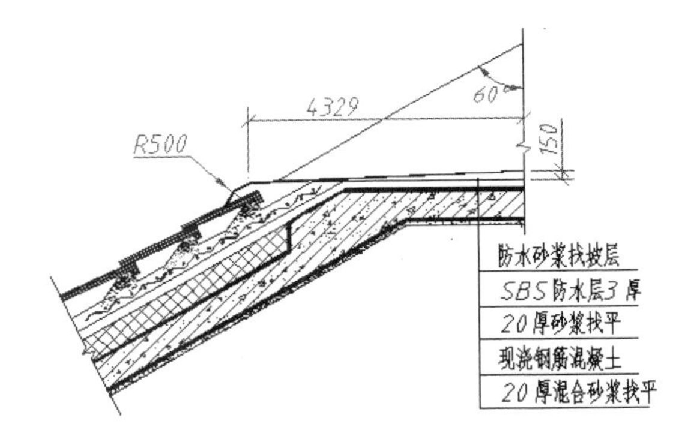

图 8-27 标注尺寸和工程做法

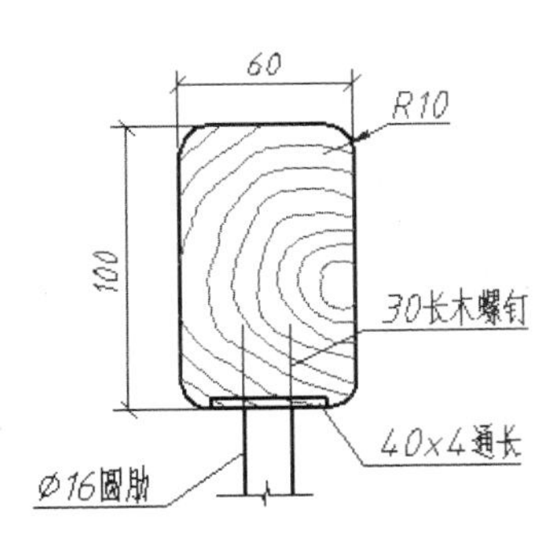

图 8-28 标注尺寸

第 9 章　图块与动态图块

创建图块是绘制相同结构、标注标高的一种有效方法。在室内设计图中有许多相对不变的构件，例如门、窗、阳台、洁具、风玫瑰等，都可以创建为图块或图块文件，作为共享资源，在需要时以任意大小、任意倾角插入到图形中。插入到图中的图块，只需新创建一个同名的图块，凡用到此图块的地方都自动更换为新图块。用户还可以通过创建图块属性，在插入图块时同时输入文字信息，用来标注标高等。特别是 AutoCAD 2006 及以后版本提供的动态块功能，可以对图块进行参数化修改，真正实现一块多用。

图 9-1a 所示的图形都是可以创建为图块的典型图例。本章先以标注标高、详图索引标志、局部剖面图的索引标志和详图标志为例，介绍图块和图块属性的有关知识，然后以绘制门、窗、桌椅等图块为例，介绍图块和动态图块的应用及相关知识。

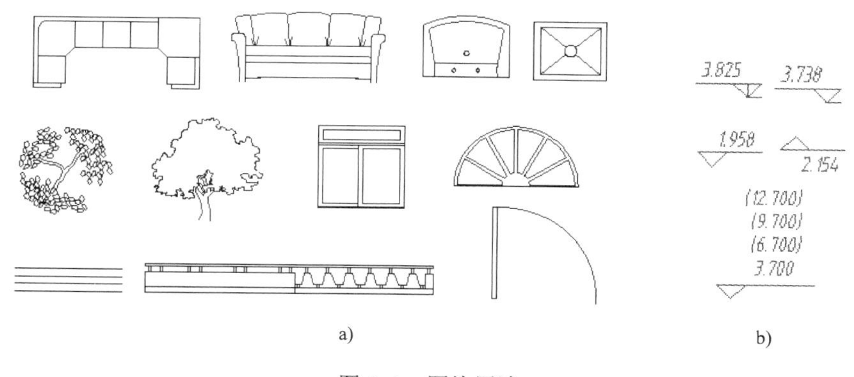

图 9-1　图块用途

9.1　创建图块

创建图块就是将选择的图形定义为图块，创建图块用到如下两个概念。

- 图块名：最多可以用 255 个字符、127 个汉字。建议用户给图块起一个有一定含义的名字，便于记忆和调用。
- 插入基准点：在创建图块时，由用户任意指定图块上的一点作为基准点。以后插入图块时，AutoCAD 要求用户指定一点作为插入点。基准点与插入点重合。

提示： 虽然 AutoCAD 允许用户将基准点定义在任意位置，但基准点是插入图块的定位点，因而用户应当指定一个在插入图块时，真正用来确定图块位置的点作为基准点。

【例 9-1】将图 9-2 所示的标高符号定义为图块。

标高符号为等腰直角三角形，高度约为 3mm，考虑到室内设计图多以 1∶100 的比例打印出图，可以按图 9-3 所示的方法，画一个高为 300 的标高符号。打开正交工具，用直线命令画图 9-3a，直角边的长度为 300，目测位置单击输入 A 的长度。将图 9-3a 镜像为图 9-3b。捕捉 B 点，单击输入 C 点画 BC，BC 的长度要略长于标高数值的长度（字数×字高为 300×0.7）。删除铅垂线 D。

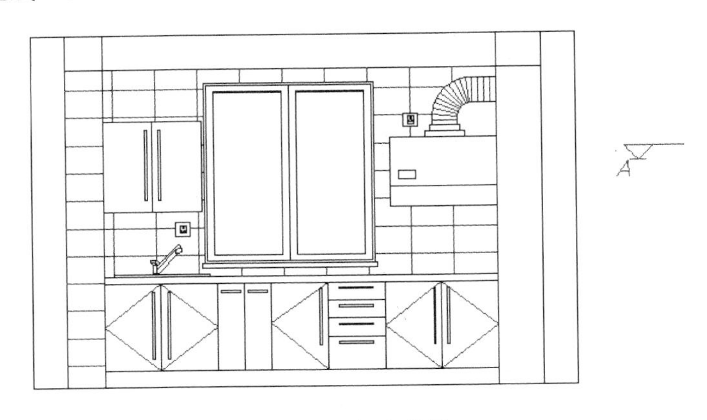

图 9-2　标高符号

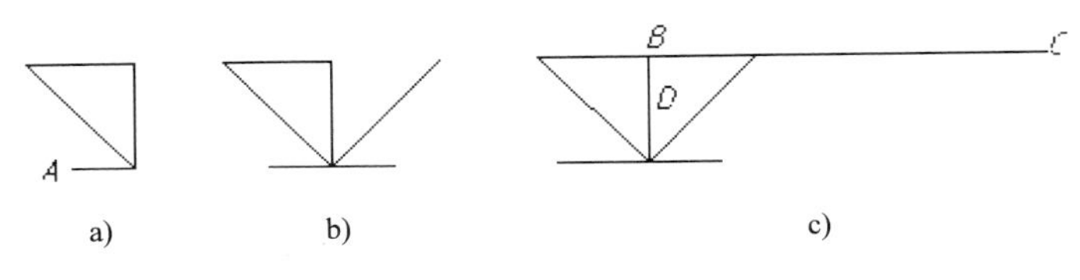

图 9-3　画标注符号

下面将标高符号定义为图块。

（1）打开附盘文件“\09\02.dwg”，图形如图 9-2 所示。

（2）单击创建块按钮，显示【块定义】对话框，如图 9-4 所示。

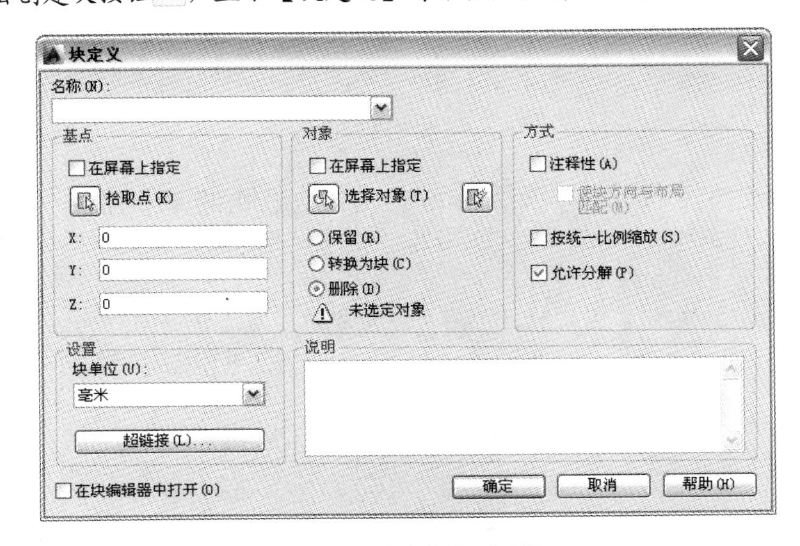

图 9-4 【块定义】对话框

（3）在【名称】文本框中输入图块名称“标高”。

（4）单击选择对象按钮，暂时隐去【块定义】对话框，用窗口方式选择整个标高符号，单击鼠标右键结束选择。

（5）选择完对象以后，返回【块定义】对话框。单击拾取点按钮，再次隐去【块定义】对话框，捕捉 A 点作为图块的插入基点。

由于基点是插入图块时的定位点，图块插入后基点与插入点重合，应当指定一个在插入图块时用来定位的点作为基点。

（6）指定插入基点以后，系统返回【块定义】对话框，并在【基点】区显示基点的坐标值。

（7）单击 确定 按钮，退出【块定义】对话框，完成图块定义。

如果在【块定义】对话框中选中【删除】，定义完图块以后，被定义为图块的图形被删除。上面用的是默认设置，如果没有选中【删除】，定义完图块以后屏幕上没有任何变化，但图形中已经有了刚定义的图块，此时单击标高符号，将选中整个符号，也说明 AutoCAD 是将图块中的所有图线作为一个整体。

提示：用上述方法定义的图块，只能在图块所在的图形文件中调用。后面介绍的图块文件，可在其他图形文件中调用图块。本章后面的例题要用前面例题的操作结果，请及时存盘。

9.2　插入图块

插入图块以后，插入层与图块中的图线所在层的关系如下：

- 图块中画在 0 层上的图形元素继承插入层的线型和颜色，即图线特性由当前层决定。
- 图块中不在 0 层上的图线，插入后每一图线都在原图层上。如果插入图块的图形文件中没有同名图层，将自动建立图层，并保持原线型、颜色等全部图层特性不变，与当前层无关。

【例 9-2】接例 9-1。将例 9-1 定义的图块插入到图 9-5 所示的 3 个位置。

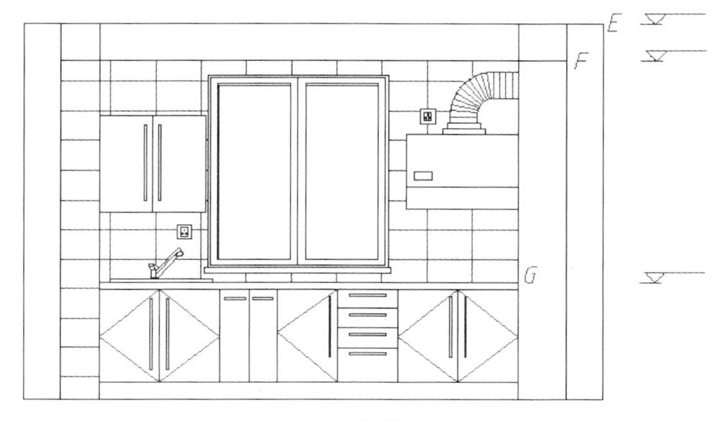

图 9-5　插入图块应用例图

（1）接例 9-1。设置并打开自动对象捕捉，包括最近点等捕捉方式，使“细实线”层为当前层。

（2）单击插入块按钮，显示【插入】对话框，如图 9-6 所示。

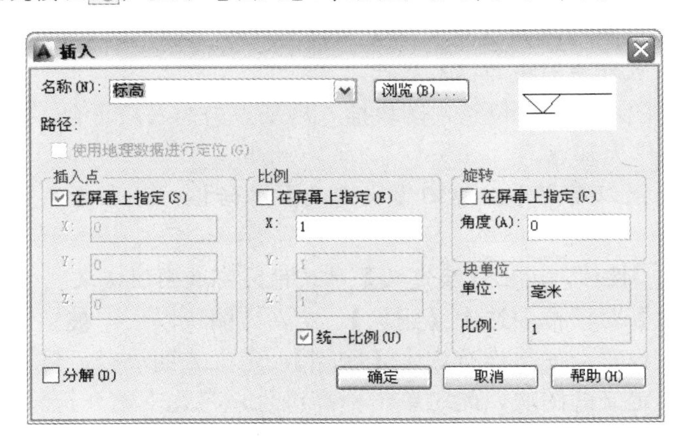

图 9-6 【插入】对话框

（3）从【名称】下拉列表中选择要插入的图块“标高”。

（4）在【比例】区的【X】文本框中输入 X 方向的缩放比例。本例为“1”。

（5）在【比例】区的【Y】文本框中输入 Y 方向的缩放比例。本例为“1”。

（6）在【角度】文本框中输入图块旋转的角度。本例为 0。

其他选项的功能为：

- 【同一比例】：选中该选项，使其左边的方框中出现“√”，只需要输入 X 方向的缩放比例，其他方向自动使用相同的比例。
- 【分解】：与分解命令的效果相同，将插入的图块分解为图线，以便修改其中的图线。

（7）单击 确定 按钮，退出【插入】对话框。根据命令提示，输入有关参数。

指定插入点或 [基点(B)/比例(S)/旋转(R)]: //捕捉交点 E（见图 9-5）

（8）用同样方法插入 F、G（见图 9-5）两点处的标高符号，如图 9-7 所示。

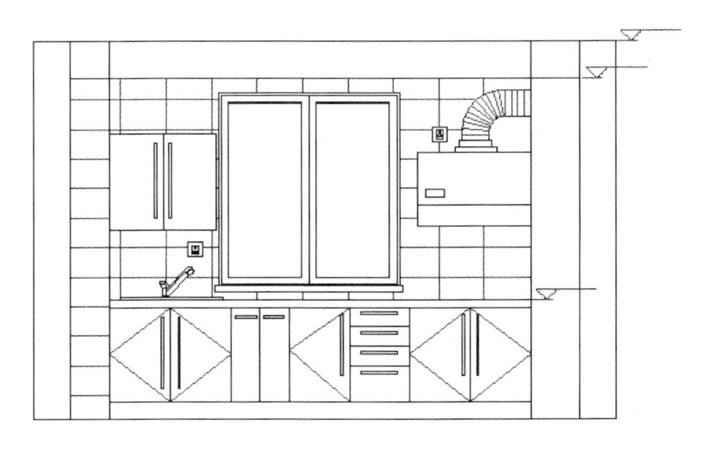

图 9-7 插入标高符号

（9）打开正交工具，将标高符号移到图 9-5 所示的位置。

9.3　图块属性

用户可以用如下两种方法输入标高值。

- 插入标高符号以后，用单行文字命令输入标高值。用这种方法输入文字时，需要用户指定文字的起点，不便控制文字与符号的相对位置。
- 将标高创建为带属性的图块，在插入带属性的图块时输入标高值。该方法由 AutoCAD 控制文字起点。

图块属性是指图块附带的文字信息。插入带属性的图块时，可以同时输入文字信息。对于经常使用的标高符号，最好定义为带属性的图块。

9.3.1　创建图块属性

【例 9-3】接例 9-2。定义标高图块的属性，使其达到如下效果：

- 在标高符号上显示标记 EL，形式为 。EL 代表标高值的填写位置。插入包括该属性的图块时，输入值将代替该标记。
- 在插入标高时显示提示“输入标高值”，提示用户输入标高值。
- 标高的默认值为 0.000。

这 3 项分别对应于图块的 3 个属性：标记、提示、值。

下面定义图块属性。

（1）接例 9-2。从图 9-7 中复制出一个标高符号。单击【块 ▾】，展开块面板，单击其中的定义属性按钮 ，显示【属性定义】对话框，如图 9-8 所示。

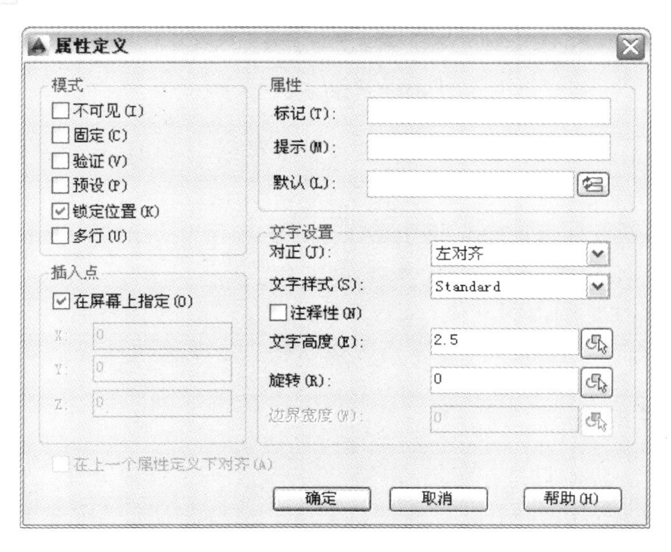

图 9-8 【属性定义】对话框

（2）在【属性】区输入各属性值。在【标记】文本框中输入：EL；在【提示】文本框中输入：标高值；在【默认】文本框中输入：0.000。

（3）在【文字设置】区设置文字选项。本例作如下设置：

从【对正】下拉列表中选择属性文字相对于插入点的排列方式。本例选择“左对齐”。

从【文字样式】下拉列表中选择文字样式。本例选择“室内设计图文字样式”。

在【文字高度】文本框中输入文字高度“100”。

使【旋转】文本框中保留“0”。

说明：上面的两个数值，可以单击选项右边的按钮，通过在屏幕上指定两点，由系统自动测定。

（4）在【插入点】区选择【在屏幕上指定】，即在屏幕上单击或捕捉一点指定插入点。插入点即属性文字排列的起点。上面已经设置为左对齐，插入点应取在图 9-9a 所示的 B 点附近，以该点为输入文字的左下角点。

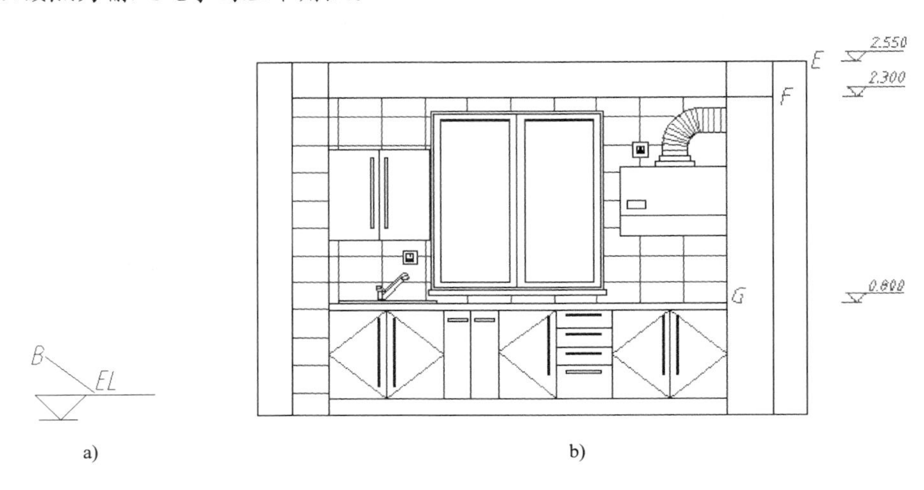

图 9-9　属性文字插入点

（5）单击 确定 按钮，退出【属性定义】对话框，在 B 点处单击指定插入点，完成属性设置。

图 9-8 所示的【属性定义】对话框中的【模式】区中，其主要选项的功能如下。

- 不可见：选中该项后，插入块不显示属性值。
- 固定：设置属性是否为固定值。
- 验证：插入块时，AutoCAD 提示用户确认输入的属性值是否正确。

9.3.2　定义带属性的块

在上面的操作中，我们只是在标高符号附近定义了一个标记为 EL 的属性，并没有指定该属性属于哪一个块。要达到例 9-3 所述的要求，需要将属性和标高符号定义为一个新图块。请读者按例 9-1 介绍的方法，将标高符号和属性标签 EL 定义为一个图块，取名为“标高 1”，仍然捕捉 A 点作为图块的基点。

9.3.3　插入带属性的图块

我们已经定义了一个带属性的图块“标高 1”，插入带属性的图块的操作过程，与一般的图块的操作不同之处是在最后提示输入属性值。

【例 9-4】接例 9-3。利用已定义的图块“标高 1”，标注图 9-9b 所示的标高。

插入 E 点处的标高符号。

（1）接例 9-3。删除例 9-2 中插入的图块。单击插入图块命令按钮，显示【插入】对话框。

（2）从【名称】下拉列表中选择“标高 1”，单击 确定 ，退出对话框。根据命令对话的提示，输入有关参数。

指定插入点或 [基点(B)/比例(S)/X/Y/Z/旋转(R)]:　　　//捕捉 E 点
输入属性值
输入标高值：<0.000>:2.550　　　//输入 E 点的标高值

“输入标高值”是前面定义的“提示”属性。“0.000”是前面定义的属性默认值。

（3）用同样的方法插入其他各点的标高符号、输入标高值，并将它们移到适当的位置。

9.4　标注其他符号

标高符号还有图 9-10 所示的几种形式。将这些标高符号分别定义为带属性的图块时，应注意如下几点：

- 绘制图块符号时，长横线的长度可以通过字宽 × 字数确定，也可以试做几次确定。
- 定义标高值分别为 3.825、3.738、3.605、2.067 所示的标高符号的图块时，从【对正】下拉列表中选择属性文字的对正方式为“右对齐”，插入点在文字的右下角。
- 最右边的标高符号应定义多个属性，该图块的文字【对正】方式为“中下”。

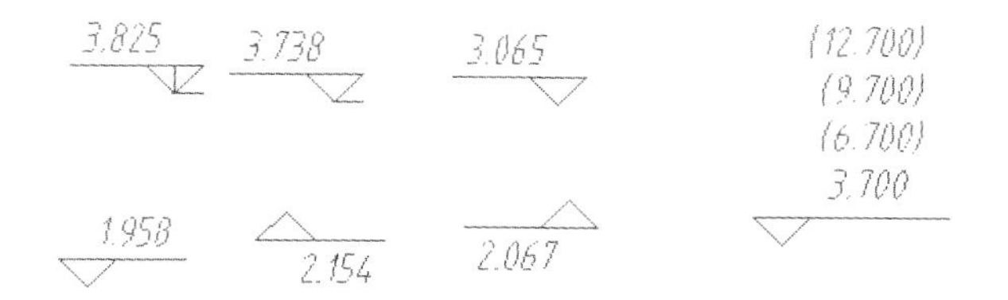

图 9-10　标高符号

【例 9-5】接例 9-4。定义图 9-11b 所示的带有 4 个属性的图块，插入图 9-11a 所示的标高。

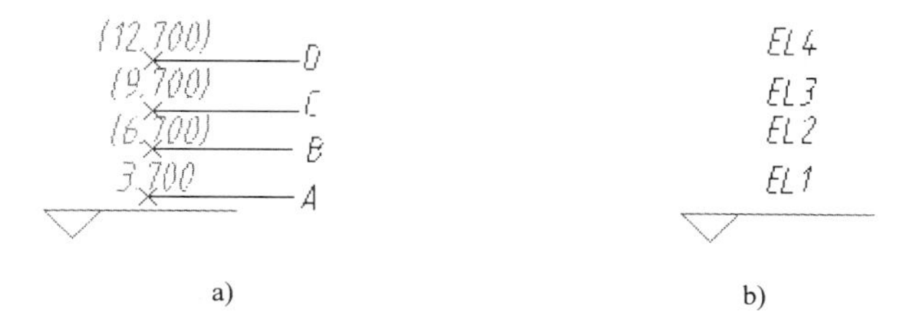

图 9-11　多个标高值的标高符号

（1）绘制图 9-11 所示的标高符号，定义为图块。

（2）分别创建图 9-11b 所示的 4 个属性，标记分别为 EL1、EL2、EL3、EL4；在【提示】文本框中分别输入“输入标高值 1:”、“输入标高值 2:”、“输入标高值 3:”“输入标高值 4:”；【值】文本框中不输入内容，不设置默认值；从【对正】下拉列表中选择属性文字对正方式“中下”，基点分别为 A、B、C、D。

（3）将标高符号与 4 个属性标签定义为一个图块，取名为“多值标高符号”。

（4）插入标高符号。调用插入图块命令，选择图块“多值标高符号”，退出【插入】对话框以后，根据命令提示输入标高参数。

定插入点或 [基点(B)/比例(S)/X/Y/Z/旋转(R)]:	//在屏幕适当位置单击
输入标高值 4: (12.700)	//输入标高值
输入标高值 3: (9.700)	//输入标高值
输入标高值 2: (6.700)	//输入标高值
输入标高值 1: (3.700)	//输入标高值

图 9-12 所示的详图索引标志、局部剖面图的索引标志、详图标志等都可以创建为有属性的图块。

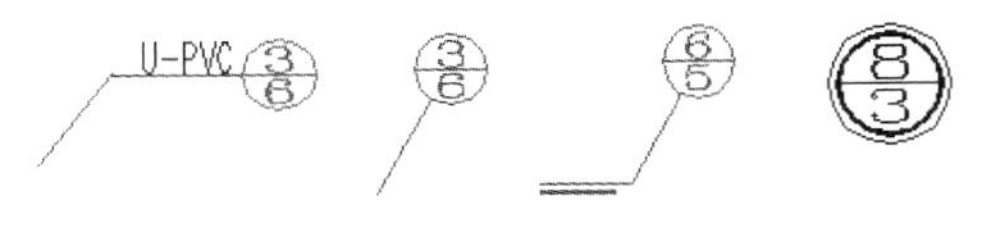

图 9-12　标志符号

9.5　修改图块名称

创建了多个图块以后，可以按便于记忆和调用的原则统一命名。用户可以用 Rename 命令完成重命名，方法如下。

（1）接例 9-5。从键盘上输入命令：rename（或 REN），显示【重命名】对话框，如图 9-13a 所示。

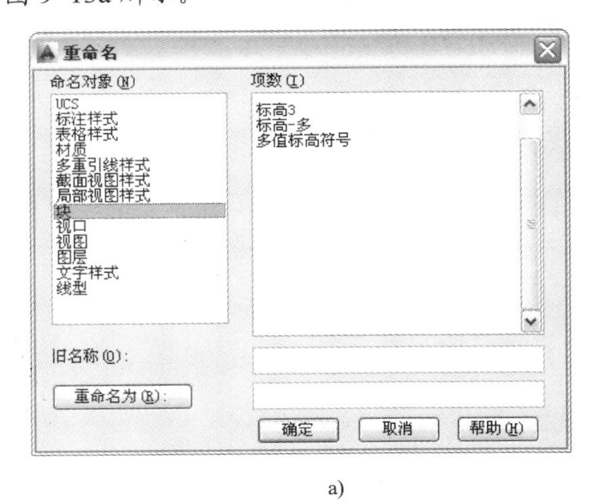

a)

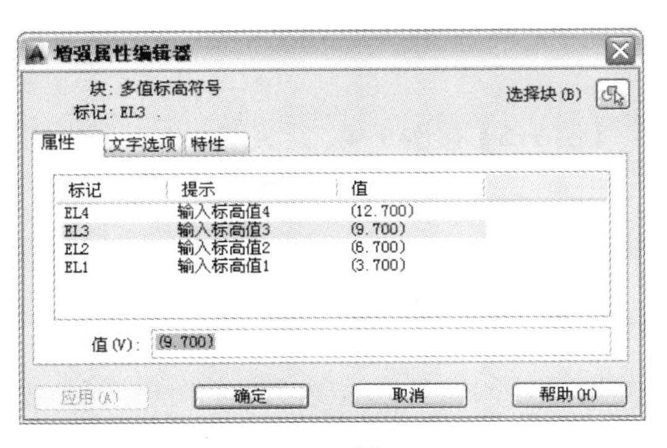

b)

图 9-13　【重命名】对话框和【增强属性编辑器】对话框

提示:【命名对象】列表框中，列出了可以用 rename 命令修改名称的对象种类。

（2）单击【命名对象】列表框中的“块”选项，在【项数】列表框中显示已经定义的图块名称。单击要改名的图块，例如“标高 3”，图块原名“标高 3”自动显示在【旧名称】文本框中。在 重命名为(R): 右边的文本框中输入新名称“标高”，单击 重命名为(R): ，完成名称修改。

9.6　修改属性值

如果在标注标高时输入了错误的数值，或由于其他原因需要修改标高值，都需要用编辑属性命令进行修改，方法如下。

（1）接例 9-5。双击要修改的标高符号（或依次单击 块 ▾ 、 按钮，单击要修改的标高符号），显示【增强属性编辑器】对话框，如图 9-13b 所示。

（2）单击要修改的属性，例如“EL2”，在【值】右边的对话框中输入新值。

（3）单击【文字选项】，使其显示在最前面，如图 9-14a 所示。在其中修改文字样式、字高、倾斜角度等。

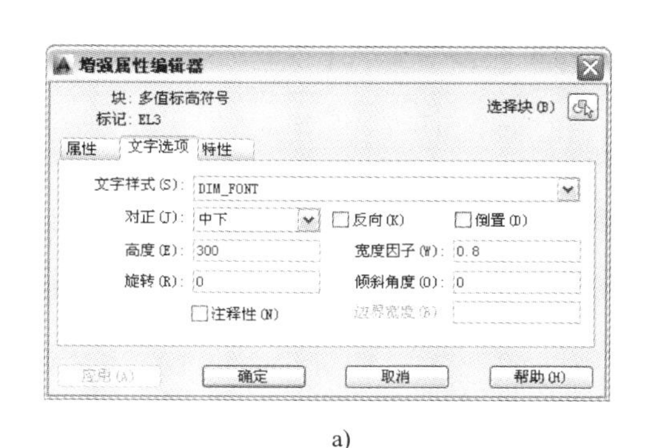

a)

b)

图 9-14 【增强属性编辑器】、【写块】对话框

（4）修改完以后，单击 确定 ，退出对话框。

9.7　创建图块文件

用上述方法创建的图块，只能插入到创建图块时所在的图形文件中。要使创建的图块成为共享资源，可以插入到任意图形文件中。需要按下面介绍的方法，将图块或选择的图形创建为图块文件。

（1）打开附盘文件“dwg \09\标题栏.dwg”，其中有第 7 章例 7-8 创建的标题栏。

（2）从键盘上输入命令“wblock”（简化形式是“w”），系统显示【写块】对话框，如 9-14b 所示。

从对话框中可以看出，已经定义的图块，没有定义为图块的部分图形或全部图形，都可以定义为图块文件。

（3）选择【对象】，单击拾取点按钮，捕捉表格右下角点指定为插入基点。

（4）单击选择对象按钮，选择附盘文件中的标题栏。单击按钮，显示【浏览图形文件】对话框。选择要存放图块文件的文件夹，在【文件名】文本框中输入文件名称，依次单击 保存(S) 、 确定 ，完成图块文件定义。

（5）插入图块文件。打开一个新的图形文件，在【插入】对话框中，单击 浏览(B)... ，选择以前保存的图块文件，其他操作与插入普通图块相同。

9.8　画木纹

由于 AutoCAD 没有提供木材的填充图案，笔者使用下面的方法画木纹图案。读者可以参照使用，也可以在绘图实践中总结出自己的一套作图方法。

（1）用样条曲线命令画图 9-15a 所示的曲线，将其定义为图块文件，或用附盘中的图块文件：\dwg\09\木纹.dwg”做下面的练习。

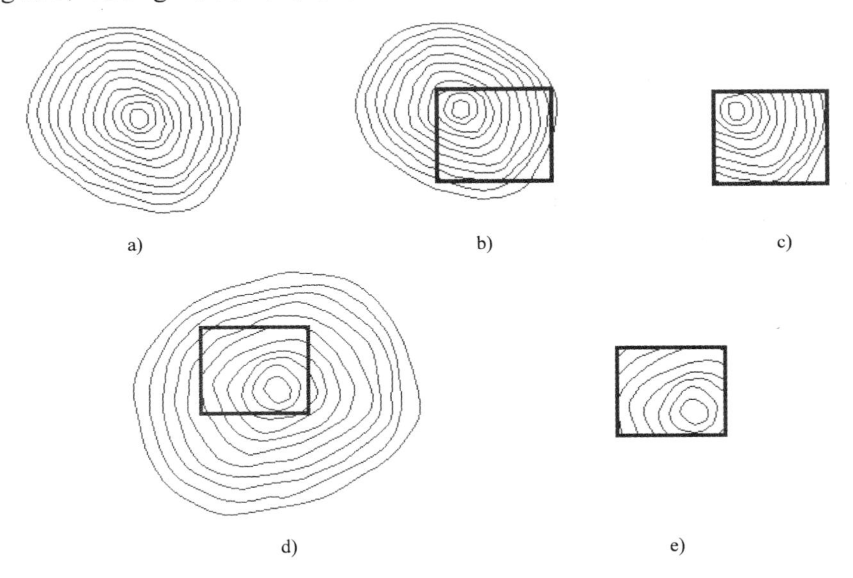

图 9-15　画封闭样条曲线

（2）画一个适当大小的矩形，插入上述图块文件。如果插入点在矩形的左上角、缩放比例为 1、不旋转，结果如图 9-15b 所示；如果插入点在矩形右下角、缩放比例为 1.5、旋转为 45°，结果如图 9-15d 所示。

（3）分解插入的图块。以矩形为修剪边界，修剪样条曲线：将图 9-15b 修剪为图 9-15c，将图 9-15d 修剪为图 9-15e。

> **说明：**如果选择在屏幕上指定缩放比例和旋转角度，插入图块时可以通过移动鼠标动态调整这两个参数，实时观察插入木纹图例的形状。

9.9　用图块绘制门窗

将平面图中的门窗定义为图块，需要时插入图中，这是一种非常有效的绘图方法。下面用创建图块、插入图块的方法，绘制第 6 章图 6-1 所示的门窗图例，完成该图。

【例 9-6】将图 9-16 所示的门、窗定义为图块。

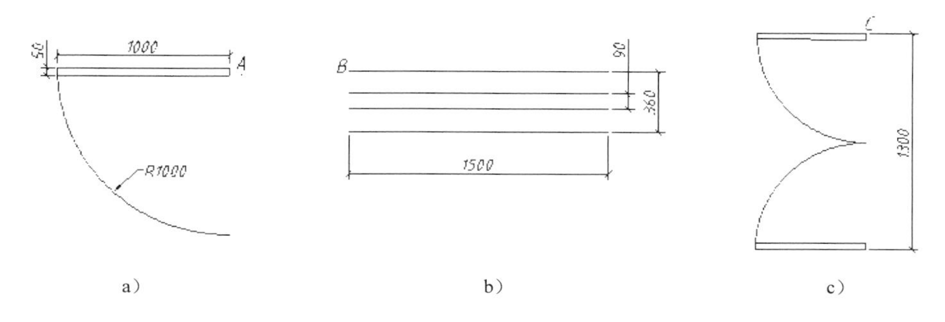

a)　　b)　　c)

图 9-16　定义门、窗图块

（1）打开附盘文件“dwg\09\9-17.dwg”，如图 9-17 所示。

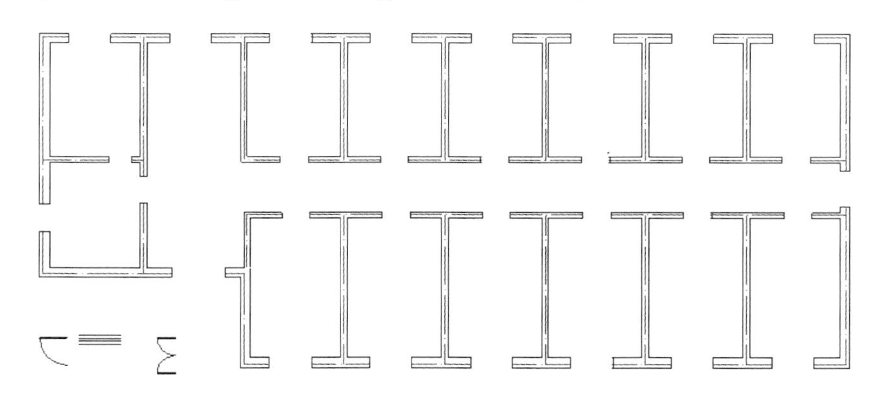

图 9-17　创建图块

下面将文件中的门图例定义为图块。

（2）单击创建图块按钮，在【块名】文本框中输入块名“M3”（用门的编号为名称）。单击拾取点按钮，捕捉 A 点（见图 9-16a）作为图块的基准点。系统返回【块定义】对话框。单击选择对象按钮，选择图 9-16a 所示的门图例。单击 确定 按钮，完成图块定义。

（3）用同样的方法，将另一个门图例（见图 9-16c）定义为图块，取名为“M1”，C 点为基点；将窗图例（见图 9-16b）定义为图块，取名为“C1”，B 点为基点。

9.10 节还要将这 3 个图块定义为动态图块，以形成不同尺寸、不同倾角的门窗图例。

【例 9-7】接例 9-6。插入门、窗图块，将图 9-17 画为图 9-18。

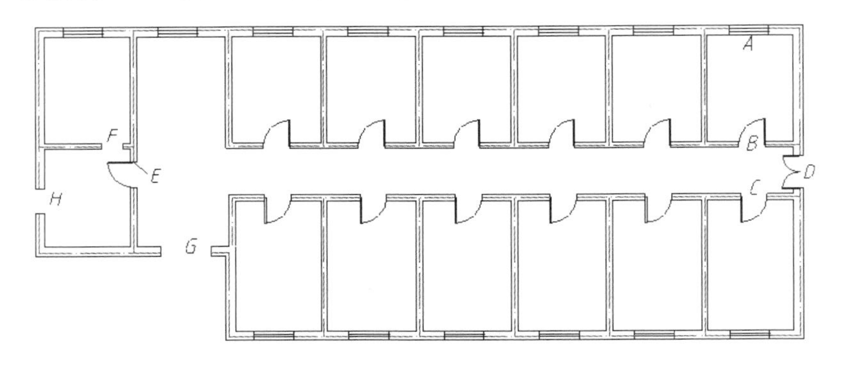

图 9-18 插入门、窗图块

（1）放大显示右上角的图形，如图 9-19 所示。

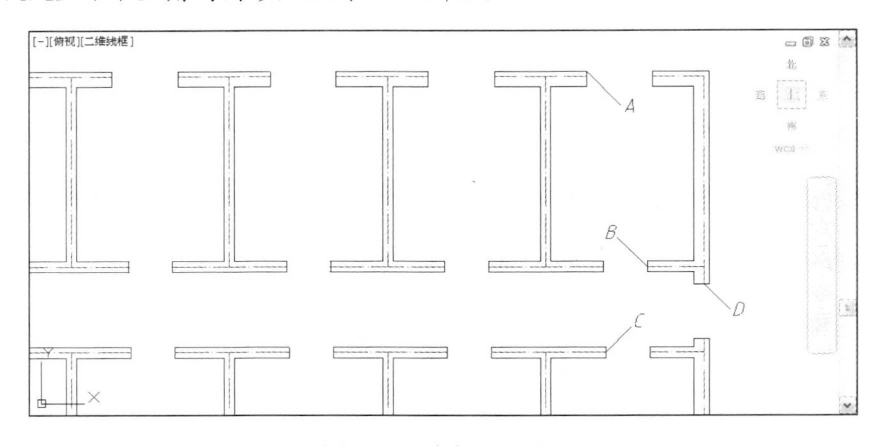

图 9-19 放大显示图形

（2）插入 A 处的窗。单击插入图块按钮，从【名称】下拉列表中选择“C1”，选择【同一比例】，在【X:】中输入“1”，捕捉 A 点（见图 9-19）为插入点。

（3）插入 B 点处的门，图块名称为“M3”，比例=1，旋转角度= -90，B 为插入点；插入 C 处的门：图块名称为“M3”，插入比例=1，旋转角度=90，C（见图 9-19）为插入点；插入 D 处的门：图块名称为“M1”，插入比例=1，旋转角度=0，D（见图 9-19）为插入点；插入 E（见图 9-18）处的门：名称为“M3”，比例=1，角度=0，插入点为 E。

（4）阵列 A 处的窗：矩形阵列，2 行，8 列，行距为-11880，列距为-3600；阵列 B、C 处的门：矩形阵列，1 行，6 列，列距为-3600，如图 9-18 所示。删除多余的两个窗图块。

9.10 动态图块

所谓动态图块就是可以调整大小或形状的图块。因此定义动态块需要分为两步走，首先用上述方法将所需图形定义为普通图块，再通过编辑块，设定调整什么，如何调整。要调整的称为“参数”，调整称为“动作”。例如，给图块添加一个线性参数（用专用命令标注一个长度尺寸），再添加移动、拉伸、阵列“动作”，就可以沿着该尺寸方向移动图块中的部分或全部图形，改变图块的长度，阵列图块中的部分图形。因而要使图块成为“动态”图块，需要先添加“参数”，后添加“动作”。通过两者的不同组合，可以形成多种图块的调整方法。下面结合应用实例，介绍这些内容。

9.10.1　线性参数和拉伸动作

定义线性参数，就是标注一个长度尺寸，确定动作的作用方向。

拉伸动作，就是沿线性参数的尺寸线方向，在指定部位改变图块的长度。这与第 4 章介绍的拉伸命令相似。但拉伸动作是沿线性参数的尺寸方向改变图形长度，拉伸命令是沿位移的基点和第二个点确定的方向改变图形长度。

【例 9-8】接例 9-7。将窗图块 C1 定义为动态图块，添加线性参数和拉伸动作，插入窗 H 并调整其宽度，如图 9-20a 所示。

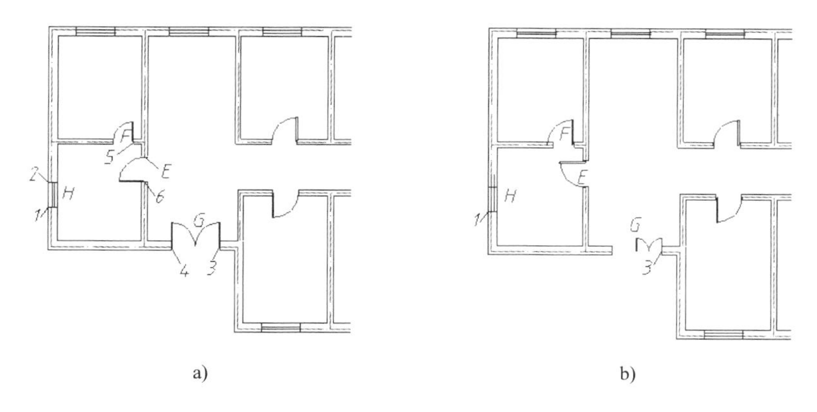

a)　　　b)

图 9-20　用动态图块插入窗

（1）接例 9-7。单击例 9-7 中插入的任意一个窗图块，单击鼠标右键，弹出快捷菜单，单击其中的“块编辑器”，进入图块编辑环境，显示“块编辑器”选项卡，如图 9-21 所示。

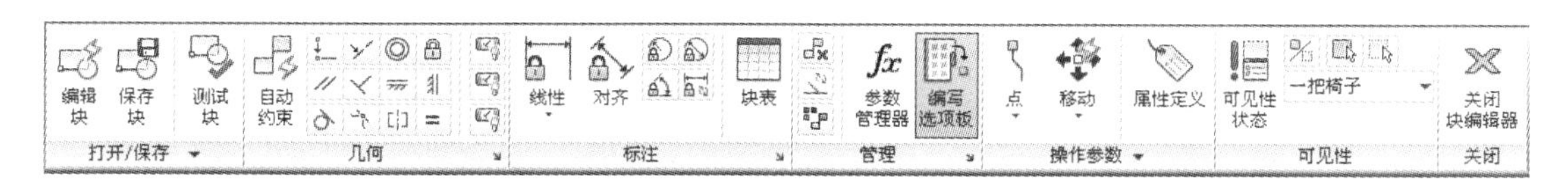

图 9-21　“块编辑器”选项卡

（2）在默认状态下显示【块编写选项板】，如图 9-22a 所示。本章使用该选项板调用命令。

从该选项板中调用命令比从折叠工具条中要方便一些，但选项板占用较大的屏幕空间。用户可以单击屏幕上方的编写选项板按钮，关闭选项板，再单击该按钮重新显示选项板。

（3）标注线性参数，如图 9-23a 所示。单击【参数】选项卡，使其显示在最前面，如图 9-22a 所示。单击线性按钮。

指定起点或 [名称(N)/标签(L)/链(C)/说明(D)/基点(B)/选项板(P)/值集(V)]:

//捕捉 A 点

指定端点: //捕捉 B 点

指定标签位置: //移动鼠标待尺寸线到达合适位置后，单击确定线性参数位置

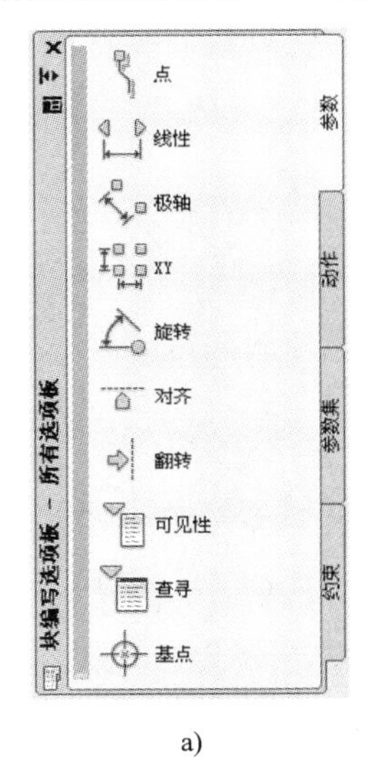

a)

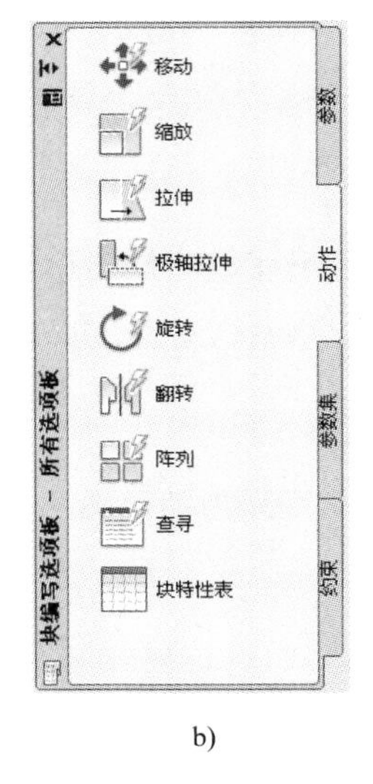

b)

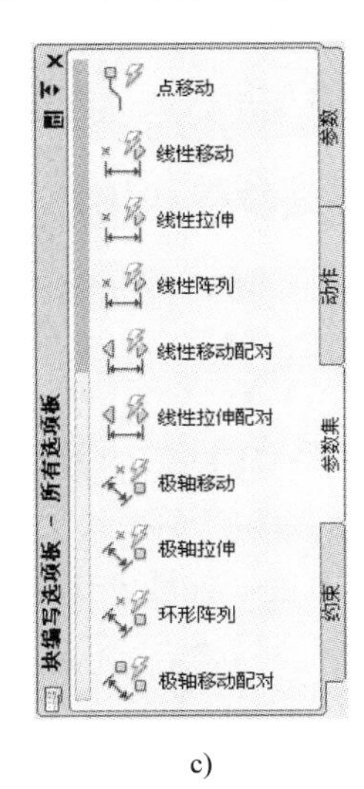

c)

图 9-22 块编写选项板

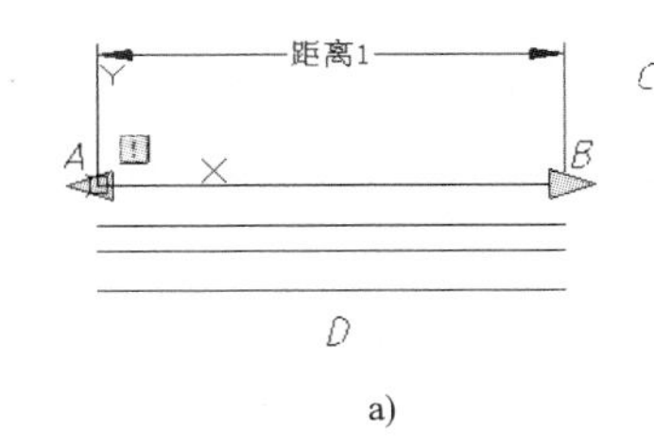

a)

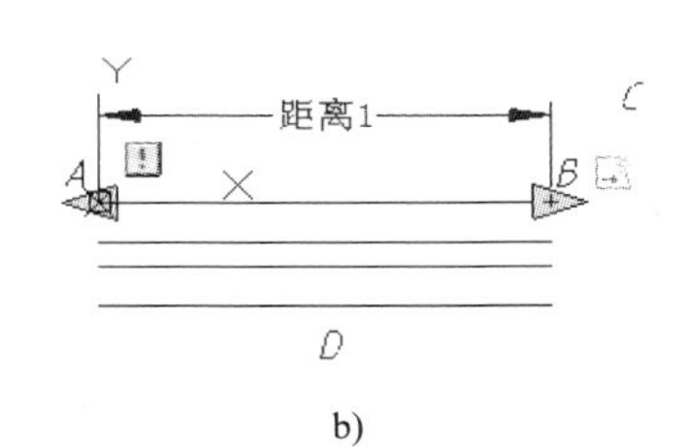

b)

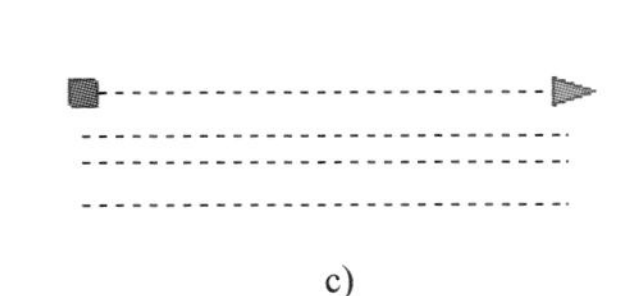

c)

图 9-23 添加线性参数、拉伸动作

（4）添加拉伸动作。单击【动作】选项卡，使其显示在最前面，如图 9-22b 所示。单击拉伸按钮。

选择参数: //单击线性参数“距离 1”，拉伸动作添加到该参数上

指定要与动作关联的参数点或输入 [起点(T)/第二点(S)] <第二点>:

//单击 B 处的三角形，将来可通过 B 点调整长度

提示： 此处将动作的作用点设置在 B 点，调整图块时 B 点的位置发生变化，因而不能把作用点设置在图块的基点上。进入图块编辑环境以后，基点与坐标原点重合，本例为 A 点。

指定拉伸框架的第一个角点或 [圈交(CP)]: //在 C 点附近单击

指定对角点: //在 D 点附近单击

提示： 此处与第 4 章介绍的拉伸命令相同，“交叉窗口”的边线要穿过改变长度的部位。添加缩放动作以后，显示缩放图标，如图 9-23b 所示。

指定要拉伸的对象　　　　　　　//选择组成窗图块的 4 条线
选择对象:　　　　　　　　　　//右键鼠标右键，结束选择

（5）单击关闭块编辑器按钮，显示【块-是否保存参数更改】对话框，单击【保存更改】，返回绘图区。

（6）现在例 9-7 中插入的所有同名的窗图块都变成了动态块。单击任意窗图块，在其上显示两个夹点，如图 9-23c 所示。

在图 9-23c 中右边的三角形夹点就是线性参数和拉伸动作形成的新夹点。单击该夹点，移动鼠标改变窗的宽度。左边的方形夹点是所有图块都有的夹点。单击该夹点，移动鼠标改变图块的位置。

（7）插入窗 H（见图 9-20a）。单击插入按钮，从【名称】下拉列表中选择“C1”。在【角度】文本框中输入 90，单击 确定 按钮，捕捉 1 点为插入点，结果如图 9-20b 所示。

（8）调整窗 H 的长度。单击窗 H，单击该图块上端的三角形夹点，捕捉 2 点，即将三角形夹点移到 2 点处（见图 9-20a）。

上面通过对象捕捉控制窗的宽度。AutoCAD 还提供了另外两种控制拉伸长度的方式：增量和列表。增量方式与极轴追踪相似，拉伸改变的长度只能是增量的整数倍。列表方式就是建立一个长度表，只能拉伸为表中指定的长度。下面介绍用列表方式来控制窗宽度的方法。

（9）按照上面的步骤（1）再次进入图块编辑环境，单击线性参数“距离 1”，单击鼠标右键，弹出快捷菜单，单击【特性】，显示【特性】对话框，如图 9-24a 所示。

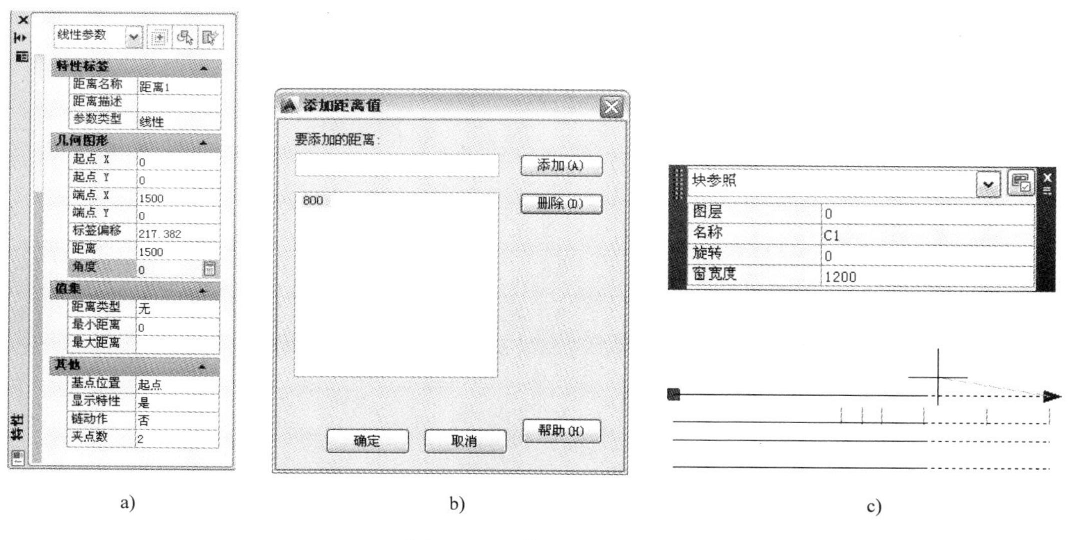

a)　　　　b)　　　　c)

图 9-24 【特性】对话框

（10）在【距离名称】右边的文本框中单击，输入新名称：窗宽度。将线性参数的默认名称“距离 1”，修改为有含义、便于识别调用的名称。

（11）拖动左边的滑块，使其显示【距离类型】选项，在其右边的文本框中单击，展开下拉列表，单击其中的【列表】选项。【距离类型】下面的一行变为【距离值列表】，单击其右边的文本框，显示…按钮，单击该按钮，显示【添加距离值】对话框，如图 9-24b 所示。

（12）在【要添加的距离】文本框中输入新值，例如 1000，单击 添加(A) 或按 Enter

键，“1000”就添加到下面的列表中。用同样的方法添加其他常用的窗宽度，例如，800、900、1200、1800 等。

（13）单击 确定 按钮，退出对话框。按照上面的步骤（5）返回作图区。

（14）单击窗图块，窗图块显示三角形夹点和【快捷特性】对话框，如图 9–24c 所示。单击对话框中的【窗宽度】下拉列表，里面有上面设置的窗宽度值，单击所需宽度，窗的宽度变为该数值。

“窗宽度”就是上面输入的线性参数名称。建议读者在作图实践中，将参数名称都以其功用命名，以方便以后调用和修改。如果不显示【快捷特性】对话框，需要单击屏幕下方状态行上的快捷特性按钮，使其变为绿色。

调整窗宽度的另一种方法是：单击窗图块上的三角形夹点，在上面设置的每一长度处显示一条竖直线（称为标尺刻度），如图 9–24c 所示。移动鼠标，一次移动一个标尺刻度（即只能拉伸为表中设定的长度），达到所需长度后单击。

9.10.2 线性参数和缩放动作

在图 9–25a 所示的门图例中，圆弧的圆心角等于 90°，矩形长度 AB 等于门的宽度。下面用 AB 长度代表门的宽度。假定该图块在缩放时，其圆弧的圆心角、矩形的宽度不变。这需要添加线性参数，缩放与拉伸两个动作，它们共同作用达到这一效果。

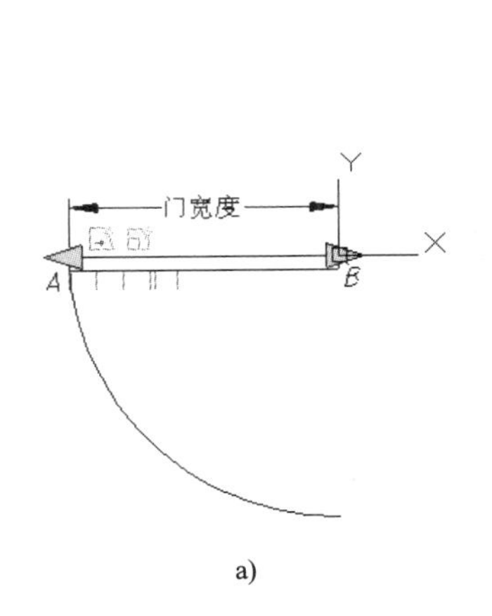

a)

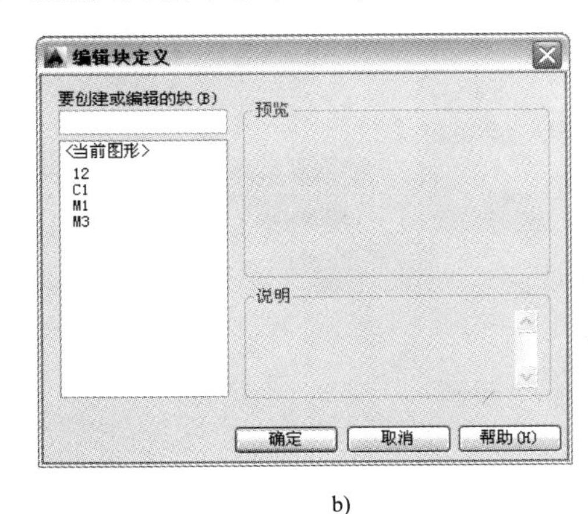

b)

图 9–25 编辑块

【例 9–9】接例 9–8。给门图块添加线性参数、缩放动作和拉伸动作。

（1）接例 9–8。单击块编辑器按钮（在插入块按钮的右边），显示【编辑块定义】对话框，如图 9–25b 所示。单击要编辑的门图块“M3”，进入图块编辑环境。

（2）按上例所述方法，添加线性参数，先捕捉 B 点，再捕捉 A 点，以便使后面添加的缩放参数作用在 A 点；添加拉伸动作，将动作的作用点设置在线性参数的左端点上（不要在基点上）。通过修改属性，将线性参数名称修改为：门宽度，将【距离类型】设置为“列表”，并将常用门宽度：600、680、700、780、800、1000 等输入列表，结果如图 9–25a 所示。图 9–25a 中的竖线就是 AutoCAD 根据宽度列表形成的拉伸刻度尺。

（3）添加缩放动作，如图 9–25a 所示。单击【动作】选项卡，单击缩放按钮。

选择参数:　　　　　　　　　　　　　　//单击线性参数“门宽度”
指定动作的选择集
选择对象:　　　　　　　　　　　　　　//单击圆弧
选择对象:　　　　　　　　　　　　　　//单击右键鼠标，结束选择

说明：此处选择线性参数“门宽度”，使缩放动作与“门宽度”相关联。门宽度缩放时，上面选择的圆弧缩放相同的倍数。添加缩放动作以后，显示缩放图标，如图 9-25a。

（4）单击关闭块编辑器按钮，保存修改，返回作图区。

（5）插入 F 处的门，如图 9-20b 所示。单击插入按钮，从【名称】下拉列表中选择“M3”（对话框右上角的图块符带有“⚡”标记，表明该图块已经成为动态图块）。选择【同一比例】，在【X】文本框中输入 1，在【角度】文本框中输入-90，单击确定，退出对话框，捕捉轴线端点 5，插入门图块。

（6）调整门 F 的宽度，如图 9-20a 所示。单击门 F，显示【快捷特性】对话框。单击【门宽度】下拉列表，单击所需宽度“800”。

（7）用上述方法将门图块 M1 定义为动态图块。添加线性参数：先捕捉 B 点，再捕捉 A 点；添加缩放动作。通过修改属性，将线性参数名称改为：门宽度，将【距离类型】设置为“增量”，将【距离增量】设置为 100，结果如图 9-26a 所示。图 9-26a 中的竖线就是根据“增量”值形成的缩放刻度尺。

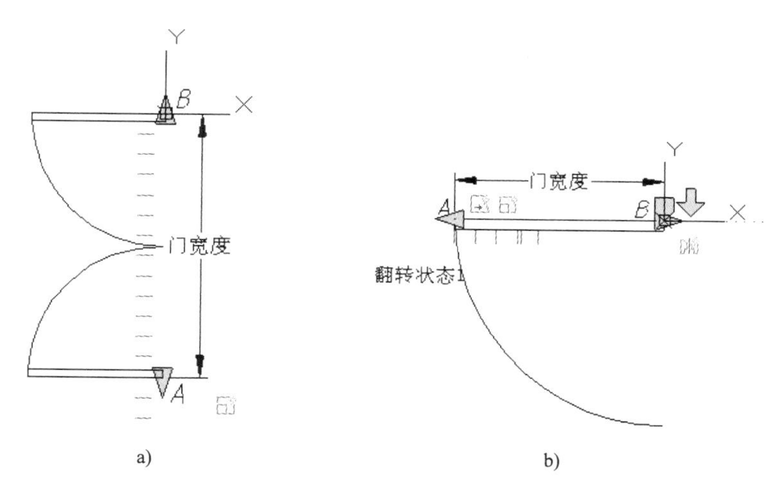

a)　　　　　　b)

图 9-26　动态图块

（8）退出图块编辑，保存上述设置。插入 G 处的门图块：名称 M1，比例=1，角度=-90，3 点为插入点，如图 9-20b 所示。

（9）调整门 G 的宽度，如图 9-20a 所示。单击门 G，在其两端显示三角形夹点和刻度尺（一系列竖线），单击左边的夹点，移动鼠标到 4 点附近单击或捕捉 4 点。

“在 4 点附近单击”就是用刻度尺确定门 G 的宽度。定义了“距离增量”以后，移动鼠标门宽自动锁定在以“距离增量”为间隔的数值上。“捕捉 4 点”用对象捕捉确定门 G 的宽

度，使其左侧的长度夹点与 4 点重合。

9.10.3 翻转参数与反转动作

要想改变门的开启方向，即将门图块绕块内的一条直线旋转 180°，这需要用翻转参数和反转动作。而第 4 章介绍的旋转命令，只能绕图块内的一点旋转，无法实现图块翻转。

【例 9-10】接例 9-9。给门图块 M3 添加翻转参数和反转动作，翻转门 E，改变其开启方向，如图 9-20a 和图 9-20b 所示。

（1）单击块编辑器按钮，显示【编辑块定义】对话框，单击要编辑的块“M3”，进入图块编辑环境。

下面添加翻转参数和反转动作，如图 9-26b 所示。⇩是翻转参数图标，反转动作图标。

（2）单击【参数】选项卡，单击翻转参数按钮。

指定投影线的基点或 [名称(N)/标签(L)/说明(D)/选项板(P)]: //捕捉 A 点
指定投影线的端点: //捕捉 B 点（以 AB 边为翻转轴）
指定标签位置: //在适当位置单击指定标签的放置位置

（3）单击【动作】选项卡，单击翻转按钮。

选择参数: //单击上面建立的反转参数“翻转状态 1”
指定动作的选择集
选择对象: //选择门图块的全部图线
选择对象: //单击鼠标右键，结束选择

（4）单击⇩，在其下端显示一个蓝色方框。单击该方框，向右移动鼠标，移动⇩。单击▶，在其中间部位显示一个蓝色方框，单击该方框，向右移动鼠标，移动▶。

说明： 如果不做上述移动，▶、⇩与图块的移动夹点（蓝色矩形方框）重合在一起，将来无法调用这些图标，对图块进行翻转、移动等操作。

（5）退出图块编辑，并保存上述设置。翻转门 E，改变开启方向，如图 9-20a 所示：单击门 E，单击⇩。翻转后门 E 位置不对。移动门 E：单击门 E 图块上的矩形夹点，捕捉 6 点（见图 9-20a）。

9.10.4 对齐参数与基点参数

为了增大容积率，现代建筑中有不少斜向房间。这种房间的家具等设施，要求与墙线对齐。例如图 9-27a 所示的标有字母的沙发、衣帽柜、电视、洗手盆、煤气灶等。

对于上述处于倾斜位置的图块，只要在图块中添加一个对齐参数，插入的图块可以自动与插入点所在的图线（直线或曲线）垂直或相切。这只需要用户给图块定义一个对齐参数。该参数有两种对齐方式，功能分别如下：

- 垂直对齐，定义动态图块时指定两点，这两点决定的直线与插入点所在的直线重合，或与插入点所在曲线的该点法线垂直。
- 相切对齐，定义动态图块时指定两点，这两点决定的直线与插入点所在直线重合，或与插入点所在曲线的该点切线重合。

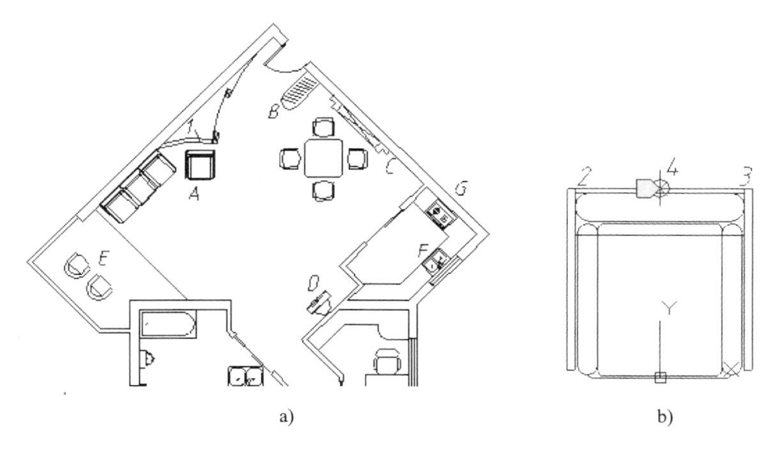

a)　　b)

图 9-27　翻转图块

显然相切对齐更为直观，建议采用这种对齐方式。该参数不需要添加动作，只添加参数就能实现图块对齐。

例 9-11 还要给图块添加一个基点参数。基点参数就是为图块指定一个新的基点。

【例 9-11】给单人沙发 A 添加对齐参数和基点参数，并作插入练习，如图 9-27 所示。

（1）打开附盘文件“dwg\09\9-27”，图形如图 9-27a 所示。

（2）单击单人沙发 A，单击鼠标右键，弹出快捷菜单，单击“块编辑器”，进入图块编辑环境。

（3）在【参数】选项卡中，单击对齐按钮 。

定对齐的基点或 [名称(N)]:　　　//捕捉 23 的中点 4，对齐图块时图块绕此点旋转

对齐类型 = 垂直　　　　　　　//对齐类型为“垂直”，下面修改为“相切”

指定对齐方向或对齐类型 [类型(T)] <类型>: T

　　　　　　　　　　　　　　　//单击“类型(T)”选项，设置对齐类型

输入对齐类型 [垂直(P)/相切(T)]　<垂直>: T　　//单击“相切(T)”选项设置为相切

指定对齐方向或对齐类型 [类型(T)] <类型>:　　//捕捉 3 点（以 34 为对齐线）

从图 9-27b 可以看出，基点在沙发下边线的中点（坐标原点）上，需要在上边线的中点 4 处重新定义一个基点，作为插入定位点。

（4）添加基点参数。在【参数】选项卡中，单击基点按钮，捕捉中点 4。

说明：图 9-27b 中的是对齐参数标记，是基点参数标记。

（5）退出图块编辑，保存上述设置。

（6）删除图 9-27a 中的单人沙发 A，重新插入该沙发。单击插入按钮，从【名称】下拉列表中选择“单人沙发”，单击 确定 ，退出对话框，用最近点捕捉捕捉圆弧 1 上的一点。插入的沙发基点在圆弧上，对齐边 34 与圆弧相切。

（7）用移动命令，目测位置，移动沙发 A，如图 9-27a 所示。

（8）用同样方法为图 9-27a 中的图块 B、C、E、F、G，添加对齐参数，并作插入练习。

9.10.5 拉伸动作与阵列动作

阵列动作可以在拉伸图块的同时，以阵列方式复制图块中的部分图形。当拉伸长度超过阵列间距时，自动在间距点添加要复制的图形。例如给图 9-28a 所示的图块添加拉伸和阵列动作，就可以通过拖动夹点 B，生成图 9-28b 所示的餐桌。

【例 9-12】给图 9-28a 所示的图块，添加线性参数、拉伸动作和阵列动作，生成图 9-28b 所示餐桌。

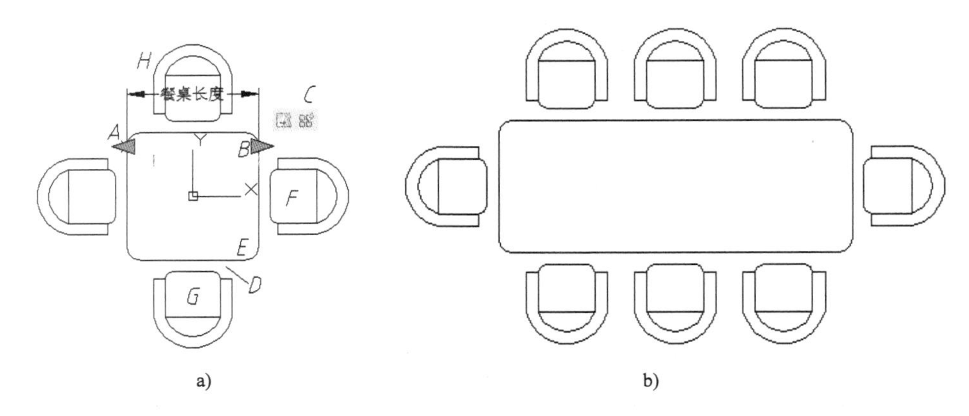

图 9-28 条形地基

（1）打开附盘文件“dwg\09\9-28”，文件中有图 9-28a 所示的餐桌图块（无参数和动作）。

（2）添加线性参数 AB（A、B 是圆弧与直线的交点）。通过修改属性，将其名称修改为：餐桌长度。将【距离类型】设置为“增量”，将“增量”设置为 800，使拉伸增量等于阵列间隔，如图 9-28a 所示。

（3）添加拉伸动作，如图 9-28a 所示。在【动作】选项卡中，单击拉伸按钮，单击线性参数“餐桌长度”，单击 B 处的三角形夹点（通过该点调整长度），依次在 C、D 点附近单击（使 D 点在圆弧与直线的交点 E 之左）指定拉伸部位；选择餐桌矩形、椅子 F 为拉伸的对象。

（4）添加阵列动作，如图 9-28a 所示（是阵列动作图标）。在【动作】选项卡中，单击阵列按钮。

选择参数:	//单击线性参数“餐桌长度”
指定动作的选择集	
选择对象:	//选择椅子 G、H
选择对象:	//单击鼠标右键，结束选择
输入列间距 (|||): 800	//输入阵列间距

（5）退出图块编辑，保存上述设置。

（6）单击餐桌图块，单击右上角的三角形夹点，移动鼠标到刻度尺第 4 条竖线，结果如图 9-28b 所示。

9.10.6　点参数、可见性参数与移动动作

点参数通常用作“动作”的作用点；移动动作可以改变图块中各部分图形的相对位置；可见性参数控制图块中的部分图形是否显示，以生成不同的图块，例如控制图 9-29 所示的桌椅图块中椅子的数量。

【例 9-13】给图 9-29 所示的桌椅图块添加点参数与移动动作，调整桌子与椅子之间的距离。

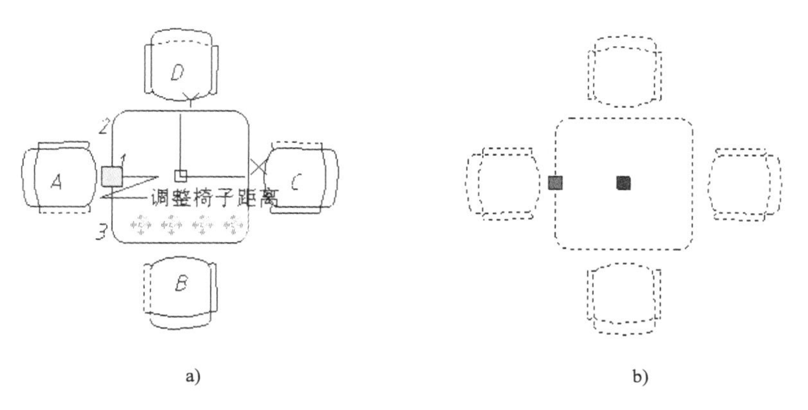

图 9-29　点参数与移动动作

（1）打开附盘文件“dwg\09\9-29”，文件中有图 9-29a 所示的桌椅图块（无参数和动作）。

（2）进入图块编辑环境，添加点参数。在【参数】选项卡中，单击点按钮。

　　指定参数位置或 [名称(N)/标签(L)/链(C)/说明(D)/选项板(P)]:　//捕捉中点 1

　　指定标签位置:　//在适当位置单击指定标签放置位置

（3）点参数的默认名称为“位置 1”，通过修改属性，将其名称改为：调整椅子位置。

> 提示：不要关闭【属性】对话框，后面还要用该对话框修改移动动作的属性。

（4）给椅子 A 添加移动动作。在【动作】选项卡中，单击移动按钮。

　　选择参数:　//单击点参数“调整椅子位置”(移动动作设置在该参数上)

　　指定动作的选择集

　　选择对象:　//用窗口方式选择椅子 A

　　选择对象:　//单击鼠标右键，结束选择

（5）依次给椅子 B、C、D 添加移动动作。添加完后图中显示 4 个移动标记符号，如图 9-29a 所示。

（6）设置椅子 B 的移动方向与椅子 A 的移动方向之间的夹角。单击第 2 个移动标记符号，椅子 B 显示为黑色（表达对应关系），在前面已经调出的【特性】对话框的【角度偏移】文本框中输入 90Enter，按 Esc 键退出。

> 提示：AutoCAD 沿逆时针方向计算角度。

（7）用同样的方法将椅子 C、D 的【角度偏移】分别设置为 180、270。

（8）退出图块编辑，保存上述设置。单击桌椅图块，在 1 点处显示方形夹点，如图 9-29b 所示。单击该夹点，打开正交工具，向左移动鼠标，座椅之间的距离变大；向右移动鼠标，座椅之间的距离变小。

【例 9-14】接例 9-13，给图 9-29 所示的桌椅添加可见性参数，控制椅子的显示数量，如图 9-30 所示。

（1）接例 9-13。再次进入图块编辑环境，在【参数】选项卡中，单击可见性按钮，在图块某一侧单击放置可见性参数。通过修改【属性】将默认名称“可见性 1”修改为“控制椅子数量”。

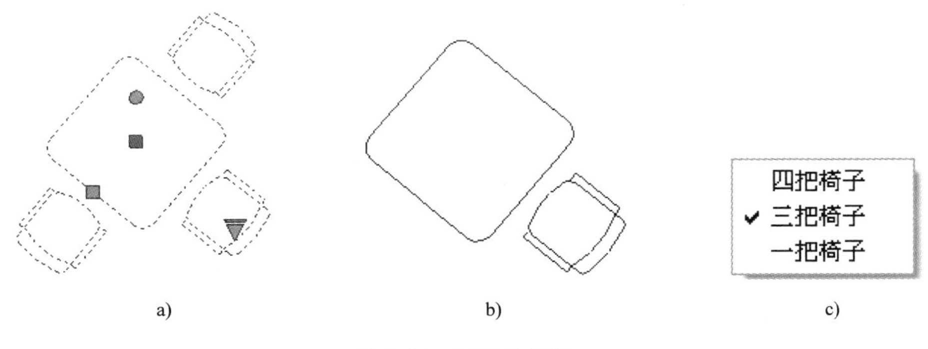

图 9-30 可见性参数

（2）单击屏幕上方的可见性状态按钮，显示【可见性状态】对话框，如图 9-31a 所示。

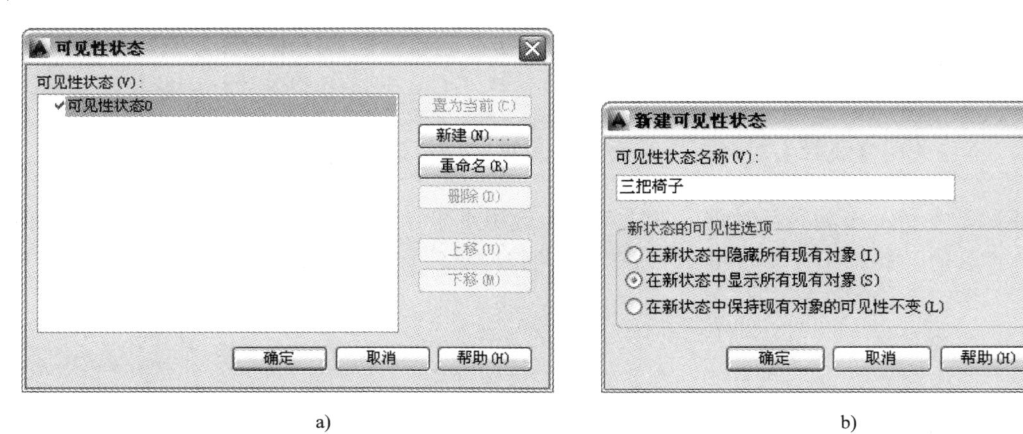

图 9-31 【可见性状态】、【新建可见性状态】对话框

（3）单击 重命名(R) 按钮，将“可见性状态 0”改名为“四把椅子”。

（4）单击 新建(N)... ，显示【新建】对话框，如图 9-31b 所示。在【可见性状态名称】文本框中输入名称“三把椅子”。选择【在新状态中显示所有现有对象】，单击两次 确定 按钮，退出对话框。

（5）单击使不可见按钮，选择上面的一把椅子，被选椅子不再显示。

说明：该步设置作用于当前“可见性状态”。新建“可见性状态”自动为当前“可见性状态”。选择当前“可见性状态”的方法是，在【可见性状态】对话框中选择某一“可见性状态”，单击 置为当前(C) 。

（6）再次单击可见性状态按钮，新建一个可见性状态，取名为“一把椅子”。在【新建可见性状态】对话框中选择【在新状态中隐藏所有现有对象】。单击两次 确定 按钮，退出对话框。桌椅全部被隐藏。

（7）单击可见按钮，选择桌子和下面的一把椅子。被选桌、椅显示出来。

（8）退出图块编辑，保存上述设置。单击桌椅图块显示三角夹点，单击该夹点，显示一选择菜单，如图 9-30c 所示。单击“三把椅子”，显示桌子和三把椅子，如图 9-30a 所示。再单击该夹点，单击“一把椅子”，显示桌子和一把椅子，如图 9-30b 所示。

9.10.7　旋转参数和旋转动作

旋转参数和旋转动用来调整图块的倾斜角度。

【例 9-15】接例 9-14，给图 9-32a 所示的桌椅图块添加旋转参数和旋转动作，调整其角度，如图 9-32b 所示。

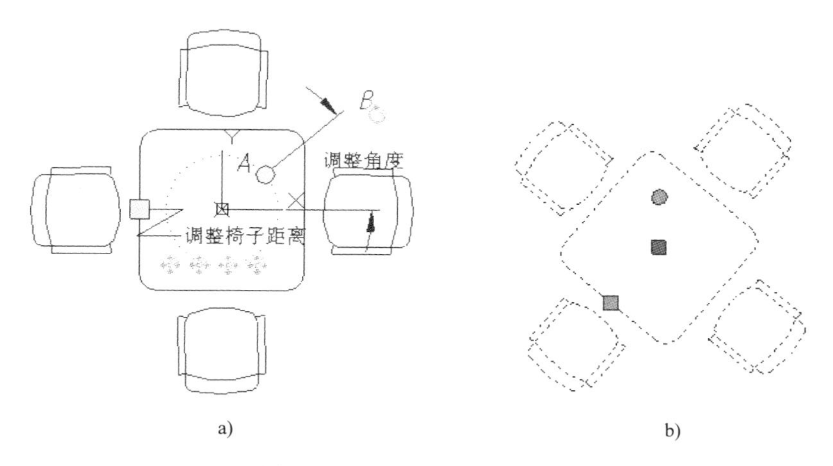

a)　　　　b)

图 9-32　旋转参数、旋转动作

（1）接例 9-14。再次进入图块编辑环境，在【参数】选项卡中，单击旋转按钮

指定基点或 [名称(N)/标签(L)/链(C)/说明(D)/选项板(P)/值集(V)]: 0,0

//输入旋转中心的坐标（此处设置在坐标原点上）

指定参数半径:　　　　//在 A 点附近单击

说明：上述半径是旋转中心与旋转夹点 A 之间的距离。

指定默认旋转角度或 [基准角度(B)] <0>:　　//在适当位置单击指定默认旋转角度

说明：上述两个参数对以后调整图块角度无影响。

指定标签位置: //在适当位置单击指定标签位置

（2）旋转参数的默认名称为“角度 1”，通过修改属性，将其改名为：调整角度。

（3）在【动作】选项卡中，单击旋转按钮。

选择参数: //单击旋转参数“调整角度”

指定动作的选择集

选择对象: //用窗口方式选择全部图形

选择对象: //单击鼠标右键，结束选择

（4）退出图块编辑，并保存上述设置。单击桌椅图块，单击圆形夹点，移动鼠标改变倾斜角度，或在快捷特性的【调整角度】（上面建立的旋转动作名称）文本框中输入旋转角度 45，如图 9-32b 所示。

9.10.8 距离乘数

对于图 9-33 所示的立面窗图块，要做到调整宽度以后，两个窗扇保持对称，高度不变，需要建立一个线性或点参数，对该参数添加两个拉伸动作。第一个拉伸动作将右窗扇与水平窗框向右拉长一定长度 a，第二个拉伸动作将左、右两个窗扇都向右拉长 a/2。对右窗扇的再次拉伸，使第一次拉伸增量减半，实现两个窗扇宽度拉长量相等。通过设置拉伸动作的“距离乘数”，实现同一参数的多个拉伸动作产生不同的拉伸增量。“距离乘数”就是变形量系数。

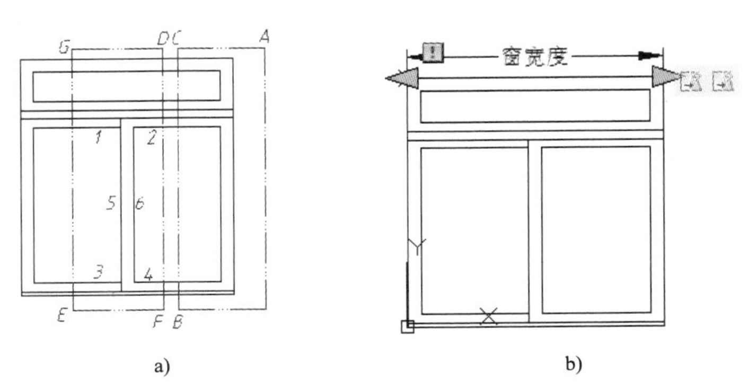

a) b)

图 9-33 距离乘数

【例 9-16】给立面窗图块添加拉伸动作和距离乘数，做到调整立面窗宽度以后，两个窗扇保持对称。

（1）打开附盘文件“dwg\09\9-33”，文件中有图 9-33a 所示的立面窗图块。

（2）添加线性参数，通过修改属性，将其名称改为：窗宽度，如图 9-33b 所示。

（3）添加第一个拉伸动作，如图 9-33b 所示。在【动作】选项卡中，单击拉伸按钮，单击线性参数“窗宽度”，单击其右端的三角形夹点（见图 9-33b），依次在 A、B 点附近单击（BC 穿过变形部位）指定拉伸部位，再依次在 A、B 点附近单击，用交叉窗口方式选择参与拉伸的图线。

（4）添加第二个拉伸动作，如图 9-33b 所示。依次在 D、E 点附近单击（DF、GE 都要穿过变形部位），用交叉窗口方式选择水平线 1、2、3、4 和铅垂线 5、6 作为参与拉伸的图线。

说明：DF、GE 不能在竖线 5、6 之间穿过，以保持窗框宽度不变。

（5）单击第 2 个拉伸标记符号（见图 9-33b），在前面已经调出的【特性】对话框的【距离乘数】文本框中输入 0.5Enter，按 Esc 键退出。

（6）退出图块编辑，并保存上述设置。

（7）单击窗图块，单击右上角的三角形夹点，移动鼠标改变窗的宽度。

9.10.9　参数与动作总结与综述

上面结合典型应用实例介绍了动态图块的参数和动作。有的参数可以与多种动作配合，有的参数不需要动作，可以独立使用。同一动作也可以与多种参数配对使用，见表 9-1。该表左边两列根据参数分类，右边两列根据动作分类。

表 9-1　参数与动作配对表

参 数 类 型	支持的动作	动 作 类 型	可配对的参数
点	移动、拉伸	移动	点、线性、极轴、XY
线性	移动、缩放、拉伸、阵列	缩放	线性、极轴、XY
极轴	移动、缩放、拉伸、极轴拉伸、阵列	拉伸	点、线性、极轴、XY
XY	移动、缩放、拉伸、阵列	极轴拉伸	极轴
旋转	旋转	旋转	旋转
翻转	翻转	翻转	翻转
对齐	无	阵列	线性、极轴、XY
可见性	无	查询	查询
查询	查询		
基点	无		

同一动作与不同的参数配对，效果会有些许差异。例如移动动作与线性参数配对，调整图块时只能沿线性参数确定的方向移动图块中的图形，而与点参数配对，则可以沿任意方向移动图块中的图形，需要用正交工具、极轴追踪等确定移动方向。

前面介绍了通过【块编写用选项板】调用命令的方法，还可以通过【参数】和【动作】折叠工具条，调用上述命令。屏幕上显示的是工具条中，最后一次调用的命令按钮和名称。例如，【参数】工具条默认显示为，单击调用点命令，单击打开折叠工具条，从中调用其他命令。【动作】工具条默认显示为，调用方法与【参数】工具条相同。

动态图块功能的确非常强大，诚然可以把所有的参数和动作添加于一个图块，制作一个功能非凡的超级图块。但这样不仅占用太多的系统资源，加大图形文件容量，而且太多的调整动作，难以记忆和调用，还会出现相互干扰的情况。因而，没有必要给图块设置过多的参数和动作，只设置几个常用动作即可。例如，拉伸、对齐、翻转、缩放等。少设置几个参数，多定义几个图块，是一种不错的选择。另外，在插入图块时，还可以设置插入比例和旋转角度，插入的图块还可以用第 4 章介绍的移动、缩放、旋转、拉伸等命令进行调整，这都是不要将图块复杂化的理由。

动态图块的优势在于，同一图块可以添加多种参数，同一个参数可以定义多个动作。例如前面例题介绍的，一个线性参数添加拉伸和缩放两个动作，使门图例不同部位分别进行拉伸和缩放变形；一个线性参数添加两个拉伸动作，不同部位拉伸量不同，保证立面窗拉伸后窗扇对称，窗框宽度不变；还可以设置可见性，选择显示图块中的部分图形，形成新的图块等。而翻转、阵列、可见性、对齐等动作，又是动态图块之外的命令不能实现或难以实现的，这是动态图块的精华所在。动态图块的另一优势是，可以通过“增量”或“列表”的形式，或通过快捷特性，准确控制调整量。

9.11 重定义图块修改图形

对于图 9-34 所示的沙发、茶几、桌椅如果不是插入的图块，修改时需要分别修改每一处图形。如果是插入的图块，修改时只需以原来的名字重新定义图块，凡用到该图块（普通图块、动态图块均可）的地方会自动修改。

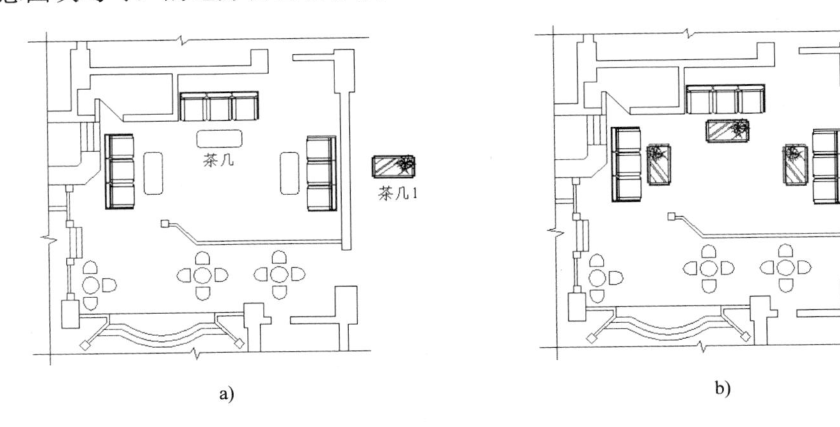

图 9-34 修改图块例图

附盘文件“\dwg\09\9-34”（图形见图 9-34a）中的 3 个茶几，是用插入 “茶几” 图块绘制的，只要将右边的“茶几 1”定义为块，也取名为“茶几”，图中的 3 个茶几将同时修改，如图 9-34b 所示。

修改要点为：将图 9-34a 所示“茶几 1”定义为图块，取名为“茶几”（与原茶几图块重名），选择“茶几 1”的中间部位为插入点，选择完图形对象以后，单击确定，退出对话框时，AutoCAD 显示提示对话框，单击【重新定义图块】。

9.1.2 小结

本章介绍了普通图块和动态图块两个方面的内容。首先以标注建筑标高为例，介绍了创建图块和图块属性的方法。用图块标注建筑标高、详图索引标志、局部剖面图的索引标志、详图标志等都可以创建为有属性的图块。

如果图块中的图线全部画在 0 层，插入图块后，图块绘制在插入层，图块中的图线将继承图块插入层的线型和颜色等。否则插入图块后，图块中的每一图形元素都插在原来的图层上，并保留原来的线型、颜色等全部图层特性，与插入层无关。

9.13　习题与作图要点

1．判断下列各命题，正确的在（）内画上“√”，不正确的在（）内画上“×”。

（1）AutoCAD 将图块作为一个图元来处理。（　　）

（2）插入图块后，其中的每一图形元素都将继承图块插入层的线型和颜色。（　　）

（3）AutoCAD 2014 的图层名最多只能有 31 个字符。（　　）

（4）图块的基准点，只能创建在插入图块时的定位点上。（　　）

（5）一般图块与图块文件的适用范围相同。（　　）

（6）插入图块时，在【插入】对话框中选中【分解】，与插入图块以后执行炸开命令的效果不完全相同。（　　）

2．简答题。

（1）简述创建图块的优点。

（2）试述图块插入层与创建为图块的图形元素所在图层的关系。

（3）试述创建图块与创建带属性图块的不同点。

（4）简述创建带属性图块的要点。

（5）简述创建图块文件的要点。

（6）如何修改图块名称？如何修改图块属性值？

3．绘制图 9-12 所示的标志符号，将它们分别创建为带属性的图块，并插入到图中。

4．参照本章动态图块的相关例题，把常用图块定义为动态图块，添加常用参数和动作，例如拉伸、缩放、翻转、可见性、移动、阵列等。

5．打开附盘文件“dwg\09\35”，图形如图 9-35 所示。参照本章相关例题，用图块命令插入门窗，结果如图 6-35 所示。

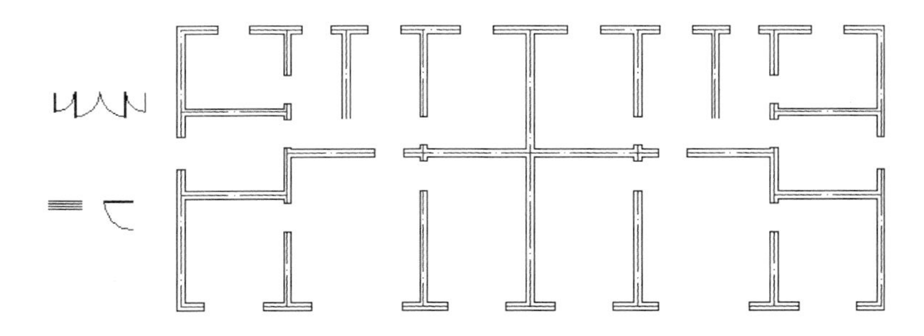

图 9-35　插入门窗

该附盘文件中有图 9-36 所示的 3 个门窗图块。窗图块名称是 C1，基点是 B；门图块名称分别是 M1、M2，基点分别是 A、C。

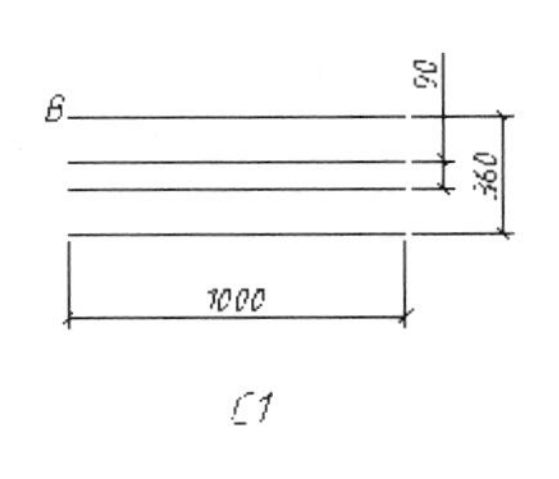

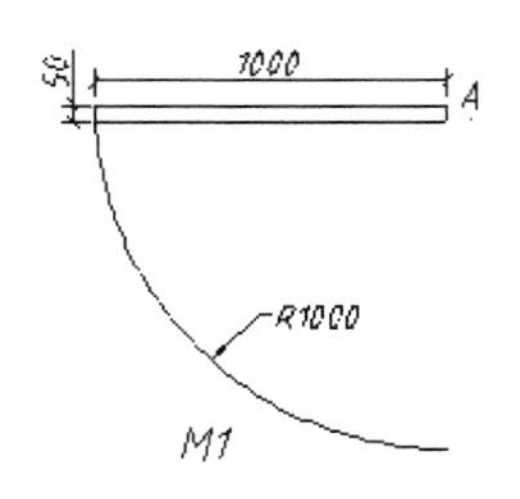

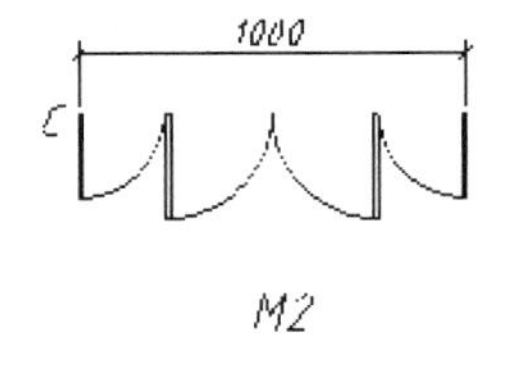

图 9-36　门、窗图块

第 10 章　参数化绘图与样板图

AutoCAD 的参数化绘图命令，在多数工程软件中称为草绘命令。“草绘”的实质是先通过目测位置输入点，画出图形的轮廓后，再添加尺寸约束使图形达到大小要求，添加几何约束使图形达到平行、相切、垂直、对称等位置要求。尽管 AutoCAD 的此类命令使用起来不如大型工程软件那样得心应手，但只要经过一定的训练，掌握一定的技巧，完全可以用来“草绘”任意复杂图形。参数化作图命令，特别适合画本章例题介绍的相切圆弧。此类圆弧如果不用参数化命令画，需要像手工作图那样做辅助线求圆心和切点。本章结合典型应用实例，在实际运用环境中介绍相关命令与作图技巧。

至于一般图形用“草绘”方法作图，还是用传统方法作图，在工作量和效率方面没有多大差别，用户可以根据自己的习惯选择作图方法：用传统的方法，通过对象捕捉、输入参数（例如圆的直径、直线的长度等）确定图线的定位尺寸和定形尺寸；或用“草绘”的方法，先通过目测位置画出图形的轮廓，再通过添加约束，使图形达到形状和大小要求。由于 AutoCAD 本身的局限性，添加约束时，有时会引起关联图线发生意外变动，或添加的关系约束不能起到应有的效果。本章对这些问题都做了较深入地探讨，并给出了解决方案。

样板图是一种图形文件，是作图的起点，其作用是将一些相对不变、可以多次使用的东西设置好后存为磁盘文件，以后可以调出此文件，在此基础上绘制其他图样。

10.1　尺寸约束

尺寸约束命令就是“参数化”选项卡中的尺寸标注命令，包括线性、对齐、直径、半径、角度等命令，见表 10-1。各命令的调用方法与第 8 章介绍的尺寸标注命令的基本相同。其本质的区别是，尺寸标注命令标注的是图线尺寸的测量数值，标注尺寸不引起图形变化；尺寸约束命令则是在标注尺寸时，输入实际尺寸，图形随尺寸调整为真实大小，实现尺寸驱动图形。

表 10-1　尺寸约束

约束名称	对应按钮	功　　能
线性	线性	标注水平或竖直的直线段长度尺寸，或两点之间的水平或竖直距离尺寸，以驱动图形
水平	水平	标注水平直线段的长度或两点之间的水平距离尺寸，以驱动图形
竖直	竖直	标注铅垂直线段长度或两点之间的竖直距离尺寸，以驱动图形
对齐		标注倾斜线的长度或两点之间的距离、点到直线的距离、两条平行线之间的距离，以驱动图形
半径		标注圆或圆弧的半径，以驱动图形
直径		标注圆或圆弧的直径，以驱动图形

（续）

约束名称	对应按钮	功　　能
角度		标注两直线或三点或圆弧的角度，以驱动图形
转换		将用第 8 章命令标注的普通尺寸转换为约束尺寸，以驱动图形
动态约束模式		单击该按钮后，上述命令标注的是动态约束尺寸
注释性约束模式		单击该按钮后，上述命令标注的是注释性约束尺寸
显示/隐藏		调用命令后，选择要隐藏的尺寸约束所在的图线，执行“隐藏(H)”选项，隐藏选中的尺寸约束；选择被隐藏约束的图线，执行“显示(S)”选项，显示被隐藏的尺寸约束
全部显示		显示全部动态尺寸约束。对注释性约束无效
全部隐藏		隐藏全部动态尺寸约束。对注释性约束无效

动态约束与注释性约束是尺寸约束的两种形式。两种约束都可以驱动图形随尺寸变化。默认情况下，标注的是动态约束。动态约束可以通过单击全部隐藏、全部显示按钮，使约束尺寸全部隐藏或全部显示。其标注的尺寸样式（数字、箭头等尺寸要素）固定，不能修改，不能打印。注释性约束正好相反，以当前尺寸样式标注约束尺寸，可以修改样式，可以打印约束尺寸，表 10-1 所列的控制显示/隐藏的 3 个命令对其无效。一般可使用动态约束，当需要控制约束尺寸的样式，或需要打印标注的约束尺寸时，使用注释性约束。

【例 10-1】利用尺寸约束等命令，将图 10-1a 画为图 10-1c。详细作图步骤见动画文件“10-01”。

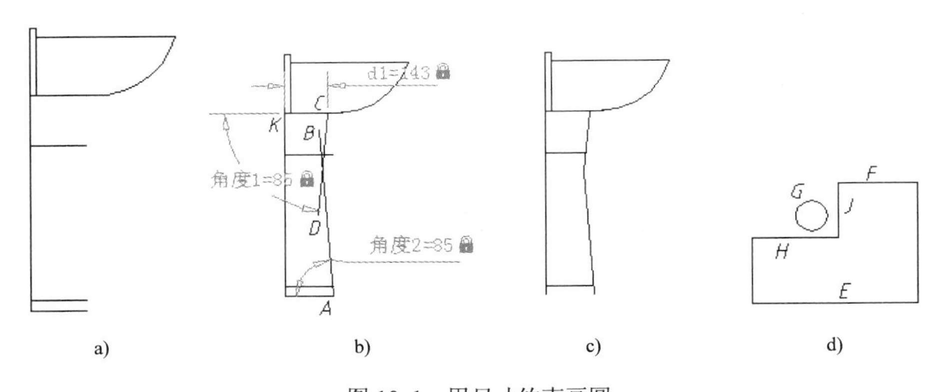

图 10-1　用尺寸约束画圆

提示：本章例题所需已知图形在附盘文件夹“\dwg\10”下，文件名与例图的图号相同。

（1）草绘直线 AB、CD。单击直线按钮。

指定第一个点:	//捕捉 A 点
指定下一点或 [放弃(U)]:	//在 B 点附近单击
指定下一点或 [放弃(U)]: Enter	//结束命令
键入命令：Enter	//重复执行直线命令
指定第一个点:	//用最近点捕捉直线上的一点 C

指定下一点或 [放弃(U)]: //在 D 点附近单击

指定下一点或 [放弃(U)]: Enter

草绘图形时，要画得尽量与实际图形相近。例如要画图 10-1d 所示的图形，需要保证圆 G 的圆心在 H 之上，J 之左，不要在已画出的图线上。尺寸约束可以改变图线的长度和图线间的距离，但不能调整图线的相对位置，因此圆 G 的圆心不能在 H 之下或 J 之右。目测位置画的图线，不要长度颠倒。例如图 10-1d 所示的图形，要保证未加约束时 F 的长度小于 E 的实际长度；要做到这一点，可以画出第一条线段以后，马上标注尺寸约束，使其长度等于实长，再画其他图线，或直接按实际尺寸画第一条线，再目测位置画其他图线。

（2）给 CD 添加尺寸约束，如图 10-1b 所示。单击线性按钮。

指定第一个约束点或 [对象(O)] <对象>: //捕捉交点 K

指定第二个约束点: //捕捉交点 C

指定尺寸线位置: //移动鼠标，待尺寸线到达适当位置后单击

标注文字 =143 //输入距离尺寸 143

说明： 标注约束尺寸后，AutoCAD 将尺寸数字显示文本框中，尺寸数字是其测量值，呈现选中状态，可以直接输入实际尺寸值。完成输入后在文本框外单击或按 Enter 键。AutoCAD 添加约束的原则是，先选择的不动，后选择的根据约束尺寸调整位置，因此本例要先捕捉 K 点，再捕捉 C 点。

（3）给 CD 添加角度约束，如图 10-1b 所示。单击角度按钮。

选择第一条直线或圆弧或 [三点(3P)] <三点>: //单击 CK

选择第二条直线: //单击 CD

指定尺寸线位置: //移动鼠标，待尺寸线到达适当位置后单击

标注文字 =85 //输入实际角度 85

（4）用同样的方法给 AB 添加角度约束 85，如图 10-1b 所示。

（5）用修剪命令修剪图线，删除水平线 A，完成作图。

【例 10-2】利用对齐约束命令的“点和直线(P)”选项，确定圆心位置画圆，如图 10-2b 所示。详细绘图过程见动画文件“10-02”。

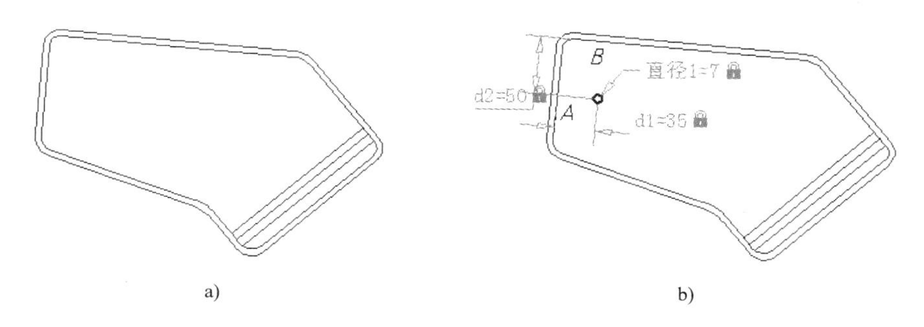

图 10-2 画圆

（1）画圆：在适当位置单击指定圆心和半径。

（2）添加圆心与直线 A 的对齐尺寸约束。单击对齐按钮。

指定第一个约束点或 [对象(O)/点和直线(P)/两条直线(2L)] <对象>: P
　　　　　　　　　　　　//单击“点和直线(P)”选项（添加圆心和直线的距离约束）
指定约束点或 [直线(L)] <直线>:　　　　//单击“直线(L)”选项。先指定直线，标注约束尺寸以后，直线不动，圆心位置改变

提示： 从命令提示可以看出，直接按 Enter 键，即可执行默认选项<直线>，与单击“直线(L)”选项效果相同。调用命令选项的另一种方法是，输入选项括号内的字母并按 Enter 键或空格键。本章例题使用单击选项的方法。读者可根据是否习惯选择调用方法。

选择直线:　　　　　　　　　//单击直线 A
选择约束点:　　　　　　　　//捕捉圆心
指定尺寸线位置:　　　　　　//移动鼠标，单击指定尺寸线位置
标注文字 =35　　　　　　　//输入距离 35

（3）给直线 A 添加固定约束。用同样的方法添加圆心与直线 B 的对齐尺寸约束 50。用上例所述方法给圆添加直径约束 7，如图 10-2b 所示。

添加长度尺寸约束还有水平、竖直两个命令，分别用来标注水平方向、竖直方向的约束尺寸。线性命令，由用户移动鼠标选择标注水平还是竖直尺寸。一般情况下，可以用线性命令标注水平或竖直约束尺寸，但当两点的倾斜角度较小，需要标注竖直约束尺寸时，用竖直命令较为便捷；同样，倾斜角度较大时，用水平命令标注水平约束尺寸较为便捷。

10.2　几何约束

上面介绍了两个通过尺寸约束作图的例子，但多数情况下需要尺寸约束与几何约束一起使用。几何约束可以使目测位置画出的不规则图线实现平行、相切、垂直、对称等位置要求。各几何约束的功能见表 10-2。

表 10-2　几何约束

约束名称	对应按钮	功　能	可 选 对 象
自动		给选择的图线自动添加适当的约束。例如给端点重合的图线添加重合约束，给用平行、垂足、相切捕捉画的直线分别添加平行、垂直、相切约束等	
删除		删除所选对象上的全部几何约束和尺寸约束	
重合		使选择的两点（图线的端点、圆心等）重合，或将一点约束到已画出图线的指定点上。可以指定的点包括端点、中点、圆心等	点、直线、圆、圆弧、椭圆、椭圆弧、样条曲线、多段线直线、多段线圆弧
共线		使选择的两条直线共线。后选择的移到先选择的延长线上	直线、多段线直线、多行文字，椭圆、椭圆弧的长轴或短轴
同心		使选择的两圆、圆弧、椭圆、椭圆弧的圆心重合	圆、圆弧、椭圆、椭圆弧、多段线圆弧
固定		使点、线段固定于当前位置。编辑图形或添加约束时，被固定的点和线段位置、方向不变	直线、圆、圆弧、椭圆、样条曲线、多段线直线、多段线圆弧

（续）

约束名称	对应按钮	功　能	可选对象
平行	∥	使后选择的对象与先选择的平行	直线、多段线直线、多行文字，椭圆、椭圆弧的长轴或短轴
垂直	⊥	使后选择的对象与先选择的夹角变为 90°	同上
水平	▭	使选择的对象或一对点变为水平（平行 X 轴）	直线、多段线直线段、多行文字、两个点，椭圆、椭圆弧的长轴或短轴
竖直	‖	使选择的对象或一对点变为竖直（平行 Y 轴）	同上
相切	○	使选择两图线相切。切点可以在延长线上	直线、圆、圆弧、椭圆、多段线直线、多段线圆弧
平滑	↗	使一条样条曲线与其他样条曲线、直线、圆弧或多段线相连并实现曲率连续	样条曲线、直线、圆弧、多段线直线、多段线圆弧
对称	[ ]	使选择的两条图线或两个点，变为以选定的直线为轴线的轴对称图线或位置对称的两个点	直线、圆、圆弧、椭圆、椭圆弧、多段线直线或多段线圆弧
相等	=	使选择的两条直线或多段线长度相等，或是使两圆或圆弧半径相等	直线、圆、圆弧、多段线直线、多段线圆弧
显示/隐藏		调用命令后，选择要隐藏约束所在图线，执行“隐藏(H)”选项，隐藏选中的几何约束；选择被隐藏约束的图线，执行“显示(S)”选项，显示被隐藏约的几何约束	
全部显示		显示全部几何约束。对尺寸约束无效	
全部隐藏		隐藏全部几何约束。对尺寸约束无效	

多段线是用多段线命令绘制的直线或圆弧。调用一次该命令可以绘制多段连续的直线或圆弧，AutoCAD 将他们作为一个图元（单击一次可选中全部图线）。多段线直线是用多段线命令画的直线段；多段线圆弧是用多段线命令画的圆弧。

添加约束的方法是：单击约束命令按钮，选择要约束的对象。先选择的对象固定不动，后选择的调整到约束要求的方位。椭圆的长轴（或短轴）、用多行文字命令输入的文字，也可以像直线那样添加共线、平行、垂直、水平、竖直等约束。选择椭圆长轴的（或短轴）方法是：调用约束命令以后，在椭圆长轴（或短轴）对应的象限点附近单击。选择用多行文字命令输入的文字的方法是：移动鼠标指向文字，显示红线后单击。如果文字是上对齐，红线显示在文字上方；如果文字是下对齐，红线显示在文字下方。AutoCAD 默认为上对齐。

【例 10-3】利用几何约束和尺寸约束画圆弧，将图 10-3a 画为图 10-3c 所示。详细绘图过程见动画文件“10-03”。

（1）用矩形命令，单击输入点画矩形 A。给矩形 A 添加线性尺寸约束，添加自动约束：单击自动约束按钮，单击矩形 A。给水平线 B 添加固定约束：单击固定按钮，单击水平线 B，如图 10-3b 所示的约束。

> **说明：** 自动约束命令可以给图形添加需要的多数约束。用其他约束命令添加约束前，都可以用该命令给图形添加约束。当然，如果需要添加的约束很少，例如前面的例题，就没有必要用该命令添加过多无用的约束。

（2）给中点 A、B 添加竖直约束，如图 10-3b 所示。单击竖直按钮。

选择对象或 [两点(2P)] <两点>: 2P　　　　//单击“两点(2P)”选项

选择第一个点:　　　　　　　　　　//捕捉中点 B
选择第二个点:　　　　　　　　　　//捕捉中点 A

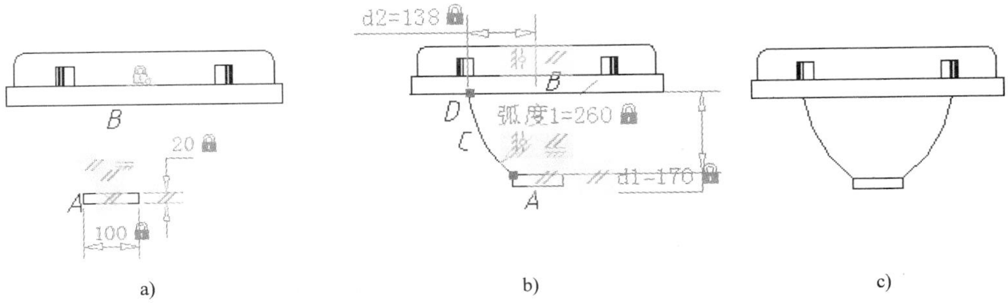

a)　　　　b)　　　　c)

图 10-3　画洗手盆

（3）用三点方式画圆弧 C：捕捉矩形 A 的左上角点，单击输入 C 点，捕捉最近点 D。用自动约束命令在圆弧两端添加重合约束。添加线性尺寸约束 138、170，给圆弧 C 添加半径尺寸约束 260，如图 10-3b 所示。

（4）镜像圆弧 C，单击 全部隐藏 、 全部隐藏 按钮，隐藏全部尺寸约束和几何约束，如图 10-3c 所示。

【例 10-4】利用几何约束和尺寸约束画圆弧，将图 10-4a 画为图 10-4b 所示。详细绘图过程见动画文件“10-04”。

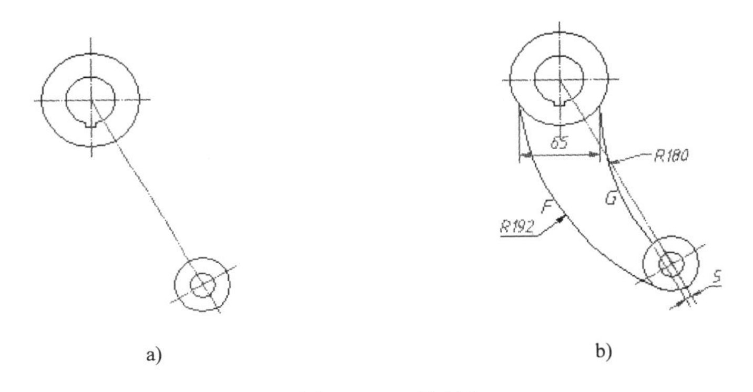

图 10-4　画圆弧

由于 AutoCAD 本身的局限性，在给圆弧 F、G 添加约束时，与其关联的圆 A、D（见图 10-5b）的圆心位置和半径，中心线 C 的位置或倾斜角度会发生变化，因此在给圆弧 F、G 添加约束前，必须把可能变化的因素加以固定。本例需要给圆 A、D 添加直径（或半径）、固定约束，中心线 C 添加角度和固定约束，如图 10-5a 所示。

标注约束尺寸 32.5 时，如果先选择中心线 B，则中心线 B 不用添加固定约束。AutoCAD 添加约束的一般规则是：先选择的图线不动，后选择的根据约束尺寸调整位置。但如果相关联约束尺寸较多时，该原则会失效，出现异常。例如本例如果中心线 C 不添加固定约束和角度约束，添加圆弧 G 的半径约束时，中心线 C 的倾角或位置会发生变化。

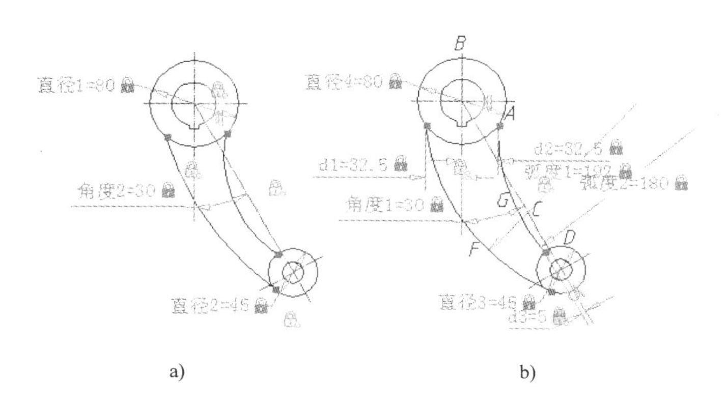

a)　　　　b)

图 10-5　添加约束

提示： 是否需要添加额外的“固定”约束，决定于“草绘”误差。误差越大，需要添加的额外约束越多。出现异常时，可以用放弃命令撤销该约束，给关联图线添加固定或尺寸约束后，再添加所需约束。

（1）添加固定约束：单击固定按钮，单击圆 A；同样给圆 D、中心线 B 添加固定约束。

（2）给中心线 B 添加竖直约束：单击竖直按钮，单击中心线 B。

（3）按例 10-2 所述方法给圆 A、圆 D 添加直径约束。

（4）给中心线 B 和 C 添加角度约束。单击角度按钮。

选择第一条直线或圆弧或 [三点(3P)] <三点>:　//单击中心线 B
选择第二条直线:　//单击中心线 C（此处需要先选择 B）
指定尺寸线位置:　//在图示位置附近单击指定尺寸线位置
标注文字 ＝30　//在“30”之外单击，接受自动测量的角度值

（5）三点方式画圆弧 F：单击圆弧按钮，捕捉圆 A 上一点（最近点），在 F 点附近单击，捕捉圆 D 上一点（最近点或象限点）。

（6）用同样的方法画圆弧 G。

（7）用自动约束命令为两圆弧两端添加重合约束，如图 10-5a 所示。

（8）用前述方法给圆弧 F、G 的上端添加水平尺寸约束。

（9）给圆弧 F 添加半径约束。单击半径按钮。

选择圆弧或圆:　//单击圆弧 F
标注文字 ＝209.9　//AutoCAD 测量的当前半径值
指定尺寸线位置:　//在适当位置单击指定尺寸线位置，并输入半径 192

（10）用同样的方法给圆弧 G 添加半径约束 180。

（11）给圆弧 F 下端添加相切约束：单击相切按钮，依次单击圆 D、圆弧 F。

（12）按例 10-2 所述方法，在圆弧 G 下端添加对齐尺寸约束，单击 全部隐藏、全部隐藏 按钮，隐藏全部尺寸约束和几何约束。

【例 10-5】通过参数化作图，将图 10-6a 画为图 10-6b。详细绘图过程见动画文件“10-05”。

（1）单击自动约束按钮，选择全部图线，系统自动添加图 10-7a 所示的约束。

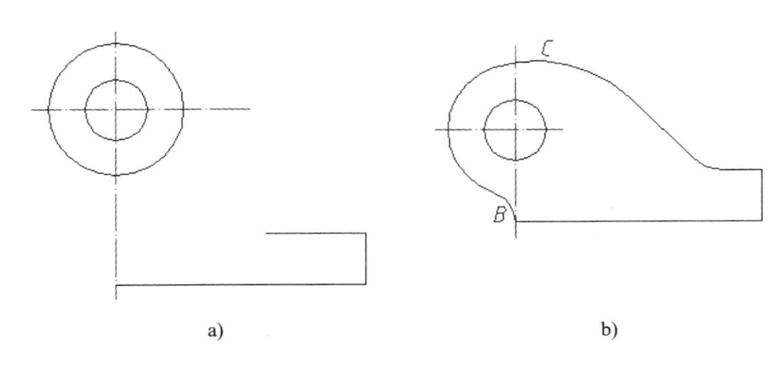

图 10-6　参数化作图

（2）给圆 A 添加固定约束、半径约束，中心线 E 添加固定约束，直线 D 添加尺寸约束 18。目测位置输入点，用三点方式画圆弧 B；在中心线 E 右侧单击指定圆心，捕捉圆 A 上一点指定半径，画圆 C，如图 10-7b 所示。

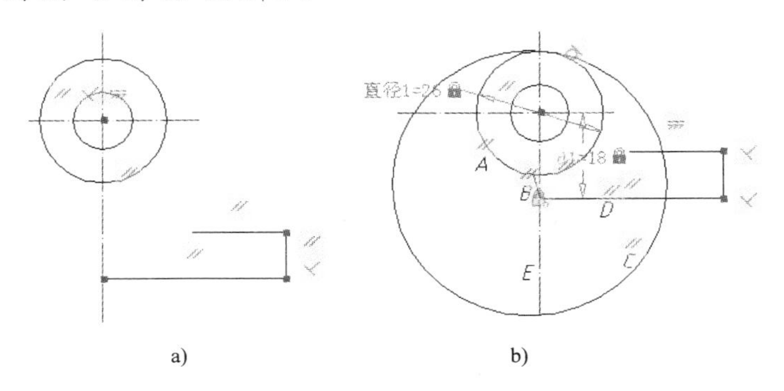

图 10-7　画圆和圆弧

（3）给圆弧 B 添加半径 6 和相切约束、端点重合约束；圆 C 添加半径 26、相切约束，圆心水平尺寸约束 4；竖直线 D 添加长度约束 10；在水平线 E 之上画与其相切的圆（半径任意），如图 10-8a 所示。

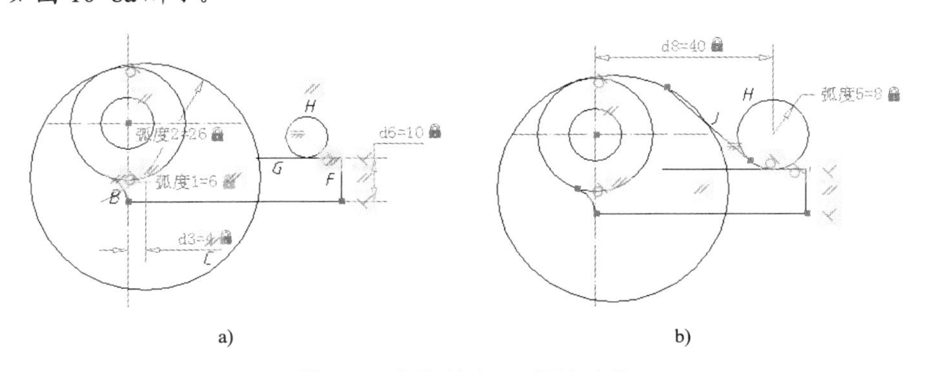

图 10-8　添加约束、画圆和直线

提示： 如果给圆弧 B 添加相切约束以后，圆弧不与圆 A（A 见图 10-7b）相交，可以用延伸命令将其延伸到圆 A。图线添加相切约束以后，往往需要延伸或修剪。

（4）给圆 A 添加半径约束 8、相切约束、圆心水平尺寸约束 40；画直线 J，如图 10-8b 所示。在直线 J 两端添加相切约束。

（5）修剪图线，单击[全部隐藏]、[全部隐藏]按钮，隐藏全部尺寸约束和几何约束，如图 10-6b 所示。

10.3　编辑约束

编辑约束包括显示与隐藏约束、删除已添加的约束、修改约束尺寸的值、启用注释性约束标注模式（以后再标注的约束尺寸变为注释性约束）、启用推断几何约束（以后再画的图线，将自动添加符合条件的约束）、选择约束的标注形式等。详见下面的例题。

【例 10-6】接例 10-5，对于几何约束和尺寸约束进行上述操作练习。详细绘图过程见动画文件“10-06”。

（1）接上例。添加自动约束：单击自动约束按钮，选择全部图线。

（2）单击[全部隐藏]按钮，隐藏全部尺寸约束；单击[全部隐藏]按钮，隐藏全部几何约束。

（3）单击[显示/隐藏]按钮，选择部分图线，输入 S，执行“显示(S)”选项，显示被选择图线的尺寸约束；单击[显示/隐藏]按钮，执行“显示(S)”选项，显示被选择图线的几何约束。

（4）单击[全部显示]按钮，显示全部尺寸约束。单击[全部显示]按钮，显示全部几何约束。

（5）单击按钮，选择全部图线，删除所有图线的全部约束。

（6）单击放弃按钮，恢复删除的约束。单击[全部显示]按钮，显示全部几何约束。

（7）移动鼠标指向某一约束图标，例如，在其一侧显示“×”，单击“×”删除该约束。

说明：用户还可以用删除命令、Delete 键、右键菜单删除已加入的约束。

（8）双击某一尺寸约束，尺寸数字反黑显示，输入新的尺寸数字，按 Enter 键完成修改。

（9）单击[标注▼]，展开【标注】面板，单击[注释性约束模式]，再标注的尺寸约束变为注释性约束，约束尺寸样式变为当前尺寸样式。

（10）单击【几何】右边的，显示【约束设置】对话框，如图 10-9a 所示。选择【推断几何约束】。以后再画图线，将自动添加满足条件的约束。例如用矩形命令画一个水平矩形，将自动添加平行和垂直约束。

说明：单击屏幕下方状态行上的，也可以选择是否自动给图线添加满足条件的约束。

（11）可以在【约束栏显示设置】中选择显示的约束。例如，如果此处不选择【水平】约束，即使给图线添加了水平约束，图中也不显示【对称】约束符号。

（12）单击【标注】选项卡使其显示在最前面（或单击【参数化】选项卡上【标注】右边的），结果如图 10-9b 所示。从【标注名称格式】下拉列表中选择尺寸约束的标注形式。单击确定，退出对话框。标注尺寸约束，观察变化。

尺寸约束有如下 3 种标注形式：

“名称和值”，同时显示约束名称和约束数值，例如d1=1000。d1 是约束名称，由 AutoCAD 自动命名，每一个尺寸约束都有一个名称。另两个选项是“名称”、“值”，选择后，只显示约束名称或约束数值一项。

是锁定图标，由【为注释性约束显示锁定图标】复选框控制。勾选该选项，显示，再单击则不显示。

a)

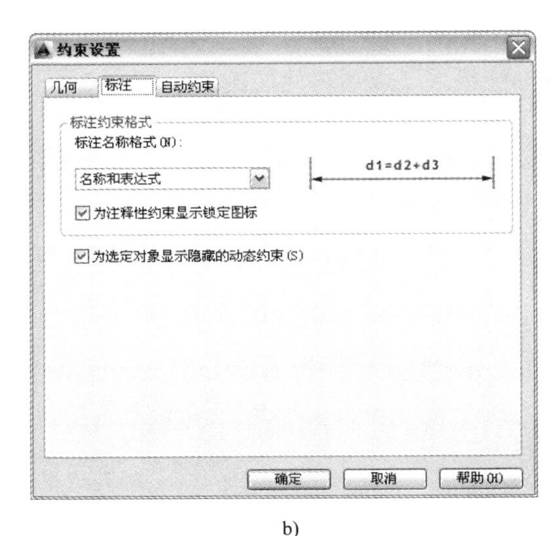

b)

图 10-9 【约束设置】对话框

（13）移动鼠标指向某一约束，单击鼠标右键，显示快捷菜单，可以调用其中的命令选项。

10.4　关系约束

用户既可以通过尺寸约束和几何约束控制图形，还可以通过建立尺寸之间的函数关系（关系约束）控制图形。例如工程图中的螺栓可以采用比例画法，各部分尺寸通过螺栓大径（与外螺纹牙顶或内螺纹牙底相切的假想圆柱面的直径）求得。如果将比例关系加入尺寸约束，只要修改螺栓直径和长度尺寸，就可以得到各种大小不同的螺栓。单击【参数化】选项卡上的 *fx* 按钮，打开【参数管理器】对话框，给尺寸约束添加函数关系。

【例 10-7】将比例关系加入尺寸约束画螺栓，如图 10-10a 所示。详细绘图过程见动画文件“10-07”。

（1）打开附盘文件 10-10.dwg，图形如图 10-10a 所示，或按图中标注的尺寸画该螺栓。

（2）将尺寸转化为尺寸约束：单击转换按钮，选择全部图线；用自动约束命令，添加几何约束；用对称约束命令给直线 A 与 B、C 与 D、E 与 F、倒角 H 与 J 添加以 G 为对称线的对称约束，如图 10-10b 所示。

（3）单击【参数化】选项卡上的 *fx*，显示【参数管理器】对话框，如图 10-11a 所示。

（4）修改螺纹大径和螺栓长度的名称：双击【名称】栏中的 d2，输入 d（将该尺寸的名称改为 d）；双击 d5，输入 L，将该尺寸的名称改为 L，如图 10-11b 所示。

d1，d2，d3…由 AutoCAD 自动命名，每一次练习都可能不同。用户可以根据约束尺寸的【值】或图中显示的约束尺寸名称，查看【参数管理器】对话框中的 d1，d2，d3…是哪一图线的约束尺寸。

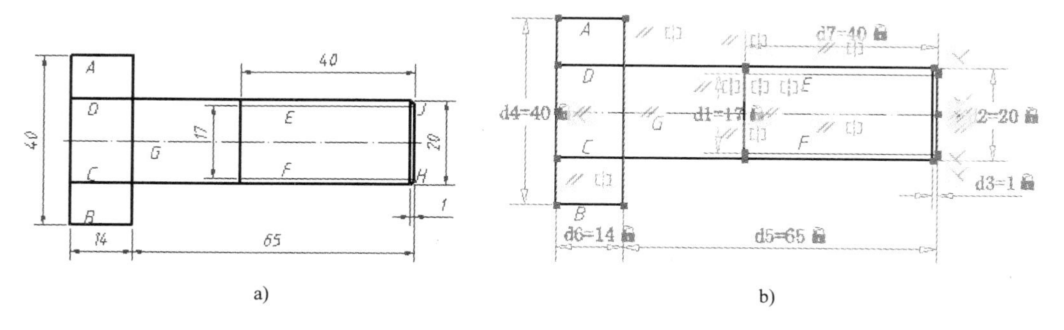

a)　　b)

图 10-10　螺栓

（5）在【表达式】栏，双击 d1 右边的 17（见图 10-11a），输入其与大径的比例关系：d*0.85 Enter。同样输入其他尺寸与大径的比例关系，如图 10-11b 所示。

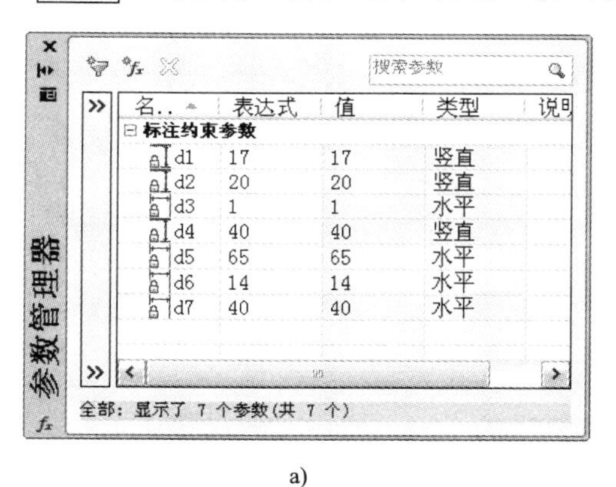

名..	表达式	值	类型	说明
标注约束参数				
d1	17	17	竖直	
d2	20	20	竖直	
d3	1	1	水平	
d4	40	40	竖直	
d5	65	65	水平	
d6	14	14	水平	
d7	40	40	水平	

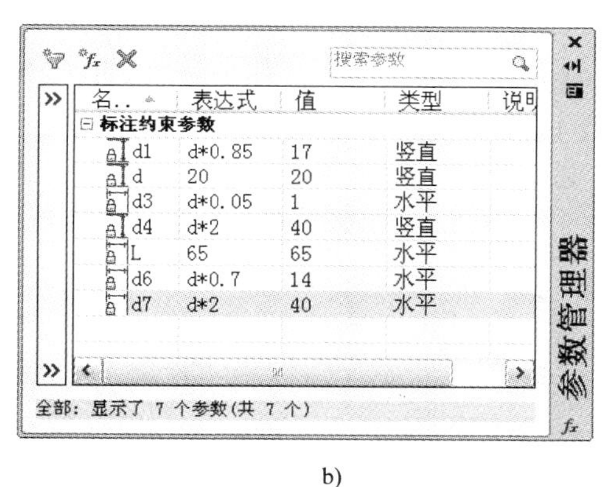

名..	表达式	值	类型	说明
标注约束参数				
d1	d*0.85	17	竖直	
d	20	20	竖直	
d3	d*0.05	1	水平	
d4	d*2	40	竖直	
L	65	65	水平	
d6	d*0.7	14	水平	
d7	d*2	40	水平	

a)　　b)

图 10-11　【参数管理器】对话框

（6）单击 ✕，退出对话框，结果如图 10-12 所示。

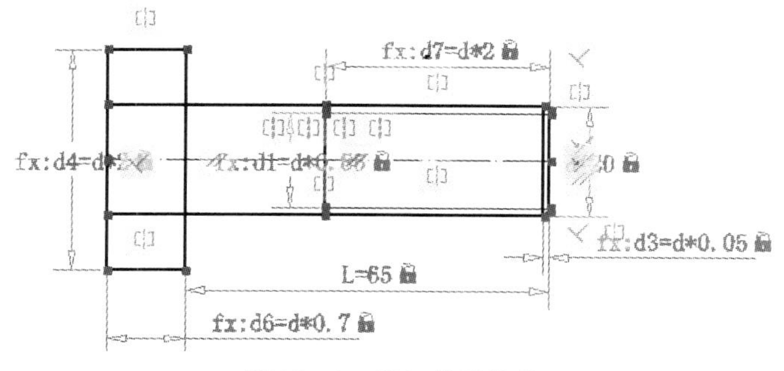

图 10-12　添加关系约束

（7）生成长度 L=100、d=40 的螺栓：双击 L=65，输入 100Enter；双击 d=20，输入 40Enter。

（8）同样生成其他尺寸的螺纹。修改尺寸时要先修改长度再修改大径。要想生成多个不同尺寸的螺栓，需要先复制再修改。

需要特别说明的是，由于软件本身的限制，当图形有较复杂的关联关系时，将无法通过关系约束驱动图形，例如图 10-13a 中的 DF=2FG。如果想通过添加关系约束，实现 DF=2FG，会出现异常：FG 长度不变，DF 长度变为 FG 当前长度的 2 倍，如图 10-13b 所示。出现这种情况时，需要像例 10-8 那样，用变通地方法画这种图形。

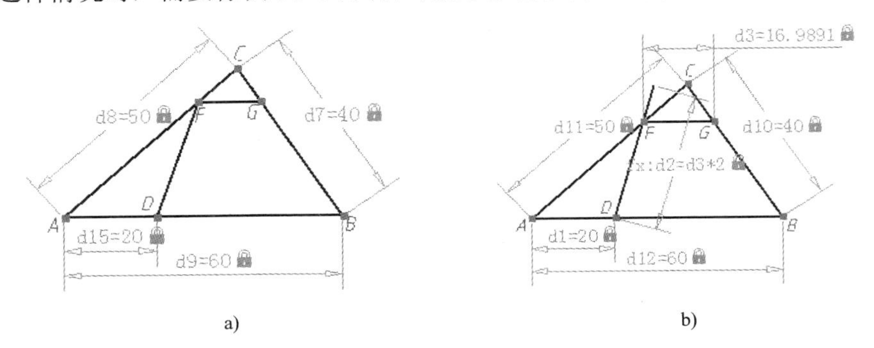

a)　　　　b)

图 10-13　关系约束异常

【例 10-8】画图 10-13a 所示的图形，其中 DF=2FG。详细绘图过程见动画文件“10-08”。

（1）画三角形 ABC：打开正交工具输入长度画直线 AB。关闭正交工具，目测位置输入 C 点；添加自动几何约束，添加尺寸约束，如图 10-14a 所示。

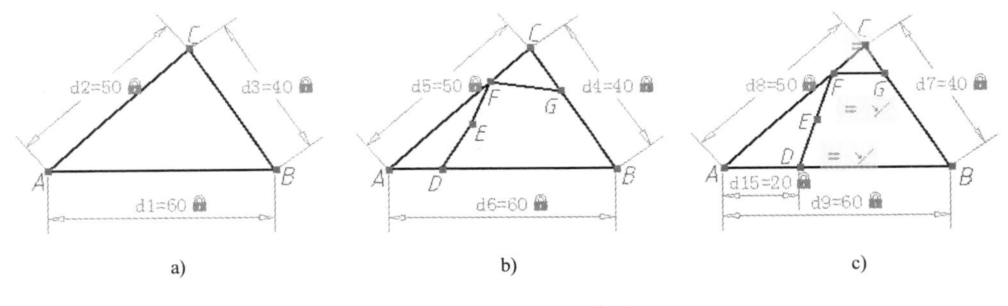

a)　　　　b)　　　　c)

图 10-14　利用约束作图

（2）画直线 DE、EF、FG：用最近点捕捉输入 D、F、G 点，目测位置输入 E 点，如图 10-14b 所示。

（3）添加自动几何约束，A、D 两点之间添加尺寸约束，DE、EF、FG 添加相等约束，FG 添加水平约束，DE、EF 添加共线约束，如图 10-14c 所示。

提示： 利用对象捕捉、正交工具等命令将草图画得尽量准确，然后再添加自动约束，基本不必再用其他命令添加几何约束。如果草绘图形与实际图形相差太大，有时还会出现图形异常、约束尺寸不能修改等情况。例如画完图 10-14b 所示的图形后再添加约束，如果尺寸相差过大，就很难调整到真实形状和大小。

（4）在【默认】选项卡中，单击 修改 ▾ ，展开修改面板，单击合并按钮，将 DE、EF 合并为一条直线，如图 10-13a 所示。

10.5　建立和调用样板图

用 AutoCAD 绘图时，每次都要设置作图环境，包括确定图幅、绘制边框、标题栏、确定绘图单位和作图精度、设置文字样式、尺寸样式、建立必要的图层、设置自动对象捕捉方式等，有许多项目以前都使用了默认设置。这些设置有的固定不变，有的要在一定范围内变化，为了避免每一次绘图都进行重复设置，AutoCAD 提供了一个一劳永逸的方法——建立样板图。

样板图中可以包含任何内容，但只有通用的内容才有意义，除了包括上述设置以外，还可以包括标准件，常用图例（例如门、窗、家具）等定义成的图块等。本章以建立一个“A2”幅面的样板图为例，介绍有关内容。AutoCAD 提供了许多样板图文件，但由于该软件是美国的 Autodesk 公司开发的，其样板图没有一个能够完全符合国家标准，因而用户应当学会自己建立样板图。

10.5.1　建立样板图

本节要建立的样板图包括上面提到的全部内容。

【例 10-9】建立 A2 幅面的样板图文件。

1．设置长度类型和精度，角度的类型、精度、正向和零度方向

（1）打开一新文件。单击屏幕最左上角的，展开【菜单浏览器】，移动鼠标指针指向【图形实用工具】，显示下一级菜单，如图 10-15a 所示。单击其中的“单位”，显示【图形单位】对话框，如图 10-15b 所示。

（2）在【长度】区，可以从【类型】、【精度】下拉列表选择长度尺寸的类型和精度。本例保留默认设置，如图 10-15b 所示。

长度类型有分数、工程、建筑、科学和小数 5 种，画建筑图一般使用默认选项“小数”。

（3）虽然保留 1 位小数即可满足建筑图对图线精度的要求，但由于此处设置的小数位，决定 AutoCAD 对话框的文本框等显示的小数位数，建议保留默认值“0.0000”。

（4）在【角度】区，可以从【类型】、【精度】下拉列表选择角度尺寸的类型和精度。本例【类型】保留默认设置“十进制度数”。从【精度】下拉列表中选择“0.0”。

在【角度】区，还可以设置角度的正方向。如果勾选【顺时针】选项，以后输入的角度将变为“顺时针为正”。但为了避免混乱，应当保留默认设置，不选择【顺时针】，即逆时针为正。

（5）单击 方向(D)... ，显示【方向控制】对话框，如图 10-16a 所示。

在此对话框中选择角度的零度方向。角度的零度方向有 5 种：东、北、西、南和其他。在第 1 章中已经说明角度的零度方向是 X 轴的正方向，即“东”方向。以“东”作为角度的起始方向，是 AutoCAD 的默认设置，也是其他学科的通用方向，建议不要修改，以免引起混乱。

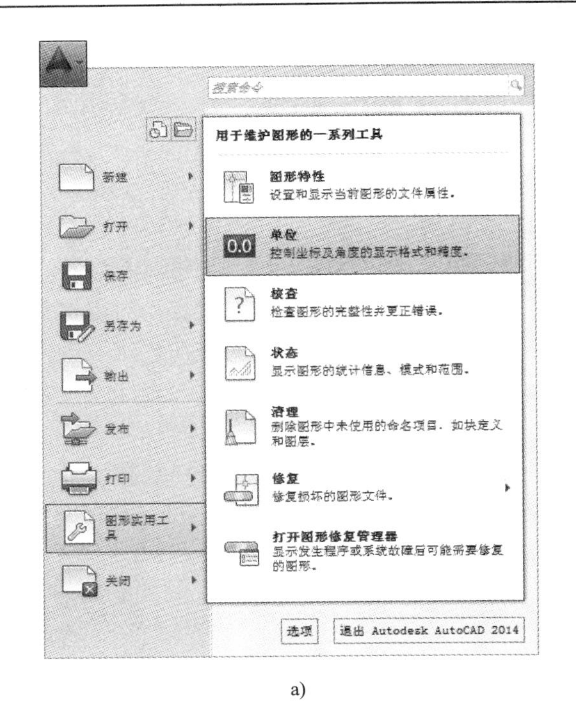

a)

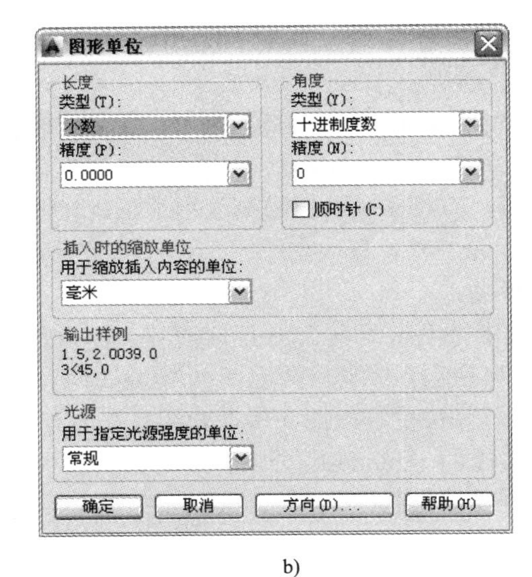

b)

图 10-15 【图形实用工具】菜单和【图形单位】对话框

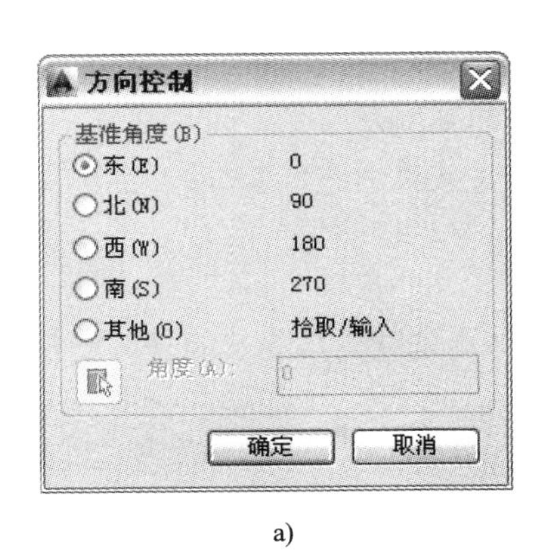

a)

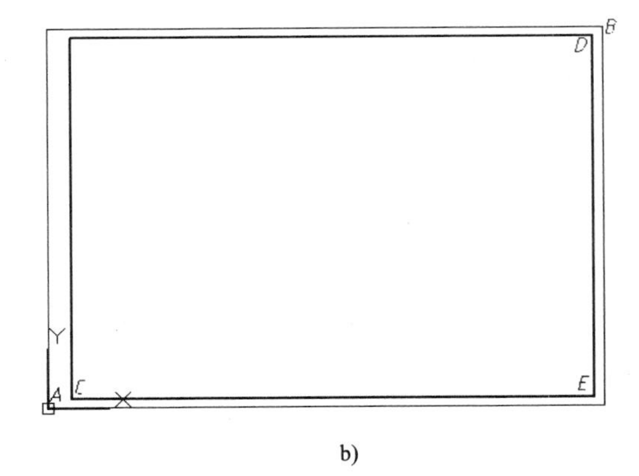

b)

图 10-16 【方向控制】对话框

（6）保留【方向控制】对话框中的默认设置。单击 确定 按钮，返回原对话框。

（7）单击 确定 按钮，退出对话框，完成设置。

（8）将图形界限设置为 594 × 420，将其缩放至全屏。

（9）根据自己经常绘制的图形的特点，确定常用对象捕捉方式，设置并打开对象捕捉。

（10）建立图层。用第 5 章介绍的方法，建立表 5-1 所示的图层。

读者可以建立更多的图层，为了便于打印图形时控制图线宽度，需要将不同线型、不同粗细的图线画在不同的图层上，最好使用不同的颜色。

（11）参照第 7 章例 7-1，建立文字样式，取名为“建筑图文字样式”，包括“gbeitc.shx”和“gbcbig.shx”两种字体。参照第 7 章例 7-6 和例 7-8 建立表格样式。

（12）参照第 8 章相关例题，建立如下尺寸样式：建筑图尺寸样式、只有一条尺寸界线的尺寸样式、非圆视图上标注直径尺寸样式、角度尺寸样式、直径、半径尺寸样式。

> **提示：**建立其他尺寸样式时，选择“建筑图文字样式”为当前样式。各尺寸样式的用途见第 8 章。

（13）参照第 8 章例 8-12，建立如下引线样式：引线样式_末端箭头、引线样式_末端圆点、引线样式_末端无符号。

（14）参照第 9 章相关例题，创建带属性的图块：标高、详图索引标志、局部剖面图的索引标志、详图标志。

下面画图 10-16b 所示的两个矩形，分别代表 A2 图纸的幅面和边框。

（15）画矩形 AB。使“细实线”层为当前层，单击矩形按钮，输入 A 点的坐标“0,0”，输入 B 点的坐标“594,420”。

（16）画矩形 CD。使“中实线”层为当前层。按 Enter 键重复执行矩形命令，输入 C 点的坐标“25,10”，单击捕捉自按钮，捕捉 B 点为基准点，输入 D 点与 B 点的相对坐标“@-10,-10”。

在绘图实践中，为了方便作图，都按 1:1 的比例绘图。打印时通过设置打印比例缩放图形，以适应图纸的幅面大小。但无论打印比例如何变化，标题栏、标高等符号打印在图纸上的大小都是固定不变的。一般将它们定义为图块文件，插入它们之前确定打印比例，根据打印比例确定插入比例。如何处理各种比例见本书最后一章。

> **提示：**如果打印比例不是 1:1，需要将边框和标题栏一起定义为图块文件，确定打印比例再将其插入。

附盘文件夹“\dwg\11”中有一个第 7 章例 7-6 创建的标题栏图块文件，名称为“标题栏.dwg”。下面插入该标题栏。

（17）单击插入按钮，显示【插入】对话框。单击 浏览(B)... ，显示【选择图形文件】对话框。单击【查找范围】下拉列表，单击打开“标题栏.dwg”所在的文件夹，双击文件名“标题栏.dwg”，返回【插入】对话框。使【比例】区的【X】、【Y】都保留默认值：1，单击 确定 按钮，退出对话框。刚插入的图块随鼠标移动，捕捉图 10-16b 所示的 E 点，结果如图 10-17 所示。

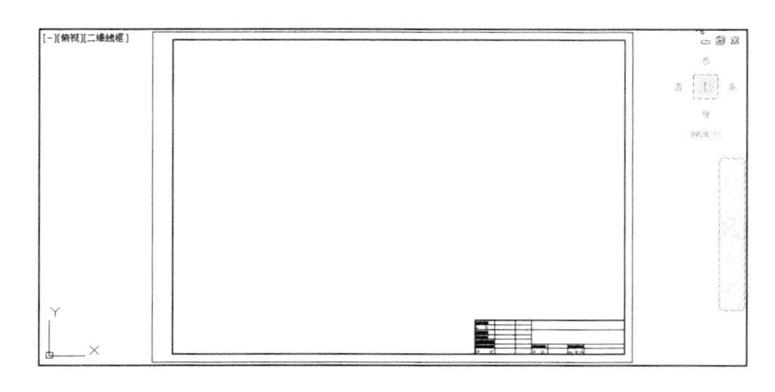

图 10-17　样板图

10.5.2 建立样板图文件

建立样板图文件，就是将样板图存为磁盘文件。保存样板图文件与保存一般图形文件的方法相同，但两种文件采用不同的扩展名。

- 样板图文件扩展名是 dwt。
- 一般的图形文件的扩展名是 dwg。

【例 10-11】将样板图存为样板文件“A2.dwt”。

（1）单击另存为按钮，打开【图形另存为】对话框。

（2）从【文件类型】下拉列表中选择“AutoCAD 图形样板（*.dwt）”，在【文件名】文字框中输入文件名“A2”。单击 保存(S) 按钮，退出对话框，显示【样板选项】对话框，如图 10-18a 所示。

图 10-18 【样板选项】和【选择样板】对话框

（3）在【说明】文本框中输入所建样板图的简要说明：A2 幅面建筑样板图。

（4）单击 确定 按钮，退出对话框，完成样板图存盘。

提示： 用户也可以将其存为一般图形文件，并按一般图形文件打开，在此基础上绘制图形。

建立完一个样板图以后，就不用再从头开始建立新样板图，只要调出已有的样板图，修改或设置不相同之处，换名存盘即生成另一个样板图文件。例如前面已经建立了 A2 幅面的样板图，只要打开该样板图文件，用图形界限命令将作图区域修改为 1189×841，重画边框，换名存盘为“A0.dwt”，即建立了一个其他设置与 A2 相同的 A0 幅面的样板图。

10.5.3 调用样板图

建立了样板图文件以后，可以随时打开样板图文件，在样板图的基础上绘制新图形。这样画新图就变成了在样本图的基础上添加新内容。

【例 10-11】调用“A2”样板图。

（1）单击屏幕左上角的新建按钮，显示【选择样板】对话框，如图 10-18b 所示。例 10-10 建立的样板图“A2.dwt”已经显示在样板图列表中。

（2）双击“A2.dwt”，结果如图 10-17 所示。新图中有上面建立的样板图的所有内容，包括边框、标题栏、文字样式、尺寸样式、引线样式、粗糙度图块、图层等，可以在此基础上绘制新图形。

10.6　根据投影规律作图

利用“长对正、高平齐、宽相等”的投影规律，将 3 个视图一起画，可以显著减少尺寸输入，提高作图效率。要实现“长对正、高平齐、宽相等”，有如下 3 种方法：

- 用对象捕捉追踪，见第 2 章。
- 用构造线，见第 3 章。
- 对象捕捉追踪与构造线结合作图。此法用得较多。

【例 10-12】根据投影规律，用构造线命令、对象捕捉追踪画六棱柱三视图，如图 10-19 所示。本例详细作图步骤见动画文件“10-12”。

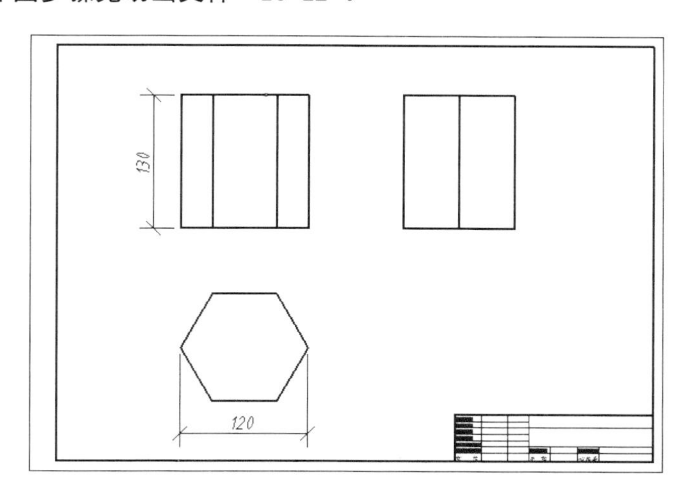

图 10-19　六棱柱三视图

（1）用上例所述方法调用样板图文件“A2.dwt”，结果如图 10-17 所示。

（2）设置并打开对象捕捉（包括端点、交点、垂足等）和对象捕捉追踪。使“中实线”层为当前层，在屏幕左下角画圆内接正六边形，如图 10-19 所示。

（3）为了利用高平齐作图，在适当位置单击确定位置，画水平构造线 A，偏移生成 B。利用对象捕捉追踪画棱线 DE：单击直线按钮，移动鼠标到 C 点，显示端点捕捉标记后，向上移动鼠标到构造线 AD，显示交点标记后，单击指定 D 点，捕捉垂足 E。用同样的方法画其他棱线，如图 10-20 所示。

（4）为了利用宽相等作图，单击确定位置画-45° 构造线 A。捕捉交点确定位置画其他 3 条水平构造线。分别过 A、B、C 点追踪画铅垂线 F、G、H，如图 10-21 所示。

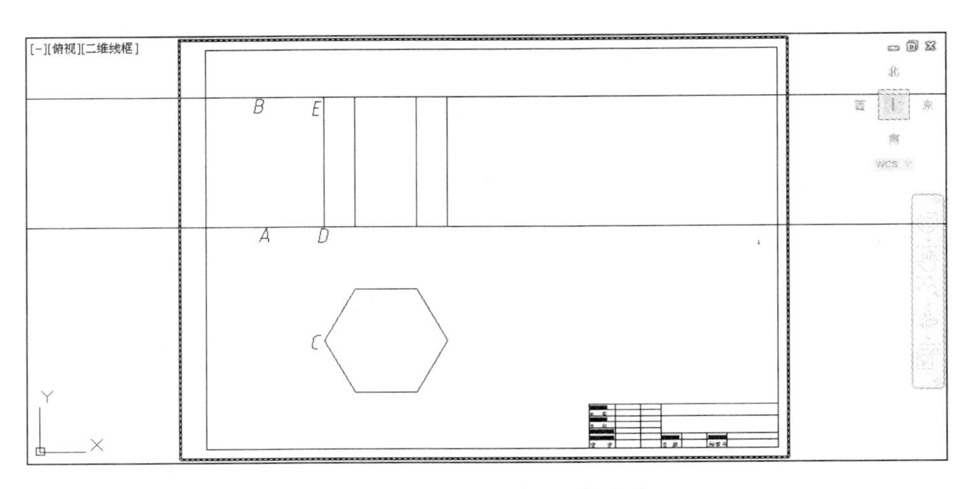

图 10-20 画正六边形、构造线

说明：A 点位置仅影响侧立面图的左右位置。

（5）删除水平构造线 A、B、C 和倾斜构造线 AC。以铅垂线 D、E、F、H 为修剪边界，修剪构造线 23 和 14（见图 10-21），结果如图 10-19 所示（无标注的尺寸）。

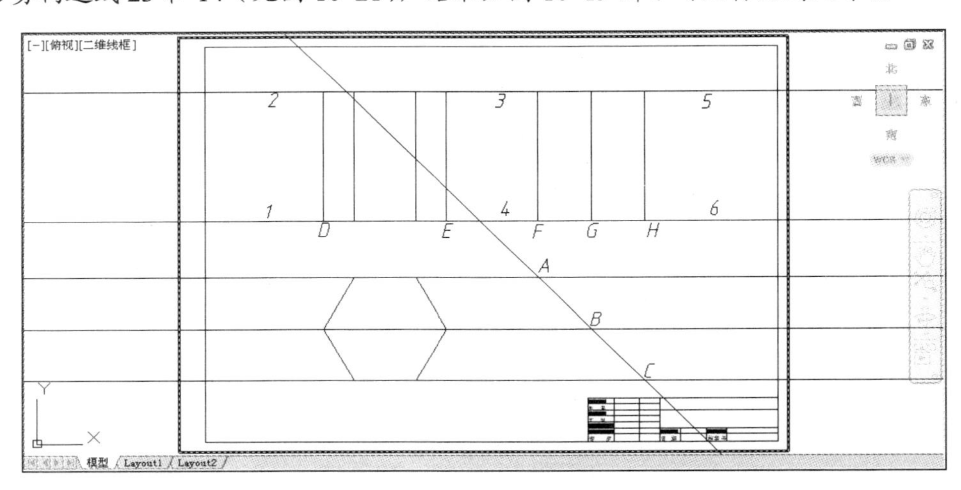

图 10-21 修剪图线

10.7 小结

通过前面的学习可以看出，AutoCAD 的参数化绘图命令，与大型工程软件相比，确实存在一些不足。但只要按本章介绍的方法，做一点处理：添加几个固定约束，或像例 10-8 那样，采用变通的方法，将一条直线分为几段，再添加共线、相等约束，就可以画出任意复杂的图形。无论如何，用参数化作图命令，绘制本章介绍的只有一个端点是切点的圆弧非常有效。例如图 10-4 中的圆弧 F 和 G，图 10-6 中的圆弧 B、C，如果没有参数化命令，需要像手工绘图那样，画辅助线确定点。对于图 10-2 中小圆的圆心，如果不用添加尺寸约束的方法定位，也需要画辅助线确定圆心。而对于图 10-1 倾斜线 B、D，用尺寸约束还是用对象捕捉追踪和角度替代作图，从效率上讲，差别不大。

有了参数化作图命令，虽然可以先“潦草”作图，画完后再通过添加几何约束和尺寸约束调整其形状和大小。但如果图形误差较大，不仅调整繁琐，而且当图形相切、相交关系较多时，无法调整到要求的结果。所以建议读者，将传统方法和参数化作图配合使用，主要用对象捕捉、正交工具、追踪等方法作图，用参数化作图命令画这些命令不能直接定位的图线。

用参数作图命令时，建议读者尽量将图画得精确一些，最好边画线边添加约束，以免出现不能调整到要求效果的情况。

创建样板图是一种一劳永逸的作图方法，花一点时间建立一个样板图，可以永远地使用下去，并可以作为大家的共享资源。样板图中可以包括图层、文字样式、尺寸样式、标题栏、自动对象捕捉方式等。

10.8　习题与作图要点

1．判断下列各命题，正确的在（）内画上“√”，不正确的在（）内画上“×”。

（1）有了参数化作图命令，可以把图形“草绘”成任意形状再添加约束。（　　）

（2）对于一般图形，用“草绘”方法作图比用传统方法绘图效率要高。（　　）

（3）由于 AutoCAD 本身的局限，添加约束时，有时会引起相关联的图线意外变动，这需要事先给关联图线添加固定等约束。（　　）

（4）“参数化”选项卡中的尺寸标注命令，都是尺寸约束命令。（　　）

（5）在动态约束模式下，以当前尺寸样式标注约束尺寸，可以打印约束尺寸。（　　）

（6）添加约束时，要先选择不动的图元，后选择由约束调整方位的图元。（　　）

（7）需要添加的约束较多时，先用自动约束命令让 AutoCAD 自动添加约束，可以显著降低工作量。（　　）

（8）用对齐约束命令的“点和直线(P)”选项，可以约束点到倾斜线的距离。（　　）

（9）通过添加关系约束，可以绘制图线长度之间有倍数要求的图形。（　　）

（10）样板图中可以包括任何内容，但只有通用的内容才有意义。（　　）

（11）保存样板图文件与保存一般图形文件，除了两种文件的扩展名不同以外，其他操作完全相同。（　　）

2．简答题。

（1）试说明添加约束时“在适当位置单击”的含义。

（2）如果添加约束时，引起相关联的图线意外变动，或添加的关系约束不能起到应有的效果，应如何处理？

（3）什么时候使用动态约束？什么时候使用注释性约束？

（4）试说明水平、竖直、对齐约束命令各自适应的场合。

（5）添加约束时如何选择椭圆的长、短轴？

（6）编辑约束通常包括哪些项目？

（7）例 10-7 中为什么要给相关图线添加对称约束？

（8）绘制图 10-13a 所示的图形时，如何实现 DF=2FG？

（9）试述建立样板图的优点，样板图中通常包括哪些项目？

（10）如何建立、保存、调用样板图文件？

3．用参数化等命令，画衣帽钩，如图 10-22a 所示。

作图要点提示：

（1）目测位置输入点画矩形 A（后面称为草绘），并添加长、宽尺寸约束。草绘圆 B。捕捉 A 上的一点指定圆心，捕捉切点指定半径画圆 C，如图 10-22b 所示。

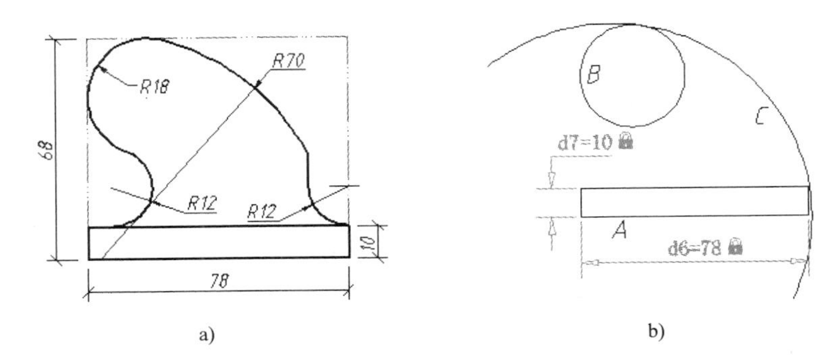

图 10-22　画衣帽钩

（2）用自动约束命令添加约束。给圆 B 添加直径约束，对其圆心添加两个位置约束。给圆 C 添加半径约束，如图 10-23a 所示。

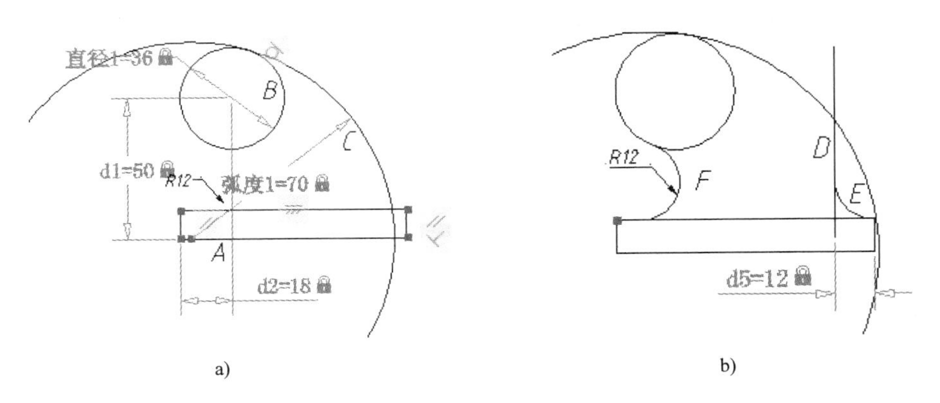

图 10-23　画圆和直线

> **提示：**如果添加约束时出现异常，需要像本章例 10-4 那样，用放弃命令删除刚添加的约束，给出现异常的图线添加固定或尺寸等约束以后，再重新添加所需约束。

草绘直线 D，并添加位置约束。将圆角命令设置为不修剪，用圆角命令画相切圆弧 E、F（见图 10-23b），修剪图线，完成作图。

第 2 篇　各类典型建筑图绘制实例精解

第 11 章　家具与设施平面图

室内设计平面图要在建筑平面图的基础上，画出家具、设施等物件的图例符号，表达它们的形状、安放位置、尺寸关系等。本章结合典型绘图实例，分类介绍各种平面图例的绘制方法。综合练习对象捕捉、对象捕捉追踪、编辑命令的使用方法及作图技巧。读者只要掌握了本章例题介绍的绘图方法，就能快速绘制各种复杂图形，并养成良好的绘图习惯。

本章每一例图都给出了绘图要点，并将绘制全过程录制为动画文件，放在本书所附的光盘中。基础好的读者可以参照书中给出的绘图要点，根据图中标注的尺寸，绘制例题，尽快掌握真正有效的绘图方法；基础差一点的读者，可以先看书中给出的作图要点，再看动画文件，先了解要点，再掌握过程，收到事半功倍的效果。

提示： 本章例题绘制过程制成的动画文件，在附盘文件夹“\avi\11”下，文件名与例题编号相同。

11.1　作图方法综述

在室内设计平面图中，为了准确表达设计者的思想，图例符号要按比例，以简化、概括的方式画出实物的轮廓，不求真实，但要形似。

为了使图形比例得当，标注尺寸时应使尺寸标注命令自动测量的尺寸与要标注的尺寸一致，一般要将主要图线按尺寸绘制。在画相切圆弧时，为了保证圆弧相切，也要按尺寸绘制。

家具与设施图例，主要由直线、圆和圆弧组成。画直线时，一般要打开正交工具、对象捕捉和对象捕捉追踪，用直线、偏移、修剪命令绘制。“角度替代”用来画角度已知，长度未知（端点是交点）的倾斜线；用圆角命令画两端是切点的圆弧，其他圆弧主要用画圆、修剪方法绘制，个别圆弧可以直接用圆弧命令绘制。在绘图过程中，需要经常调用移动、镜像、复制、显示控制等命令。

提示： 需要特别说明的是，在看本书例题的作图要点之前，需要先仔细研究例图，分析其结构特点，根据上面介绍的作图要点，设想主要的绘图过程和主要作图命令，再看作图要点或动画文件，才能提高阅读速度，取长补短，尽快成为绘图高手。

参数化作图命令特别适合绘制尺寸关系复杂的图形，但除了个别情况之外，用参数化命令确定点的位置、圆的半径、直线的长度等，并不能显著提高作图效率。用户可以根据自己的作图习惯选择使用。但参数化作图命令用来修改已有的图形、调整设计方案等非常有效。详见后面的例题。

11.2 班椅与沙发

【例 11-1】画班椅，如图 11-1a 所示。

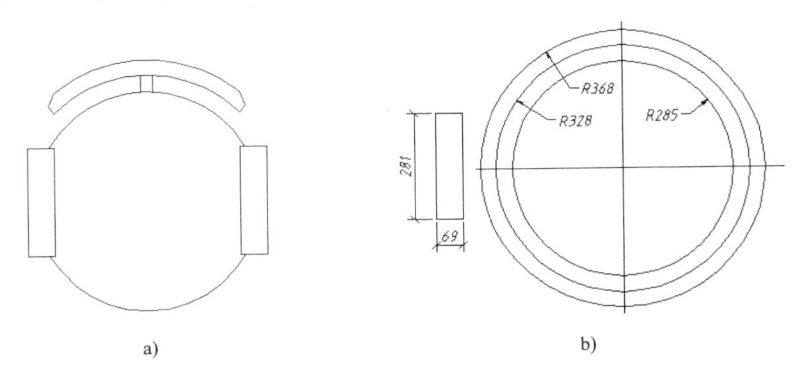

图 11-1 班椅平面图

作图要点：

（1）调用样板图或设置作图环境。将图形界限设置为 1200 × 800，打开正交工具，设置并打开自动对象捕捉。

> **说明：** 画图前一定要按第 10 章介绍的方法，设置作图环境或调用样板图，将图线画在相应的图层上。

（2）使“细实线”层为当前层，打开正交工具，在屏幕适当位置单击确定点画两条直线，捕捉交点确定圆心画圆。画矩形：在屏幕任意位置单击确定第一个角点，输入对角点的相对坐标，如图 11-1b 所示。

（3）捕捉中点为基点，用对象捕捉追踪确定位移的第 2 点，移动矩形；偏移直线，捕捉交点画直线，镜像矩形和直线，如图 11-2a 所示。

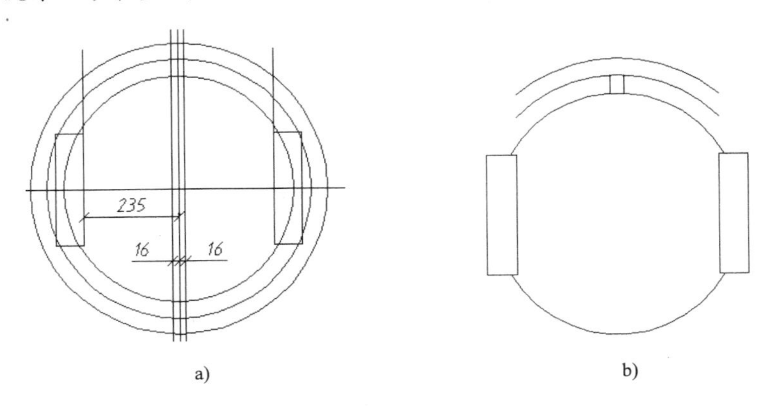

图 11-2 画矩形和直线

提示： 在动画文件中，经常按 Enter 键，重复执行刚执行完的命令；单击鼠标右键，结束对象的选择。

（4）修剪、删除图线，如图 11-2b 所示。

（5）用角度替代画直线 AB、CD，修剪直线，镜像生成另外两条直线，如图 11-3a 所示。

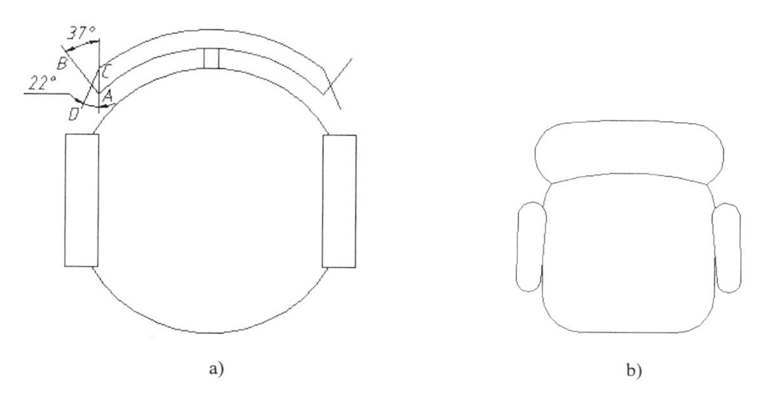

图 11-3　画直线、班椅平面图

（6）修剪直线完成作图。

【例 11-2】画班椅，如图 11-3b 所示。

作图要点：

（1）调用样板图或设置作图环境。将图形界限设置为 6000 × 4000，打开正交工具，设置并打开自动对象捕捉。

在图形界限“6000×4000”中，真正起作用的只有一个数值，另一个数值由屏幕的显示长宽比例确定。

（2）使“点画线”层为当前层，在屏幕适当位置单击确定点画水平、铅垂中心线，偏移生成另外两条中心线。使“细实线”层为当前层，捕捉交点画小圆，用“相切、相切、半径”方式画大圆，如图 11-4a 所示。

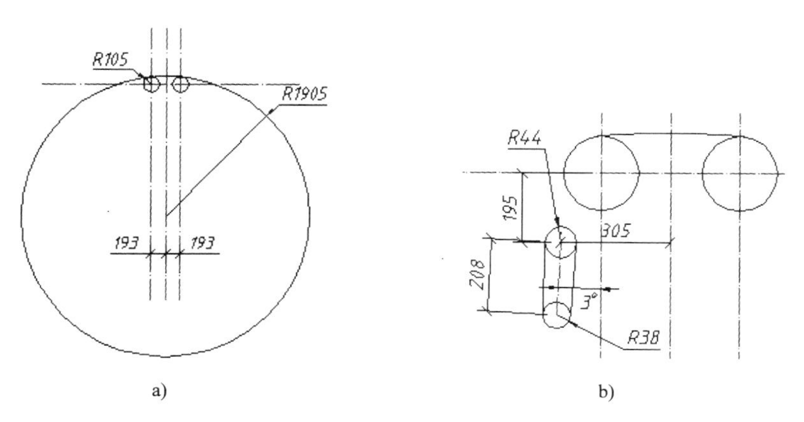

图 11-4　画直线和圆

提示： 如果画出的点画线显示为实线，是由于线型比例太小或太大的缘故。本例可以用线型比例命令 Ltscale（简化输入形式是 Lts），将比例设置为 100。

（3）用窗口方式放大显示图形，修剪大圆；用捕捉自确定圆心画左下方的两个小圆，捕捉切点画直线，如图 11-4b 所示。

（4）用偏移命令的“图层(L)”、“当前(C)”选项，偏移中心线到“细实线”层，生成直线 A、B、C、D，用“起点、端点、半径”方式画圆弧，如图 11-5a 所示。

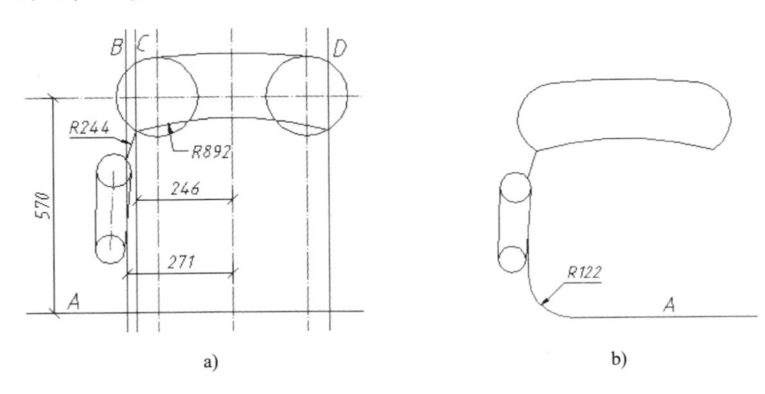

图 11-5　偏移直线、画圆弧

说明： 偏移命令可以直接生成不同线型的图线，例如由中心线偏移生成细实线。方法是，选择“细实线”层为当前层，执行偏移命令，依次单击“图层(L)”、“ 当前(C)”选项，后面的操作与偏移生成同种图线相同。

（5）删除中心线和铅垂线 C、D，修剪图线，画圆角，如图 11-5b 所示。

（6）镜像图线，修剪水平线 A（参见图 11-5b），如图 11-3b 所示。

【例 11-3】画沙发，如图 11-6 所示。

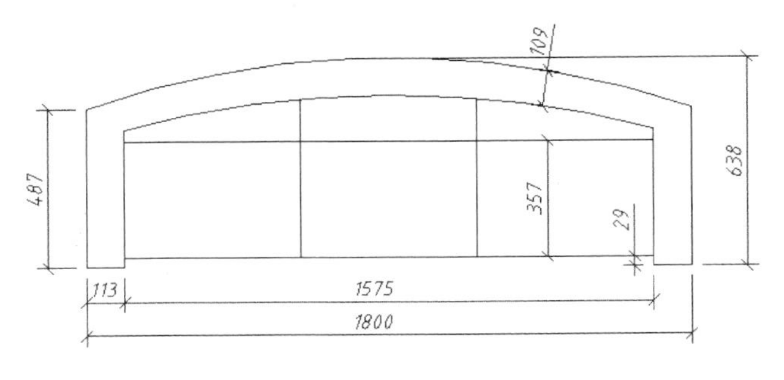

图 11-6　沙发平面图

作图要点：

（1）调用样板图或设置作图环境。将图形界限设置为 2000 × 1500。

（2）利用正交工具输入长度画直线 ABC（CD 长度任意，超出圆弧即可）。过 C 点追踪确定镜像线，镜像生成其他直线。用三点方式画大圆弧，偏移生成另一圆弧，如图 11-7a 所示。

（3）修剪图线。画直线 AB：过 C 点追踪确定 A 点，捕捉垂足 B，偏移生成 DE；用定数等分命令将 AB 三等分，捕捉节点画适当长的铅垂线，如图 11-7b 所示。

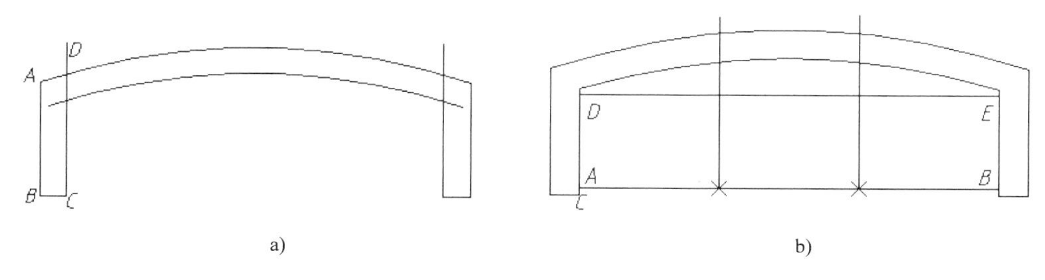

图 11-7　画直线和圆弧

说明：在本章例题的作图要点中，经常提到画一“适当长度的直线”，如果是定位线，只要足够长，满足定位要求即可；如果是通过修剪或延伸确定端点的直线，不要过长或过短即可。

（4）修剪图线，删除点标记，完成作图。

【例 11-4】画沙发，如图 11-8a 所示。

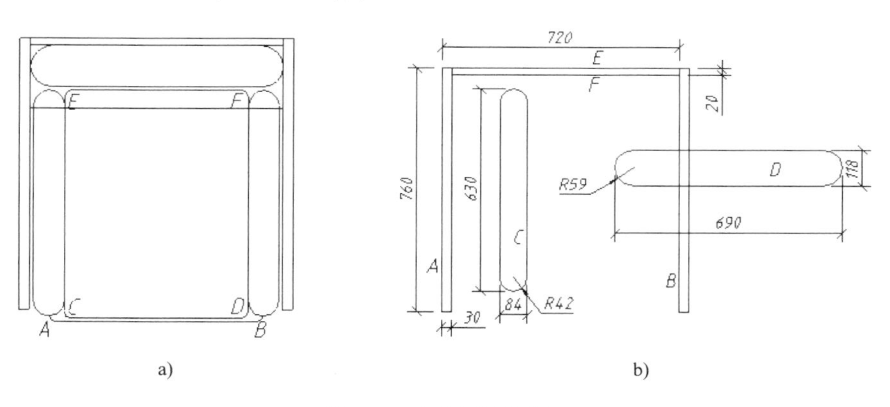

图 11-8　画沙发平面图

作图要点：

（1）按例 11-3 步骤（1）设置作图环境。将图形界限设置为 1500×1000。

（2）使“细实线”层为当前层，在屏幕任意位置画矩形 A、C、D，由矩形 A 复制生成矩形 B；捕捉端点画直线 E，由 E 偏移生成直线 F，如图 11-8b 所示。

说明：AutoCAD 保留上一次执行圆角命令设置的圆角半径，画圆角时要根据命令提示，看是否需要重新设置。矩形 C、D 是带圆角的矩形，圆角半径分别为 42、59。

（3）移动矩形 D：捕捉 D 的上边中点作位移的基点，捕捉 F 的中点为第 2 点；移动矩形 C：捕捉象限点作为位移的基点，用“捕捉自”确定位移的第 2 点；由矩形 C 镜像生成矩形 E：捕捉中点 D、F 确定镜像线；分解矩形 C、D、E，如图 11-9a 所示。

（4）偏移生成直线 C、D、E、F，捕捉圆心画任意长度的直线 A、B，如图 11-9b 所示。

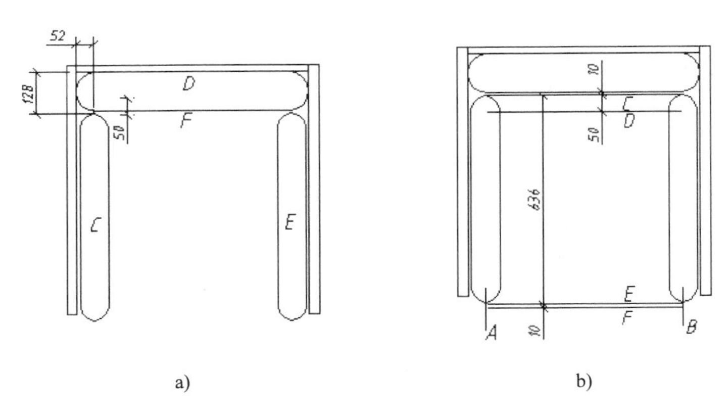

a)　　b)

图 11-9　移动、镜像矩形

（5）用圆角命令画圆弧 A、B、C、D、E、F，R=20。延伸、修剪直线，如图 11-8a 所示。

【例 11-5】由图 11-8a 画为图 11-10。

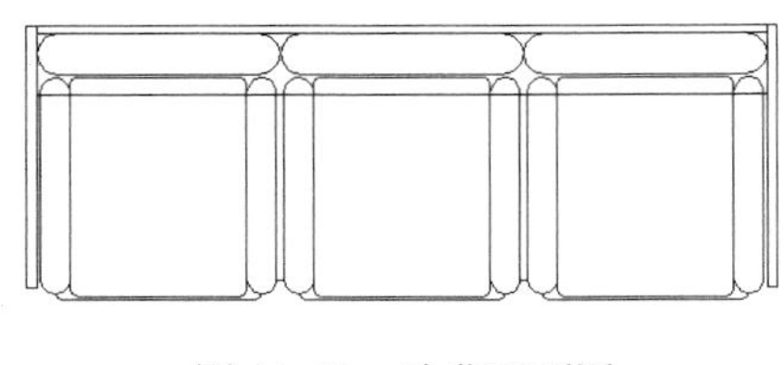

图 11-10　沙发平面图

作图要点：

（1）打开附盘文件“\dwg\11\11-08”，图形如图 11-08a 所示，删除多余的图线，如图 11-11a 所示。

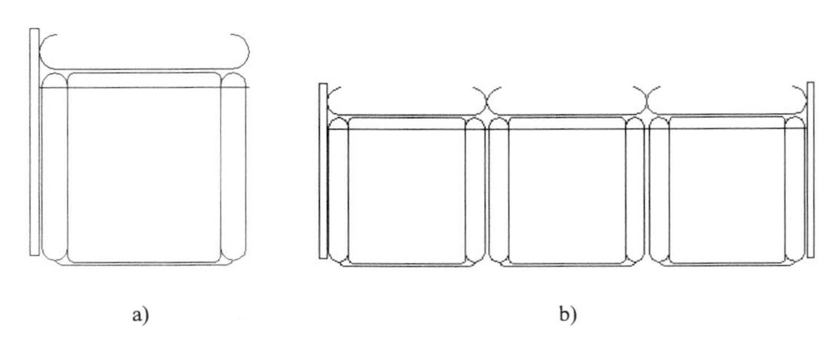

a)　　b)

图 11-11　删除图线、复制图形

（2）复制图线，镜像矩形，如图 11-11b 所示。

（3）捕捉端点画直线，用偏移命令的“通过(T)”选项偏移直线，完成作图。

11.3　餐桌与茶几

餐桌与茶几一般都用简单的线条表示，并将餐桌与椅子画在一起。餐桌一般分为圆形和矩形两种，可以用圆、带圆角的矩形表示，椅子用阵列或镜像命令绘制。

茶几一般用椭圆或带圆角的矩形表示，形状简单，本节没有设专门例题，以后用到时再作介绍。

【例 11-6】画餐桌，如图 11-12a 所示。

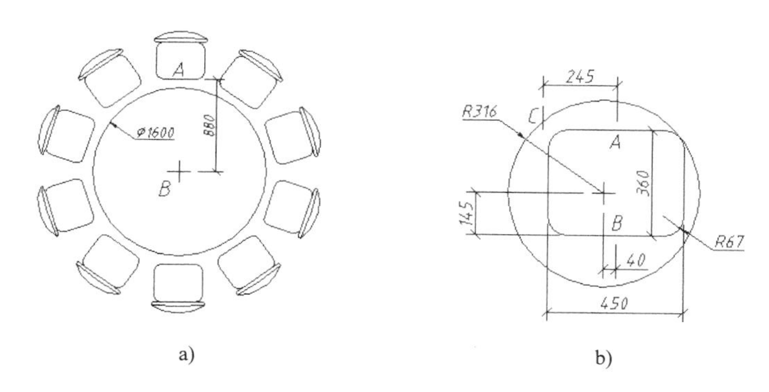

图 11-12 画餐桌

作图要点：

（1）调用样板图或设置作图环境。将图形界限设置为 7000 × 5000，打开正交工具，设置并打开自动对象捕捉。

下面先画椅子。其靠背主要圆弧画圆、修剪生成。

（2）画圆，用“捕捉自”确定左下角点画带圆角的矩形。打开正交工具，过中点 A 点追踪确定起点，画适当长度的铅垂线 C，如图 11-12b 所示。

（3）捕捉中点 A、B（见图 11-12a）确定镜像线，镜像直线 C 和圆。捕捉切点画切线 D，捕捉端点画直线 A、B。用“起点、端点、半径”方式，捕捉圆和直线的交点画 R2000 的圆弧，如图 11-13a 所示。

（4）修剪图线，画 R15 圆角，如图 11-13b 所示。

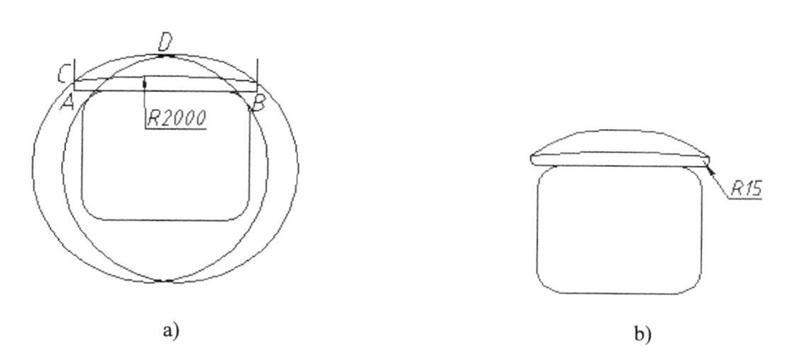

图 11-13 画椅子

（5）过中点 A 向下追踪确定圆心，画圆桌，阵列椅子：环形阵列，项目数 10，间隔角 36，填充角 360，如图 11-12a 所示。

【例 11-7】画餐桌，布置椅子，如图 11-14a 所示。

作图要点：

（1）调用样板图或设置作图环境。将图形界限设置为 5000 × 3000，打开正交工具，设置并打开自动对象捕捉。

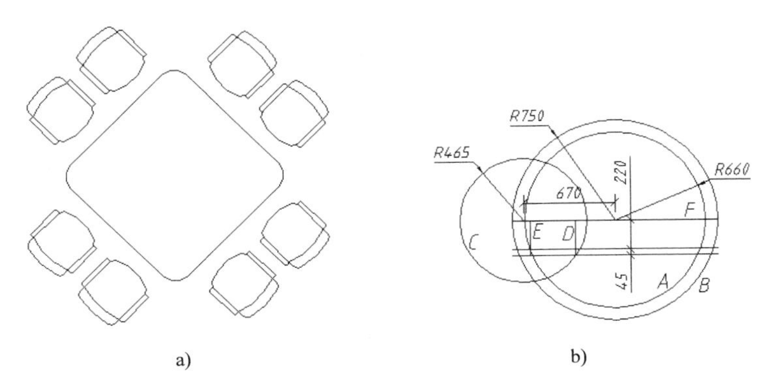

图 11-14　餐桌平面图

（2）画圆：在屏幕中间位置画圆 A，捕捉圆 A 的圆心确定圆心画圆 B，追踪确定圆心画圆 C。捕捉象限点画水平线 F，偏移生成另外两条直线，捕捉交点和垂足画铅垂线 D。捕捉交点确定位置，由 D 复制生成 E，如图 11-14b 所示。

（3）修剪、删除图线，如图 11-15a 所示。

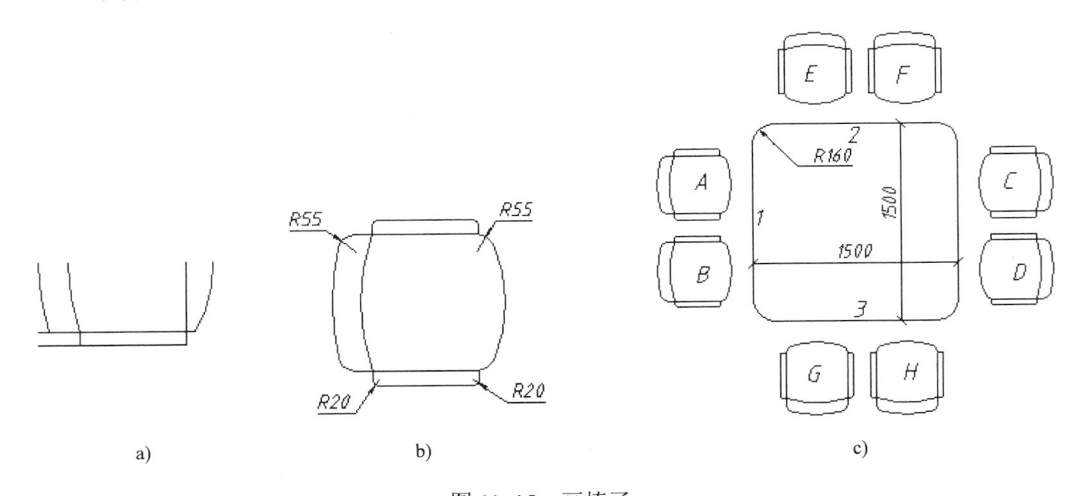

图 11-15　画椅子

（4）做圆角，镜像图线，如图 11-15b 所示。

（5）用矩形命令画餐桌。由椅子 A 复制生成 B。捕捉中点 2、3 确定镜像线，由 A、B 镜像生成 C、D。过中点 1、3 追踪确定旋转中线，用旋转命令的“复制(C)”选项，由 A、B、C、D 复制生成 E、F、G、H，如图 11-15c 所示。

说明： 由于椅子之间的间隔要求不是很严格，移动、复制时可以目测位置。

（6）将餐桌、椅子旋转 45°。

11.4　床平面图

与上述图形不同的是，床平面图含有少量曲线。这些曲线可以用样条曲线或草图（Sketch）命令绘制。第 2 章介绍过样条曲线命令，在下面的例题中，重点介绍如何控制样条曲线的切线方向，并对草图（Sketch）命令作简要介绍。

【例 11-8】画床平面图，如图 11-16a 所示。

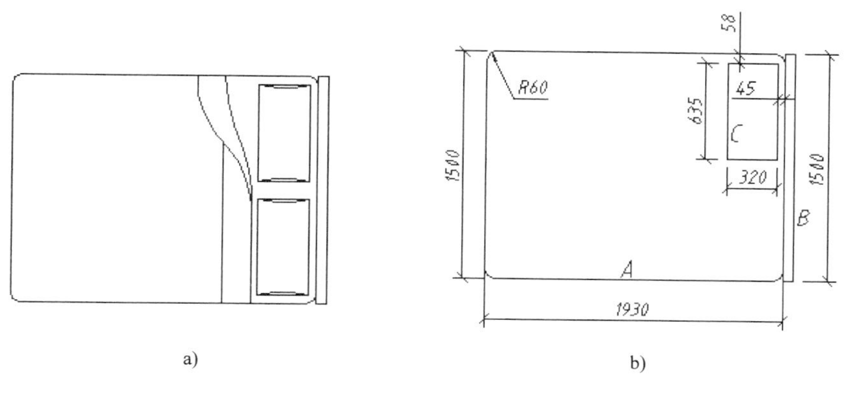

图 11-16　床平面图

作图要点：

（1）在任意位置画矩形 A、B，捕捉中点确定位置移动矩形，用“捕捉自”确定位置画矩形 C，如图 11-16b 所示。

（2）画圆弧 A：捕捉端点指定第 1 点，目测指定第 2 点，捕捉端点指定第 3 点；镜像生成圆弧 C；镜像圆弧和矩形；分解矩形 B，偏移生成直线 D 、E。画样条曲线 F、G：用最近点捕捉输入第一个点，目测位置单击输入其他点，如图 11-17a 所示。

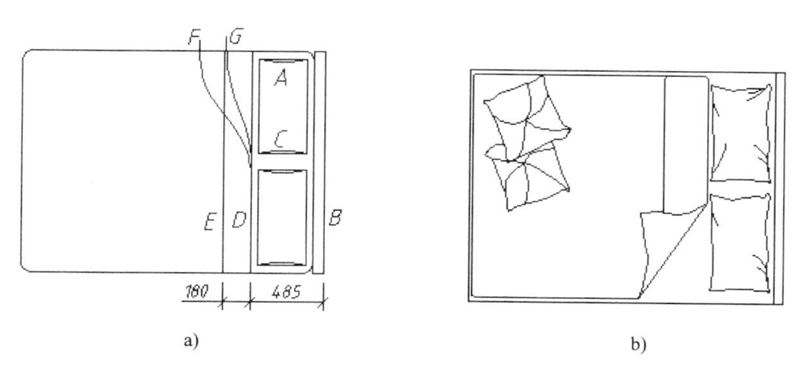

图 11-17　画圆弧、直线

提示： 在作图过程中，根据需要随时按 F3 键，打开或关闭自动对象捕捉；按 F8 键，打开或关闭正交工具。

（3）使样条曲线的下端与 D 相切：单击样条曲线，其上显示一系列蓝色夹点，移动鼠标指向下端的方形夹点，单击快捷菜单中的【相切方向】，捕捉 D 的下端点。

（4）调整样条曲线的形状：单击样条曲线，单击某一方形夹点，移动鼠标改变样条曲线的形状，达到要求后单击；用同样方法通过其他夹点调整样条曲线的形状。调整完以后，按Esc键退出。

（5）修剪图线，完成作图。

对于图 11-17b 所示的床平面图中的不光滑曲线，最好用草图命令（Sketch）绘制。该命令用小段直线表示曲线，所以调用该命令后需要先输入纪录的“增量”，该值越小曲线越光滑，生成的图形文件越大。要注意该命令通过单击鼠标左键在抬笔、落笔之间切换。画完一段线以后要马上单击“将笔抬起”，再移动鼠标到下一位置，单击落笔后画另外一条曲线。

草图命令的调用方法是：

命令: SKETCH　　//输入命令（简化输入形式 SK）
类型 ＝ 直线　增量 ＝1.0000　公差 ＝0.5000　　//曲线的当前参数
指定草图或 [类型(T)/ /公差(L)]: I　　//单击“增量(I)”选项
指定草图增量 <1.0000>: 0.5　　//输入增量值
指定草图或 [类型(T)/增量(I)/公差(L)]:　　//单击落笔
指定草图:　　//移动鼠标画线，再单击提笔，移动鼠标画线，单击鼠标在提笔与落笔之间转换

11.5　电器平面图

【例 11-9】画电脑平面图，如图 11-18a 所示。

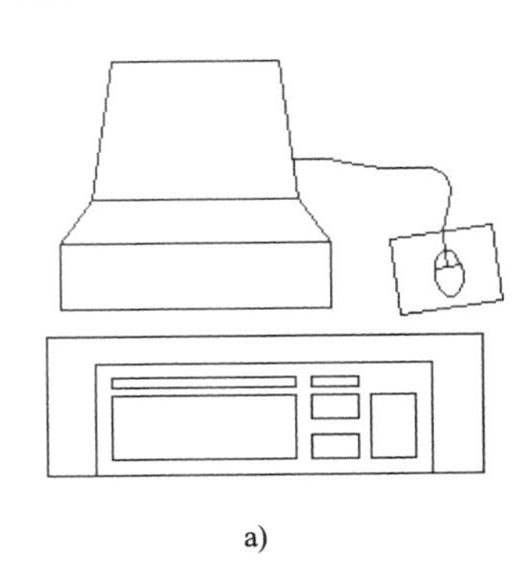

a)

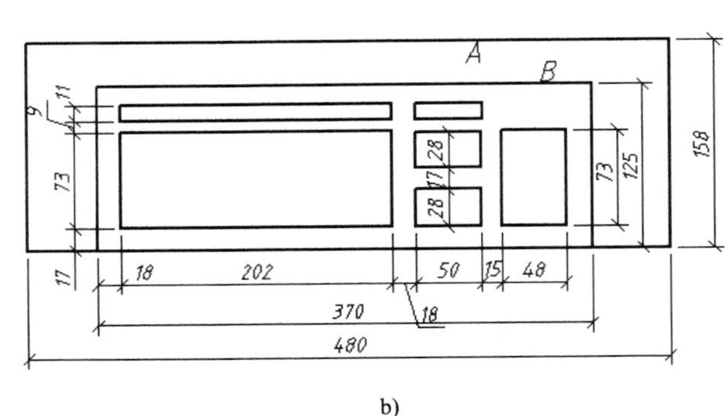

b)

图 11-18　电脑平面图

作图要点：

（1）调用样板图或设置作图环境。将图形界限设置为 1200 × 800，打开正交工具，设置并打开自动对象捕捉。

（2）画键盘。在任意位置画矩形 A、B，捕捉中点确定位置移动矩形。用对象捕捉追踪或捕捉自确定矩形的第一个角点画其他矩形，如图 11-18b 所示。

（3）画显示器。画 297 × 74 的矩形、分解矩形，偏移生成其他水平线，角度替代画倾斜线，修剪直线，如图 11-19a 所示。

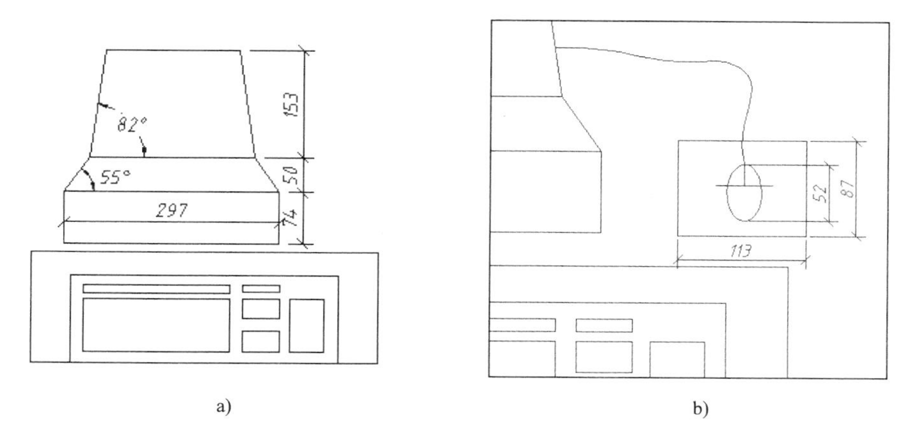

图 11-19　画显示器

（4）放大显示图形，用矩形命令画鼠标垫，用椭圆命令画鼠标轮廓，用直线命令，目测位置画表示按键的直线。用移动命令调整好各部件的相对位置，用样条曲线命令画鼠标信号线，如图 11-19b 所示。

（5）将鼠标、鼠标垫旋转-8°，修剪图线，如图 11-18a 所示。

【例 11-10】画洗衣机，如图 11-20a 所示。

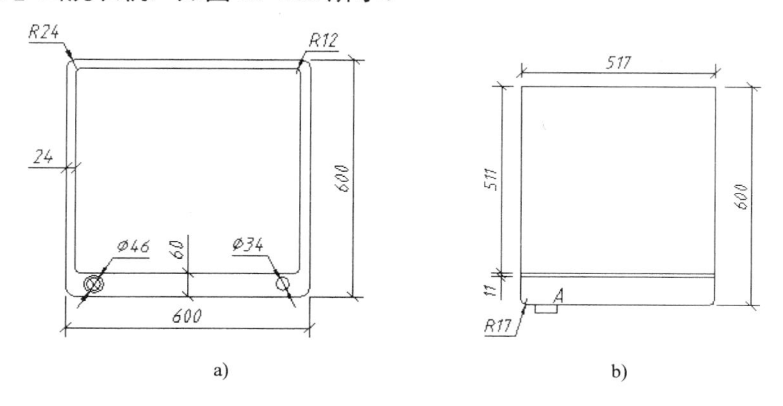

图 11-20　洗衣机、冰箱平面图

作图要点：

（1）调用样板图或设置作图环境。将图形界限设置为 1200 × 800，打开正交工具，设置并打开自动对象捕捉。

（2）画 600 × 600 矩形，偏移生成另一矩形，用拉伸命令改变里面矩形的高度，画圆角，画圆，画-45° 构造线，修剪构造线，目测距离移动圆。

说明： 本例拉伸小矩形选择对象时，输入 R 除去多选的大矩形；作圆角时，输入 P 调用“多段线（P）”选项（AutoCAD 将用矩形命令画的矩形视为多段线），一次可以画矩形的 4 个圆角。

画图 11-20b 所示电冰箱平面图的方法是：画矩形，分解矩形，偏移生成中间的两条直线，画圆角，利用正交工具，目测位置和长度画 A 处直线（交点 A 可以用最近点捕捉确定，也可以画出头再修剪）。

11.6 厨具平面图

本节以绘制煤气灶为例，说明厨具的绘制方法。

【例 11-11】画两眼煤气灶，如图 11-21a 所示。

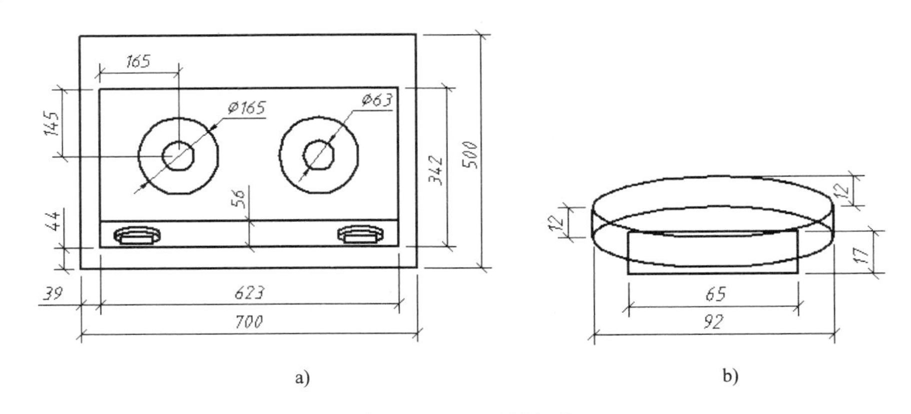

图 11-21　两眼煤气灶

作图要点：

（1）调用样板图或设置作图环境。将图形界限设置为 800 × 600，打开正交工具，设置并打开自动对象捕捉。

（2）画 700 × 500 矩形；用捕捉自定位画 623 × 342 矩形，分解该矩形，偏移生成直线，画左边的两个圆，如图 11-21a 所示。

（3）画左边的开关：在屏幕任意位置画椭圆，放大显示图形，复制生成另一椭圆，捕捉象限点画直线，在任意位置画矩形，目测距离移动矩形，如图 11-21b 所示。

（4）修剪图线，目测距离移动开关，镜像图形完成作图。

【例 11-12】画三眼煤气灶，如图 11-22a 所示。

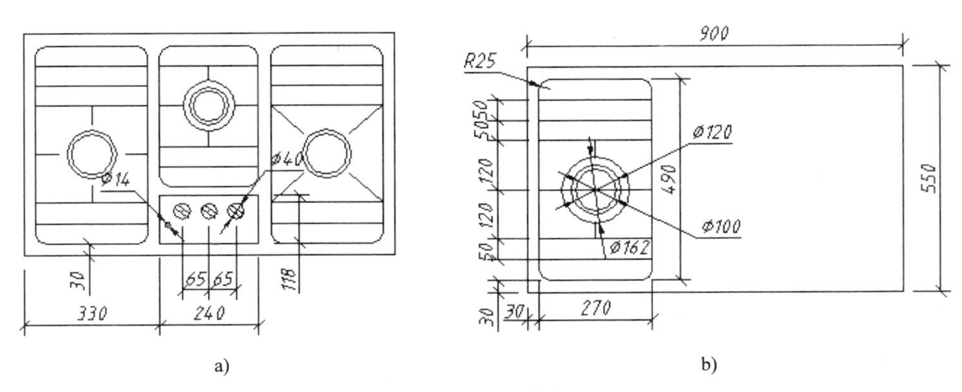

图 11-22　三眼煤气灶

作图要点：

（1）调用样板图或设置作图环境。将图形界限设置为 1200 × 800，打开正交工具，设置并打开自动对象捕捉。

（2）画矩形，捕捉中点画直线，偏移生成其他直线。捕捉中点确定圆心画圆，捕捉象限点、垂足画直线，如图 11-22b 所示。

说明：ϕ162 的圆仅用于修剪边界，可以目测位置单击指定半径。

（3）修剪直线，镜像图形，捕捉端点或交点画直线，如图 11-23a 所示。

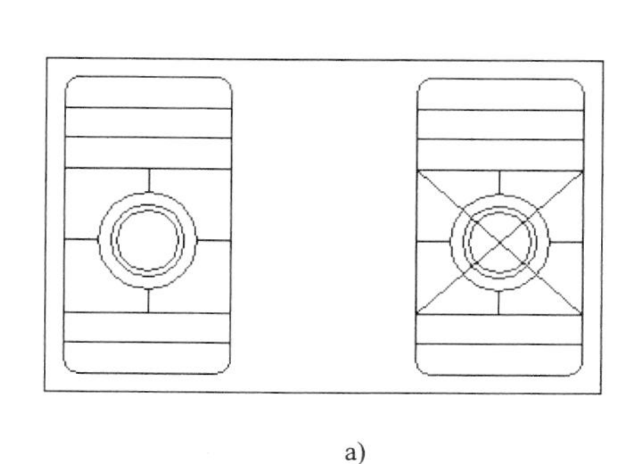

a)

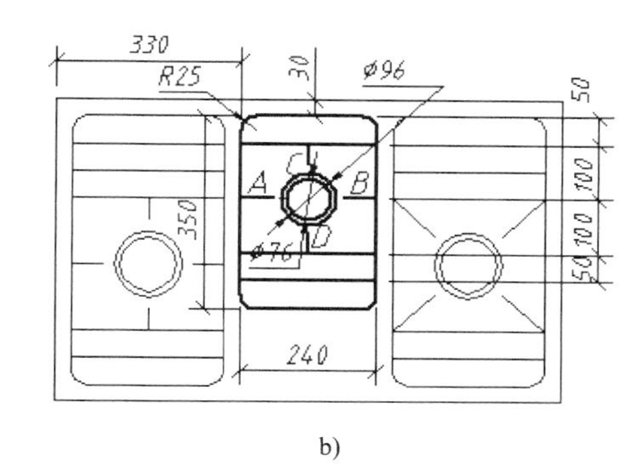

b)

图 11-23　镜像图形、画直线

（4）修剪直线，删除多余的圆和直线。用矩形、分解、偏移、圆角命令画图形中间部分的直线和圆弧。用步骤（2）介绍的方法画圆和直线 A、B、C、D，如图 11-23b 所示。

（5）画矩形（尺寸见图 11-22a），目测位置画圆，目测距离画-45° 构造线（关闭对象捕捉），修剪构造线，复制图形，完成作图。

11.7　洗盆平面图

【例 11-13】画洗盆，如图 11-24a 所示。

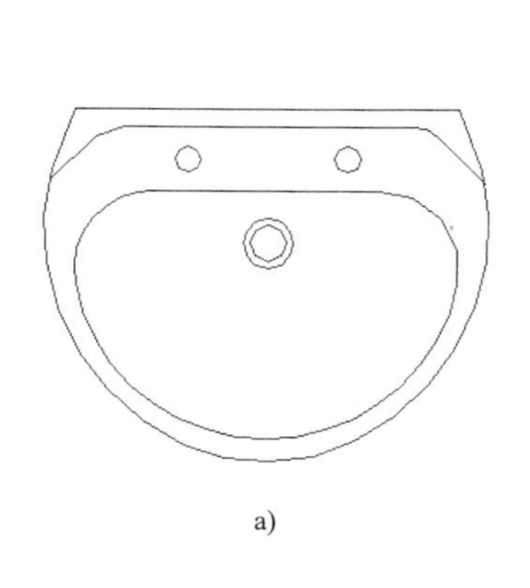

a)

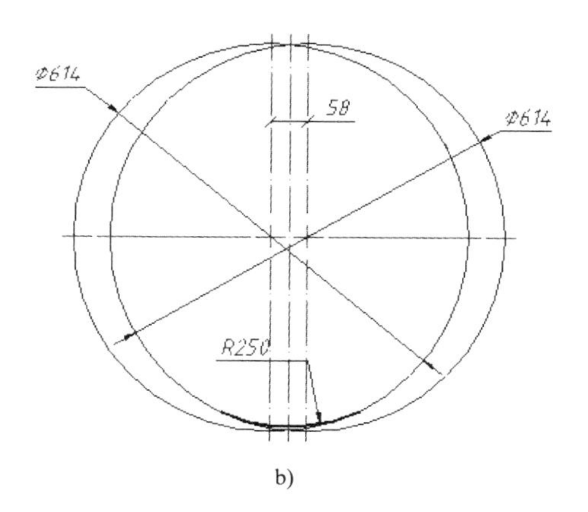

b)

图 11-24　洗盆平面图

作图要点：

（1）按例 11-12 步骤（1）设置作图环境。将图形界限设置为 1200×800。

（2）使“点画线”层为当前层。用正交工具，单击输入点，画一条水平、一条铅垂中心线，偏移生成另两条铅垂中心线。使“细实线”层为当前层。画圆：捕捉交点指定圆心，输入半径。用圆角命令画圆弧 R250，如图 6-24b 所示。

提示：中心线的长度任意，画完图以后要将其删除。

（3）画折线 ABC：用对象捕捉追踪确定 A 点，用正交工具输入长度确定 B 点，捕捉切点 C，如图 6-25a 所示。

（4）镜像折线 ABC，修剪图线，如图 6-25b 所示。

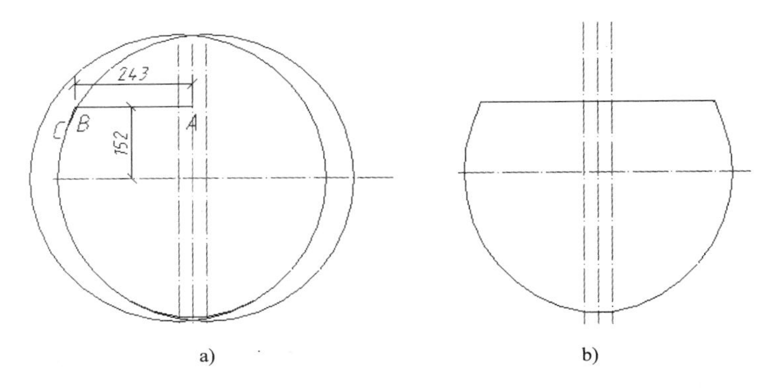

a)　　　　b)

图 11-25　画直线

（5）由水平线 B 偏移生成 A，将 B 偏移到当前层生成 C，画圆 R243，用圆角命令画两个圆弧 R100，如图 6-26a 所示。

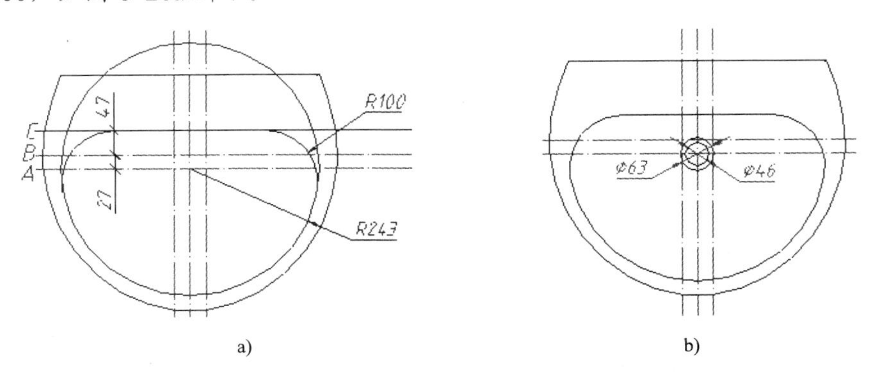

a)　　　　b)

图 11-26　偏移图线、画圆、圆弧

（6）修剪图线。画圆：捕捉交点指定圆心，输入半径，如图 6-26b 所示。

（7）画折线 ABC：利用对象捕捉追踪确定 A 点，利用正交工具输入长度确定 B 点，用角度替代确定 C 点。用“捕捉自”确定圆心画圆 ϕ33，如图 6-27a 所示。

（8）用圆角命令画圆弧，修剪直线，如图 6-27b 所示。

（9）镜像图线，删除中心线，完成作图。

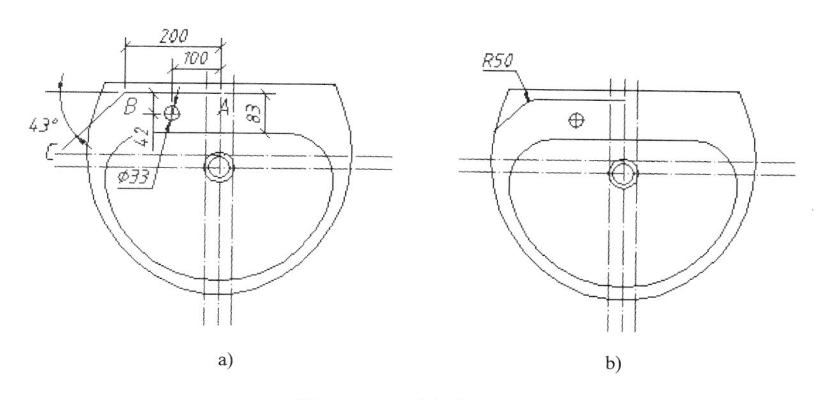

图 11-27　画直线和圆

【例 11-14】画洗盆，如图 **11-28a** 所示。

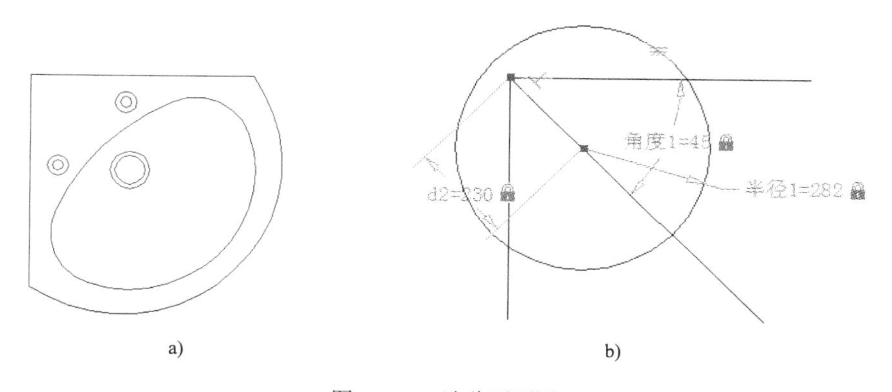

图 11-28　洗盆平面图

作图要点：

（1）调用样板图或设置作图环境。将图形界限设置为 900 × 600，打开正交工具，设置并打开自动对象捕捉。

（2）利用正交工具和对象捕捉，画足够长的水平线和铅垂线。关闭正交工具，画倾斜线：捕捉交点输入第一点，目测位置单击输入第 2 点。捕捉倾斜线上的一点确定圆心画圆。用自动约束命令添加约束，添加角度、对齐、半径尺寸约束，如图 11-28b 所示。

（3）修剪生成洗盆的外轮廓。捕捉直线上一点确定圆心画圆，添加对齐约束和半径尺寸约束，用圆角命令画圆弧，如图 11-29a 所示。

（4）修剪图线。用上述方法画直线和圆，添加尺寸约束，如图 11-29b 所示。

（5）镜像两个小圆，完成作图。

说明：本例碰巧多个圆的圆心在同一条-45°的倾斜线上，用参数化作图命令比用“捕捉自”定位圆心快捷得多。除了个别情况之外，用参数化命令绘图并不能显著提高作图效率。

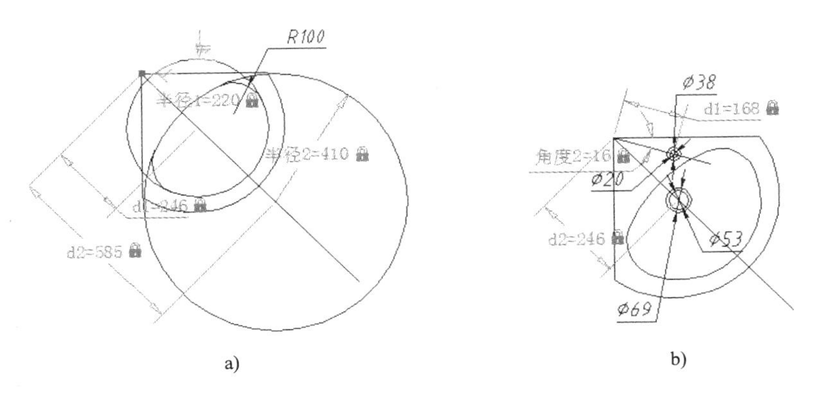

a) b)

图 11-29 画圆、圆弧等

【例 11-15】画洗盆，如图 11-30a 所示。

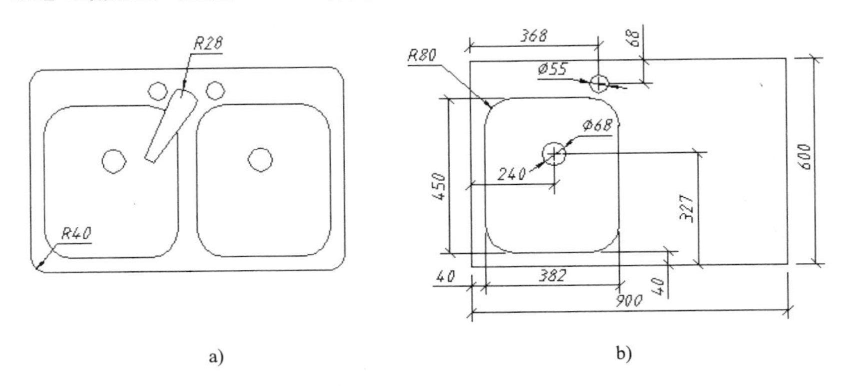

a) b)

图 11-30 洗盆平面图

作图要点：

（1）调用样板图或设置作图环境。将图形界限设置为 900×600，打开正交工具，设置并打开自动对象捕捉。

（2）画外轮廓矩形。分别用“捕捉自”确定小矩形的左下角点和圆心，画矩形和圆，如图 11-30b 所示。

（3）利用对象捕捉追踪、正交工具输入长度或相对坐标画直线，如图 11-31a 所示。

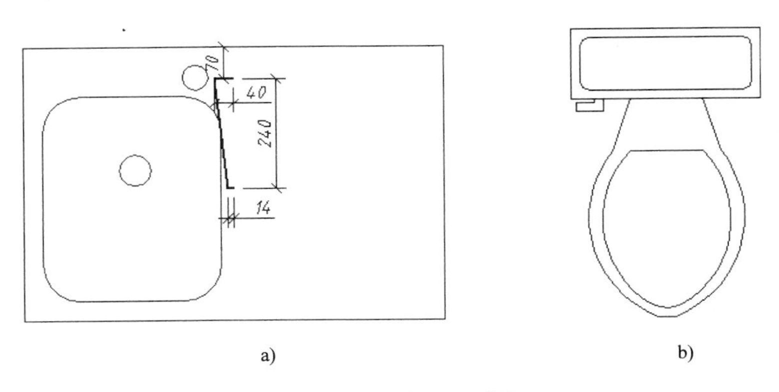

a) b)

图 11-31 洁具平面图

（4）镜像图形，将扳手开关旋转-30°，修剪圆弧，画圆角，如图 11-30a 所示。

11.8　洁具平面图

洁具平面图主要由直线和圆弧组成，有时含有少量的椭圆和椭圆弧。椭圆弧一般由椭圆修剪而成。

【例 11-16】画坐便器，如图 11-31b 所示。

作图要点：

（1）调用样板图或设置作图环境。将图形界限设置为 800 × 600，打开正交工具，设置并打开自动对象捕捉。

（2）画 460 × 175 的矩形，偏移生成另一矩形，作圆角，利用对象捕捉追踪、正交工具画直线，如图 11-32a 所示。

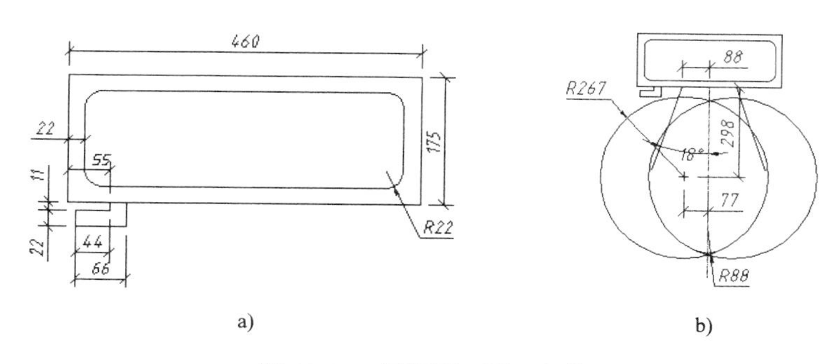

a)　　b)

图 11-32　画矩形、圆、直线

（3）用“捕捉自”确定圆心画圆；过中点追踪确定直线的起点，用角度替代确定另一点画直线。镜像直线和圆，画圆角，如图 11-32b 所示。

（4）修剪图线，用“捕捉自”确定圆心画左边的圆，镜像生成另一个圆。用圆角命令画圆弧，分解矩形，偏移直线，如图 11-33a 所示。

（5）修剪图线，完成作图。

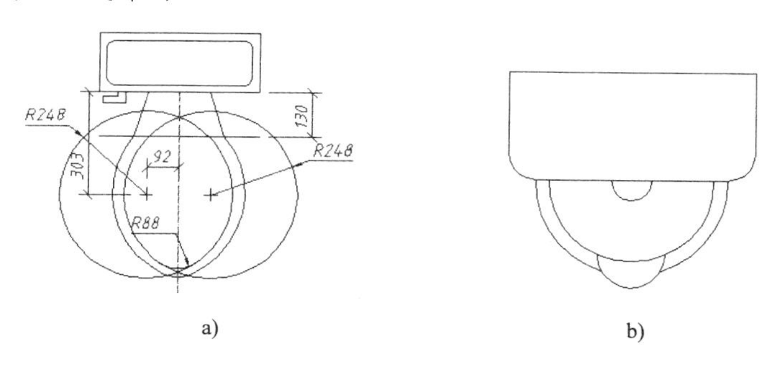

a)　　b)

图 11-33　画坐便器

【例 11-17】画洁具，如图 11-33b 所示。

作图要点：

（1）调用样板图或设置作图环境。将图形界限设置为 800 × 600，打开正交工具，设置并打开自动对象捕捉。

（2）画矩形和圆，如图 11-34a 所示。

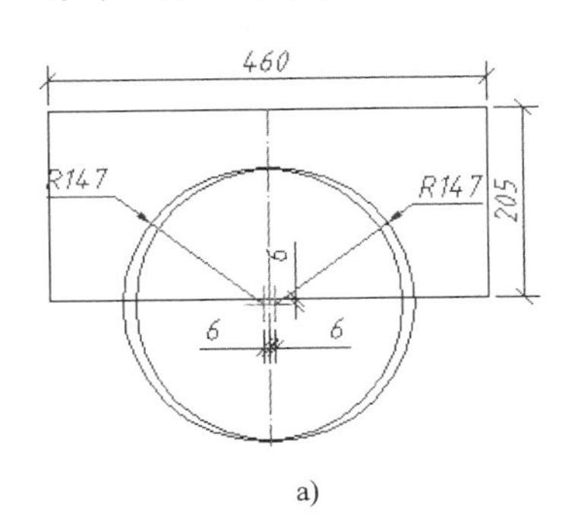

a)

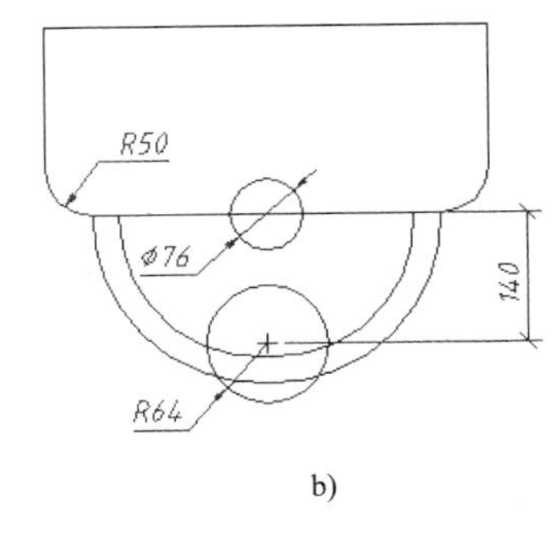

b)

图 11-34　画矩形和圆

（3）画圆角，修剪圆，向外偏移圆弧。画圆，如图 11-34b 所示。

（4）修剪图线，完成作图。

11.9　小结

本章介绍了家具与室内设施平面图的绘制方法。在室内设计平面图中，家具与室内设施可以用图例表示。一般说来，绘制图例符号时，主要轮廓、相切圆弧要通过输入尺寸绘制，小尺寸图线可以目测位置绘制。本章综合练习了对象捕捉、编辑命令的使用方法及相关的作图技巧。

家具与设施图例，主要由直线、圆和圆弧组成。画直线一般要打开正交工具和对象捕捉追踪，用直线、偏移、修剪命令绘制。本章还进一步练习了用“角度替代”绘制倾斜线的方法。圆弧主要用圆角命令、画圆修剪两种方法绘制，有时也用圆弧命令，输入端点和半径弧绘制。在绘图过程中，需要经常调用移动、镜像、复制、显示控制等命令。

11.10　习题与作图要点

1．简答题。

（1）说明绘制家具、室内设施平面图的基本原则。

（2）正式绘图前设置作图环境包括哪些内容？

（3）说明“角度替代”适应的场合及作图要点。

（4）说明“捕捉自”的应用场合。

（5）总结圆角命令能绘制的圆弧形式（参照第 6 章）。

（6）总结圆与修剪命令绘制的圆弧类型。

（7）如何控制样条曲线端点的切线方向？

（8）说明草图命令（Sketch）适合绘制的曲线及该命令的使用要点。

2．画展台平面图，如图 11-35a 所示。

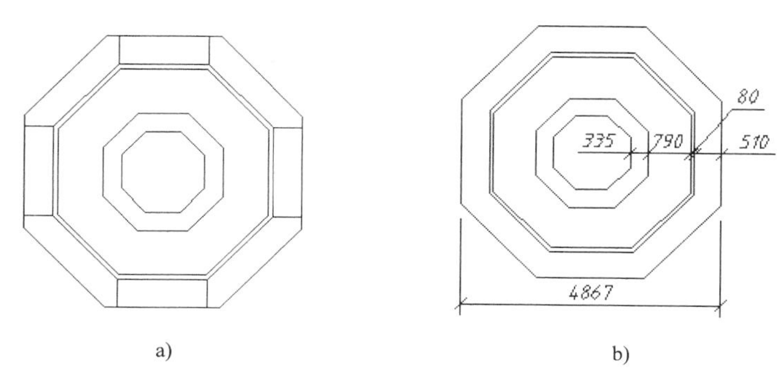

图 11-35　展台平面图

作图要点：

（1）在屏幕中间位置画任意大小的正八边形，用缩放命令的【参照（R）】选项将其调整到要求的尺寸，偏移正八边形，如图 11-35b 所示。

（2）捕捉交点、垂足点画直线，完成作图。

3．画洗手盆，如图 11-36a 所示。

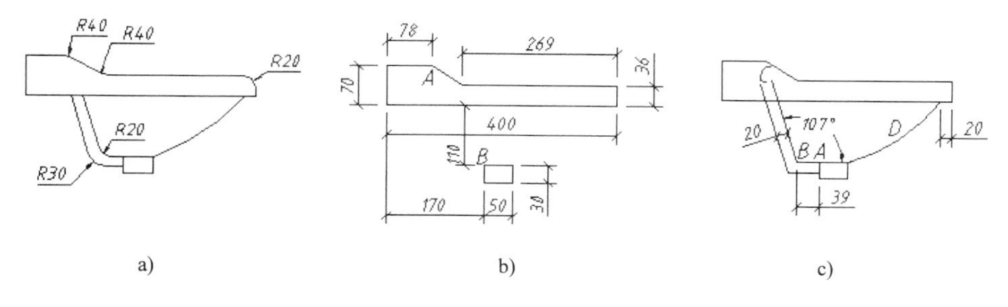

图 11-36　画洗手盆

作图要点：

（1）打开正交工具，从 A 点开始沿逆时针顺序，输入长度画直线。用“捕捉自”确定第一个角点画矩形，如图 11-36b 所示。

（2）用多段线命令画折线 ABC：捕捉端点 A，输入 AB 长度，用角度替代画 BC。偏移生成另一折线。用“起点、端点、半径”方式画圆弧 DE：捕捉端点 A，追踪确定 E 点，如图 11-36c 所示。

（3）用圆角命令画相切圆弧，如图 11-36a 所示。

第 12 章　室内设计平面图

室内设计平面图是室内设计图的核心，包括墙体、门窗、装饰、家具、设施、摆设、绿化等。不同建筑物的平面图，例如公共设施、宾馆、写字楼、商场、酒吧、歌舞厅、住宅等，由于其用途不同，图形结构相差很大，绘制时必须使用不同的命令和方法，才能提高作图效率。本章将一一介绍上述各类建筑物的室内设计平面图的绘制方法与作图技巧，介绍如何将第 11 章绘制的家具、室内设施以图块的形式插入到平面图中。本章所绘制的例图是从各类图形中精心挑选出来的，书中每一例图都给出了作图要点，将绘制的全过程录制为配音动画文件，放在本书所附光盘中。

画室内设计平面图，要先画建筑平面图。建筑平面图中的墙体用两条或 3 条平行线表示。用多线命令和多线编辑命令绘制、编辑墙线，比用直线、偏移等命令方便快捷得多。

12.1　住宅室内设计平面图

绘制图 12-1a 所示的平面图，需要用多线命令绘制墙线，多线编辑命令编辑墙线，插入门窗图块，绘制、插入家具图块等。本例特意选择有倾斜结构的平面图。画这种图形需要有较高的作图技巧。

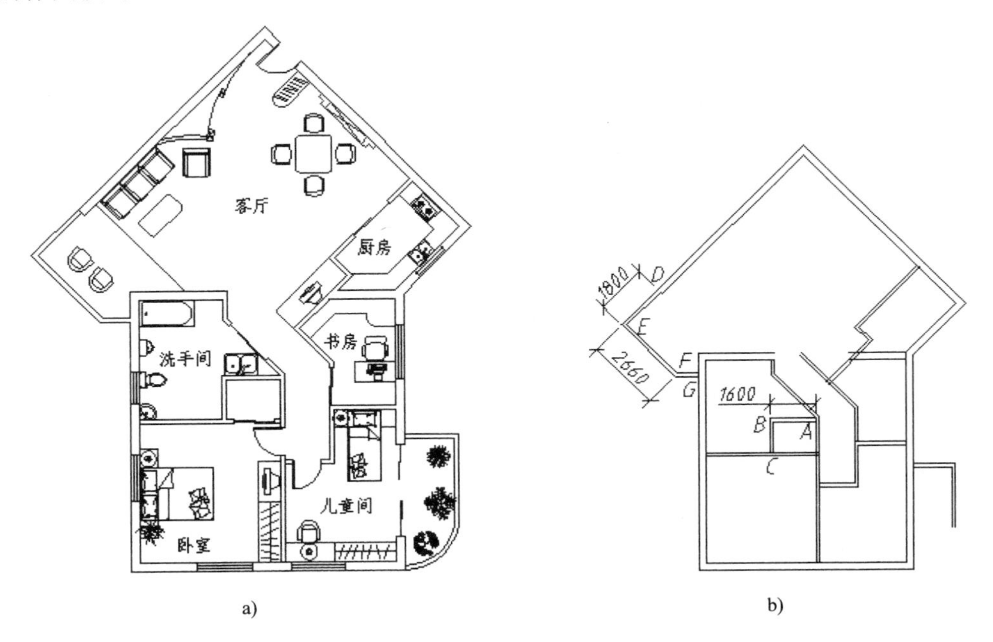

图 12-1　住宅室内设计平面图

12.1.1　绘制墙线

室内设计图中的墙线一般用多线命令和多线编辑命令绘制。当墙线数量很少时，也可以用多段线、直线、偏移、修剪等命令绘制。画多线前，要先建立、设置多线样式。画图 12-1 所示的平面图，至少要建立外墙线（宽 240）、内墙线（宽 120）两种样式。

> 提示：为了便于查阅，本章按画图顺序将画图过程分解为几步，将每一步作为一个例题，将例题的绘制过程录制为一个动画文件，存放在附盘文件夹“\avi\12”下，文件名与例题编号相同。

【例 12-1】创建多线样式，画墙线，如图 12-1b 所示。

作图要点：

（1）将外墙线样式取名为 W，在【说明】文本框中输入：外墙线样式。将墙线颜色设置为：白色；将内墙线样式取名为 N，在【说明】文本框中输入：内墙线样式。将墙线颜色设置为：白色。

在前几章的例题中，已经将“粗实线”层设置为白色（当作图区背景为白色时，白色变为黑色）。为了便于打印图形时通过颜色控制图线的打印宽度，本例将墙线颜色设置为：白色。如果在墙线中绘制轴线，应将轴线与墙线设置为不同的颜色，例如设置为红色，详见第 6 章。

（2）将图形界限设置为 20000 × 16000。设置并打开极轴追踪，将角度增量设为 45。

（3）使“粗实线”层为当前层。用多线命令画外墙线：对正方式为下、比例为 1、样式为 W。画多线 ABCDEFGH：沿顺时针方向，确定追踪角后输入长度；用相同的方法画多线 DJ（捕捉交点输入 D 点，输入长度），如图 12-2a 所示。

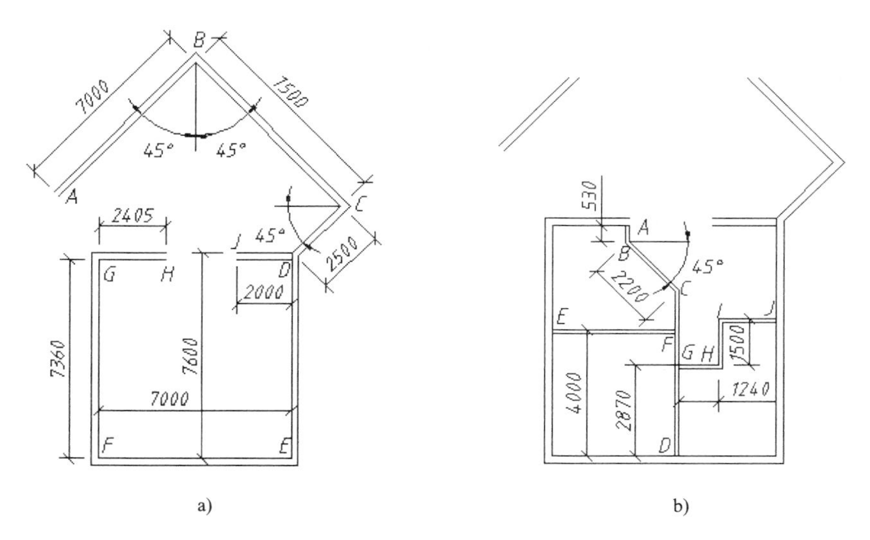

图 12-2　画墙线

调用多线命令以后，要注意观察命令提示中显示的“当前设置”，包括对正、比例和样式，如果不符合要求需要重新设置。对正方式的“上”与“下”，随画图顺序的不同而变化。例如选择对正方式为“上”，如果从 A 点开始按时逆针画多线，“上”是其内侧线，如果从 B 点开始按顺时针画多线，“上”是其外侧线，如图 12-3a 所示。因而要根据图中标注的尺寸选择多线的对正方式和画图顺序。

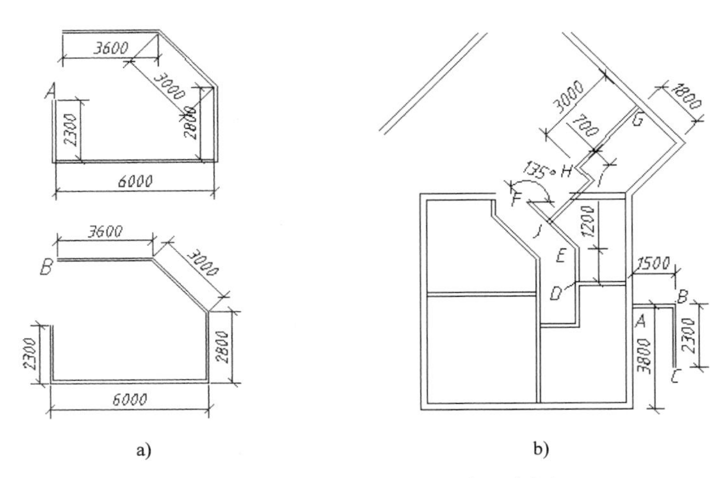

图 12-3　对正方式与画图顺序示意图

（4）画内墙线。设置并打开自动对象捕捉，包括端点、延长线、垂足等捕捉形式。多线样式名称为：N，对正方式为“上”。按逆时针顺序画多线 ABCD：捕捉 A 点，确定追踪角以后输入长度 AB、BC 长度，捕捉垂足 D；画多线 EF：追踪确定 E 点，捕捉垂足 F；按顺时针顺序画多线 GHIJ：追踪确定 G 点，确定追踪角后，输入 GH、HI 的长度，捕捉垂足 J，如图 12-2b 所示。

（5）继续画内墙线。多线样式名称为：N，对正方式为“上”。按顺时针画 ABC：通过追踪确定 A 点，确定追踪角以后，输入 AB、BC 的长度；画 DEF：捕捉 E 点，确定追踪角以后，输入 DE 长度，用角度替代画 EF；画 GHIJ：用“延长线”捕捉（见第 2 章）确定 G 点，确定追踪角后依次输入 GH、HI 点的长度，捕捉垂足 J，如图 12-3b 所示。

（6）继续画内墙线。将多线的对正方式设置为“下”，按逆时针画 ABC：捕捉交点 A，确定追踪角后输入 AB 长度，捕捉垂足 C；按逆时针画 DEFG：捕捉端点 D，确定追踪角后，输入 DE、EF 的长度，捕捉垂足 G，如图 12-4a 所示。

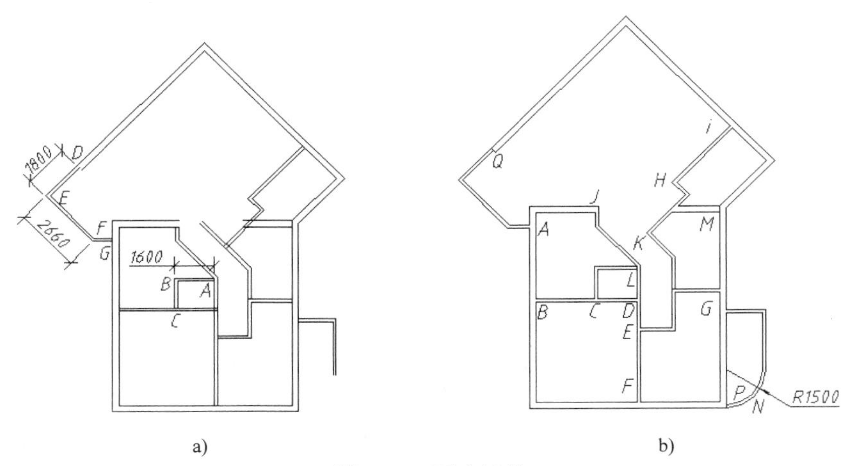

图 12-4　画内墙线

12.1.2　编辑墙线

编辑多线命令可以用来打断或连接多线、添加顶点、删除顶点，修正用多线命令画的十字型、丁字型、角型接头。

【例 12-2】用多线编辑命令，修正图 12-1b 中的多线接头，补画 P、Q 处的墙线，如图 12-4b 所示。

作图要点：

（1）编辑丁字接头（多线编辑对话框中的第 2 行第 2 列或第 3 行第 2 列），依次单击 A、B、C、D、E、F、G（两个）、H、I 各接头处的两条多线。

（2）作角接头编辑（上述对话框第 1 行第 3 列），依次单击 J、K 两处的两条多线。

在作多线编辑时，如果出现异常，可以输入 u Enter，撤销本次操作，改变单击的顺序或单击的位置，继续编辑，详见第 6 章。

（3）用“起点、端点、半径”方式画圆弧 P，偏移生成圆弧 N，捕捉端点画直线 Q。

12.1.3　画门窗洞

打门窗洞需要先画出门窗洞两侧的直线，再用编辑多线命令的打断功能，或分解多线用修剪命令打出门窗洞。

【例 12-3】画门窗洞，如图 12-5a 所示。

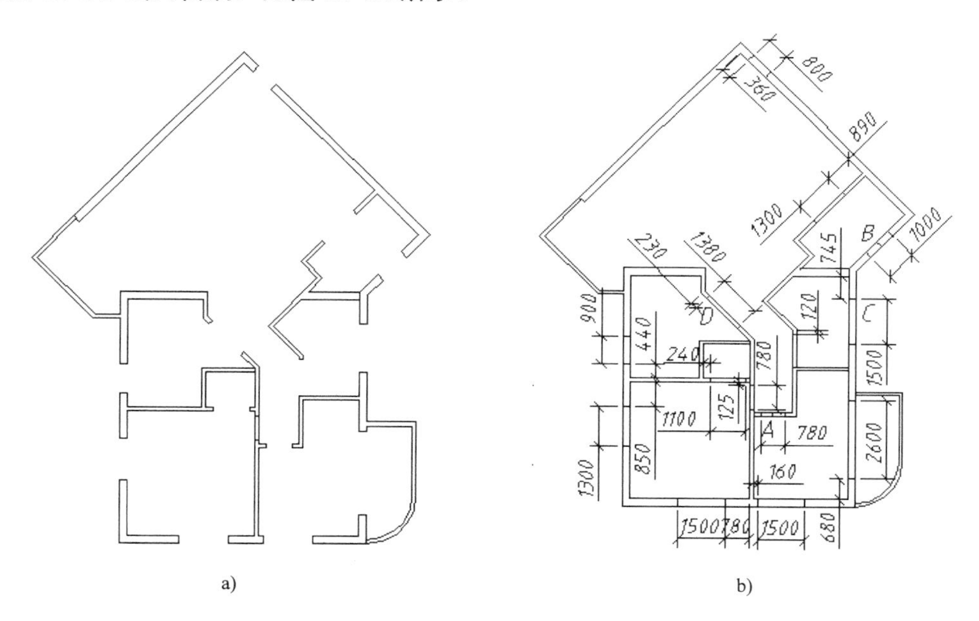

图 12-5　开门窗洞

作图要点：

（1）打开附盘文件“\dwg\12\12-4”，图形如图 12-4b 所示。打开并设置自动对象捕捉，设置为：端点、延伸、垂足等捕捉方式。

（2）先画门窗洞两侧的直线。捕捉中点、垂足画窗洞中间的辅助线 A、B，偏移生成两侧的直线。删除辅助线 A、B，如图 12-5b 所示。

（3）用延长线捕捉、捕捉垂足画其他门窗洞的一条直线，偏移生成另一条直线。画直线 C 时打开对象捕捉追踪（因为尺寸的起点不是直线的端点，不能用延长线捕捉），画直线 D 时关闭对象捕捉追踪，用延长线捕捉，如图 12-5b 所示。

（4）用修剪命令修剪墙线，形成门窗洞，如图 12-5a 所示。

说明： 本例使用了直线（L）、偏移（O）、删除（E）命令的简化输入形式。对于频繁调用的命令，建议读者使用命令的简化输入形式调用命令。

12.1.4 插入图块绘制门窗

画平面门窗的基本方法是：将门窗图例定义为图块，需要时插入到图中。为了增加图块的适应面，下面将它们定义为动态图块。

【例 12-4】分解、修剪 1、2 处的墙线，插入门窗块，如图 12-6a 所示。

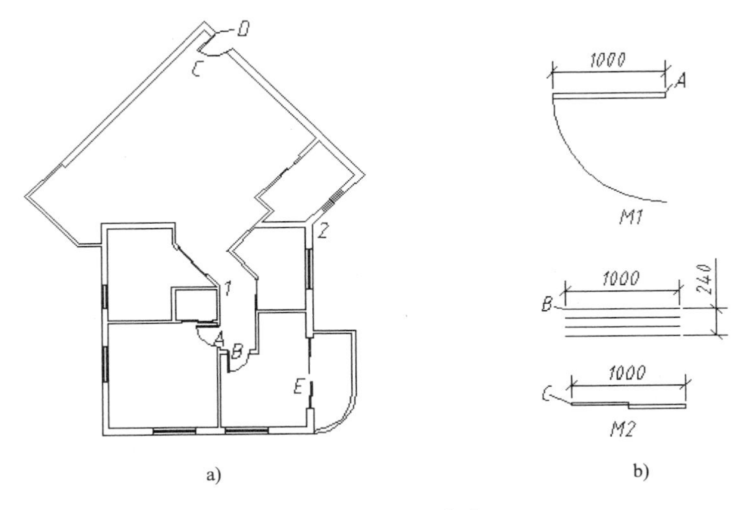

图 12-6 插入门窗块

作图要点：

（1）打开附盘文件“\dwg\12\12-05”，如图 12-5a 所示。图中有图 12-6b 所示的 3 个图块。窗图块名是 C，门图块名分别是 M1、M2，基点分别是 A、B、C。

（2）用第 9 章所述方法将图 12-6b 中的图块定义为动态图块。给窗图块添加线性参数、拉伸动作。将线性参数的名称修改为：窗宽度；给 M1 图块添加线性参数，拉伸、缩放动作。将线性参数名称修改为：门宽度，【距离类型】设置为“列表”，建立常用门宽度列表：700、780、800、900……；给 M2 添加线性参数、缩放动作，将线性参数名称修改为：门宽度。

（3）打开自动对象捕捉，插入窗图块：图块名称 C，保留比例为 1，选择【在屏幕上指定】旋转角，捕捉窗洞的内侧墙线上的一个角点为插入点，捕捉内侧墙线上的另一角点指定旋转角。通过夹点调整宽度：单击刚插入的图块，单击三角形夹点，捕捉内侧墙线上的角点。

（4）插入门 A、B：打开正交工具，捕捉门口边线的中点为插入点，移动鼠标指定旋转角。插入门 C：图块名称 M1，捕捉门口边线的中点为插入点，捕捉 D 点指定旋转角。调整这 3 个门的宽度，单击插入的门图块，从快捷特性列表中选择所需宽度。

（5）用同样的方法插入其他门图块：图块名称 M2，捕捉门口边线的中点为插入点，捕捉门口对边中点或垂足指定旋转角。调整宽度：单击刚插入的图块，单击三角形夹点，捕捉门口线的中点或垂足。插入门 E：两个 M2 图块，捕捉门口边线的中点为插入点，打开正交工具，移动鼠标指定旋转角。

12.1.5　绘制家具与设施

室内设计平面图中的家具与设施有两种绘制方法。形状复杂、具有通用性的家具与设施（例如第 11 章绘制过的），一般将它们事先画好，定义为图块，作为共享资源，插入到平面图中；特制家具或形状简单的家具，可以在画平面图时现场绘制。下面分两种情况介绍它们的绘制方法。

1．画家具平面图

【例 12-5】接例 12-4，画客厅屏风，如图 12-7a 所示。

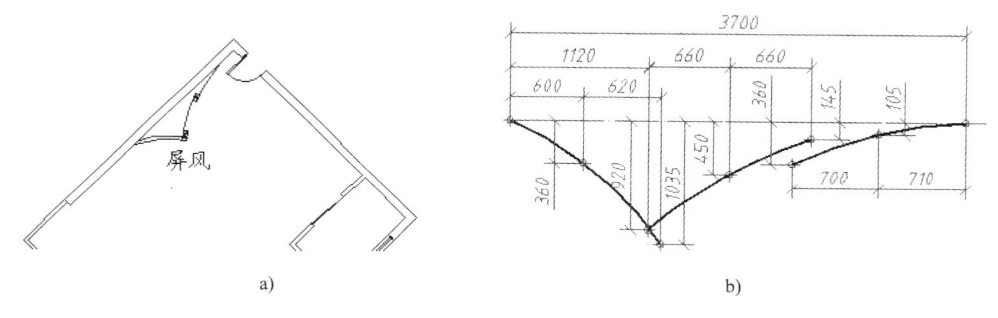

图 12-7　画屏风

作图要点：

（1）使“中实线”层为当前层。输入三点的坐标画圆弧，如图 12-7b 所示。

（2）捕捉端点、垂足画直线 C、D；用偏移命令的【通过（T）】选项，由圆弧 A 偏移生成圆弧 B；偏移生成其他圆弧，偏移距离分别为 100、200，如图 12-8a 所示。

（3）修剪圆弧，使“细实”层为当前层，画对角线，如图 12-8b 所示。

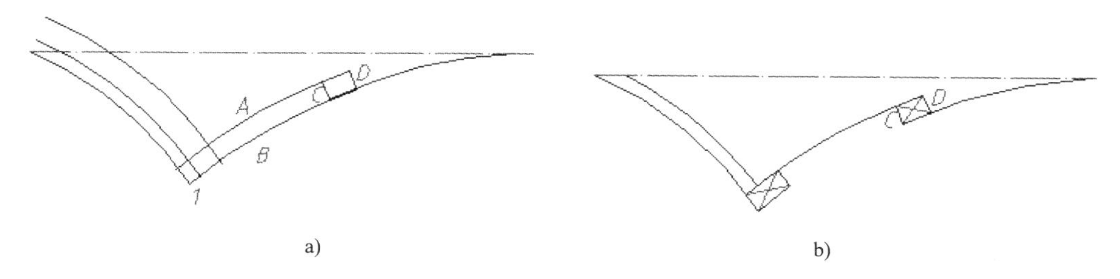

图 12-8　画圆弧和直线

说明： 处于倾斜位置的图形，都可以先在屏幕任意位置按水平或垂直画出，旋转到要求角度以后，再移到所需位置。

（4）将所画图形旋转 45°，移到图 12-7a 所示的位置：捕捉端点作为位移的第一点，用最近点捕捉指定位移的第 2 点。

【例 12-6】画客厅中的其他家具，如图 12-9a 所示。

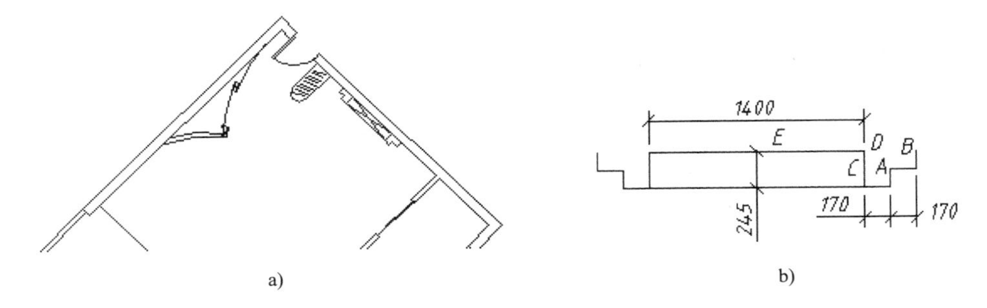

图 12-9　画家具

作图要点：

（1）使“中实线”为当前层，画矩形，用正交工具画直线，过中点 C 追踪确定 A 点，过端点 D 追踪确定 B 点；镜像图形，如图 12-9b 所示。

（2）分解矩形，删除 E 边，使“细实”层为当前层，画对角线，将所画图形旋转 -45°。移动图 12-9b 到图 12-9a 所示的位置：捕捉端点作为位移的第一点，用最近点捕捉确定位移的第 2 点。

（3）画矩形，如图 12-10a 所示；画圆角（R=120），使“粗实线”层为当前层，目测位置输入点和倾角画一条倾斜线，阵列生成其他倾斜线（9 行，1 列，行距=100），如图 12-10b 所示。

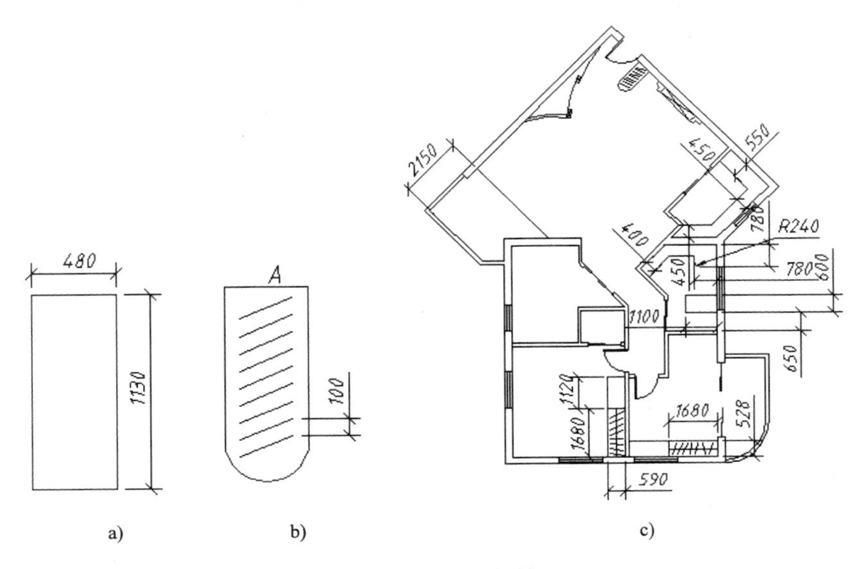

图 12-10　画衣柜等

（4）将所画图形旋转-45°，分解矩形，删除 A 边。移动图 12-10b 到图 12-9a 所示的位置。

【例 12-7】画厨房、书房、儿童房、卧室中的家具等，如图 12-10c 所示。

作图要点：

（1）使“中实线”层为当前层，分解墙线。用偏移命令的“图层(L)”选项，将内墙线偏移到“中实线”层，形成家具轮廓，如图 12-11a 所示。

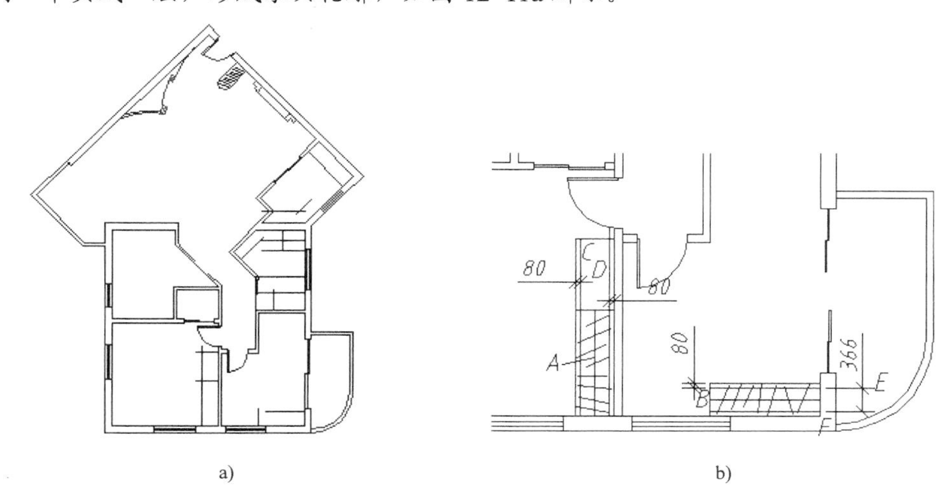

图 12-11　偏移内墙线

（2）将圆角半径设置为零，用圆角命令修剪、延伸直线。用圆角命令画 R240 的圆弧，用修剪命令修剪其他直线，如图 12-10c 所示。

（3）使“粗实线”层为当前层，画挂衣架：捕捉中点画直线 A 和 B，目测位置输入点画倾斜线。为了修剪图线，偏移生成辅助线 C、D、E、F，修剪、延伸图线，如图 12-11b 所示。

（4）删除辅助线。用偏移、修剪命令，画客厅与阳台的分界线，如图 12-10c 所示。

提示：动画文件中利用了圆角命令的修剪功能，修剪命令的修剪、延伸功能。

2．插入家具图块

在附盘文件“\dwg\12\12-12.dwg”中，有图 12-12 所示的图块，图中的汉字是图块名称，“×”表示基点。

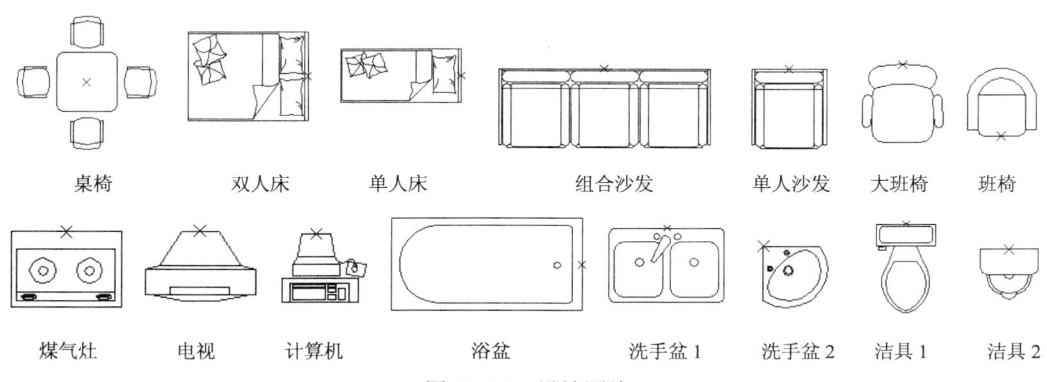

图 12-12　设施图块

这些图块都是第 11 章画过的图形。用户可以按下述方法将它们插入到图 12-1a 所示的位置：①厨房中洗手盆的插入比例为 0.7，其他图块的插入比例都是 1。②插入浴盆时，可以先将其插在任意位置，再移到墙角，或像例 9-11 那样，给该图块添加基点参数，将基点改到右上角或右下角。③为了便于控制处于倾斜位置图块的倾角，可以用第 9 章例 9-11 介绍的方法，给它们添加对齐参数。要利用对齐参数插入图块，在【插入】对话框中，不能选择【旋转】区中的【在屏幕上指定】。④可以像本章例 12-4 那样，选择【旋转】中的【在屏幕上指定】，通过移动鼠标使图块达到水平或铅垂位置。

【例 12-8】画电视柜、床头柜，插入花草图案，如图 12-1 所示。

附盘文件“\dwg\12\12-13.dwg”中，有图 12-13 所示的花草、台灯图块。图块基点在图块的中间部位，图块名称见图 12-13。

图 12-13　花草图块

作图要点：

（1）画客厅中的茶几：用矩形命令画带圆角的水平矩形。将矩形旋转 45°，移到要求的位置。

（2）用复制、直线、圆角命令画客厅中的电视柜。

（3）用矩形命令，画卧室中的床头柜。用对象捕捉追踪和直线命令画儿童间中的床头柜。

（4）目测位置确定插入点，插入花草、台灯图案。

12.1.6　画其他各层平面图

同一建筑物各层平面图的差别不会太大，画各层平面图时要注意相互引用作图结果。

用多线编辑命令处理过接头的多线，将成为一个整体。因而在编辑多线接头以前，要分析各层平面图的异同，先编辑相同处的多线接头，保留一份作图结果，再编辑不同处的多线接头，以便画其他层平面图时借用。

AutoCAD 2014 新提供了文件标签功能，可以非常方便地在各文件之间复制、剪贴图形。其方法是：打开要复制、剪贴的图形文件，单击源文件标签，在【默认】选项卡中，移动鼠标指向剪贴板（当屏幕分辨率较低时），单击复制按钮，用任意选择对象的方式选择要复制的图形，单击鼠标右键结束选择。单击目标文件标签，移动鼠标指向剪贴板（当屏幕分辨率较低时），单击粘贴按钮，复制过来的图形随鼠标的移动而移动，到达合适位置后单击，完成复制。插入的图形还可以用移动命令调整位置。

12.2　宾馆平面图

大型宾馆装修豪华，其平面图与居室平面图差别较大。特别是大厅，一般形状都很复杂，需要较高的作图技巧。本节介绍门庭平面图和客房平面图的绘制方法。

12.2.1　宾馆门庭平面图

门庭是展示宾馆风格的场所，形式千变万化，形状都很复杂。画图时要按图形的结构特点，将图形分为几部分，一部分一部分地画。例如画图 12-14 所示的平面图，可以将图形分为走道、总服务台、水池、休息区、楼梯、酒吧、水池 7 部分。

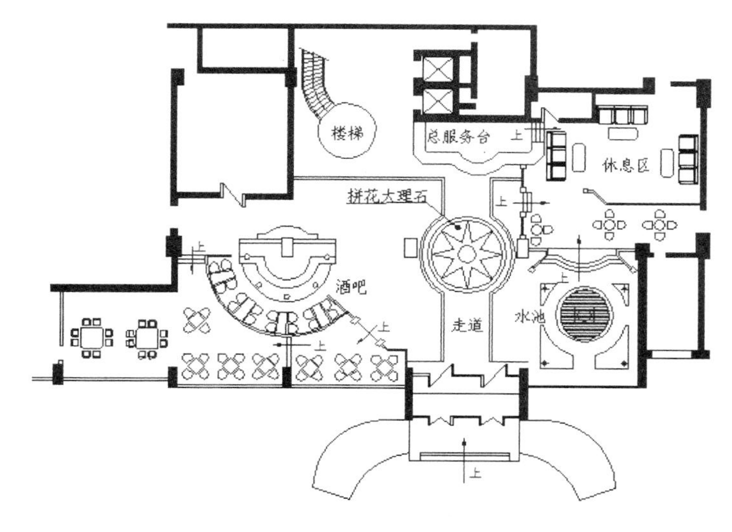

图 12-14　宾馆大厅平面图

12.1 节已经系统介绍了建筑平面图的画法，本节在图 12-15 所示的建筑平面图的基础上绘制室内设计部分。

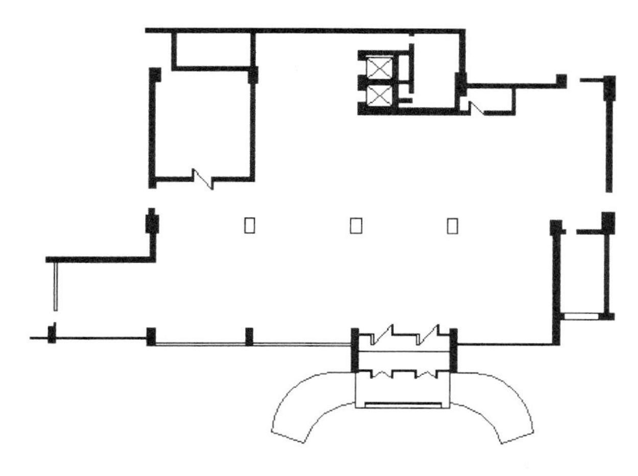

图 12-15　建筑平面图

【例 12-9】画总服务台，如图 12-16 所示。

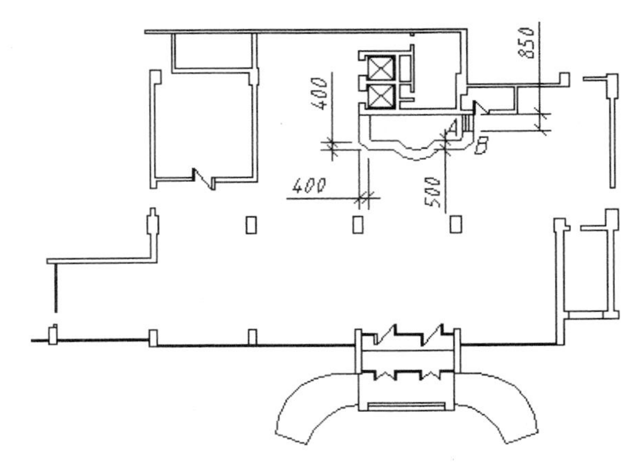

图 12-16　画总服务台

作图要点：

（1）打开附盘文件“\dwg\12\12-15.dwg”，图形如图 12-15 所示。为了便于捕捉墙线上的对象点，关闭“图案”层，用窗口方式放大显示总服务台所在区域。

（2）为了偏移后不修剪图线，用多段线命令画总服务台外轮廓：打开正交工具和对象捕捉追踪，输入 3 点画弧 CBD（过中点 A 追踪确定 B 点，过 C 点追踪使 D 点与 C 点水平对齐），过 H 点追踪确定 G 点，如图 12-17 所示。

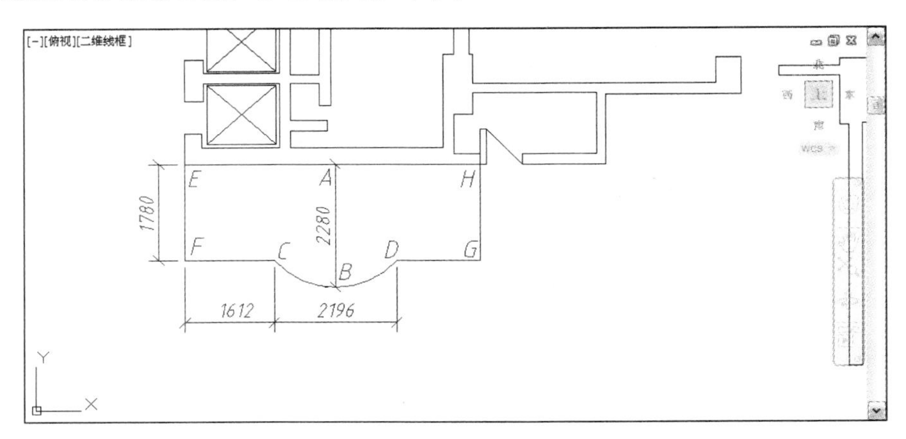

图 12-17　画多段线

（3）画倒角，偏移生成里面的图线，用对象捕捉追踪、垂足捕捉画 AB，将 AB 三等分，捕捉节点和垂足画台阶线，如图 12-16 所示。

（4）删除等分点，完成作图。

【例 12-10】画走道，如图 12-18 所示。

作图要点：

（1）画辅助线 AB（A、B 为矩形边的中点）、CD、EF；偏移生成与 CD、EF 平行的直线；画直线 GH：过 AB 的中点追踪确定 G 点、捕捉垂足，偏移生成另一直线；过 AB 中点追踪确定圆心画一个圆，捕捉圆心画其他圆，如图 12-19 所示。

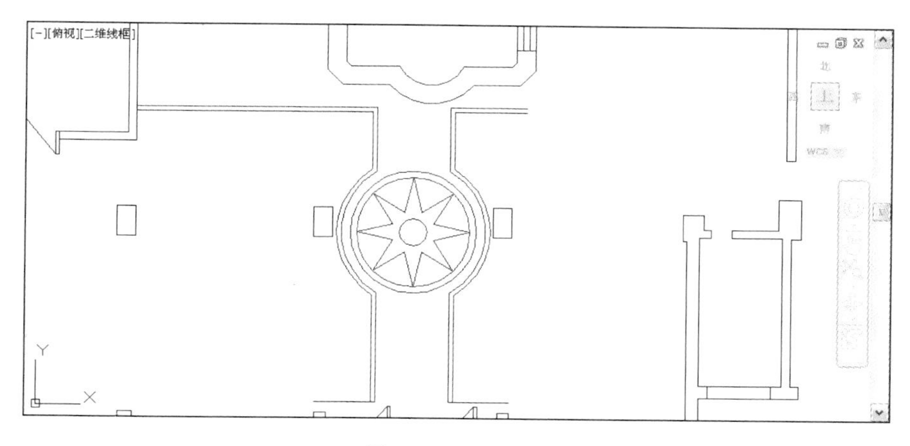

图 12-18　画走道

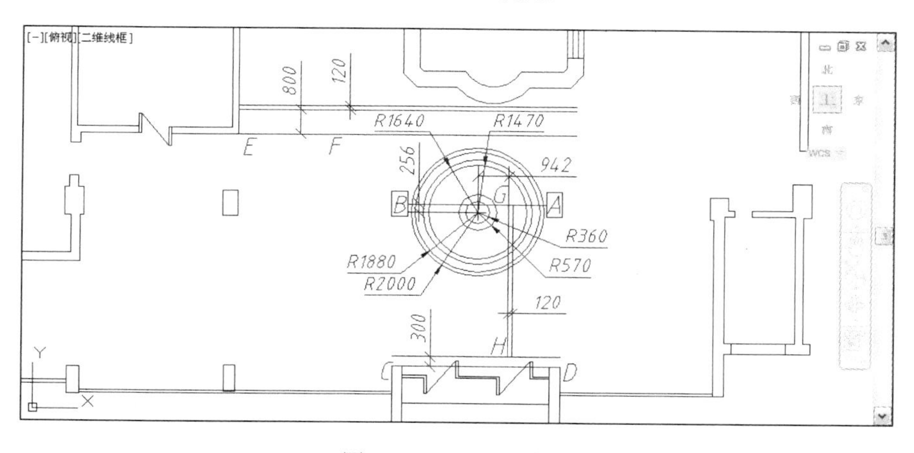

图 12-19　画圆和直线

（2）镜像 H（见图 12-19）处的两条铅垂线，生成左边的两段铅垂线，再镜像这 4 段铅垂线，如图 12-20 所示。

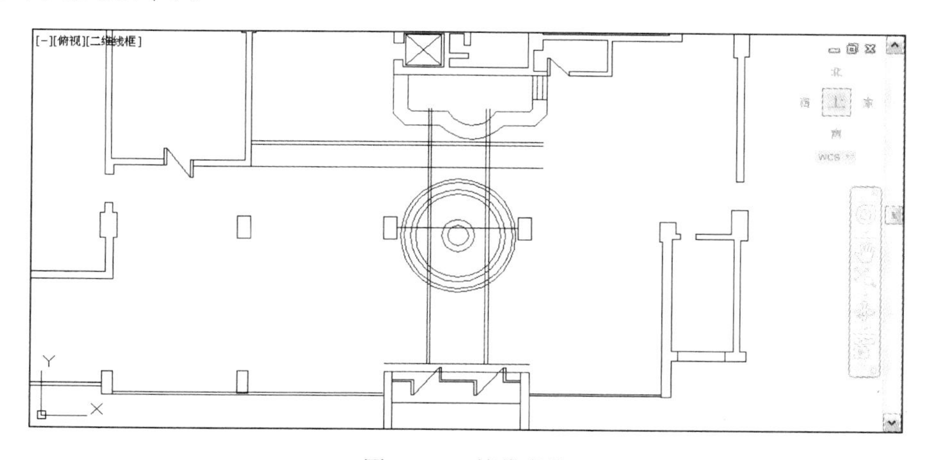

图 12-20　镜像直线

（3）删除辅助线，修剪、删除图线，将中间的两个圆 8 等分，如图 12-21 所示。

（4）将圆 A 和圆 A 上的点绕圆心旋转 22.5°，捕捉节点画直线，删除圆 A，删除点标记，或将点的样式设置为“无”，完成作图。

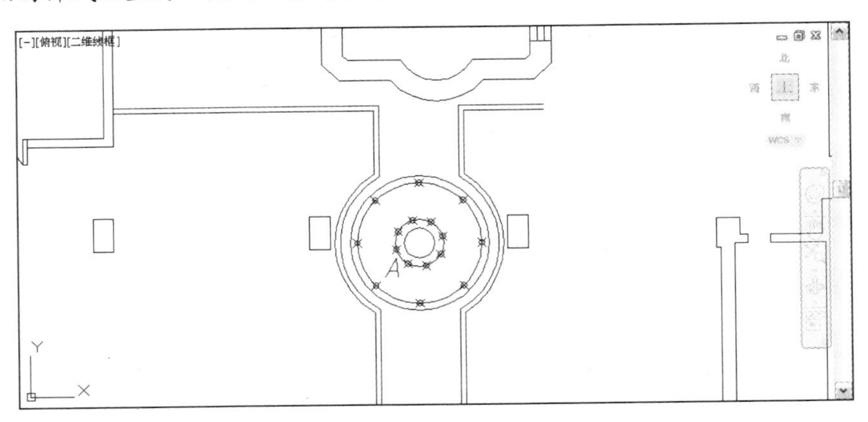

图 12-21 修剪图线、8 等分圆

【例 12-11】画休息区平面图，如图 12-22 所示。

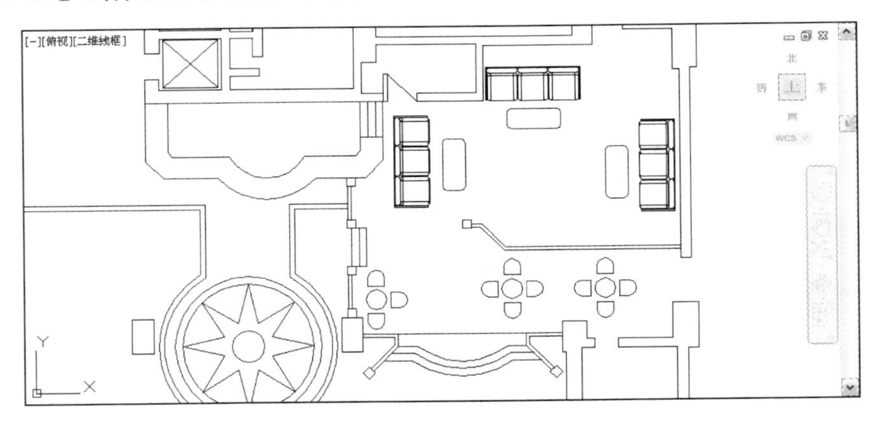

图 12-22 休息区平面图

作图要点：

（1）在附盘文件“\dwg\12\12-22.dwg”中，有图 12-22 所示的沙发与桌椅图块，沙发图块名称为：组合沙发，桌椅图块名称为：桌椅-1。

（2）在屏幕任意位置画 200×200 的矩形，捕捉中点确定位置移动到 A 处；复制 A 处的小矩形，生成矩形 D；捕捉中点 A 和垂足画辅助线 AB；以过 AB 中点的水平线为镜像线，镜像 A 处的小矩形和矩形 D 生成矩形 B、C；复制矩形 C，生成矩形 E（用正交工具或对象捕捉追踪确定复制位置）；画多段线 F 和 G，倾角分别为-45° 和-135°，如图 12-23 所示。

（3）删除辅助线 AB（见图 12-23）。捕捉矩形边的中点画直线，偏移直线生成台阶线等。偏移多段线 F、G（见图 12-23）；捕捉矩形 B 边的中点、垂足 C 画辅助线 BC，以过 BC 中点的铅垂线为镜像线，镜像 G 处的两条多段线；用与画总服务台外轮廓线相同的方法画一条形成台阶的多段线，偏移多段线生成台阶，如图 12-24 所示。

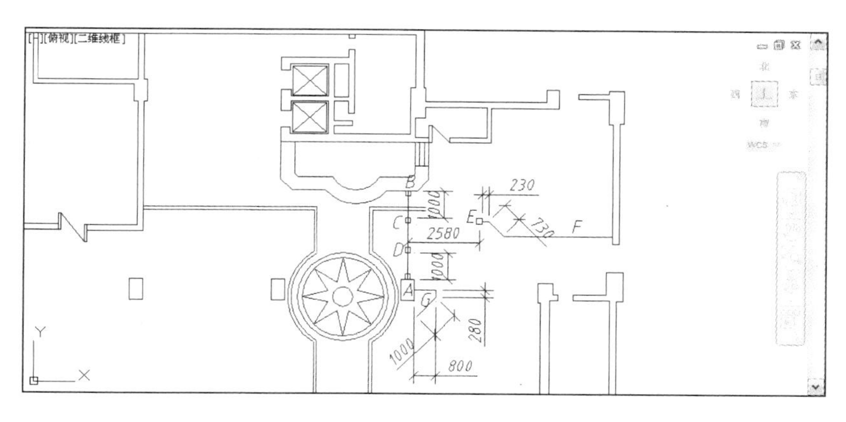

图 12-23　画矩形和直线

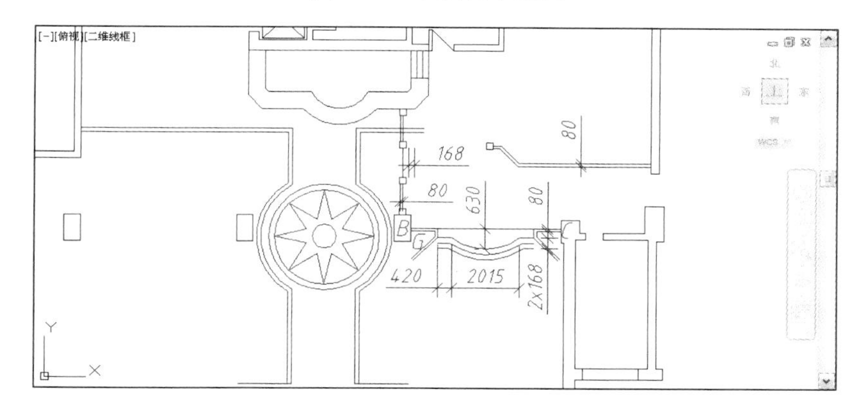

图 12-24　画台阶、隔断墙

提示： 选择对象时，输入 R，从已选择的对象中除去输入后选择的对象，输入 A，将以后选择的对象加入到已选择对象中。

（4）放大显示图形，修剪 A 处的直线；捕捉端点画 B 处的直线；延伸 CD 之间的两条多段线；将 EF 处的多段线分解为直线，偏移生成其平行线；捕捉端点画直线 F，偏移生成 E，如图 12-25 所示。

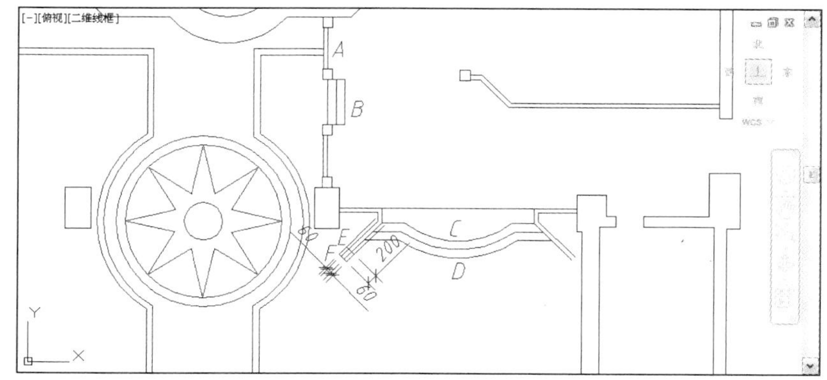

图 12-25　画直线等

（5）修剪 EF（见图 12-25）处的直线形成矩形。捕捉中点 C、D 确定镜像线，镜像该矩形，修剪掉矩形内的直线。插入沙发、桌椅图块。用矩形、旋转命令画茶几，矩形的边长为 1200×50，圆角为 100。分解左下角的桌椅图块，删除一把椅子，如图 12-22 所示。

（6）复制一个组合沙发图块，将其分解。将分解后的图线改到“0”层上，重新定义为基点不变的同名图块。

提示： 插入的组合沙发图块显示为黑色，是因为图块内的图线，不在“0”层上。做完步骤（6）以后，所有组合沙发图块的颜色变为插入图层的颜色。其他图块也可以这样处理。

为了不改变已插入图块的位置，重新定义图块时，不能改变基点。

【例 12-12】画水池，如图 12-26 所示。

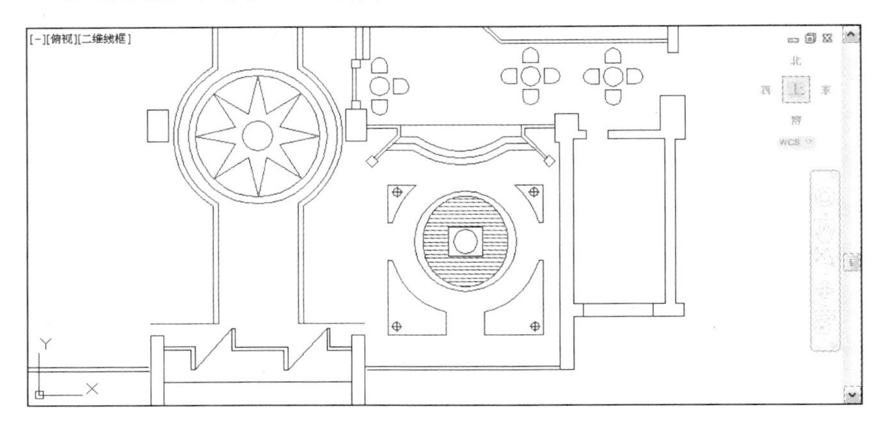

图 12-26　画水池

作图要点：

（1）通过追踪确定左下角点，画矩形；捕捉矩形边的中点画辅助线 AB、CD，由 CD 偏移生成 EF，捕捉交点为圆心画圆。捕捉交点确定中心点，输入轴端点、轴半径画椭圆，如图 12-27 所示。

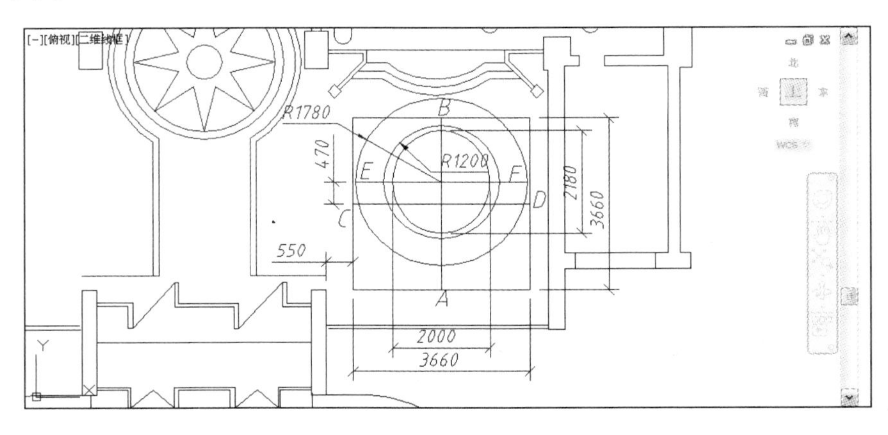

图 12-27　画矩形和椭圆

（2）删除 CD（见图 12-27），偏移直线；目测尺寸画表示灯具的小圆，用圆心标记命令画中心线，镜像两次生成其他 3 个，如图 12-28 所示。

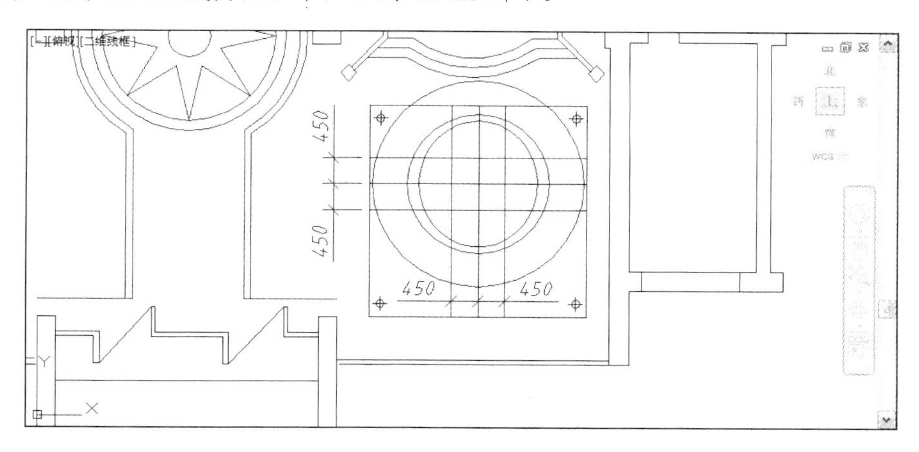

图 12-28　偏移直线

（3）修剪图线，画中间的矩形和圆，如图 12-29 所示。

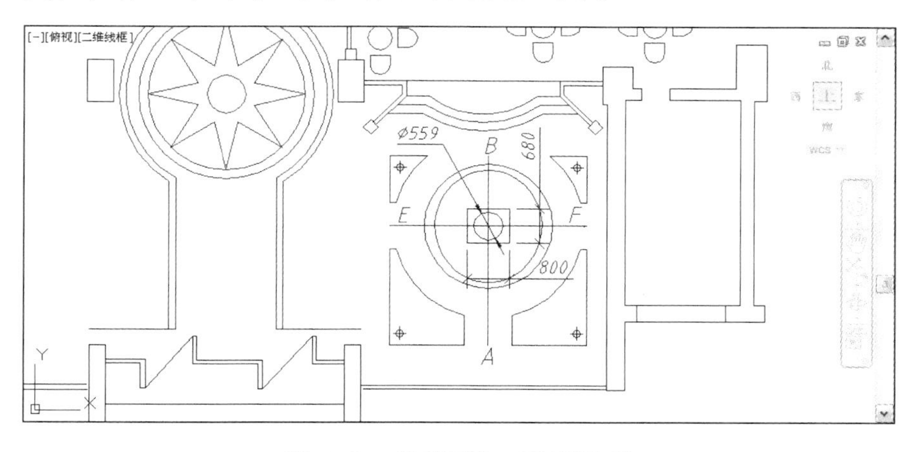

图 12-29　修剪图线、画矩形和圆

（4）删除 AB、EF（见图 12-29），画填充图案，名称为 ANSI31，角度为-45，比例为 30。

【例 12-13】画楼梯，如图 12-30a 所示。

作图要点：

（1）调整显示区域，用捕捉自确定圆心画圆；画多段线 ABC（用捕捉自确定起点 A 和 C 点），如图 12-30b 所示。

（2）偏移多段线 A，将多段线 B、C 延伸到圆；设置点样式，分别将多段线 B、C 分为 16 等份，如图 12-31a 所示。

（3）捕捉节点画直线，将点样式设置为“无”，偏移多段线，如图 12-31b 所示。

（4）画折断线，修剪图线，完成作图。

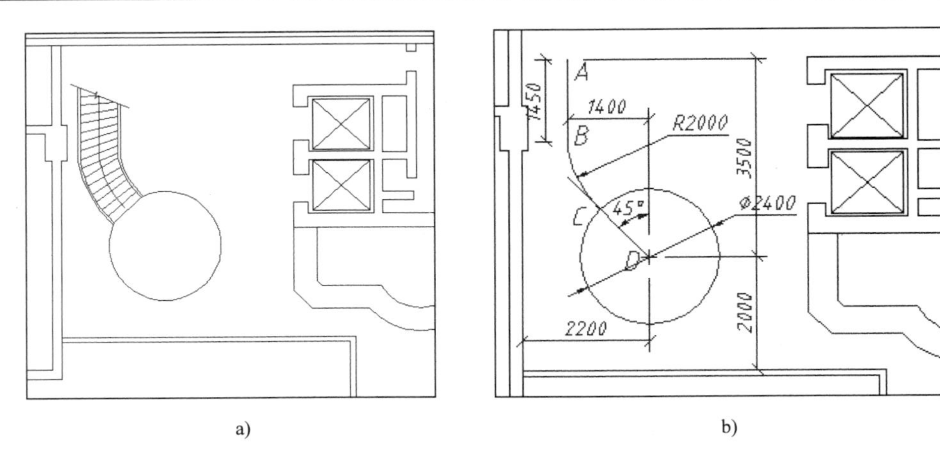

图 12-30 画楼梯

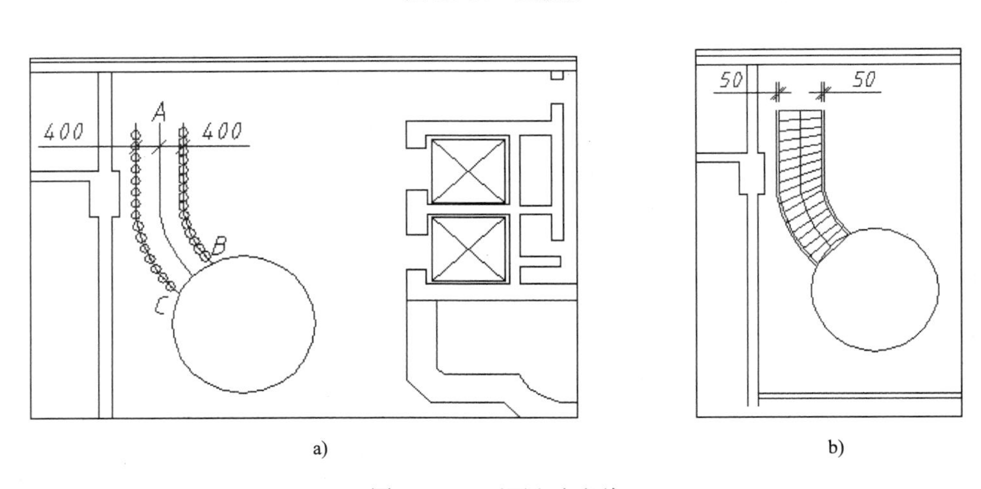

图 12-31 画圆和多段线

【例 12-14】画酒吧，如图 12-32 所示。

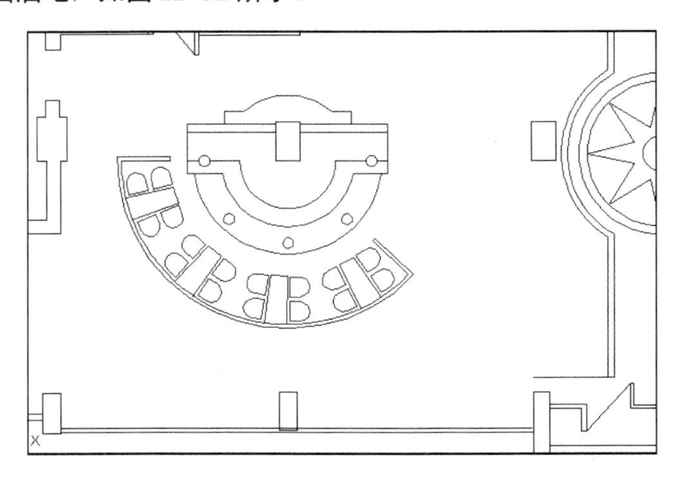

图 12-32 画酒吧

作图要点：

（1）捕捉矩形边的中点画 3 个圆，画构造线 A 和 B，偏移生成其他构造线，如图 12-33 所示。

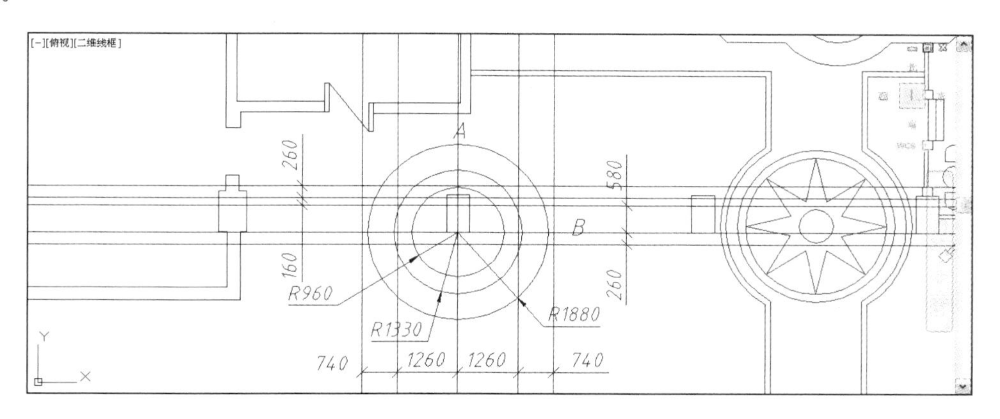

图 12-33　画圆和构造线

说明：读者作图时一次可以偏移少量图线，修剪完以后再偏移其他图线，再修剪。

（2）修剪图线，画两个大圆和一个小圆 A（追踪确定圆心），阵列生成其他小圆：中心阵列、填充角度为 180°，项目总数为 5，矩形下边的中点是阵列中心，如图 12-34a 所示。

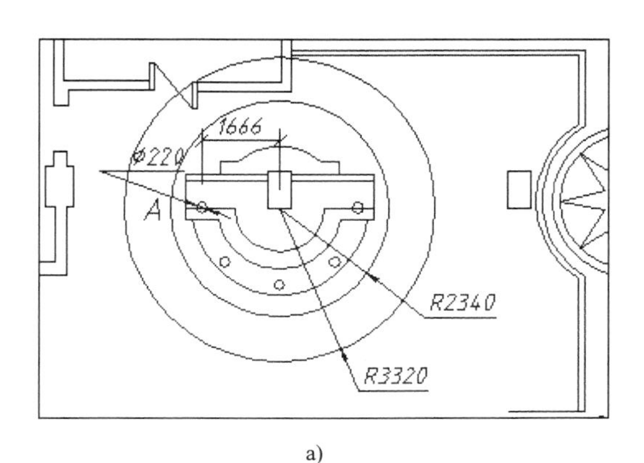

a)

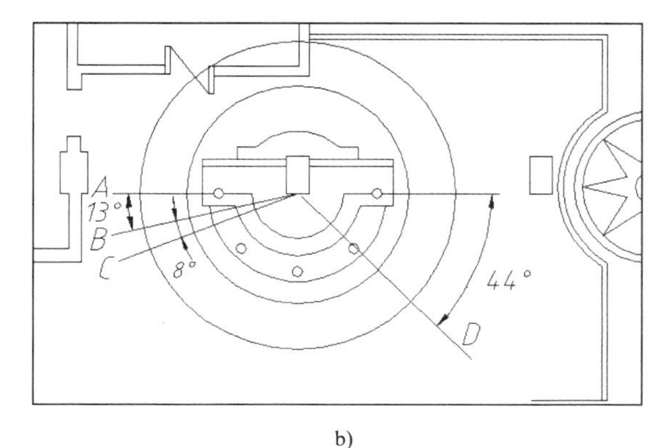

b)

图 12-34　画圆等

（3）画水平线 A，用角度替代画直线 B、C、D，如图 12-34b 所示。

（4）在屏幕任意位置画 400×400 的矩形，作圆角，复制生成另一个，旋转 13°，如图 12-35a 所示。

（5）修剪图线形成餐桌，目测位置移动椅子，以中点 C、垂足 D 为镜像线镜像椅子，如图 12-35b 所示。

（6）阵列餐桌、椅子：环形阵列，填充角度为 103°；偏移图线，画直线，作 R= 0 的圆角，修剪延长图线，完成作图。

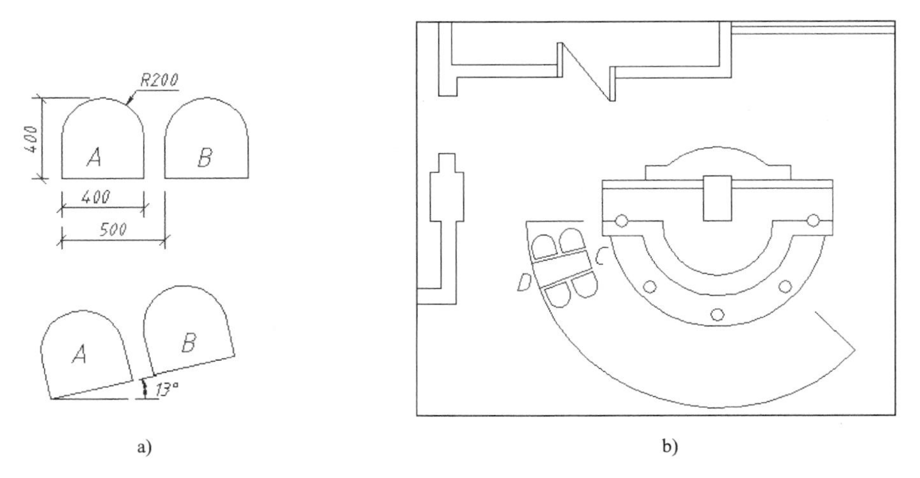

图 12-35 画餐桌、椅子

【例 12-15】画隔断、台阶，插入桌椅，如图 12-36 所示。

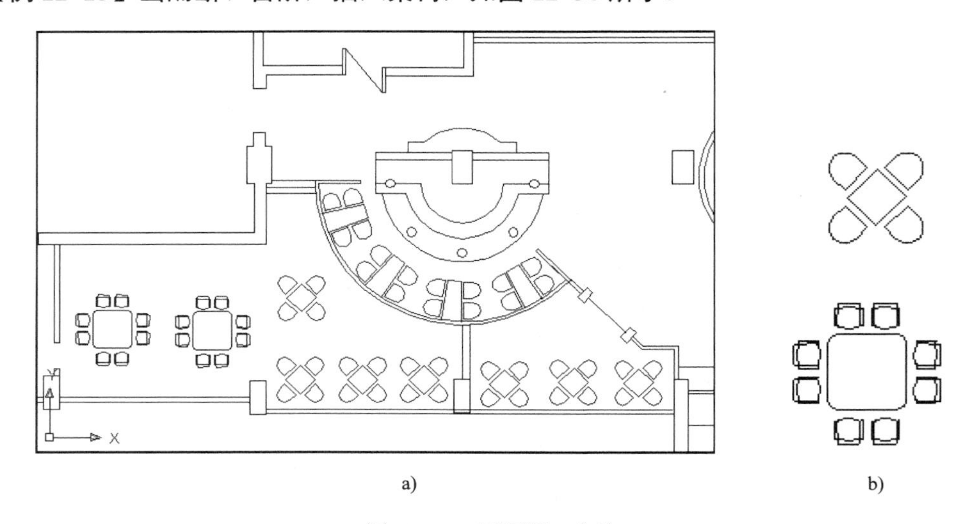

图 12-36 画隔断、台阶

作图要点：

（1）打开附盘文件“\dwg\12\32.dwg”，图形如图 12-32 所示，图中有图 12-36b 所示的桌椅图块，名称分别为桌椅-2、桌椅-3。

（2）画隔断和台阶。打开正交工具，画直线 A、B，折线 C。延长 D 处两直线，偏移直线 A、B，偏移圆弧确定门洞尺寸，如图 12-37 所示。

（3）延伸 A 处台阶线，修剪 B 处台阶线。以两圆弧为边界剪出门洞，偏移生成隔断线 C、立柱线 E 等，捕捉端点画直线 D，偏移 D 等，如图 12-38 所示。

（4）修剪生成立柱，画台阶线，插入、复制桌椅。

（5）打开“图案”层。建立文字样式，使“直径、半径、角度尺寸样式”为当前样式，用快速引线命令画箭头（输入两个点以后，按 Esc 键结束命令）。用单行文字命令输入文字。建立引线样式（末端箭头），用多重引线命令标注带引线的文字：拼花大理石，如图 12-14 所示。

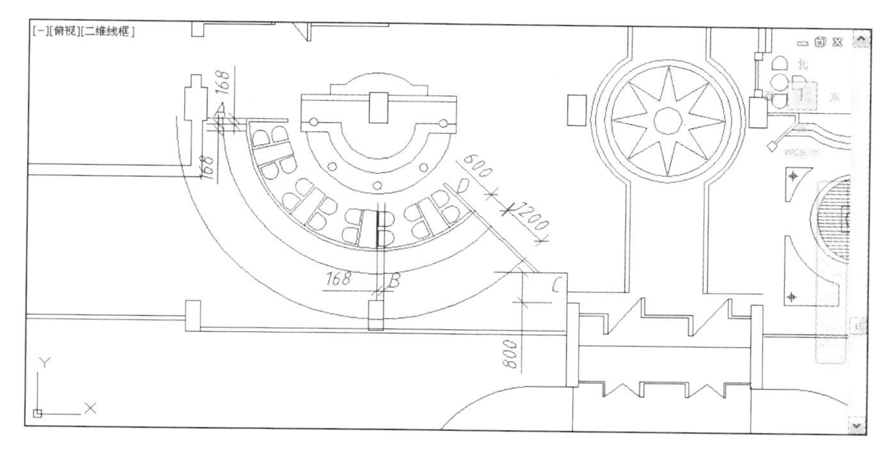

图 12-37　画隔断和台阶

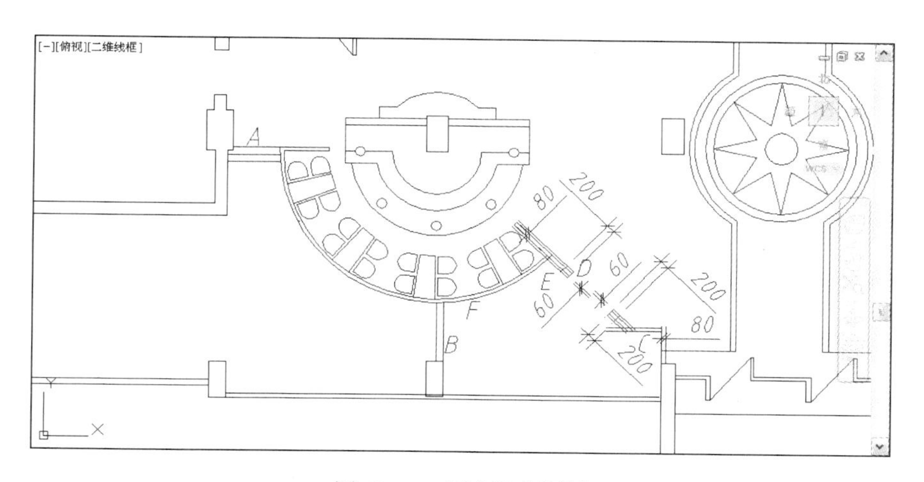

图 12-38　画台阶和隔断

12.2.2　客房标准间平面图

客房标准间平面图，与住宅平面图属于同一类图形，画法也相同，如图 12-39 所示。本节仅说明图中地毯的绘制方法。

手工画曲线比画直线容易，手工画图时地毯的边缘一般用曲线表示，如图 12-39 所示。用 AutoCAD 画图，将地毯的边缘画为直线更为简便。

【例 12-16】画地毯边缘线，如图 12-40c 所示。

> 说明：等分命令不仅可以插入点，还可以插入图块，下面介绍用等分命令插入图块画地毯的边缘线。

（1）画两条平行线作辅助线，目测输入端点画直线，修剪删除直线，如图 12-40a 所示。

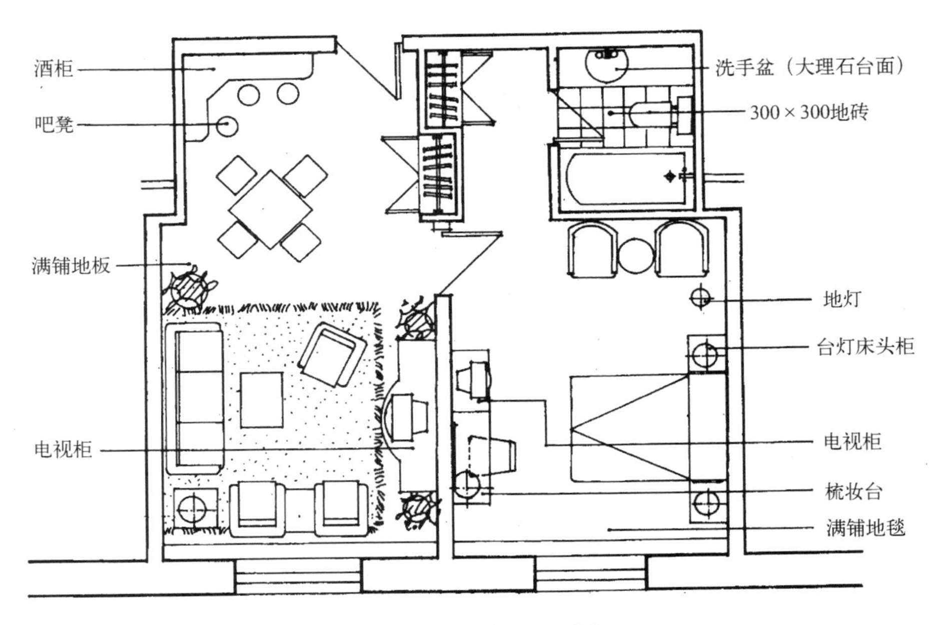

图 12-39　标准间平面图

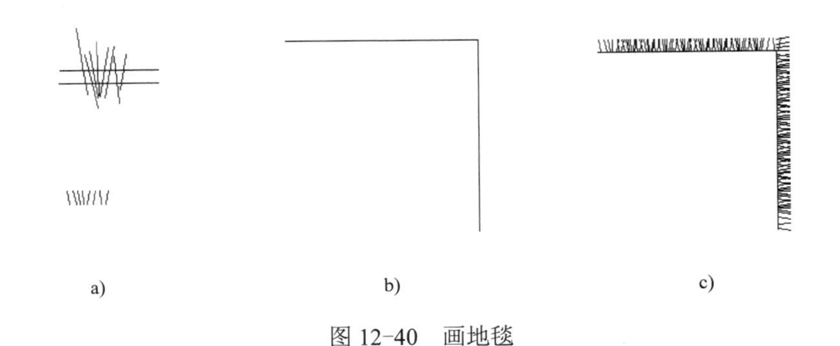

图 12-40　画地毯

（2）将图 12-40a 下面的直线定义为图块，取名为地毯，基点在下方中间部位。

（3）为了便于用等份命令插入图块，用多段线命令画折线，如图 12-40b 所示。

（4）调用定数等分命令。

选择要定数等分的对象:　　　　//单击图 12-40b 所示的多段线
输入线段数目或 [块(B)]: b　　//调用“块(B)”选项，在等分点处插入图块
输入要插入的块名: 地毯　　　//输入图块名称
是否对齐块和对象？[是(Y)/否(N)] <Y>: Enter
输入线段数目: 20　　　　　　//输入等分数，等分数不同，产生不同的效果

图 12-39 所示的地毯中间的点可以用图案填充的方法绘制。图案名为 AR-SAND，通过比例调整点的疏密，插入点选在地毯边界之内家具之外。

如果中间的家具是用第 11 章介绍的方法绘制的，边界是封闭的，填充时不会产生意外。如果出现家具内出现“点”，说明家具的外边线不封闭，可以沿家具外轮廓画上封闭的边界后再填充。

12.3　酒吧、餐厅平面图

餐厅平面图与居室平面图的区别在于，餐厅平面图中有许多按规律排放的餐桌与餐椅，如图 12-41 所示。

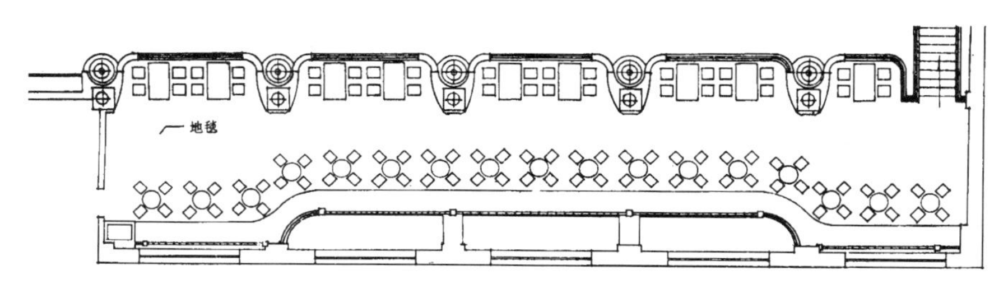

图 12-41　餐厅平面图

餐桌与餐椅一般用简单的图例表示，具有通用性。用户可以画出一组后定义为图块文件，画平面图时插入到图中。相同结构可以插入一个，其他用复制、镜像、阵列命令绘制。对称分布用镜像命令，等间隔分布用阵列命令，否则用复制命令，详见第 4 章。

对于图 12-41 所示的楼梯，可以画出一条直线，阵列生成其他图线：9 行 1 列。其中的箭头可以用多段线命令（见第 3 章），或用快速引线命令绘制，见本章例 12-5。

酒吧平面图与餐厅平面图从图形特点上属于同一类型，画法基本相同。

12.4　商场营业厅室内设计平面图

与其他平面图相比，商店营业厅平面图较为简单，例如图 12-42。第 6 章例 6-5 绘制了需要有较高作图技巧的音响展台，摄像器材展台的画法见第 11 章习题 2。本节介绍楼梯的绘制方法。

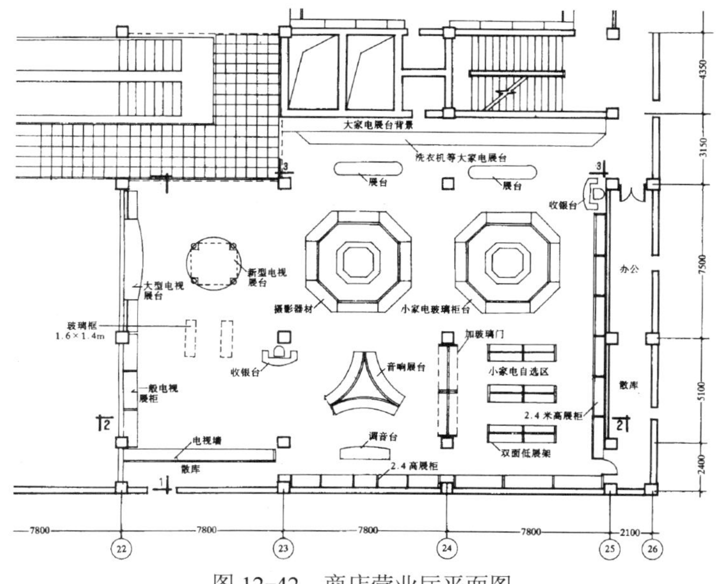

图 12-42　商店营业厅平面图

【例 12-17】画楼梯，如图 12-43a 所示。

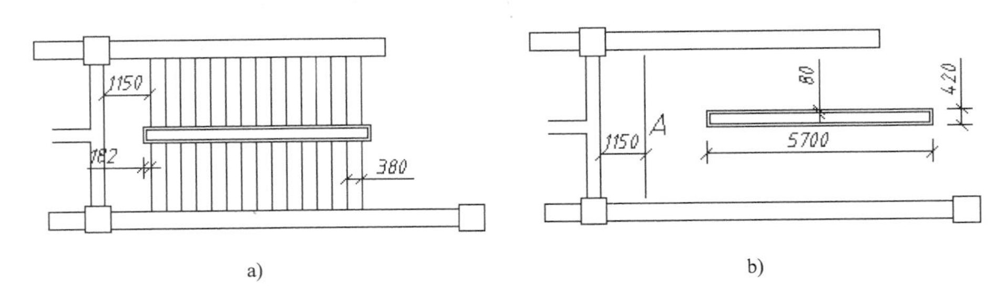

图 12-43　画楼梯

作图要点：

（1）打开附盘文件“\dwg\12\12-43.dwg”，图中有 12-43 所示的墙线和立柱。

（2）在屏幕任意位置画矩形，偏移生成另一矩形，偏移直线，如图 12-43b 所示。

（3）移动矩形（过中点追踪确定位置位移的第二点）。延伸、修剪直线，阵列直线：1 行，15 列，列距 380。

12.5　天花平面图

在前面的章节中绘制过许多天花平面图，下面绘制图 12-44a 所示的天花平面图。

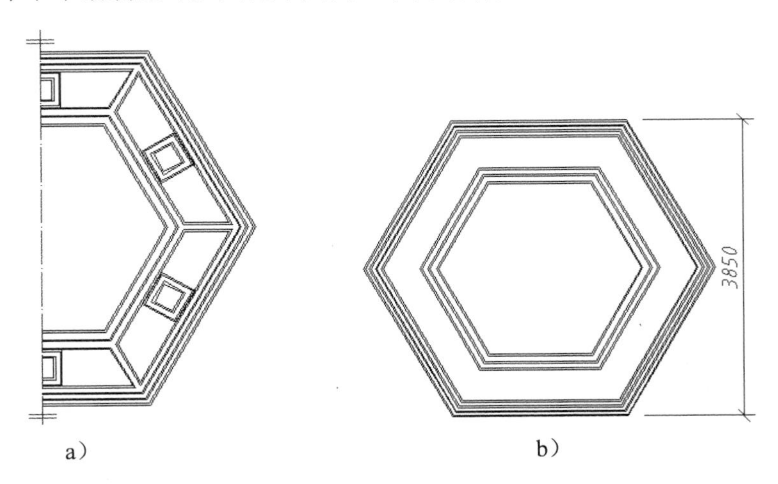

图 12-44　天花平面图

【例 12-18】画天花平面图，如图 12-44a 所示。

作图要点：

（1）调用样板图或设置作图环境。将图形界限设置为 7000 × 5000，打开正交工具，设置并打开自动对象捕捉。

（2）使“中实线”层为当前层，用多边形命令的“外切于圆(C)”选项，画正六边形，偏移六边形，偏移距离分别为 20，40，20，65，20，45，20，400，20，65，20，80，20，如图 12-44b 所示。

（3）放大显示图形，过中点追踪确定第一个角点画矩形，偏移生成其他矩形，偏移距离分别为 20，50，20；捕捉交点画辅助线 AB，偏移 AB 生成其他直线，如图 12-45a 所示。

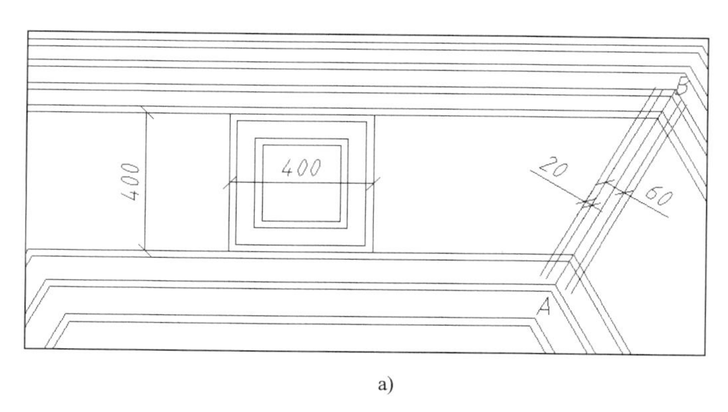

a)

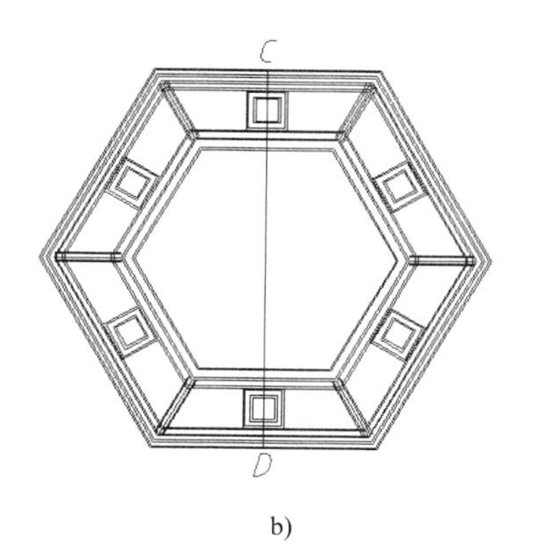

b)

图 12-45　画矩形和直线

（4）删除辅助线 AB，捕捉最大正六边形的对边中点画辅助线 CD，以 CD 的中点为阵列中心，阵列矩形和直线，如图 12-45b 所示。

提示：捕捉中点时从外向里移动鼠标，以便捕捉到最大正六边形边上的中点。

（5）以 CD 为边界，修剪正六边形和矩形等。分解修剪过的六边形，用圆角命令（将 R 设置为零）修剪图线。用拉长命令调整 CD 长度。用直线命令画对称符号，将 CD 改到“中心线”层，将最外圈图线改到“粗实线”层。

12.6　平面图标注

由于典型室内设计图中，需要标注的尺寸和符号较少，下面以标注图 12-46 所示的平面图为例，全面练习标注尺寸、轴号、标高、剖切符号、房间名称、门窗名称的方法与技巧。

【例 12-19】标注图 12-46 所示平面图。详细标注过程见动画文件“12-19”。

标注要点：

（1）打开附盘文件“\12\12-46.dwg”，图形如图 12-46 所示（无标注）。图中有第 7 章例题建立的文字样式，第 8 章例题建立的尺寸样式、引线样式，第 9 章创建的“标高 1”图块。

为了使门窗洞上的尺寸达到图 12-46 所示的效果，可以建立一个新的尺寸样式，加大尺寸界线的“起点偏移量”。

（2）选择“建筑图尺寸样式”为基础样式，建立的新尺寸样式，取名为：大起点偏移量尺寸样式。在【线】选项卡中，设置【起点偏移量】为较大数值，本例可设置为 16。设置“全局比例”为 100，将尺寸该样式设置为当前样式。

说明：本例假设将来以 1∶100 比例打印图形，因而将“全局比例”设置为 100。后面还要将轴号、标高、房间和门窗名称的字高，轴号圆圈、标高符号等放大 100 倍。

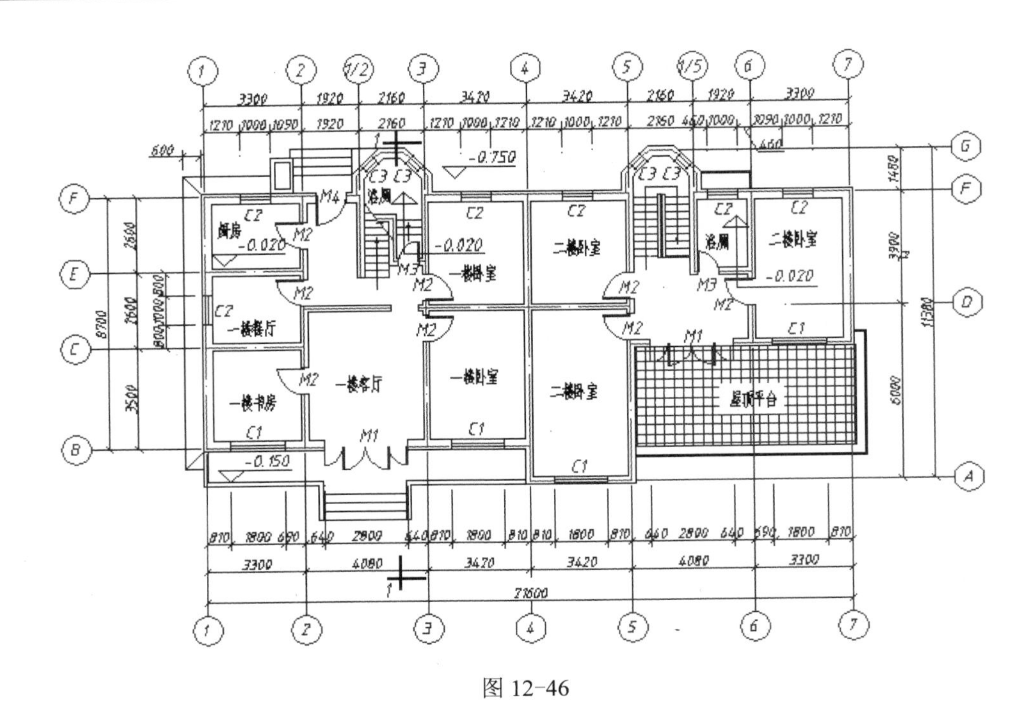

图 12-46

（3）为了便于捕捉点，冻结门窗所在图层“中实线”层，选择“细实线”层为当前层。标注平面图上、下、右三侧的门窗洞尺寸：打开对象捕捉，用线性命令标注第一个尺寸，用连续命令标注其他尺寸。选择“建筑图尺寸样式”为当前样式，用同样的方法标注左侧的门窗洞尺寸。

对于开间、进深尺寸，尺寸线到轴号之间的距离全图同一，也可以通过建立尺寸样式，增大尺寸界线“超出尺寸线”的数值来标注。

（4）选择“建筑图尺寸样式”为基础样式，建立新尺寸样式，取名为：带轴号的尺寸样式。在【线】选项卡中，将【超出尺寸线】设置为较大数值。本例可设置为 15。将“全局比例”设置为 100。用该样式按步骤（3）所述方法标注开间和进深尺寸。

（5）选择“建筑图尺寸样式”为当前样式，用线性命令标注总尺寸。分解上侧的开间尺寸，画一条水平线作为修剪边界，将尺寸界线剪去一段。

（6）解冻“中实线”层。选择“建筑图文字样式”为当前样式，用单行文字命令、复制命令输入门窗名称和房间名称。

下面标注标高符号。

（7）插入图块“标高 1”，如图 12-47a 所示。分解标高符号，再分解标高符号中的图线，删除横线 B，如图 12-47b 所示。EL 是原图块中定义的属性。

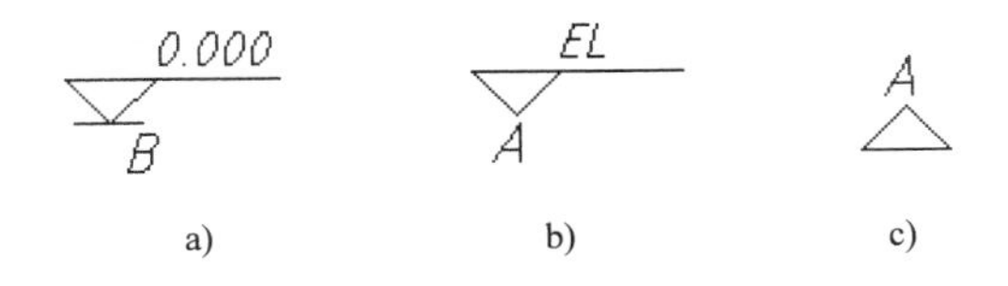

a) b) c)

图 12-47 标高符号

（8）用旋转命令的【复制】选项复制标高符号中的三角形，将其旋转 180°，如图 12-47c 所示。用 W 命令，将图 12-47b 和图 12-47c 中的标高符号定义为图块文件，作为共享资源。

（9）用图 12-47b 所示的标高符号插入室外、厨房中的 3 个标高符号；将图 12-47c 所示的三角形图块插入到浴厕中。

（10）修改引线样式“引线样式_末端无符号”，将【最大引线点数】设置为 3，在【指定比例】文本框中输入：100。以该样式为当前样式，注写浴厕中标高符号的引线和数值。

（11）用移动命令调整各符号和文字的位置，使它们均匀地分布在平面图上。

下面标注轴号。

（12）画一个直径为 1000 的圆。选择“建筑图文字样式”为当前样式，用单行文字命令，在圆中间输入一个常用编号，例如 A。

（13）捕捉圆的象限点、相应尺寸界线的端点，确定复制轴线编号，如图 12-48 所示。

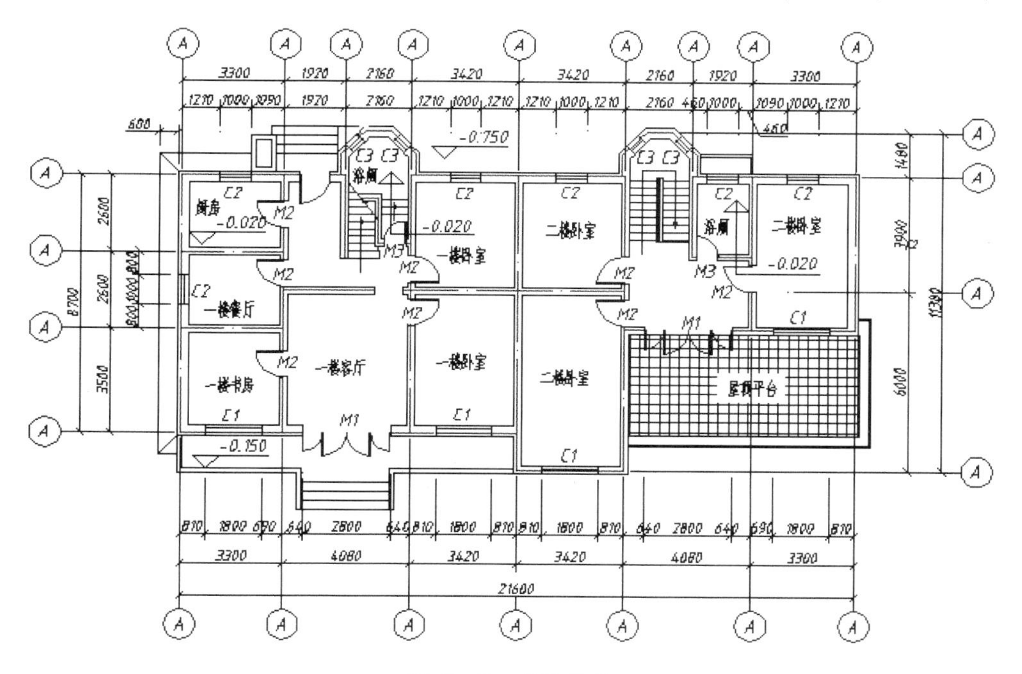

图 12-48　标注轴号

（14）用在位编辑功能修正轴线编号：双击 A，输入实际编号，如图 12-46 所示。

（15）标注剖切符号：使“粗实线”层为当前层，打开正交工具，目测位置画上面的剖切符号，通过追踪画下面剖切符号中的竖线，用单行文字命令输入编号。

（16）检查、修改标注错误。本例的动画文件中修改了两个有标注错误的尺寸。

12.7　小结

本章介绍了绘制各种室内设计平面图的一般方法。一般用多线命令绘制墙线，多线编辑命令编辑墙线的接头和角点。在作多线编辑时，如果系统提示选择无效，或修正结果异常，可以改变单击的顺序或单击的位置。一般通过插入图块的方法绘制门窗、家具图例，但特制家具或形状简单的家具，一般在画平面图时直接绘制。处于倾斜位置的家具，可以先在屏幕任意位置按水平或垂直画出，旋转到要求角度后，目测移到所需的位置。

同一建筑物各层平面图的差别不会太大，画各层平面图时要注意相互引用作图结果。一般在编辑多线接头以前，要找出各层平面图的不同之处，先编辑相同处的多线接头，保留一份作图结果，再编辑不同处的多线接头，以便画其他层平面图时借用。

宾馆门庭形状千变万化，画图时要按图形的结构特点，将图形分为几部分，画完一部分再画另一部分。本章还介绍了一种用等分命令插入图块画地毯的边缘线的方法。

12.8　习题与作图要点

1．判断下列各命题，正确的在（）内画上“√”，不正确的在（）内画上“×”。

（1）在多线样式中可以设置图线的线型。（　　）

（2）多线编辑命令不能打门窗洞。（　　）

（3）为了便于编辑多线接头，应当使后画多线的端点交在其他多线的轴线上。（　　）

（4）可以通过尺寸样式控制开间尺寸线到轴号之间的距离。（　　）

2．简答题。

（1）总结绘制各种室内设施平面图的要点。

（2）参照图 12-3 说明如何选择多线的对齐方式。

（3）说明绘制倾斜结构的要点。

（4）总结插入图块的各种定位方法。

（5）本章为什么多次用多线命令画平行结构？

（6）总结等分命令适合绘制的图形。

3．简答题。

编辑多线接头出现异常时应如何处理？

（1）如何利用尺寸样式控制尺寸界线的端点到墙线的距离？如何控制尺寸线到轴号的距离？

（2）如何标注有引出线的标高符号？

（3）试述绘制平面图的要点。

4．画如图 12-49 所示的平面图。个别未标注的尺寸从附盘文件“dwg\12\12-49.dwg”中量取。

作图要点：

本图可以像用图板画图那样，先画定位轴线再画墙线：先用直线、偏移等命令画定位轴线，再用多线命令捕捉轴线上的点画墙线（多线样式中不含有轴线）。画出墙线以后，处理多线接头、打门窗洞、插入门窗等后续作图与前面的例题相同。

（1）建立多线样式，包括两条图线，【偏移】距离分别为 120，-120。

（2）使“点画线”层为当前层，打开正交工具，单击输入点画一条水平轴线和一条铅垂轴线，偏移生成其他轴线。依次捕捉交点 A、B、C、D、E、F 画多线（按此顺序画多线可以减少处理接头的工作量），依次捕捉交点画封闭多线 GH。用多线编辑命令修正 A、F、G

的多线接头，如图 12-50 所示。

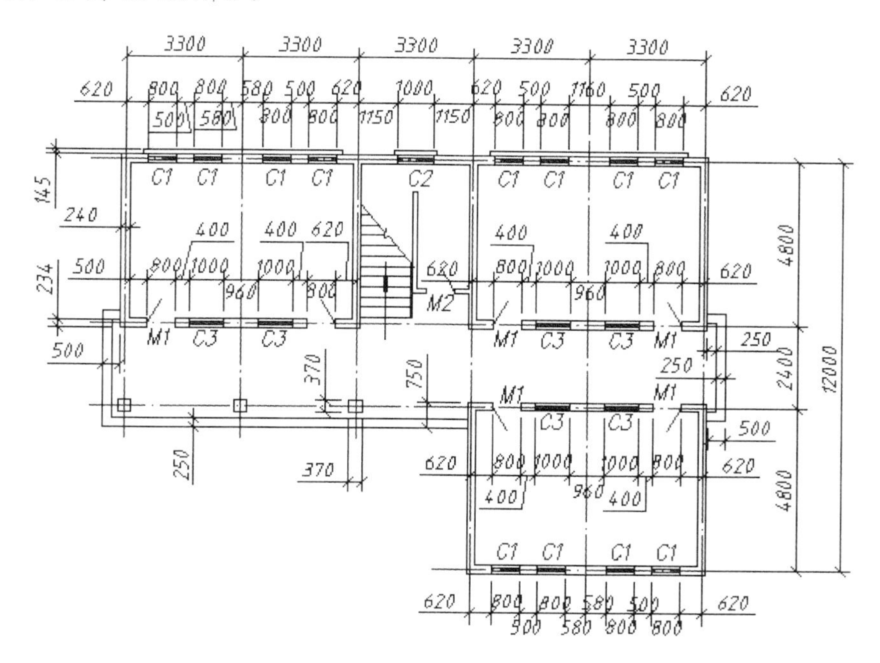

图 12-49　平面图

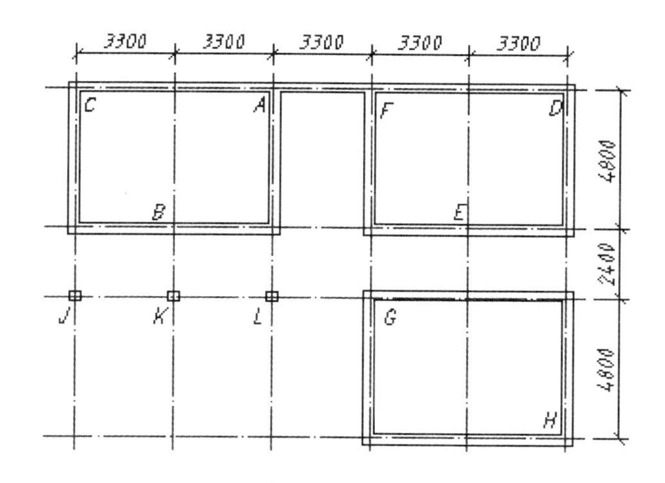

图 12-50　用轴线定位画平面图

（3）画柱子 J、K、L：在任意位置画矩形 J。移动矩形：分别过矩形的两个邻边的中点追踪确定位移的基点，捕捉交点确定位移的第 2 点。复制生成柱子 K、L，如图 12-50 所示。

（4）打开正交工具和对象捕捉追踪，用多段线、偏移命令画月台、窗台，如图 12-49 所示。

（5）用本章例 12-3 介绍的方法，画门窗口两侧的直线，修剪形成门窗洞。参照例 12-4 插入门窗，如图 12-49 所示。

（6）用本章例 12-17、例 12-19 介绍的方法画楼梯、进行标注，如图 12-49 所示。

（7）用本章例 12-8 介绍的方法插入家具、电器、绿化图案等，或打开附盘文件“\dwg\12\12-12.dwg”，从中复制所需图块，粘贴到所画图形中，再用移动命令调整图块的位置。

5．画沙发，如图 12-51a 所示。

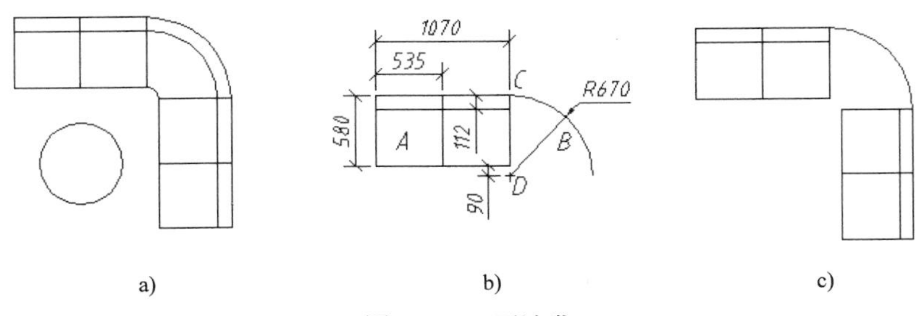

图 12-51　画沙发

作图要点：

（1）画矩形 A，分解矩形，偏移生成其他直线。用“起点、圆心、角度”方式画圆弧 B：捕捉起点 C，追踪确定圆心 D，输入角度为-90，如图 12-51b 所示。

（2）用旋转命令的【复制(C)】选项复制、旋转图形，捕捉端点确定位置移动图形，如图 12-51c 所示。

（3）用偏移命令的【通过(T)】选项偏移圆弧，如图 12-51a 所示。

第 13 章　家具与设施立面图

室内设计立面图是在建筑立面图的基础上，画出家具、设施等物件的图例符号，表达它们的形状、安放位置、尺寸关系等。为了准确表达设计者的思想，图例符号要尽量画得与实物相近。立面家具与设施主要由直线、圆和圆弧组成，画法与平面家具与设施基本相同。本章重点介绍特殊圆弧的绘制方法，从设计的角度如何绘制圆弧等，进一步练习各种复杂图形的绘图技巧，采用与前两章相同的写作方法，读者可以根据需要选择要观看的动画文件。

提示： 本章例题绘制过程制成的动画文件，在附盘文件夹“\avi\13”下，文件名与例题编号相同。

13.1　家具立面图

【例 13-1】画组合家具，如图 13-1a 所示。

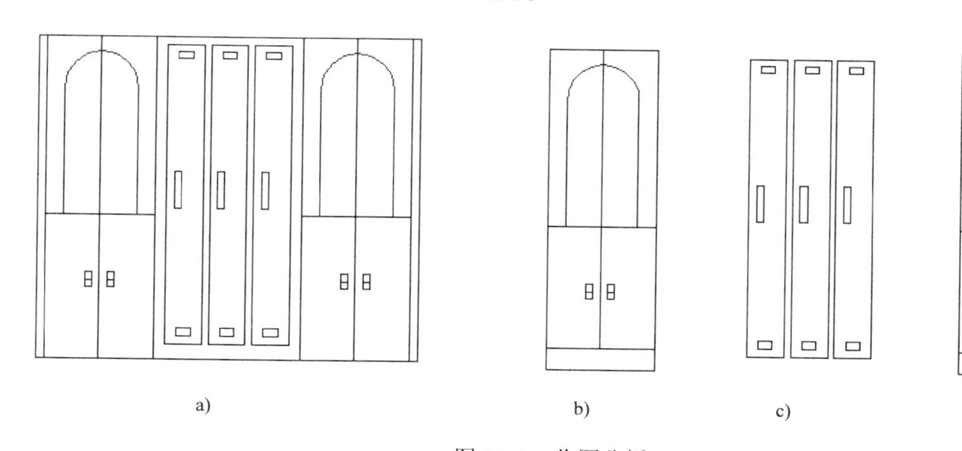

a)　　b)　　c)　　d)

图 13-1　作图分析

对于较复杂的图形，作图前要先进行形体分析，将图形分为几部分，一部分一部分地画。对于图 13-1a 所示的家具，可以分为图 13-1b、图 13-1c、图 13-1d 所示的三部分。图 13-1b 和图 13-1d 相同，只画其中的一个，复制生成另一个；图 13-1c 又分为相同的三部分，画出一个，阵列生成其他部分。

作图要点：

（1）按例 6-5 步骤（1）设置作图环境。将图形界限设置为 5000 × 3000。

（2）画大矩形：单击输入一个角点，输入另一角点的相对坐标；画两个小矩形：用“捕捉自”确定第一个角点，输入另一角点的相对坐标，如图 13-2a 所示。

（3）捕捉小矩形 C 的边的中点画直线。用圆角命令画圆弧 A 和 B，如图 13-2b 所示。

（4）捕捉大矩形上、下边的中点画直线 FG，镜像 C 处的小矩形和直线，分解矩形 ABDE（见图 13-2b），用延伸命令向两端延伸 DE，如图 13-2c 所示。

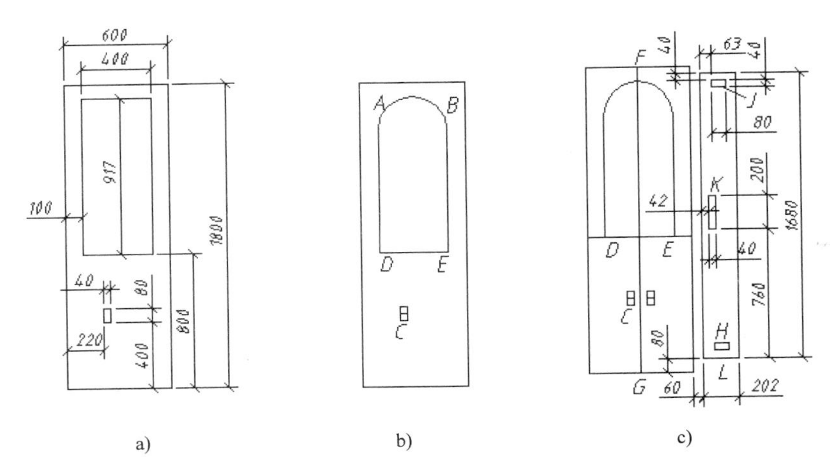

图 13-2 画矩形等

说明：本书中“延伸直线”是指用延伸命令延伸直线到指定边界；“延伸图线”是指用延伸命令延伸直线、圆弧等；“拉长直线”是指用拉长命令拉长直线；“作圆角”是指用圆角命令画相切圆弧。

（5）画矩形 L、K、J：用捕捉自确定第一个角点，输入另一角点的相对坐标。由矩形 J 镜像生成矩形 H，如图 13-2c 所示。

（6）阵列矩形 H、J、K、L（见图 13-2c）：1 行，3 列，列距=240。分解矩形 A，偏移生成直线 B，捕捉端点画直线 C、D，捕捉中点 E、F 确定镜像线，镜像图形，如图 13-3 所示。

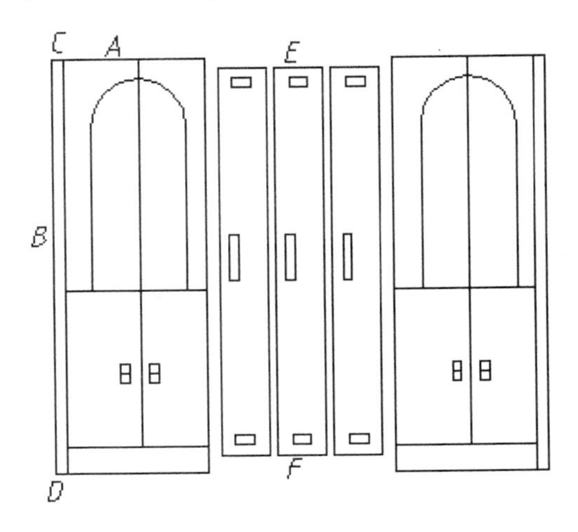

图 13-3 镜像图形

（7）捕捉端点画直线，完成作图。

【例 13-2】 画梳妆台立面图，如图 **13-4a** 所示。

作图要点：

（1）调用样板图或设置作图环境。将图形界限设置为 3000 × 2000，打开正交工具，设置并打开自动对象捕捉。

（2）画矩形和椭圆：在屏幕适当位置单击确定矩形的第一个角点，用“捕捉自”或对象捕捉追踪确定其他矩形的第一个角点、椭圆中心和长轴的下端点，如图 13-4b 所示。

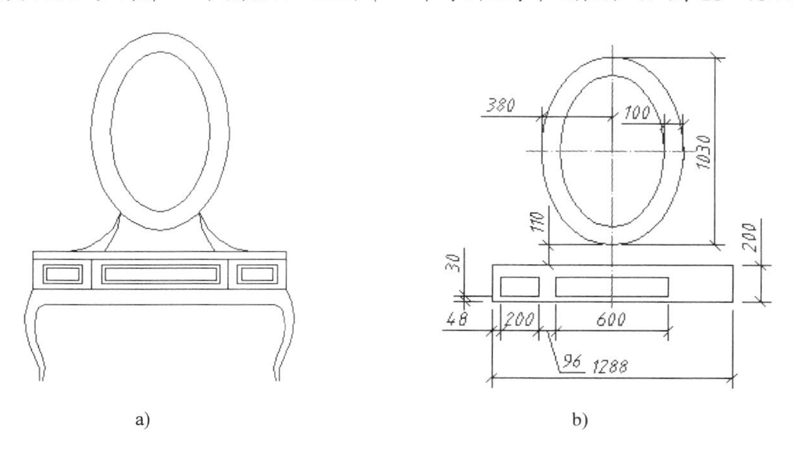

a)　　b)

图 13-4　梳妆台平面图

（3）分解大矩形，偏移直线和两个小矩形，用角度替代画直线 A，如图 13-5a 所示。

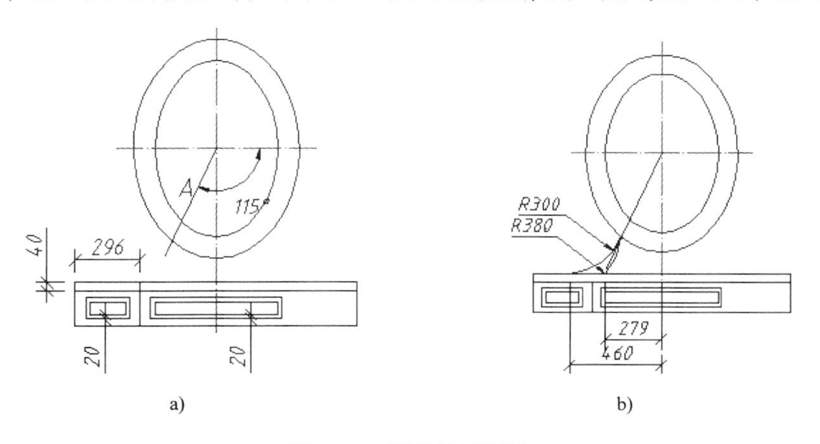

a)　　b)

图 13-5　画直线和圆弧

（4）修剪直线，用“起点、端点、半径”方式画圆弧：追踪确定圆弧的起点，捕捉直线与椭圆的交点确定端点，如图 13-5b 所示。

（5）删除直线 A（见图 13-5a）。用“起点、端点、半径”方式画圆弧 A，按回车键，再按回车键，指定圆弧 B 的下端点画圆弧 B，这样画的圆弧 B 与圆弧 A 相切。用相同的方法画另外两段圆弧，如图 13-6a 所示。

提示： 在设计过程中画圆弧时，可以目测输入 3 个点画圆弧，如图 13-6b 所示，再用夹点编辑调整圆弧的曲率和端点位置。其方法是：单击圆弧，在圆弧上显示夹点（蓝色小方框），单击某一夹点使其变为红色，移动鼠标改变其位置。

（6）镜像图形，捕捉端点画直线，画圆角（R=50），完成作图。

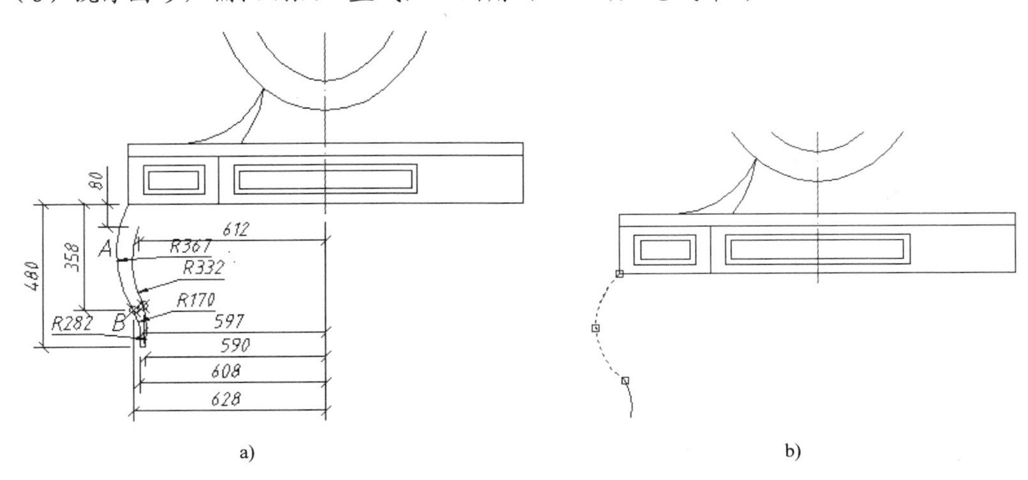

图 13-6　画圆弧

【例 13-3】画沙发，如图 13-7 所示。

作图要点：

（1）调用样板图或设置作图环境。将图形界限设置为 3000 × 2000，打开正交工具，设置并打开自动对象捕捉。

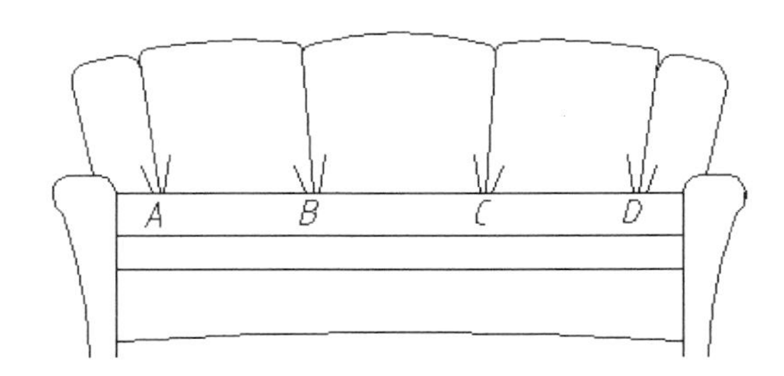

图 13-7　沙发立面图

本例先画左侧扶手，扶手、靠背主要圆弧由画圆、修剪形成，镜像生成对称部分。

（2）画折线 AC，用【捕捉自】确定圆心画两个圆，如图 13-8 所示。

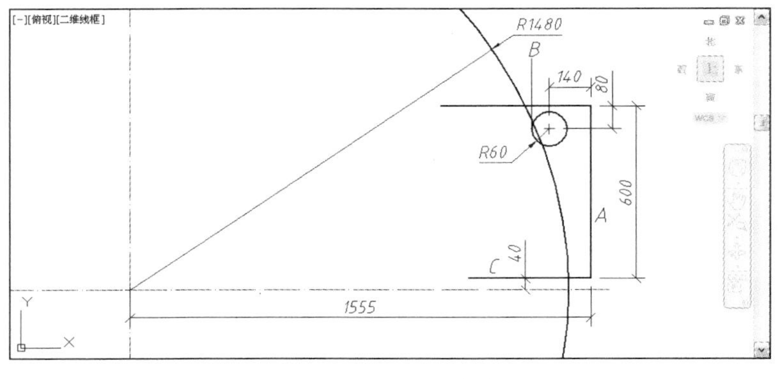

图 13-8　画圆和直线

（3）用圆角命令画相切圆弧，修剪图线，删除直线 C（见图 13-8）。调整图形显示状态，捕捉象限点 A 画水平线；用【捕捉自】确定圆心画圆 B，过水平线 A 的中点向下追踪确定圆心画圆 C，如图 13-9 所示。

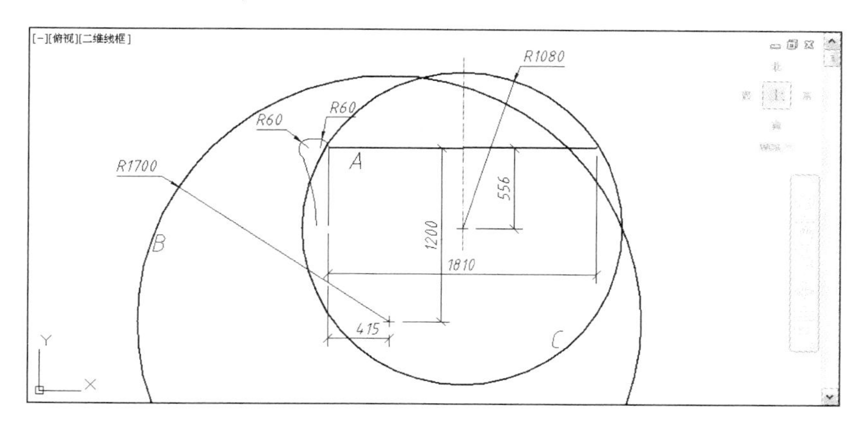

图 13-9　画直线和圆弧

（4）利用对象捕捉追踪、角度替代画直线 A、B、C（A 点为象限点），镜像直线 B，如图 13-10 所示。

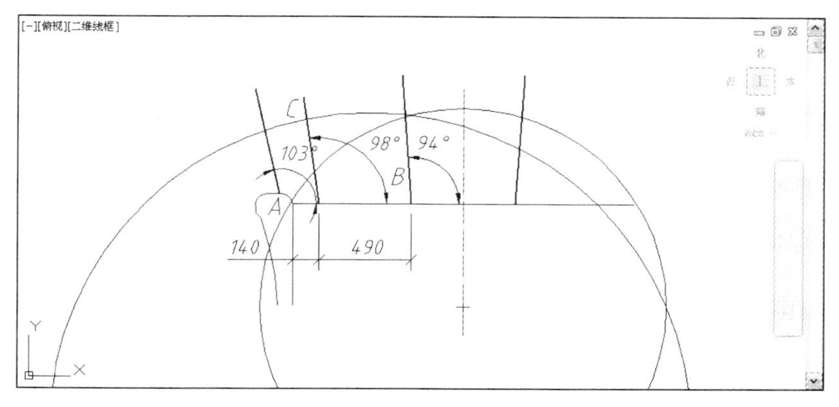

图 13-10　画直线

（5）修剪圆，用打断于点命令从交点 C（见图 13-10）处打断圆弧，偏移直线，用 3 点方式（追踪确定点）画下面的圆弧，如图 13-11 所示。

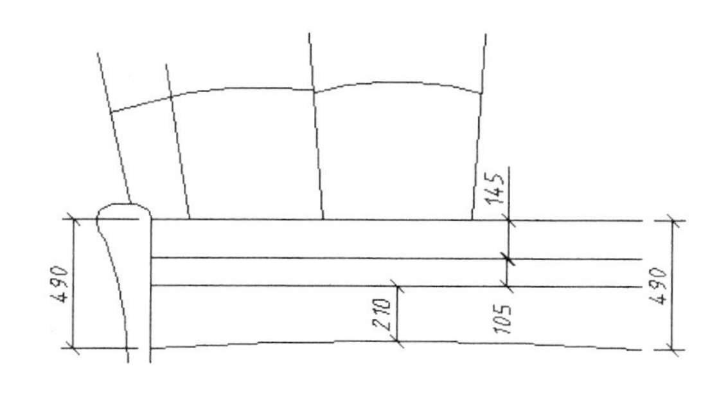

图 13-11　画圆角，修剪圆、画直线等

（6）用圆角命令画相切圆弧，镜像图形，修剪直线，如图 13-12 所示。

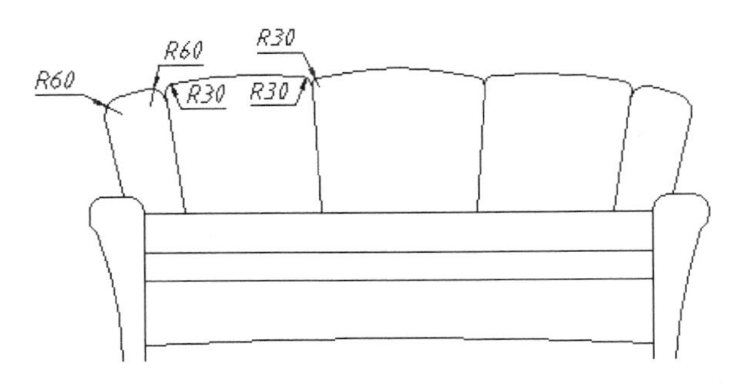

图 13-12 画圆角、镜像图形

（7）目测位置画 A 处的两段图线（左侧的是直线，右侧的是圆弧），复制生成 B 处直线和圆弧，镜像生成 C、D 两处圆弧，如图 13-7 所示。

13.2 电器与灯具立面图

在立面图中，电器与灯具一般都用较简单的图例表示。例如图 13-13a 所示的洗衣机，与第 11 章介绍的洗衣机平面的画法基本相同，可以用矩形、分解、偏移、椭圆、构造线命令绘制，详见第 11 章。下面介绍较有特色的油烟机（如图 13-13b 所示）、落地灯立面图的画法。

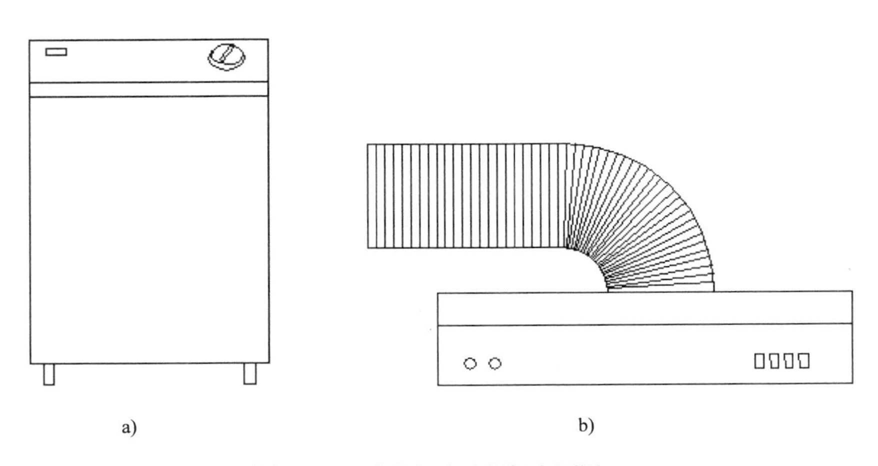

图 13-13 洗衣机和油烟机立面图

【例 13-4】画油烟机立面图。

作图要点：

（1）调用样板图或设置作图环境。将图形界限设置为 1200 × 800，打开正交工具，设置并打开自动对象捕捉。

（2）画大矩形，分解矩形，偏移直线；在屏幕适当位置画小矩形，阵列小矩形：1 行，4 列，列距=27；目测位置画一个圆，复制生成另一个圆，如图 13-14a 所示。

（3）打开正交工具，按 CBA 的顺序画多段线 CBA（AB 是 1/4 圆弧），偏移生成多段线

DE，画直线 CD，如图 13-14b 所示。

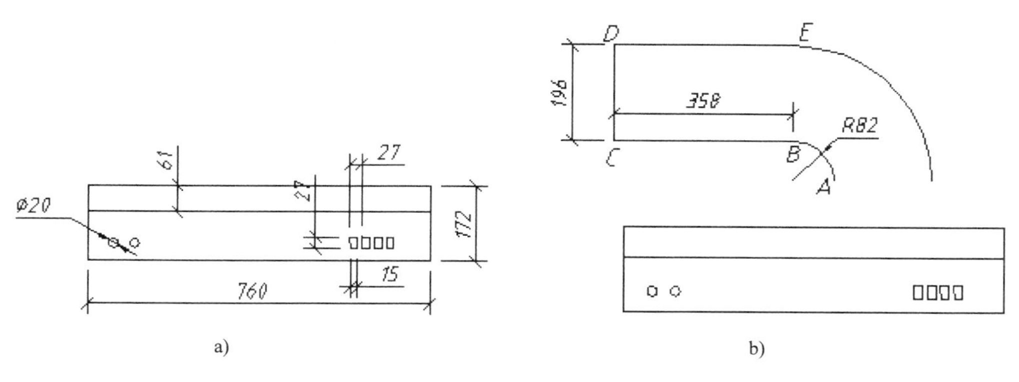

a)　b)

图 13-14　画矩形和圆

（4）将 CD 定义为图块，C 为基点；用定数等分命令插入该图块（50 等份），目测距离移动图形，如图 13-13b 所示。

【例 13-5】画落地灯立面图，如图 13-15a 所示。

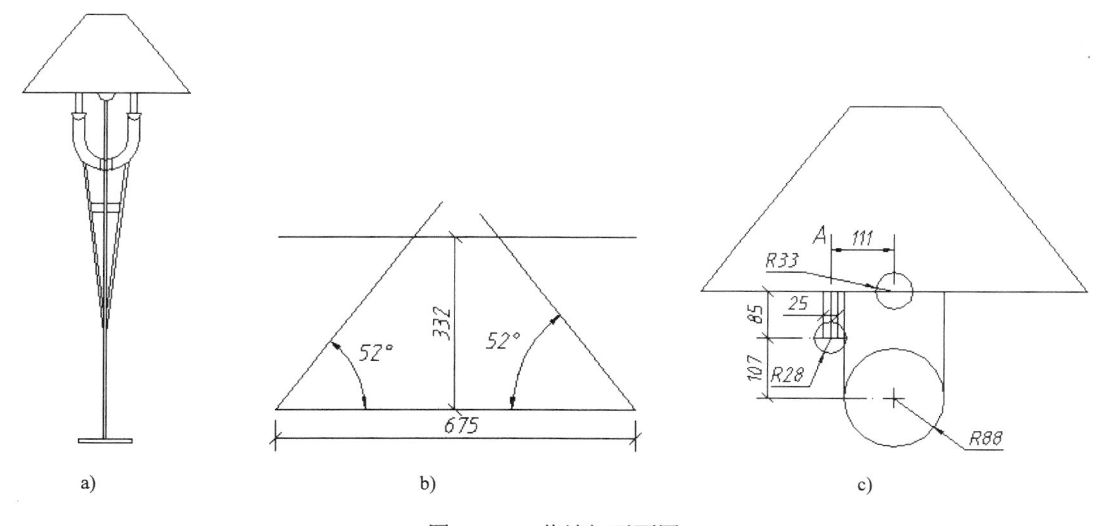

a)　b)　c)

图 13-15　落地灯平面图

作图要点：

（1）调用样板图或设置作图环境。将图形界限设置为 3000 × 2000，打开正交工具，设置并打开自动对象捕捉。

（2）画长度为 675 的水平线，偏移生成另一水平线，用角度替代画倾斜线，如图 13-15b 所示。

（3）修剪直线，分别用【捕捉自】或对象捕捉追踪确定圆心画 3 个圆，捕捉象限点、圆心、垂足画铅垂线，偏移铅垂线 A，如图 13-15c 所示。

（4）删除铅垂线 A（见图 13-15c），修剪图线，镜像 A 处的直线和圆弧，偏移直线和圆弧，如图 13-16a 所示。

（5）修剪、删除直线，捕捉中点画铅垂线 A，在任意位置画矩形，捕捉中点、端点移动矩形，如图 13-16b 所示。

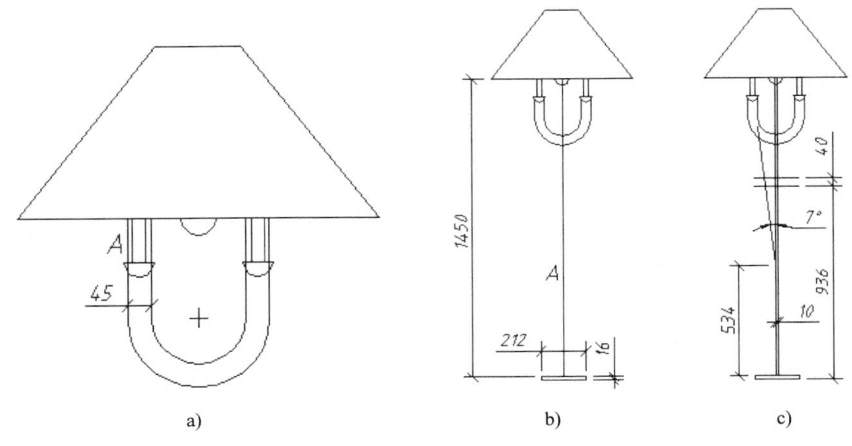

a)　　b)　　c)

图 13-16　修剪圆、偏移直线

（6）分解矩形，偏移水平线，偏移铅垂线 A（见图 13-16b），删除 A，用角度替代画倾斜线，如图 13-16c 所示。

（7）偏移倾斜线，如图 13-17a 所示。

（8）修剪、延伸直线，如图 13-17b 所示。

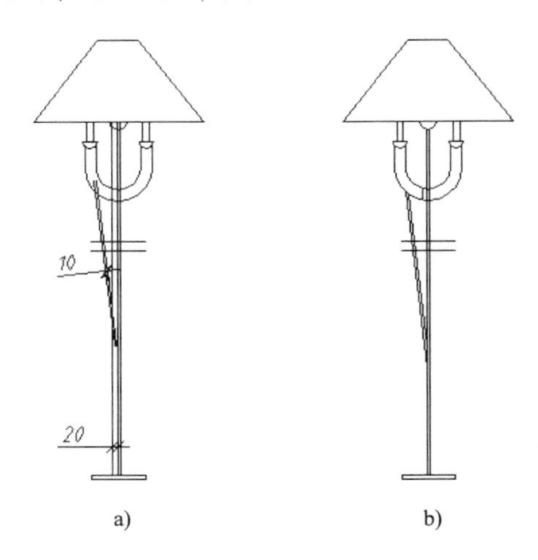

a)　　b)

图 13-17　偏移倾斜线、修剪和延伸直线

（9）镜像图线，修剪直线，完成作图。

13.3　厨具立面图

厨具立面图的绘制方法也比较简单，本节以绘制灶台、玻璃橱柜为例，说明厨具的绘制方法。

【例 13-6】画厨具立面图，如图 13-18c 所示。

作图要点：

（1）调用样板图或设置作图环境。将图形界限设置为 1200×900，打开正交工具，设置并打开自动对象捕捉。

（2）画 800×848 的矩形，用捕捉自定位画 704×86 的矩形，目测位置和半径画圆，如图 13-18a 所示。

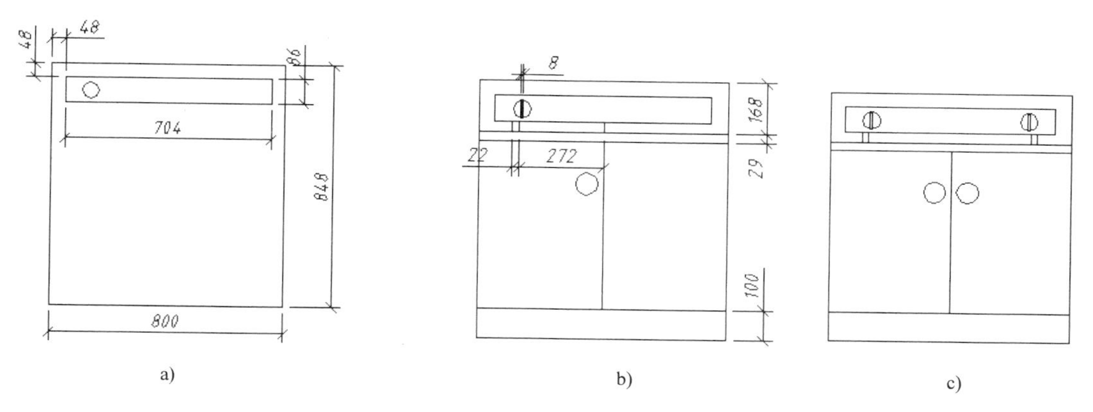

图 13-18 厨具立面图

（3）分解矩形，偏移直线，捕捉象限点、中点画直线，目测位置和半径画圆，偏移直线，如图 13-18b 所示。

（4）删除左上角小圆中的辅助线，修剪直线，镜像图形完成作图。

【例 13-7】画玻璃橱柜立面图，如图 13-19 所示。

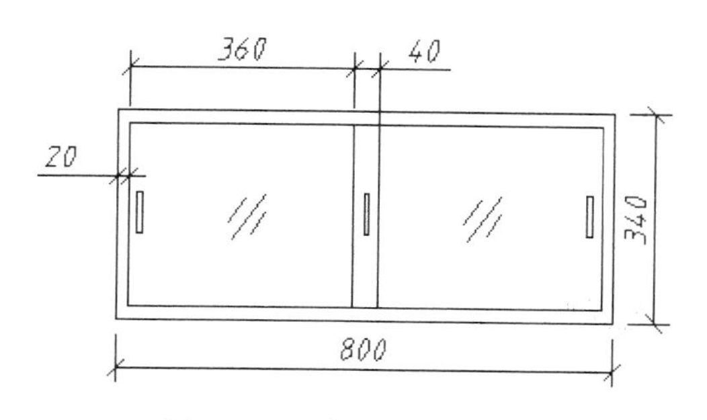

图 13-19 玻璃橱柜立面图

作图要点：

（1）调用样板图或设置作图环境。将图形界限设置为 1000×600，打开正交工具，设置并打开自动对象捕捉。

（2）画矩形，偏移生成另一个矩形，分解小矩形，偏移生成两条直线。目测位置和尺寸画一个小矩形，复制生成另外两个小矩形。目测位置输入端点画表示玻璃的 3 段直线，复制生成另外 3 段直线。

13.4　洗盆立面图

【例 13-8】画洗盆立面图，如图 13-20c 所示。

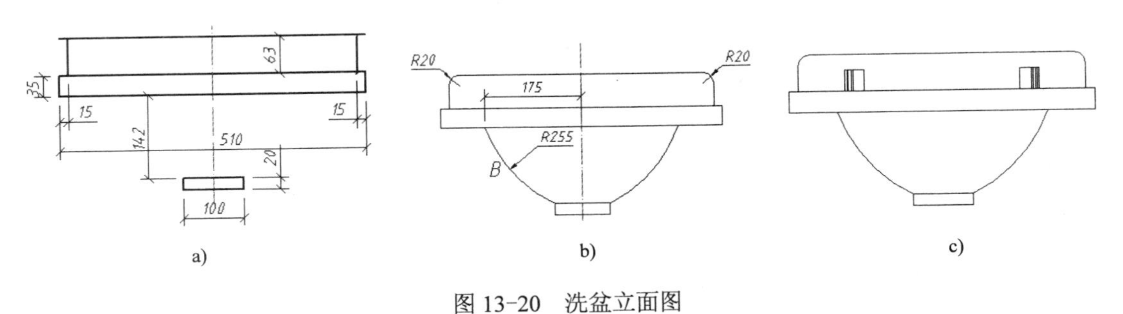

a)　b)　c)

图 13-20　洗盆立面图

作图要点：

（1）调用样板图或设置作图环境。将图形界限设置为 1200 × 800，打开正交工具，设置并打开自动对象捕捉。

（2）画大矩形，用【捕捉自】确定第一个角点画下面的小矩形；分解大矩形，偏移水平线。追踪、捕捉垂足画铅垂线，镜像生成另一条直线，如图 13-20a 所示。

（3）画圆角命令画圆弧 R20，用“起点、端点、半径”方式画圆弧 B（按逆时针顺序输入 2 个端点），镜像圆弧 B，如图 13-20b 所示。

（4）放大显示图形，利用正交工具画直线，偏移直线，如图 13-21a 所示。

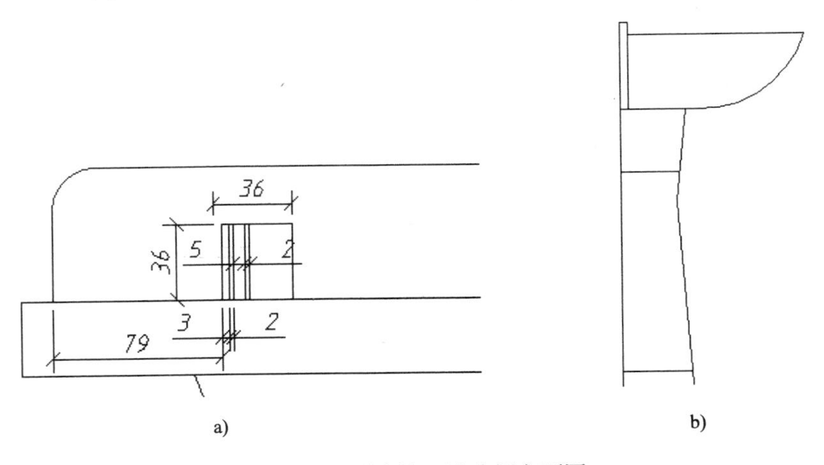

a)　b)

图 13-21　画直线、洗盆侧立面图

（5）镜像图线，完成作图。

【例 13-9】画洗盆侧立面图，如图 13-21b 所示。

作图要点：

（1）调用样板图或设置作图环境。将图形界限设置为 1200 × 800，打开正交工具，设置并打开自动对象捕捉。

（2）画圆，利用正交工具、对象捕捉追踪画直线，如图 13-22a 所示。

（3）修剪图线，利用正交工具画直线 AB、BC，用角度替代画倾斜线 D、E，偏移 BC 生成 F、G，如图 13-22b 所示。

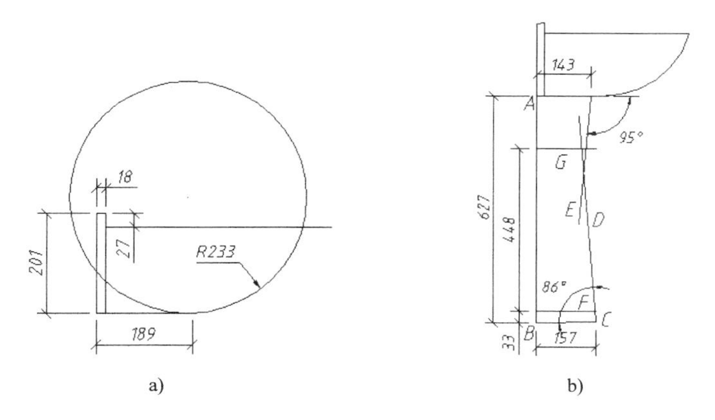

a)　　b)

图 13-22　画直线和圆

（4）修剪图线，删除 BC（见图 13-22b），完成作图。

13.5　洁具立面图

【例 13-10】画洁具立面图，如图 **13-23a** 所示。

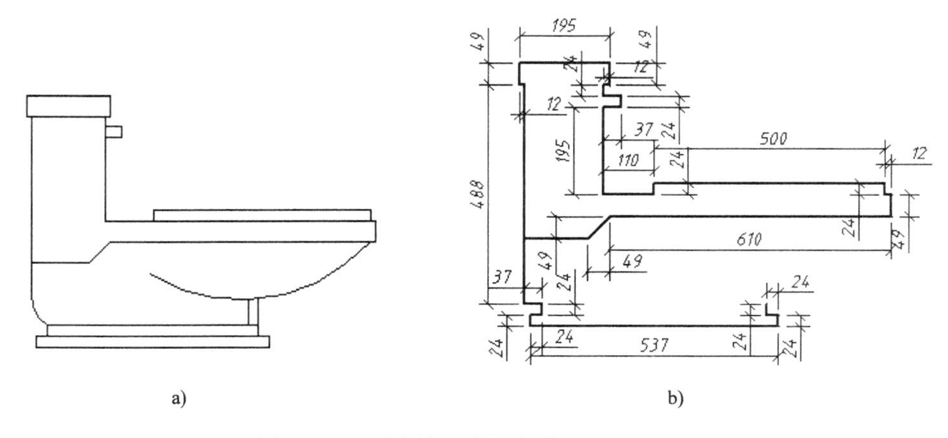

a)　　b)

图 13-23　画直线、洁具立面图

作图要点：

（1）调用样板图或设置作图环境。将图形界限设置为 1200 × 800，打开正交工具，设置并打开自动对象捕捉。

（2）利用正交工具，从右下角开始按顺时针方向画直线，如图 13-23b 所示。

提示：有的直线需要通过追踪确定长度。

（3）捕捉端点画直线，如图 13-24a 所示。

（4）捕捉端点画直线，偏移直线，用 3 点方式画圆弧，如图 13-24b 所示。

（5）修剪直线，用拉长命令的【动态(DY)】选项，调整圆弧的长度，如图 13-25a 所示。

（6）画圆 C：单击指定圆心，捕捉 A 点指定半径，如图 13-25b 所示。

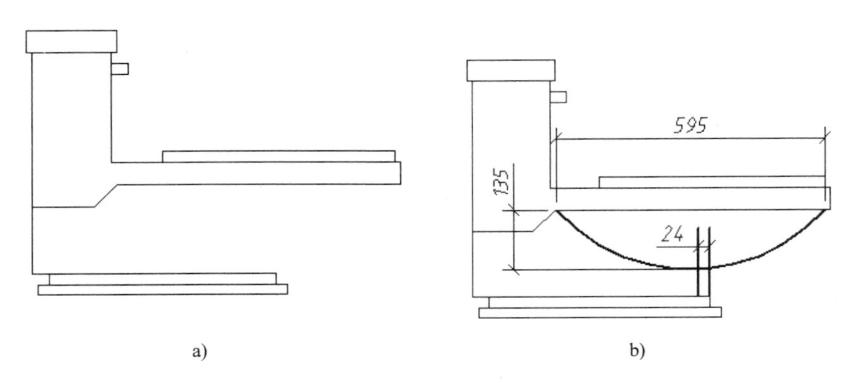

图 13-24　画直线

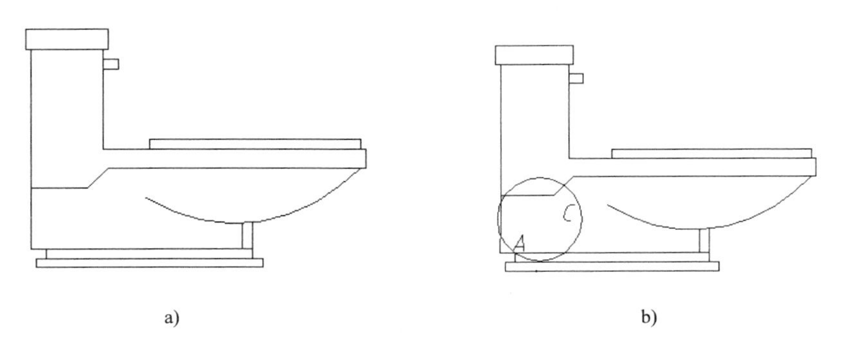

图 13-25　修剪直线、画圆

（7）用自动约束命令给左下角的图线添加自动约束，给圆 C 添加半径约束，水平线 B 添加固定约束，直线 D 与圆 C 添加相切约束，如图 13-26 所示。

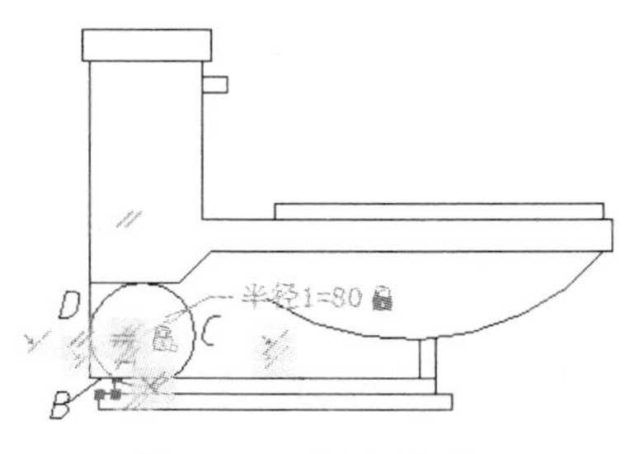

图 13-26　添加约束

（8）修剪图线，完成作图。

13.6　小结

本章介绍了家具与室内设施立面图的绘制方法。家具与设施立面图的主要轮廓、相切圆弧要通过输入尺寸绘制，小尺寸的图线可以目测输入参数。本章介绍了从设计的角度绘制圆的方法，进一步综合练习了目标捕捉、编辑命令、角度替代的使用方法及相关作图技巧。

13.7　习题与作图要点

1．画沙发，如图 13-27c 所示。

作图要点：

（1）用矩形命令画 R=40 的矩形 A。用正交工具，确定复制位置，由矩形 A 复制生成矩形 B。用拉伸命令将矩形 B 沿水平方向缩短 35（605-640）；用矩形命令，在任意位置画 R=40 的矩形 C、D、E，如图 13-27a 所示。

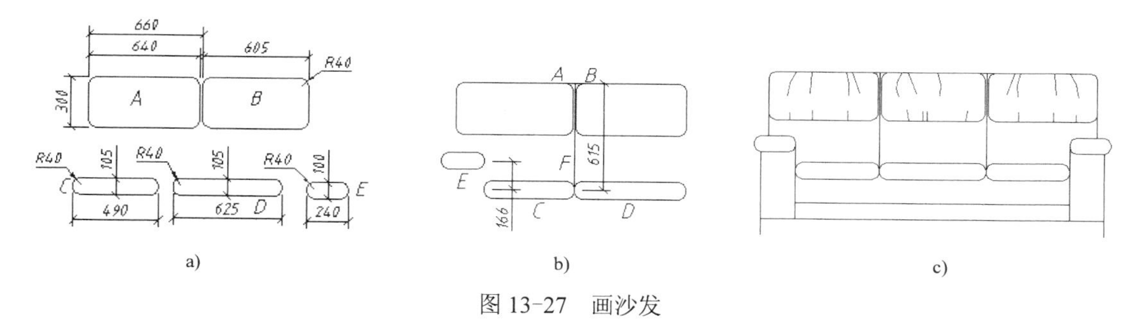

图 13-27　画沙发

（2）捕捉圆弧与直线的交点 A、B 画直线 AB。打开正交工具，捕捉中点，输入长度画直线 F。捕捉中点、直线 F 的下端点确定位置，移动矩形 C、D。用正交工具，输入距离确定位置，移动矩形 E，如图 13-27b 所示。

（3）用正交工具画折线 BC：输入 B 段长度，过中点 F 追踪确定 C 点；捕捉端点和垂足画直线 A、E，偏移 C 生成 H，如图 13-28a 所示。

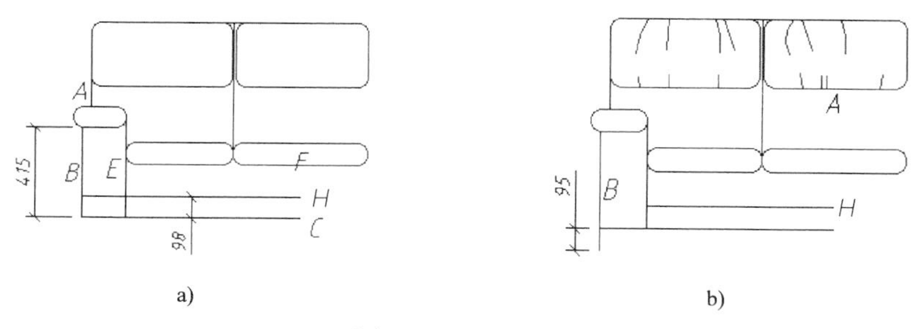

图 13-28　画沙发

（4）用拉长命令延长 B，修剪直线 H。用圆弧命令画曲线，如图 13-28b 所示。

（5）打开正交工具，捕捉矩形 A（见图 13-28b）的中点确定镜像线，镜像图形，如图 13-27c 所示。

2．画立面窗，如图 13-29a 所示。

作图要点：

（1）在任意位置画矩形 A，用“捕捉自”确定第一个角点画矩形 B、C。分解矩形，偏移生成其他 3 条水平线，如图 13-29b 所示。

（2）捕捉中点确定镜像线，镜像矩形 C。分解矩形 C，用延伸命令延伸铅垂线 C（见图 13-29b），如图 13-29a 所示。

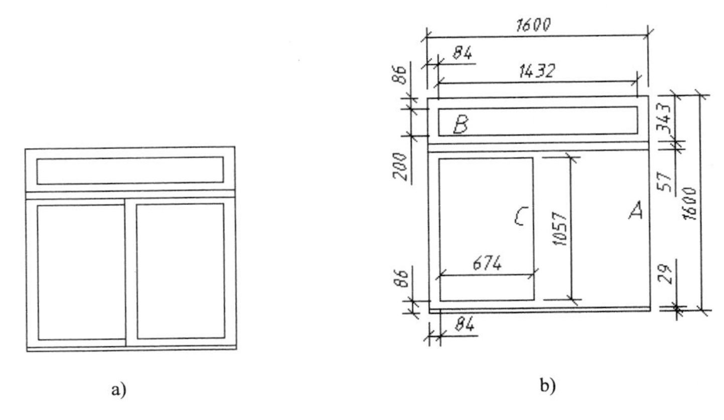

图 13-29 画立面窗

3．画洗手盆，如图 13-30a 所示。

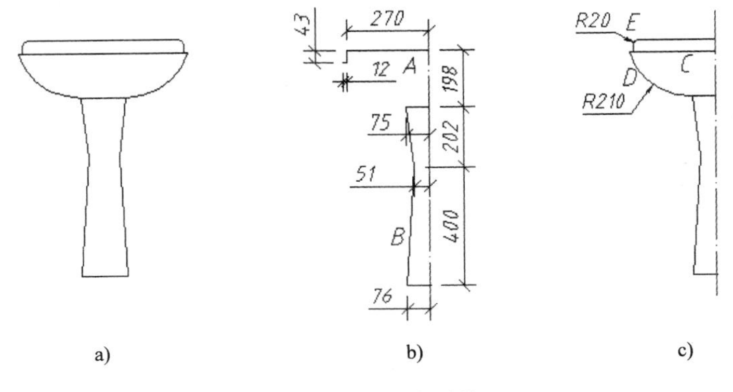

图 13-30 画洗手盆

作图要点：

（1）用正交工具输入长度画折线 A。用正交工具、对象捕捉追踪，输入长度或相对坐标画折线 B，如图 13-30b 所示。

（2）打开正交工具，捕捉端点，追踪确定长度画直线 C。用圆角命令画相切圆弧 E，用“起点、端点、半径”方式画圆弧 D，如图 13-30c 所示。

（3）镜像图形，如图 13-30a 所示。

第 14 章　室内设计立面图与剖立面图

不同的建筑，或同一建筑的不同房间，由于用途不同，室内装修、所用家具、设施等差别很大。画不同图形使用的命令、采用的画法也有很大差别。本章分类介绍各种立面图和剖立面图的绘制方法，并介绍了扫描图像、插入、编辑图像等相关知识和有关命令。

室内设计立面图与剖立面图的画法差别不大，有的绘图人员在图样上标注图形名称时也不区分，因而本书将这两种图放在同一章中介绍。由于剖立面图中的墙线很少，一般可用直线命令画直线，偏移、修剪而成。

提示： 考虑到通过前几章的学习，读者已经有了较强的分析能力和作图能力，本章将一个例图的绘制过程录制为一个动画文件，存放在附盘文件夹“\avi\14”下，文件名与例题编号相同。

14.1　卧室立面图

一个房间的 4 个墙面一般都要分别画一个立面图。本节以绘制图 14-1 和图 14-7 所示的两个具有代表性立面图为例，介绍立面图的画法。

【例 14-1】画卧室剖立面图，如图 14-1 所示。

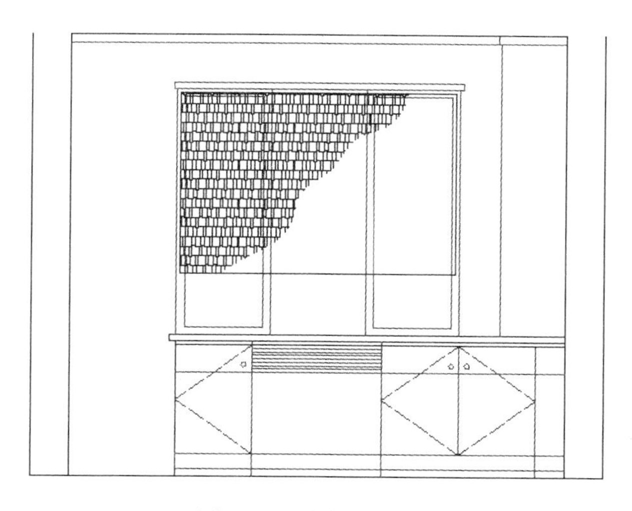

图 14-1　卧室剖立面图

本图分为墙线、家具、立面窗、窗帘 4 部分，以每部分为一个单元进行绘制。

作图要点：

（1）调用样板图或设置作图环境。将图形界限设置为 5000 × 3000，打开正交工具，设置并打开自动对象捕捉。

（2）画墙线。使“粗实线”层为当前层，画矩形，分解矩形，偏移直线，将水平线改到“中实线”层，如图 14-2a 所示。

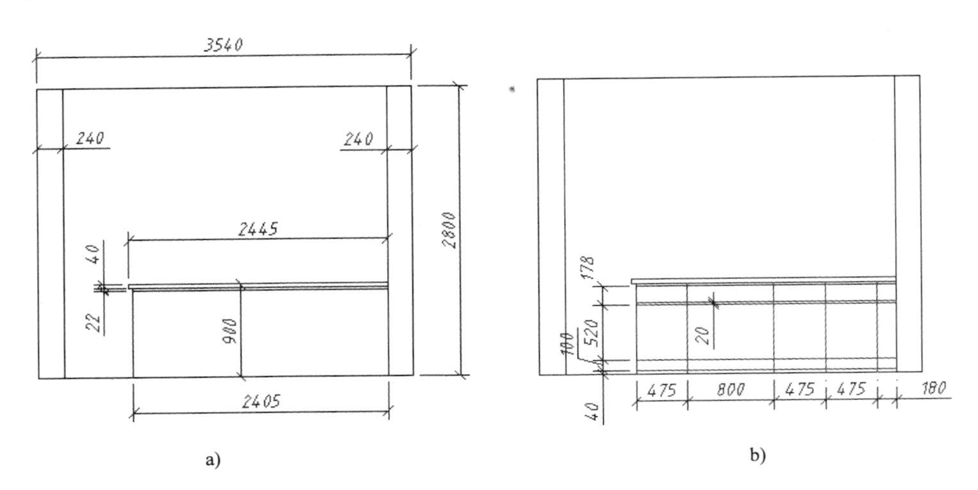

图 14-2　画矩形

下面画家具。

（3）画家具外轮廓。用正交工具和对象捕捉追踪画直线，偏移直线，如图 14-2a 所示。

（4）使“细实线”层为当前层，用偏移命令的“图层(L)”选项偏移直线，如图 14-2b 所示。

（5）放大显示图形，修剪直线；目测输入圆心和半径画一个小圆，复制生成另一个小圆，使“虚线层”为当前层，画门的开启线：追踪确定 A 点和 B 点，如图 14-3 所示。

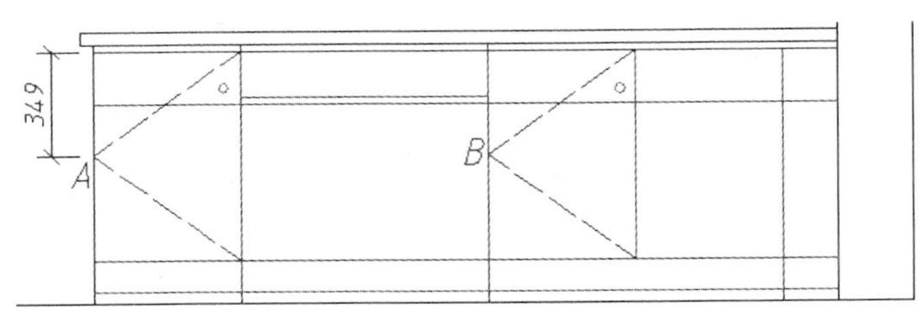

图 14-3　画直线和圆

（6）镜像门的开启线和圆。阵列直线，7 行，1 列，行距 20，完成家具绘制，如图 14-4 所示。

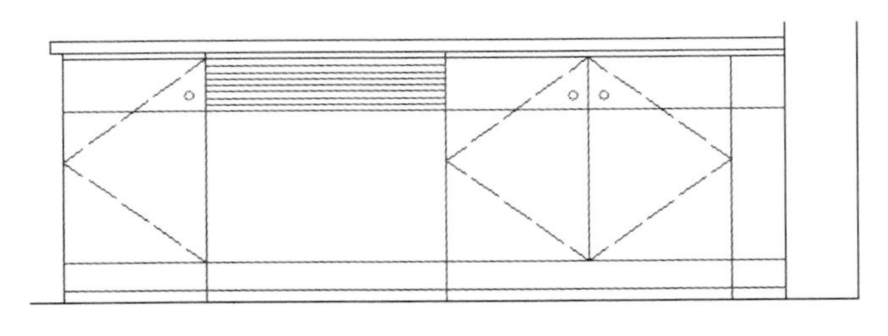

图 14-4　阵列直线、镜像图形

下面画立面窗。

（7）返回前一显示状态，用“捕捉自”确定矩形的第一个角点，画矩形 A 和 B，镜像生成矩形 C。追踪确定第一点画直线 D，如图 14-5a 所示。

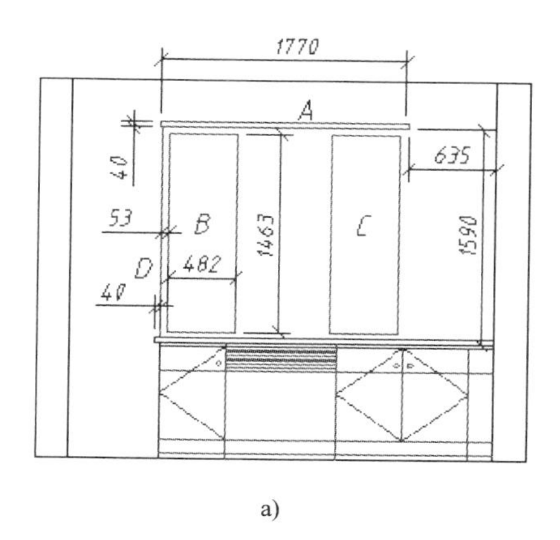

a)

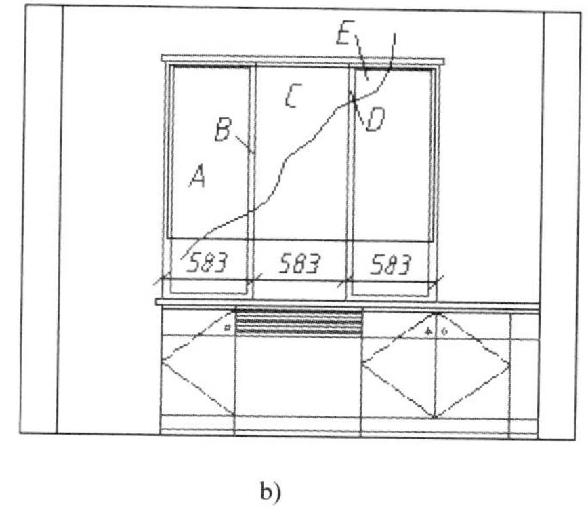

b)

图 14-5　画窗

（8）偏移直线，完成窗的绘制；为了画窗帘，使“细实线”层为当前层，目测点画矩形和样条曲线作为填充边界，如图 14-5b 所示。

（9）画填充图案：名称为 AR-RSHKE，比例=0.3，先后在 A、B、C、D、E（见图 14-5b）处单击指定填充区域，删除样条曲线，结果如图 14-6a 所示。

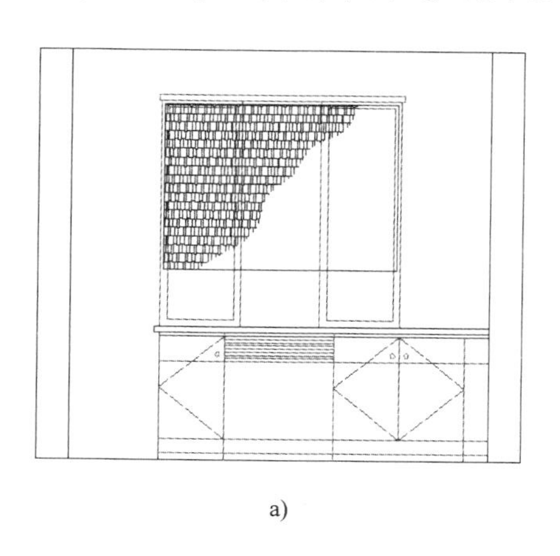

a)

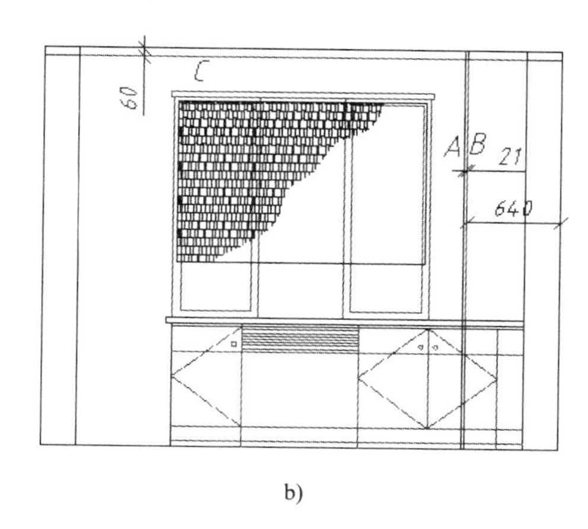

b)

图 14-6　画窗帘

（10）偏移生成直线 A、B、C，将直线 A、B 改到“中实线”层，如图 14-6b 所示。

（11）修剪直线，完成作图。

【例 14-2】画卧室的另一立面图，如图 14-7 所示。

作图要点：

（1）调用样板图或设置作图环境。将图形界限设置为 6000 × 3000，打开正交工具，设置并打开自动对象捕捉。

（2）画墙线和窗线。使“中实线”层为当前层，画矩形，分解矩形，偏移直线。用对象捕捉追踪等命令画窗口线 A，偏移生成 B，如图 14-8 所示。

提示：本例先将墙线画在“中实线”层，画完图以后再将其改到“粗实线”层。

图 14-7　卧室立面图

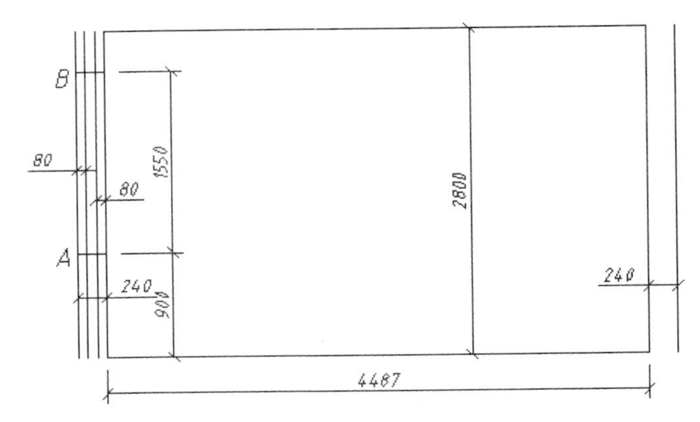

图 14-8　画矩形、直线

（3）修剪直线形成窗线；偏移直线画天花角线，如图 14-9 所示。

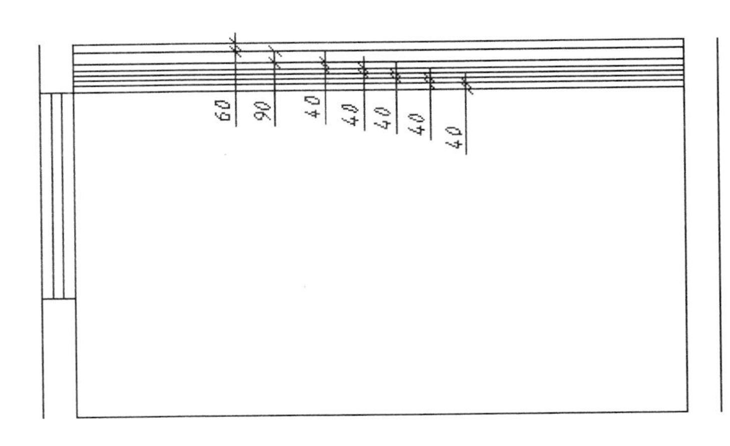

图 14-9　画窗线、吊顶线

下面画左下角的家具。

（4）放大显示图形，利用正交工具画直线 B，偏移 B、A 生成其他直线，如图 14-10a 所示。

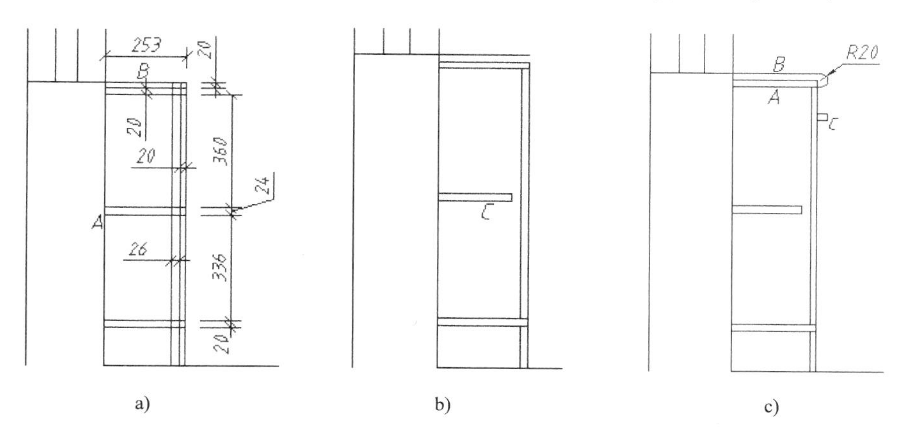

图 14-10　画家具

（5）修剪直线，如图 14-10b 所示。

提示：动画文件中用圆角命令（R=0）修剪 C 处的直线。

（6）用拉长命令的【增量(DE)】选项，将 A、B 都拉长 10mm，用圆角命令画圆弧；目测位置和尺寸，利用正交工具画 C 处的直线，完成家具绘制，如图 14-10c 所示。

下面画立面门。

（7）返回前一显示状态，在屏幕任意位置画大矩形 A，偏移矩形 A。用【捕捉自】确定第一个角点画矩形 B，偏移生成其他矩形，如图 14-11a 所示。

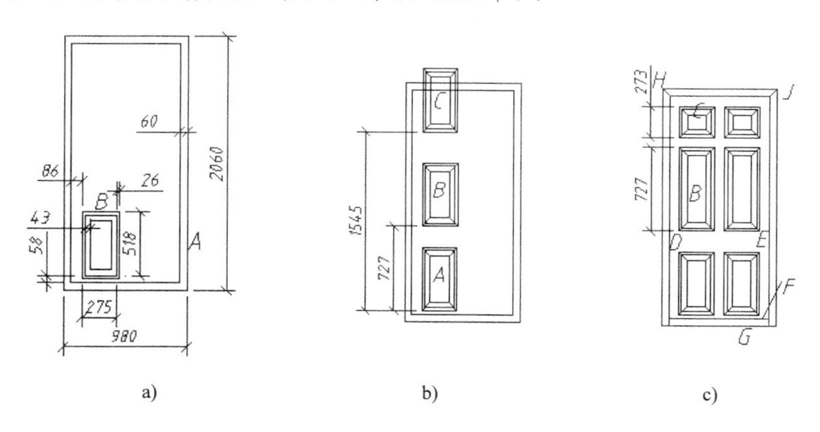

图 14-11　画矩形和直线

（8）捕捉交点画 A 处的斜线，由 A 复制生成 B、C，如图 14-11b 所示。

（9）用拉伸命令调整 B、C 的长度，镜像 A、B、C。分解矩形 E、G，延伸铅垂线 D、E；捕捉端点画斜线 H、J，如图 14-11c 所示。

（10）删除 F、G（见图 4-11c），移动立面门。偏移直线，插入附盘中的图块文件“\dwg\14\梳妆台”和“\dwg\14\沙发”（第 13 章例图），如图 14-12 所示。

图 14-12 画直线、插入图块

（11）修剪直线，用打断于点命令在交点 A、B、C、D 处打断墙线，将墙线改到“粗实线”层。按 14.2 节介绍的方法插入照片。

14.2 插入光栅图形

如果用 AutoCAD 绘制图 14-13 所示的金属箅子图案，是非常困难的。用户可以手工画出以后，用扫描仪或数码相机扫描、拍照为图像文件，插入到 AutoCAD 中。

图 14-13 贵宾厅立面图

金属箅子的放大图案，如图 14-14a 所示。本节介绍一些图形、图像，扫描、插入图像需要的知识点。在本章第 5 节介绍图 14-13 的绘制方法。

14.2.1 图形、图像与图形扫描

1. 图形、图像

计算机图形分为矢量图和位图两种。矢量图是用直线和曲线表示的图形（例如 AutoCAD 图形）。图形的形状由图线参数决定，因而可以任意放大或缩小图形，不影响图形的显示和打印质量，不改变图线的粗细。

位图是由点构成的图形，用许多点表示图形中的一条线，称为光栅图像。由于图中点的

数量是一定的，缩放图形会影响图线的粗细，图形的显示和打印质量。放大显示或放大打印，会出现锯齿、图线变粗，图线不连续的现象，如图 14-14b 所示。该图是图 14-14a 的局部图形。

a)

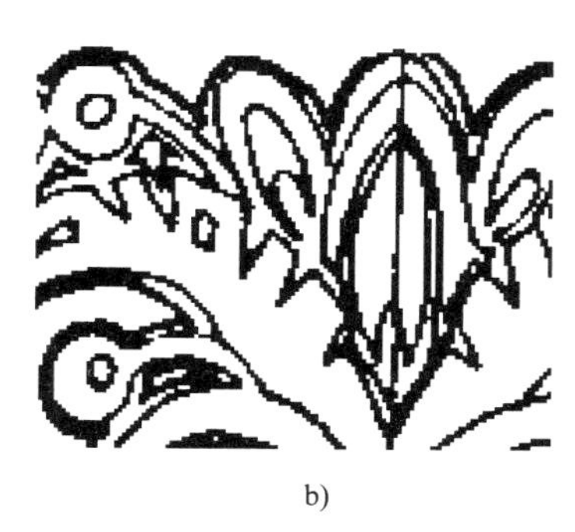

b)

图 14-14　金属箅子

2．扫描图形

用扫描仪扫描图形时，图纸的颜色和污点会被扫描到图形中，因而准备扫描的图形要画在洁白的不透明图纸上。

工程图为黑白二色，扫描图形时采用“黑白”模式。如果用其他模式，图纸颜色将成为扫描图形的背景。扫描分辨率影响扫描形成的图形的大小。同一图形，扫描分辨率越大，扫描形成的图形越大。当扫描分辨率等于 72dot/in 时，扫描图形显示在屏幕上的大小等于实际大小。打印出的图形大小，还受打印机分辨率的影响。打印机分辨率越高，打印出的图形越小。

14.2.2　插入光栅图像

用户可以用如下方法插入光栅图像。

（1）调用菜单命令【插入】→【光栅图像参照】插入光栅图像，或在【插入】选项卡中，单击附着按钮，显示选择【选择图像文件】对话框。在【预览】区显示选择的文件图像，如图 14-15 所示。

> **说明：**AutoCAD 能够直接插入扫描形成的 TIFF 格式的图像文件。

（2）双击要插入的文件名称，显示【附着图像】对话框，如图 14-16 所示。

（3）以下与插入图块的操作基本相同。用户可以在此对话框中输入缩放比例、旋转角度等，一般保留默认设置。

（4）保留默认设置（在屏幕上指定插入点，缩放比例，旋转角度），单击确定，退出对话框，在屏幕适当位置单击指定插入点，移动鼠标改变图像的大小，达到适当大小后单击。

下面练习插入光栅图像的方法。

【例 14-3】打开附盘文件“\dwg\14\14-17.dwg”，插入金属箅子，如图 14-17 所示。

见以上步骤（1）～（4）。

> **说明：**14.2.3 节介绍编辑插入图像的方法。

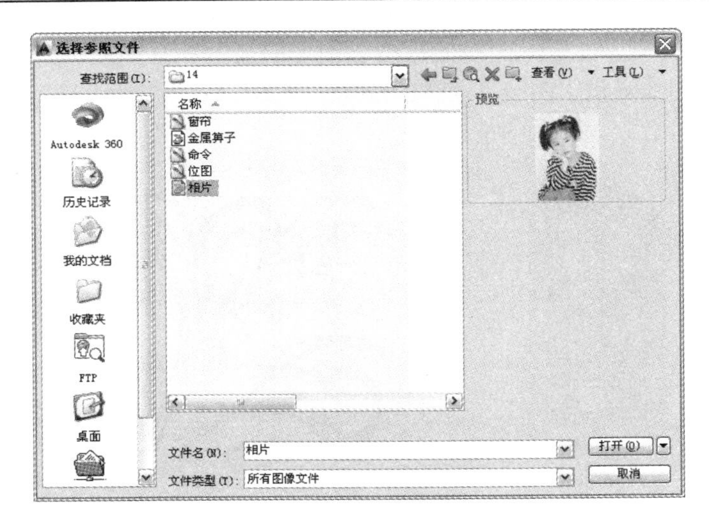

图 14-15 【选择图像文件】对话框

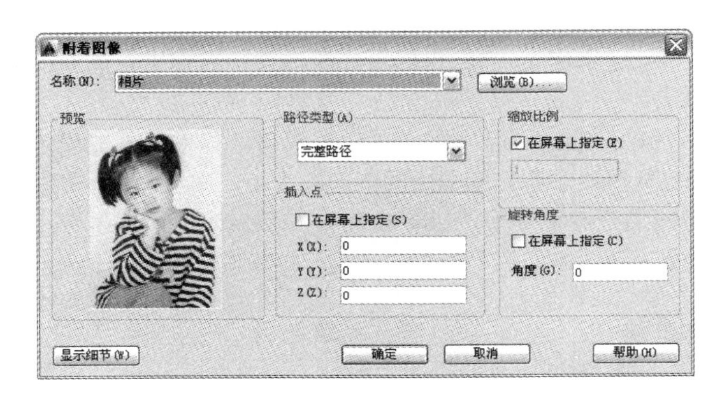

图 14-16 【图像】对话框

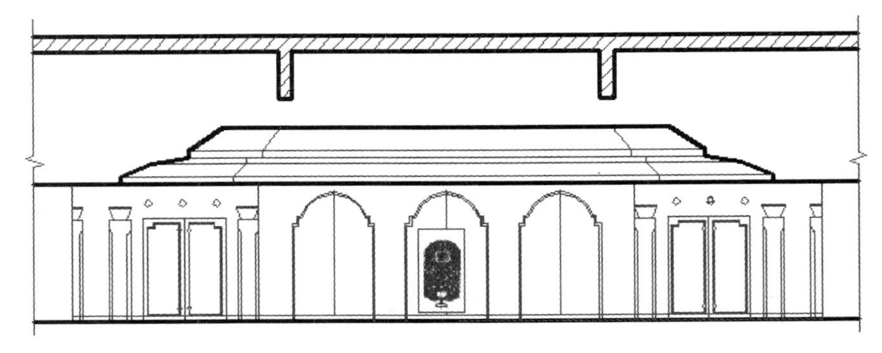

图 14-17　插入金属箅子

14.2.3　编辑光栅图像

AutoCAD 的图像编辑命令按钮在【插入】选项卡的【参照】面板中。下面是几个常用按钮的功能。

图像剪裁：截取图像的一部分，去掉其余部分，下面的例题练习剪裁图像。

图像调整：该命令有 3 个选项，即对比度(C)、淡入度(F)、亮度(B)，调整彩色图像（对黑白图像无效）的对比度、淡入度、亮度，取值范围为 80～100。数值越大，图像越亮。

边框可变选项：用以设定是否显示、打印图像的边框。单击该命令按钮，显示该命令的 3 个选项按钮，即【隐藏边框】、【显示并打印边框】、【显示但不打印边框】，单击相应按钮，确定是否显示图像边框。

> **提示：** 插入的图像，还可以用第 4 章介绍的移动、缩放、旋转、复制、阵列、删除等编辑命令进行编辑。

【例 14-4】剪裁、移动、复制例 14-3 插入的图像，结果如图 14-13 所示。

作图要点：

（1）打开附盘文件“\dwg\14\14-17.dwg”，图形如图 14-17 所示，放大显示图形，如图 14-18 所示。

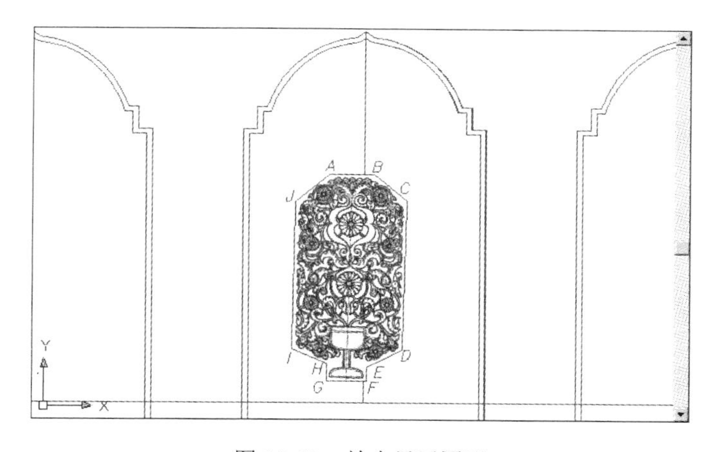

图 14-18　放大显示图形

（2）单击图像剪裁按钮。

选择要剪裁的图像:　　//单击图像

输入图像剪裁选项 [开(ON)/关(OFF)/删除(D)/新建边界(N)] <新建边界>: Enter

　　//执行默认选项：<新建边界>

指定剪裁边界或选择反向选项:

[选择多段线(S)/多边形(P)/矩形(R)/反向剪裁(I)] <矩形>: P

　　//调用“多边形(P)”选项，建立多边形边界

指定第一点:　　//依次在图 14-18 所示的 A、B、C、D、E、F、G、H、I、J 点处单击，画包围图像的边界

指定下一点或 [放弃(U)]: Enter　　//结束命令，完成剪裁

> **提示：** 指定矩形、多边形边界与用窗口、多边形方式选择图形的操作相同。

（3）将图像旋转 1.5°。

（4）用缩放命令的“参照（R）”选项，将图像高度缩放至 1700，宽度同时按相同的比例进行缩放。

（5）用移动、复制命令，移动、复制图像。

（6）隐藏图像边框。依次单击 *边框可变选项*、隐藏边框。

14.3　厨房立面图

图 14-19 是一个典型的厨房立面图，其家具、立面窗的画法见本章例 14-1，油烟机见第 13 章例 13-4，其他部分的画法见例 14-5。

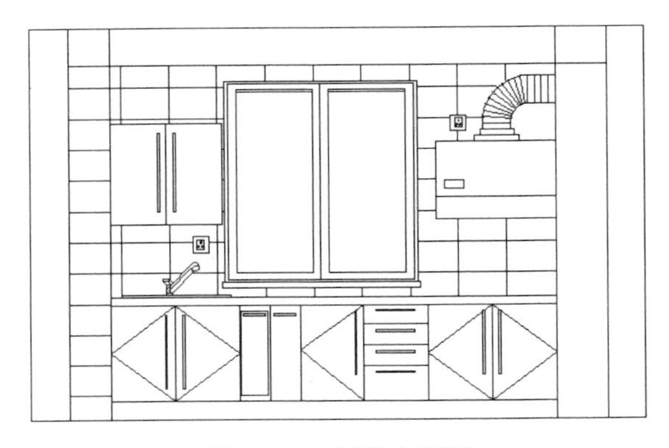

图 14-19　厨房立面图

【例 14-5】画厨房的剖立面图，如图 14-20a 所示。

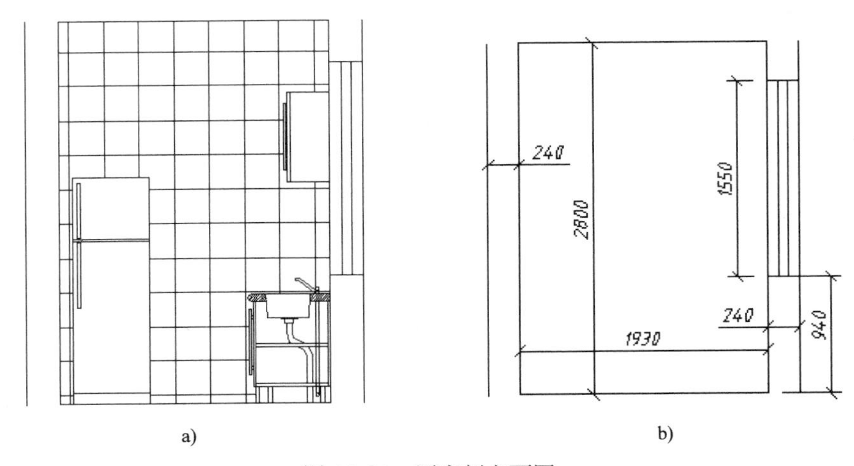

a)　　b)

图 14-20　厨房剖立面图

作图要点：

（1）调用样板图或设置作图环境。将图形界限设置为 5000×3000，打开正交工具，设置并打开自动对象捕捉。

（2）画墙体和窗。使“中实线”层为当前层，画矩形，分解矩形。偏移、修剪直线，如

图 14-20b 所示。

（3）画冰箱。放大显示图形，用对象捕捉追踪确定第一个角点画大矩形，分解矩形，偏移直线。在屏幕任意位置画两个小矩形，目测距离移动矩形，如图 14-21a 所示。

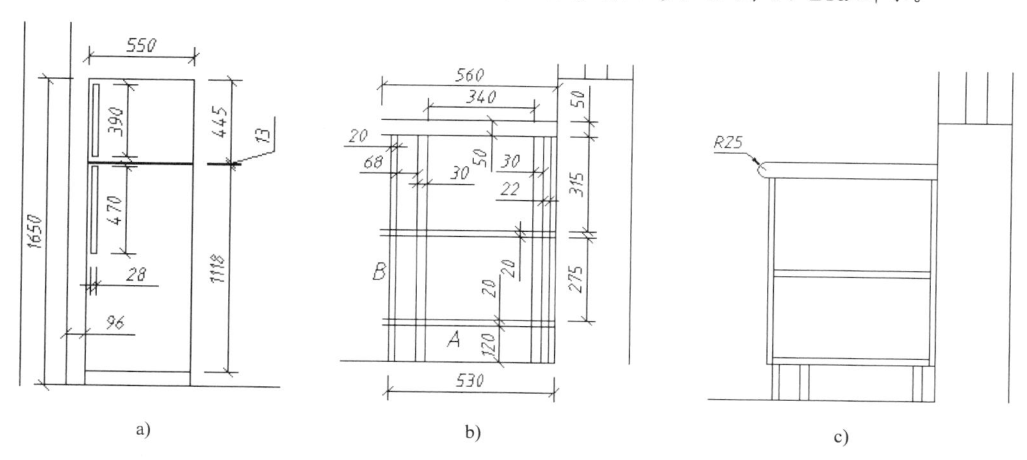

图 14-21　画冰箱、橱柜

下面画洗菜盆下面的橱柜。

（4）调整显示范围，打开正交工具，用对象捕捉追踪确定第 1 点，输入长度画直线 A。用对象捕捉追踪确定第 1 点，画直线 B。偏移生成其他直线，如图 14-21b 所示。

（5）修剪直线，用圆角命令画圆弧，如图 14-21c 所示。

（6）用【捕捉自】确定第一个角点画矩形 C；目测位置，用最近点捕捉、垂足捕捉画 A 处的两条直线；用过矩形边的中点 C 的水平线为镜像线，镜像生成 B 处的直线，如图 14-22a 所示。

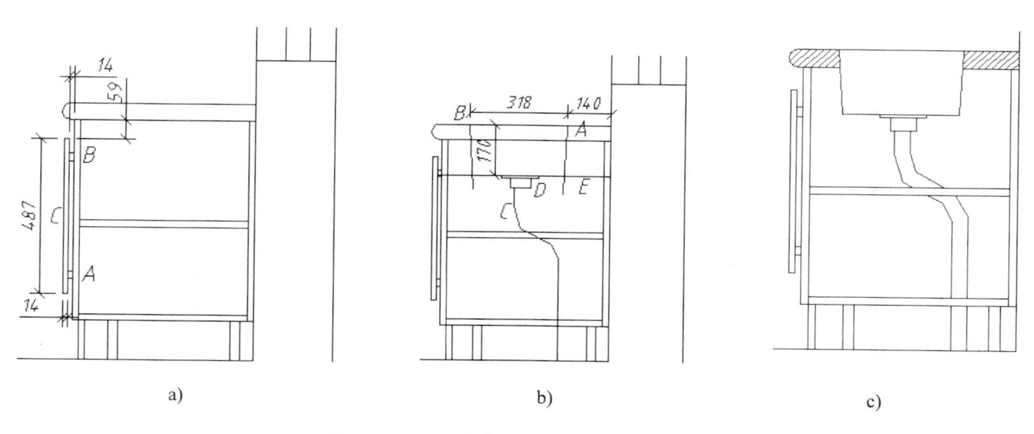

图 14-22　画橱柜拉手、洗手盆、水管

说明：用户可以先将矩形画在任意位置，目测距离移到图示位置。

（7）画洗手盆及下水管。偏移生成直线 E；分别用对象捕捉追踪确定 A、B 点，目测输入另一点，画倾斜线；用正交工具、最近点、垂足捕捉，目测位置输入点，画 D 处的直线；用最近点，目测位置输入点，多段线 C，如图 14-22b 所示。

（8）目测位置，在屏幕上指定两点，确定偏移距离，偏移多段线 C（见图 14-22b），修剪图线；使“细实线”层为当前层，画填充图案，名称为 ANSI31，比例为 5，如图 14-22c 所示。

说明：在动画文件中，画完全部图形之后，再画此填充图案。

（9）使“中实线”层为当前层，画水龙头及进水管。为了便于捕捉目标点，关闭“细实线”层。使“中实线”层为当前层，放大显示图形，利用正交工具，对象捕捉追踪，偏移命令画直线，如图 14-23a 所示。

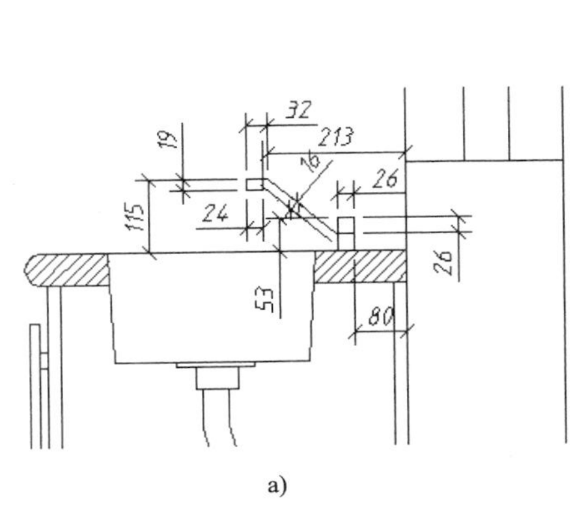

a)

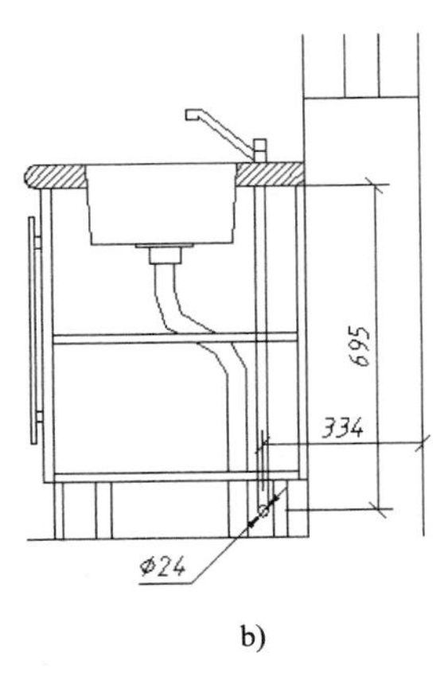

b)

图 14-23　画水龙头、水管

（10）延伸、修剪直线完成水龙头绘制；返回前一显示状态，用【捕捉自】确定圆心画圆。捕捉象限点、垂足画直线，如图 14-23b 所示。

（11）画吊橱。画直线，偏移直线；复制橱门拉手，如图 14-24a 所示。

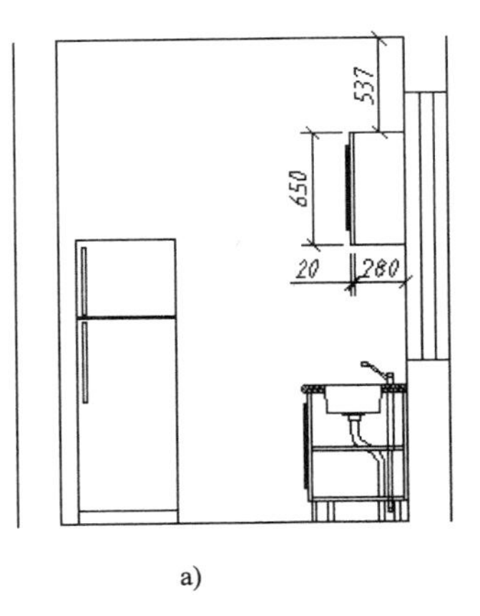

a)

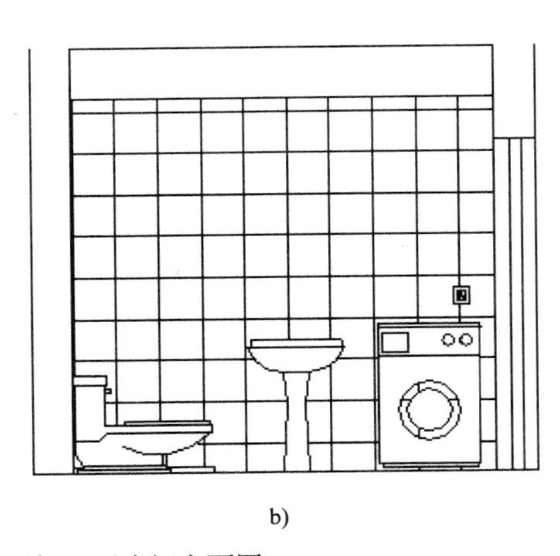

b)

图 14-24　画吊橱、卫生间立面图

（12）使“细实线”层为当前层，画填充图案，名称为 NET，比例为 80。

（13）用例 14-2 所述方法打断墙线，将墙线改到“粗实线”。

14.4　卫生间立面图

图 14-24b 是一个典型的卫生间立面图，墙体及网格与前面介绍的立面图相同。第 13 章介绍过洁具、洗手盆、洗衣机的绘制方法。还可以将第 13 章绘制的图形定义为图块插入到图中。

14.5　特殊、复杂立面图

对于图 14-25 所示的窗帘，可以用圆弧命令画出其中的一个月牙，复制、镜像、阵列生成其他相同结构。目测输入点画的圆弧，可以用第 13 章介绍的方法调整圆弧的曲率等。

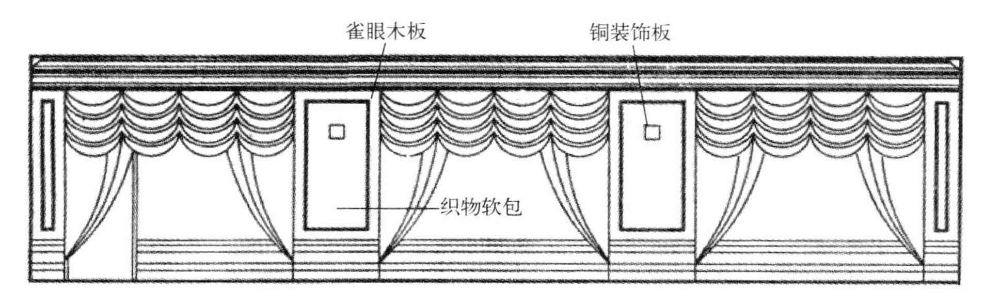

图 14-25　总统套间立面图

图 14-26a 所示的装饰木刻立面图，其中的曲线可以用圆弧、多段线、样条曲线命令绘制，也可以手工画出其中的曲线部分，扫描后插入到 AutoCAD 中，再添加直线部分。

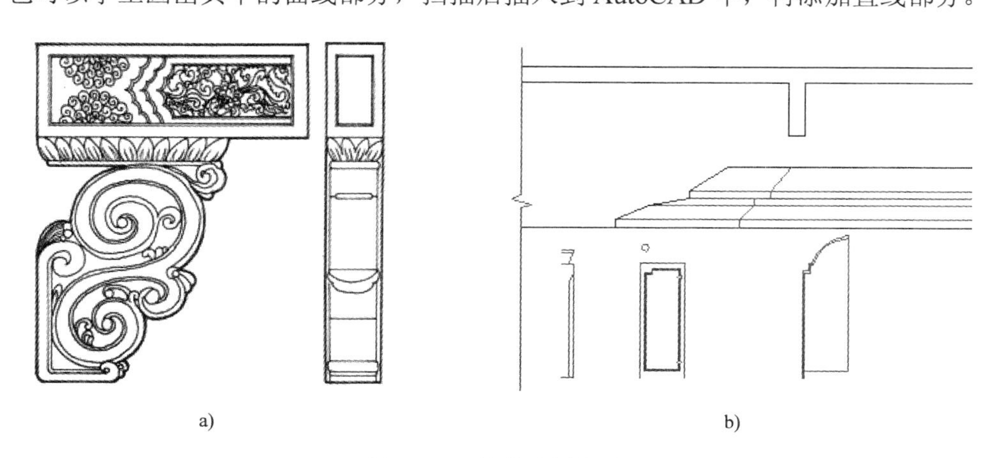

a)　　b)

图 14-26　装饰木刻立面图

图 14-13 所示的复杂立面图，可以分为楼板、顶、立柱、门等部分。整个图形是对称结构，只画一半，另一半镜像生成。形状相同的门、立柱只画其中的一个，每一个可以只画一半。

【例 14-6】画贵宾厅立面图，如图 14-13 所示。

作图要点：

（1）调用样板图或设置作图环境。将图形界限设置为 15000 × 13000，打开正交工具，设置并打开自动对象捕捉。画楼板。使“中实线”层为当前层，用正交工具、对象捕捉追踪画直线，如图 14-27a 所示。

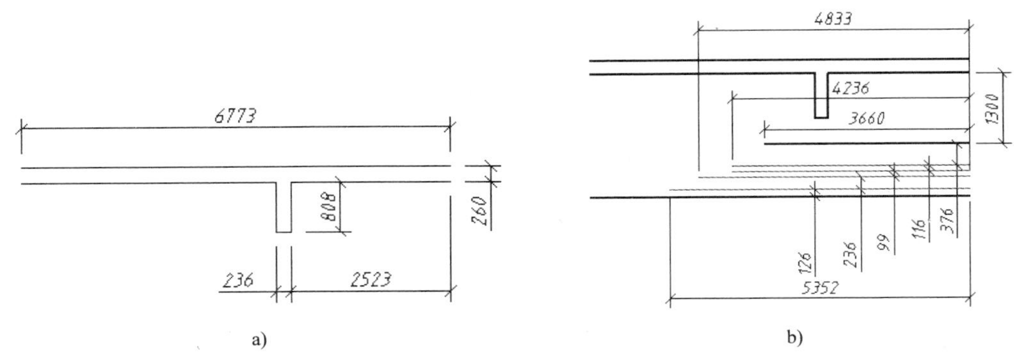

a)　　b)

图 14-27　画直线

（2）画顶部。用对象捕捉追踪和正交工具画直线，如图 14-27b 所示。

（3）捕捉端点画 A 处直线；关闭正交工具，设置自动对象捕捉，仅保留端点、延伸、垂足 3 种捕捉方式，画 B 处直线，如图 14-28a 所示。

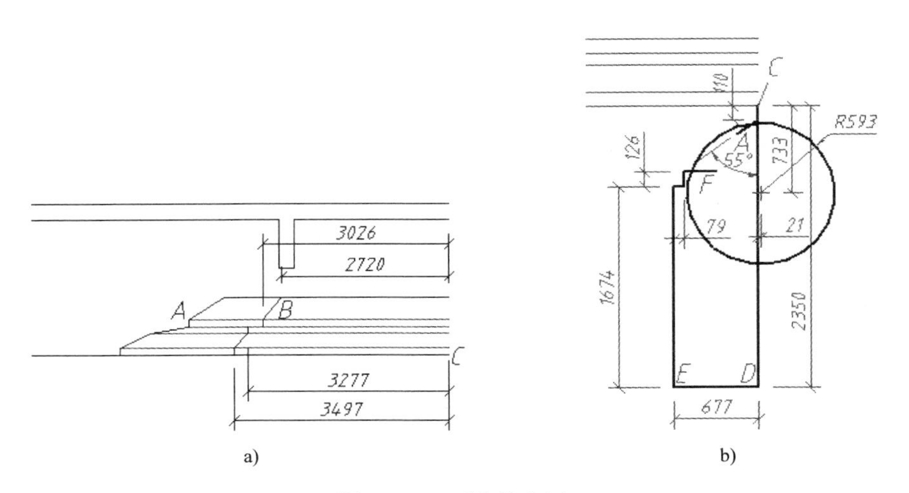

a)　　b)

图 14-28　画直线和圆

（4）放大显示图形，用正交工具、直线命令画折线 CDE（C 见图 14-28a），用多段线命令画折线 EF，利用角度覆盖画倾斜线 A，用【捕捉自】确定圆心画圆，如图 14-28b 所示。

（5）偏移、修剪图线，如图 14-29a 所示。

（6）删除最下面的水平线，复制、镜像、移动图 14-29a 所示的图形，如图 14-29b 所示。

（7）画立柱，通过追踪确定第一个角点画矩形 A。在任意位置画矩形 B，通过追踪确定位置将矩形 B 移动要求的位置。打开对象捕捉追踪和正交工具，用多段线命令画折线 C（用“最近点”捕捉输入圆弧的端点）。用“起点、端点、半径”方式画圆弧 D：捕捉端点输入起点，用对象捕捉追踪输入端点。镜像图线，如图 14-30a 所示。

（8）打开正交工具，复制立柱，画直线，修剪立柱，如图 14-30b 所示。

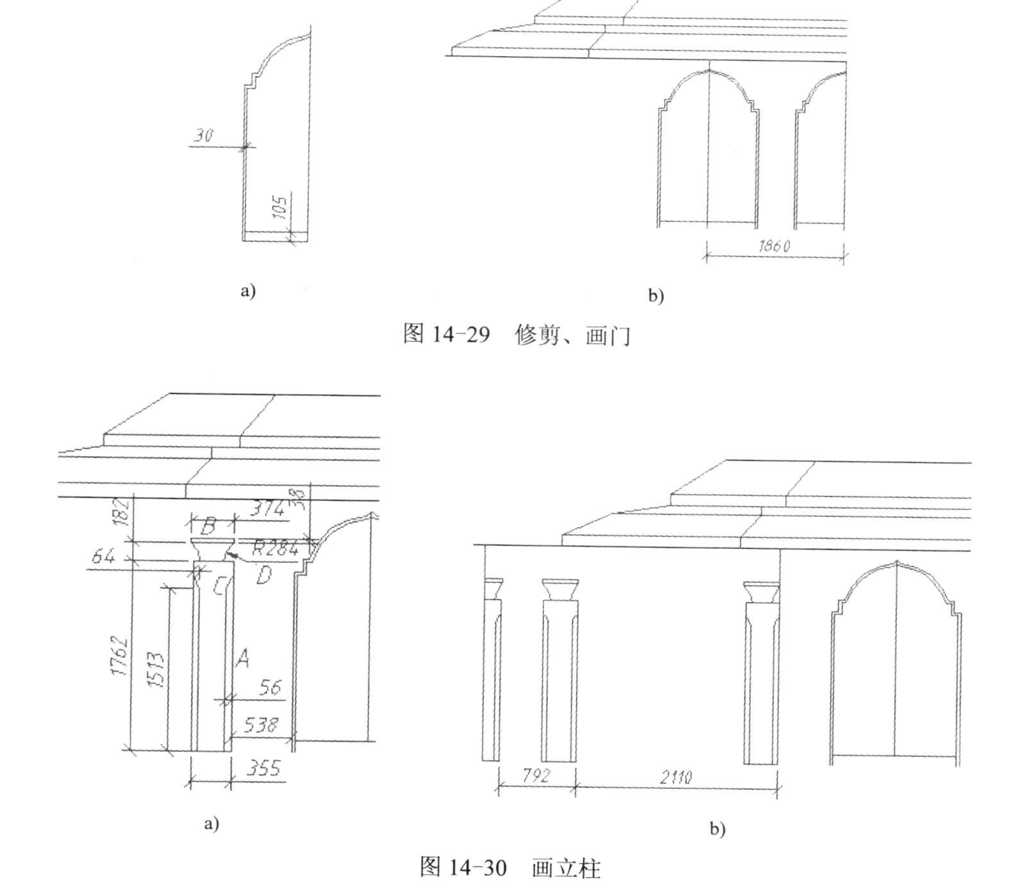

图 14-29　修剪、画门

图 14-30　画立柱

（9）画门。用对象捕捉追踪确定第一个角点画矩形 A，捕捉中点画铅垂线 B。用【捕捉自】和正交工具画多段线 C，如图 14-31a 所示。

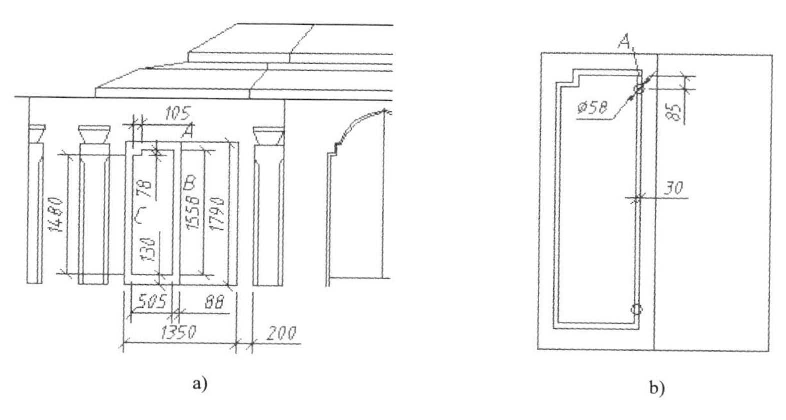

图 14-31　画门

（10）偏移多段线，捕捉端点、垂足画辅助线 A。从 A 的中点向下追踪确定圆心画圆，镜像生成下面的小圆，如图 14-31b 所示。

（11）删除辅助线 A（见图 14-31b），放大显示图形，修剪图线，镜像图形，如图 14-32a 所示。

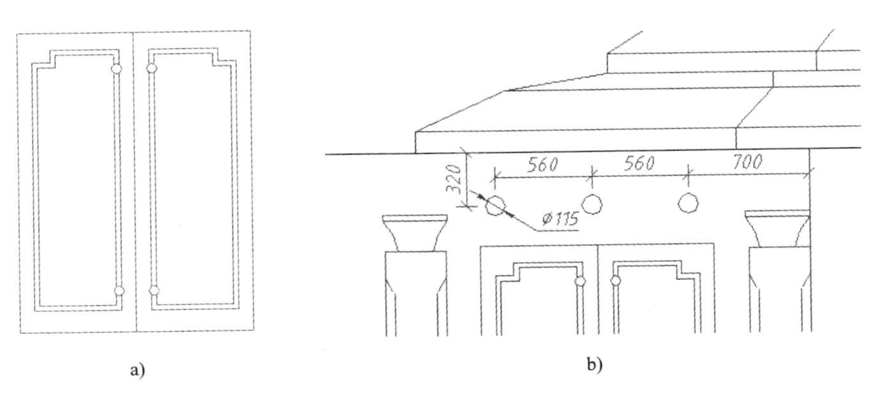

图 14-32　画门和圆

（12）用【捕捉自】确定圆心画一个圆，阵列圆，如图 14-32b 所示。

（13）使“细实线”层为当前层，画折断线：用正交工具，画铅垂线，关闭正交工具和对象捕捉，目测输入点画其他线，修剪图线，如图 14-33 所示。

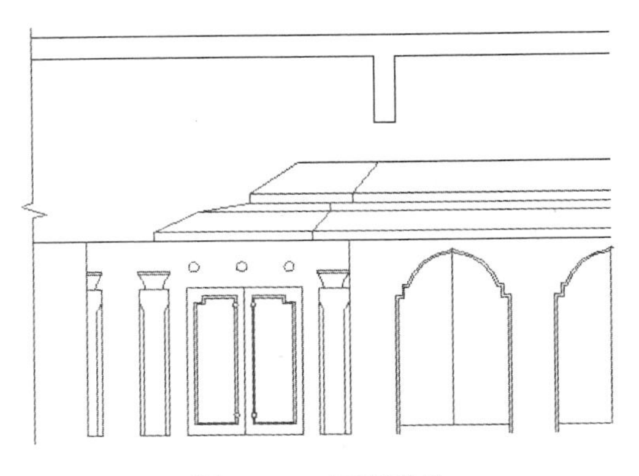

图 14-33　画折断线

（14）镜像图形，画底线，将粗轮廓线改到“粗实线”层，如图 14-34 所示。

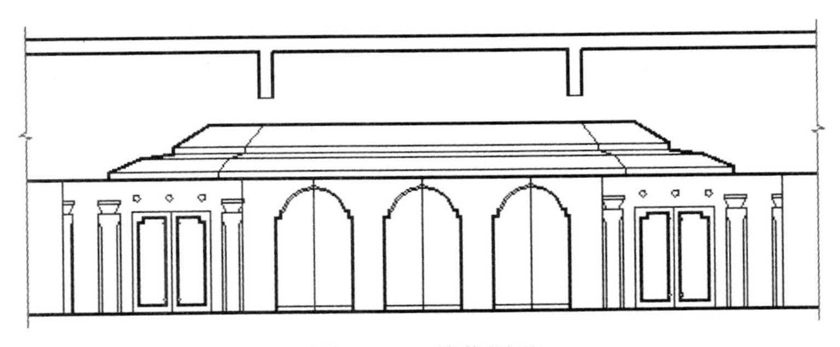

图 14-34　镜像图形

（15）使“细实线”层为当前层，画填充图案，名称为 ANSI31，比例为 50；用前面讲的方法插入金属箅子，完成作图。

14.6　小结

本章介绍了室内设计立面图的绘制方法；介绍了插入图片，编辑图像的命令与方法。AutoCAD 几乎可以插入所有格式的图像文件，建议读者用“黑白二色”模式扫描工程图。分辨率影响扫描形成的图像的大小，分辨率越高生成的图像越大。插入的图形在默认状态下显示边框，只有显示边框才能通过单击边框选择图像，才能用第 4 章介绍的删除、复制、镜像、阵列、缩放、旋转等命令编辑图像，编辑完以后再调用图像边框命令隐去边框。AutoCAD 还可以调整插入图像的亮度、对比度等。

与画平面图相同，画立面图也可以将第 13 章绘制的常用图形结构储存为图块文件，画图时插入到图中。本章特别强调了画图前要分析图形，将图形分成几部分，以每一部分为单元绘制图形。本章进一步综合练习了用角度覆盖、对象捕捉追踪、偏移、修剪命令画图的方法与技巧。

14.7　习题与作图要点

1．简答题。

（1）如何调整插入图像的倾斜角度和大小，如何截取图像的一部分？

（2）说明扫描工程图的要点。

（3）哪些编辑命令可以编辑图像？

（4）正式绘图前要做哪些准备工作？

2．画洗手间立面图，如图 14-35a 所示。

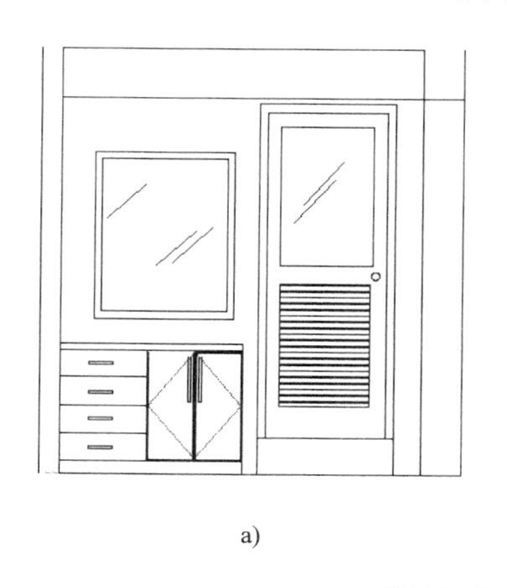

a)

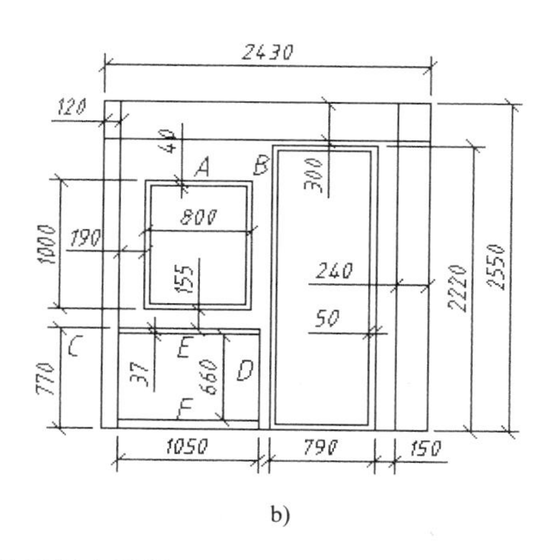

b)

图 14-35　画洗手间立面图

（1）使“粗实线”层为当前层，画矩形 2430×2550，分解矩形，偏移生成一条水平线、两条铅垂线，将水平线改到“中实线”层。分别用【捕捉自】、对象捕捉追踪确定第一个角点，画矩形 A、B，分别偏移这两个矩形。用对象捕捉追踪和正交工具画直线 C、D。使“细实线”层为当前层，用偏移命令的【图层(L)】选项偏移生成 E、F，如图 14-35b 所示。

（2）分别用【捕捉自】确定第一个角点，画矩形 A、B。分解矩形，偏移生成直线 C，如图 14-36a 所示。

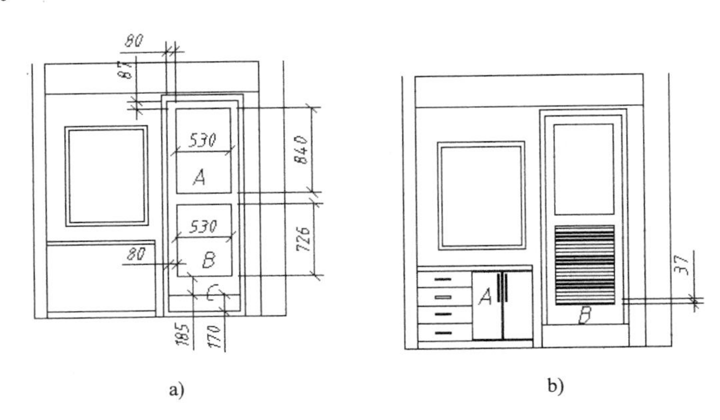

图 14-36　画矩形和直线

（3）放大显示图形，分解矩形 A，偏移生成水平线 B。修剪、延伸 C 处的直线；用对象捕捉追踪和正交工具画倒 L 形折线 D。用【捕捉自】确定第一个角点画矩形 E。画直线 F，偏移生成其他 3 条直线。目测位置输入点，画 5 个小矩形（4 个相同的小矩形，可以画出一个以后，复制生成另外 3 个），如图 14-37 所示。

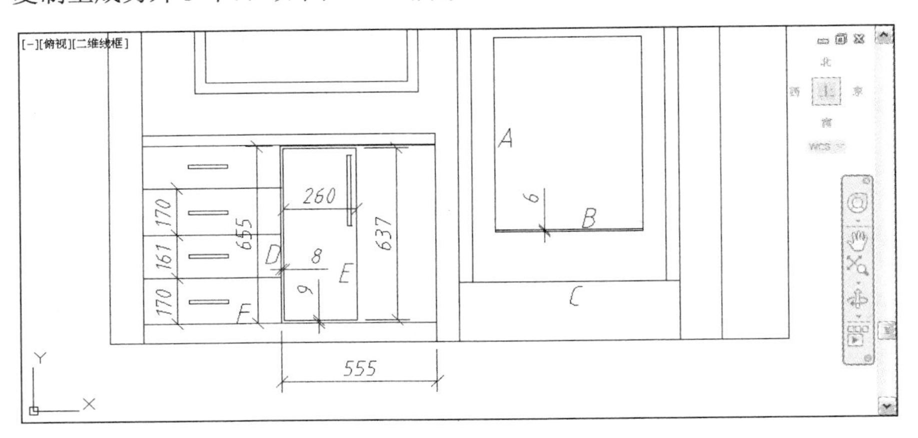

图 14-37　画直线和矩形

（4）捕捉中点确定镜像线，镜像 A 处的矩形，再捕捉这两个中点画直线。阵列 B 处的两条直线：矩形阵列，20 行，1 列，行距=37，如图 14-36b 所示。

（5）目测输入圆心和半径画一个小圆。目测位置输入点，画表示玻璃的倾斜线。使“虚线层”为当前层，捕捉端点、中点画门的开启线，如图 14-35a 所示。

第 15 章　室内设计详图

在室内设计详图中有许多曲线，其形状千变万化，需要标注尺寸，画填充图案（材料符号）。有些材料符号不能直接用 AutoCAD 的图案填充命令绘制，需要用户自己绘制，例如木纹等，因而绘制室内设计详图需要较高的作图技巧。

在详图中需要标注全部尺寸，为了使 AutoCAD 的尺寸标注命令自动测量的尺寸数字与要标注的尺寸数字一致，最好按实际尺寸绘制图形。如果不按尺寸作图，既要保证图形比例适当，又要手工输入尺寸数字，反而影响作图效率和作图质量。本书第 11、13 章例题基本都是根据尺寸绘制的，一是为了保证图形比例，二是为画详图打基础，这些例图的绘图方法，就是详图的绘图方法。

提示：本章例题录制的动画文件，在附盘文件夹“\avi\15”下，文件名与例图编号相同。

15.1　室内设计详图概述

室内设计详图分为建筑局部放大图、构配件详图和节点详图三大类。建筑局部放大图又分为平面、立面、立面展开三种图。放大图与前面介绍的平面图、立面图的区别仅在于：放大图要以较大比例打印出图，需要标注全部尺寸，画法与前面介绍的平面图、立面图相同。装修构配件一般由室内设计人员提出规格和性能要求，到市场上购买或由专业人员设计制造，室内设计人员一般不用画构配件详图。下面重点介绍各种节点详图的绘制方法。

15.2　墙面构造详图

在各种节点详图中，墙面构造详图是最简单的一种，主要用直线和偏移命令绘制，需要画上材料符号。

【例 15-1】绘制墙面构造详图，如图 15-1 所示。

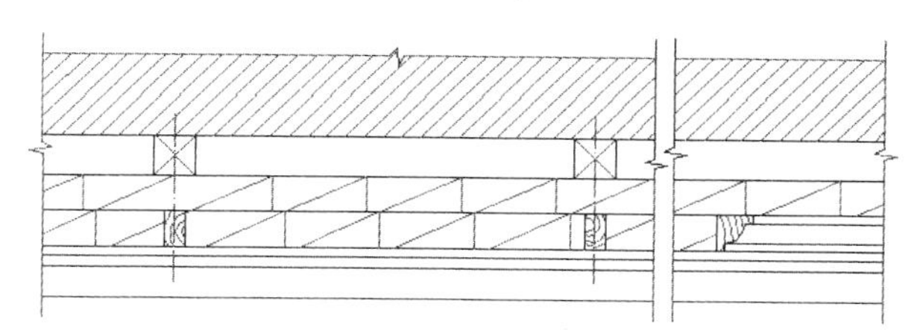

图 15-1　墙面构造详图

作图要点：

（1）调用样板图或设置作图环境。将图形界限设置为 420×297，打开正交工具，设置并打开自动对象捕捉。

（2）使“粗实线”层为当前层，画一条直线，偏移生成其他直线，如图 15-2 所示。

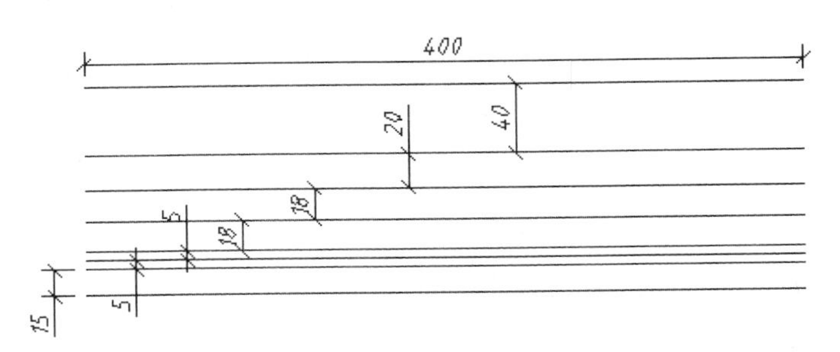

图 15-2 画直线

说明：本例先将图线画在“粗实线”层，画完后再根据需要修改某些图线的图层。因为该图为局部视图，直线长度为估算值。估算精细一些，会为后面的作图带来方便。

（3）画木方，目测位置，用最近点、垂足捕捉画直线 A，偏移生成其他直线，如图 15-3 所示。

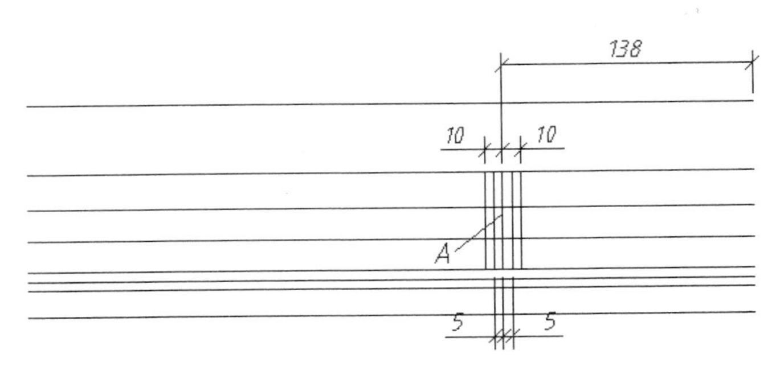

图 15-3 画木方

（4）修剪直线，将中间的一条直线改到“中心线”层。画木线截面，放大显示图形，打开正交工具，目测位置，捕捉最近点、垂足画直线 AB；过 B 点追踪确定 C 点，输入长度画 CD，（如果在自动对象捕捉中设置了最近点捕捉，追踪时向右移动鼠标需要超过直线的右端点）。用相同的方法画折线 GFE，用“起点、端点、半径”方式画圆弧，如图 15-4 所示。

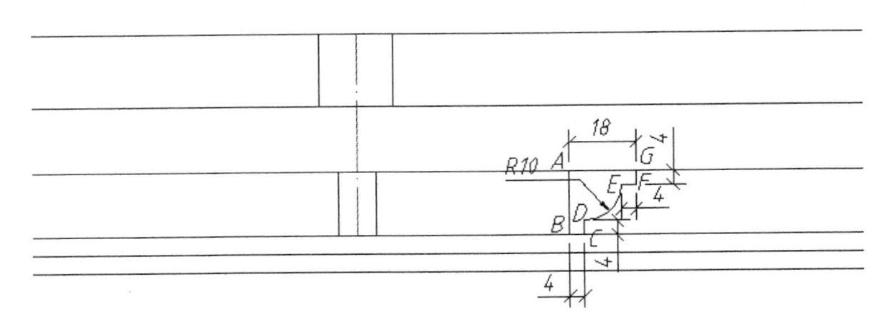

图 15-4 画木线截面

（5）使“中实线”层为当前层，画 C 处的直线，捕捉端点画直线 B。复制生成 D 处的图线，如图 15-5 所示。

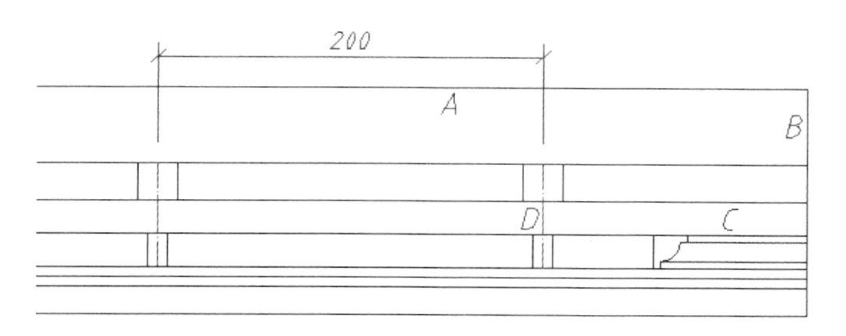

图 15-5　画直线

说明：在动画文件中，此步骤没有复制 D 处的图线，放在画完木纹之后再复制。

（6）将直线 A、B（见图 15-5）改到“细实线”层，用拉长命令的【动态（DY)】选项拉长直线 B。使“细实线”层为当前层，画折断线。将直线 D、E、F 改到“中实线”层，如图 15-6 所示。

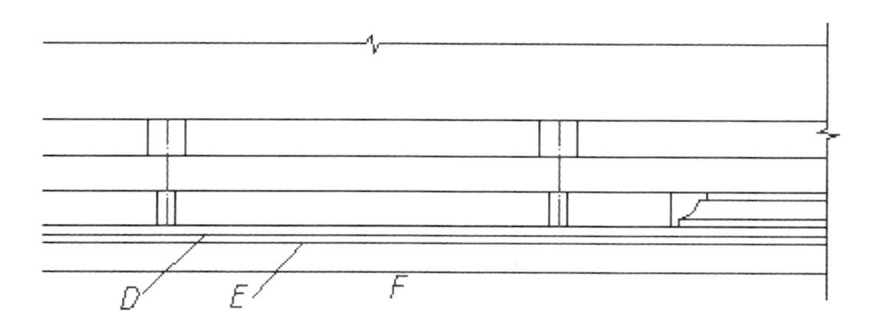

图 15-6　画折断线

（7）目测位置，复制折断线，修剪直线，如图 15-7 所示。

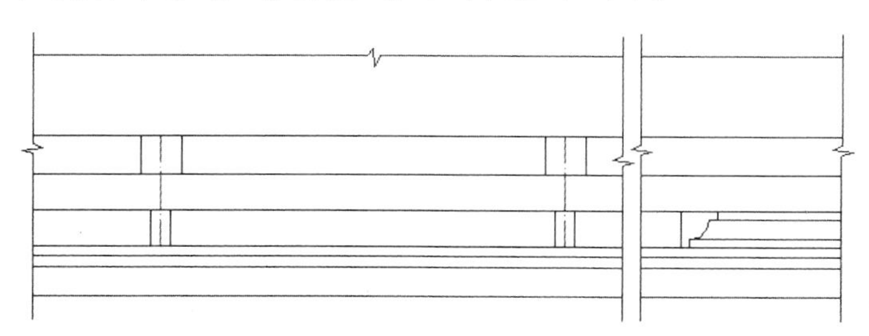

图 15-7　复制折断线、修剪直线

（8）画木方中的对角线；用附盘中的木纹图块“\dwg\15\木纹”，第 9 章介绍的方法画木纹，调整中心线的长度，如图 15-8 所示。

（9）画填充图案：名称为 ANSI31，上面的比例为 2，角度为 0；下面的比例为 6，角度为-20。

（10）捕捉端点、垂足画直线，完成作图。

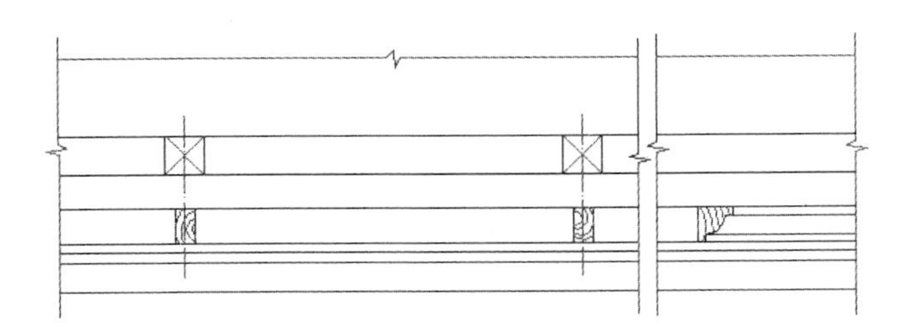

图 15-8　画木纹

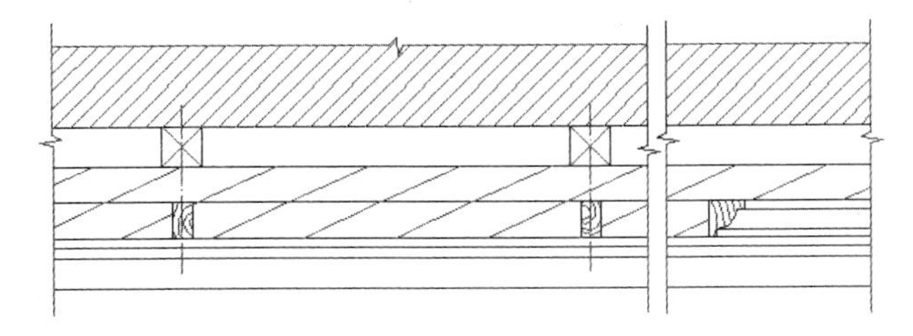

图 15-9　画填充图案

15.3　节点详图

装饰木线的截面千变万化，木线的截面是节点详图中最难画的部分。木线的截面主要由直线和圆弧组成，第 11、13 章介绍过许多绘制类似图形的例题。

【例 15-2】画节点详图，如图 15-10a 所示。

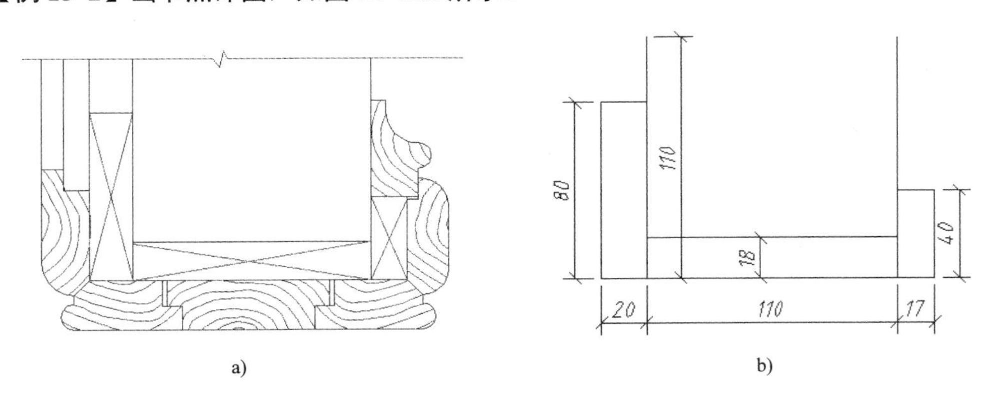

a)　　b)

图 15-10　画节点详图

作图要点：

（1）调用样板图或设置作图环境。将图形界限设置为 420 × 297，打开正交工具，设置并打开自动对象捕捉。

（2）使“中实线”层为当前层，用正交工具画直线，偏移直线，如图 15-10b 所示。

（3）画右下角的木线截面：用追踪和正交工具画直线，用角度替代画倾斜线；用两点方式画圆，如图 15-11a 所示。

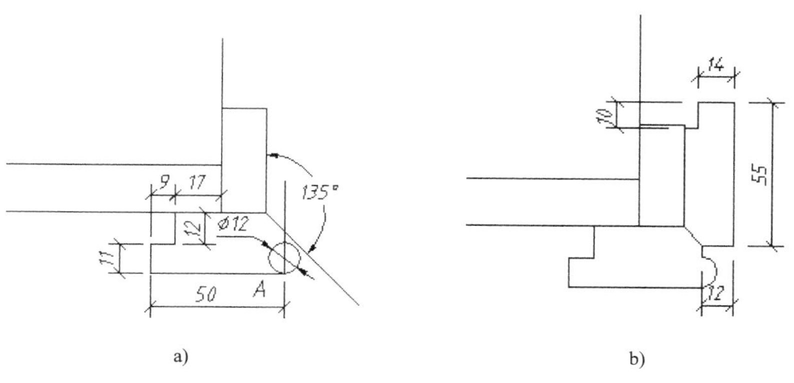

a)　b)

图 15-11　画直线和圆

提示：如果用圆心半径方式画圆，可以过 A 点向下追踪，输入负距离确定圆心。

（4）修剪图线，用追踪和正交工具画直线，如图 15-11b 所示。

（5）用圆角命令画相切圆弧，画直线，如图 15-12a 所示。

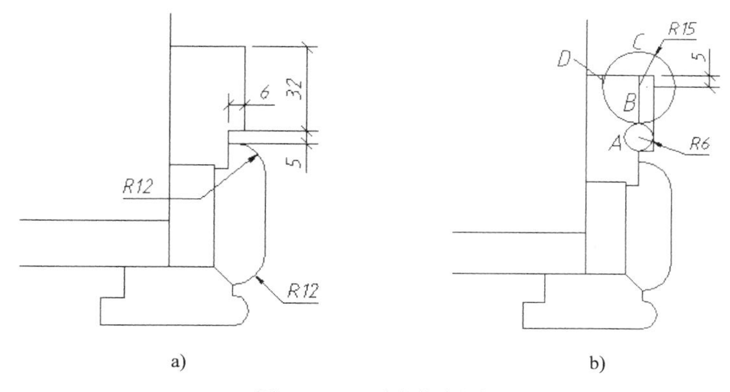

a)　b)

图 15-12　画直线和圆

（6）用“相切、相切、半径”方式画圆 A；捕捉象限点画直线 B，追踪确定圆心画圆 C，捕捉象限点和垂足画直线 D，如图 15-12b 所示。

（7）修剪、删除图线，捕捉象限点和垂足画直线 A；打开正交工具，过适当位置单击确定镜像线，镜像图形，如图 15-13a 所示。

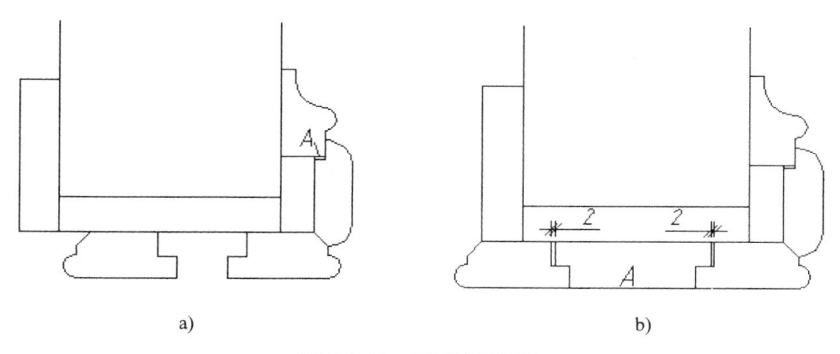

a)　b)

图 15-13　镜像图形等

（8）捕捉端点或交点确定位置，移动图形。捕捉端点画直线 A，偏移生成另外两条直线，如图 15-13b 所示。

（9）用正交工具画直线，如图 15-14a 所示。

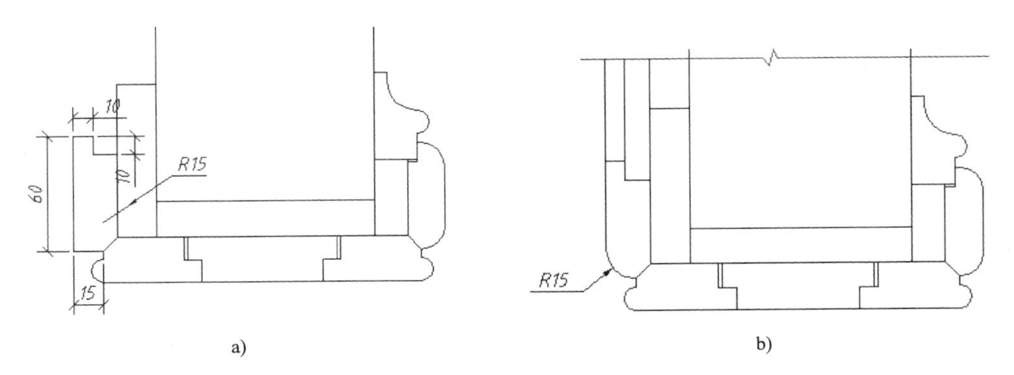

图 15-14　画直线和圆

（10）用圆角命令画圆弧。目测位置画折断线，画直线，如图 15-14b 所示。

（11）修剪直线，将折断线改到“细实线”层。使“细实线”层为当前层，画木方中的对角线，按第 9 章所述方法画木纹，完成作图。

说明： 本例所述方法为画节点平面图的一般方法，即先画中间的定位部分，再以每一木线截面图形为单元，画木线截面。

15.4　吊棚构造详图

吊棚由棚面、龙骨、吊件组成，需要画螺纹、材料符号等。

【例 15-3】画吊棚构造详图，如图 15-15a 所示。

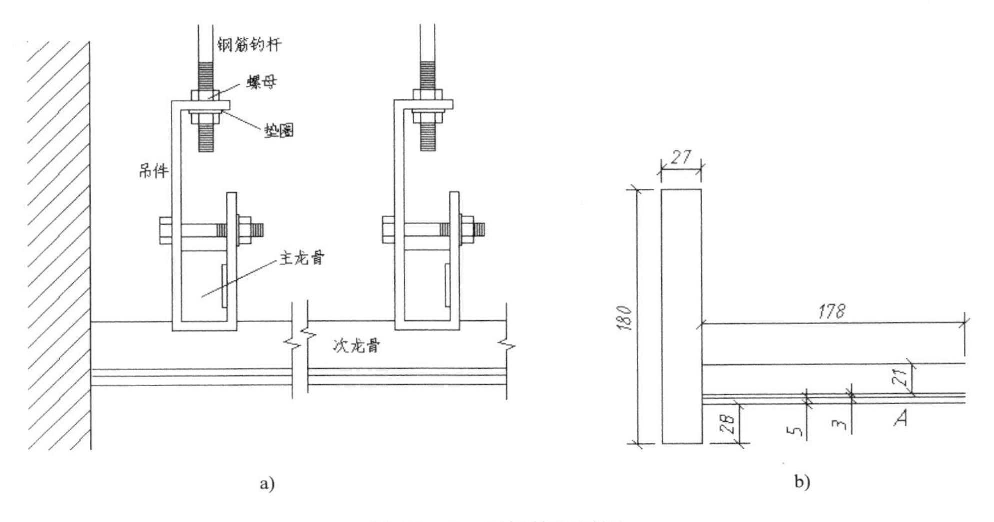

图 15-15　吊棚构造详图

作图要点：

（1）调用样板图或设置作图环境。将图形界限设置为 420×297，打开正交工具，设置并打开自动对象捕捉。

（2）使“中实线”层为当前层，画矩形，用对象捕捉追踪和正交工具画直线，偏移直线，如图 15-15b 所示。

（3）打开正交工具，用【捕捉自】确定第一点画多段线，偏移生成另一条多段线，如图 15-16a 所示。

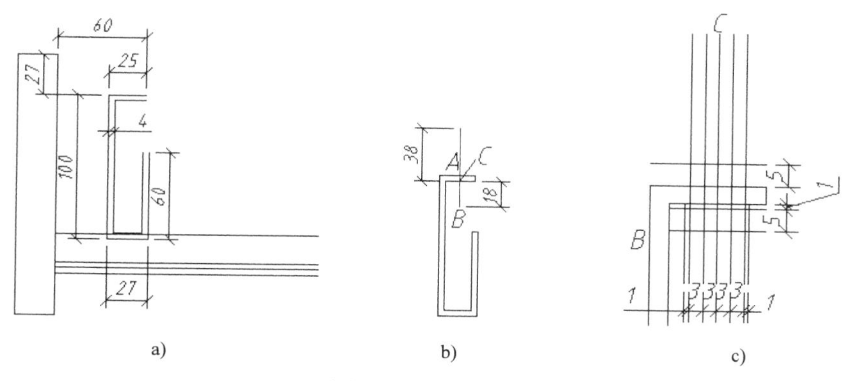

图 15-16　画直线

下面画螺杆和螺母。

（4）捕捉中点 C 画直线 A 和 B，如图 15-16b 所示。

说明：直线长度 38、18 为大概值。

（5）放大显示 A 处（见图 15-16b）图形，分解多段线 B，偏移直线，如图 15-16c 所示。

（6）修剪直线生成螺母和垫圈，删除直线 C（见图 15-16c），如图 15-17a 所示。

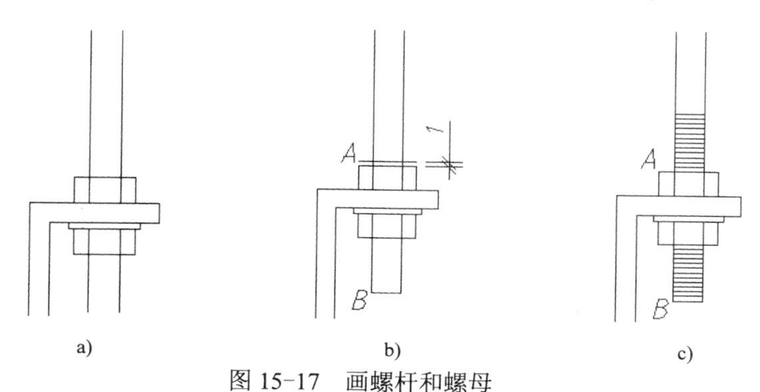

图 15-17　画螺杆和螺母

（7）使“细实线”层为当前层，画直线 B，偏移生成直线 A，将直线 A 改到“细实线”层，如图 15-17b 所示。

（8）画螺纹。修剪直线 A，同时阵列直线 A、B：12 行，1 列，行距=1，如图 15-17c 所示。

（9）用旋转命令的【复制 (C)】选项，复制螺杆、垫圈、螺母，并将它们旋转 90°。偏移生成直线 C，如图 15-18a 所示。

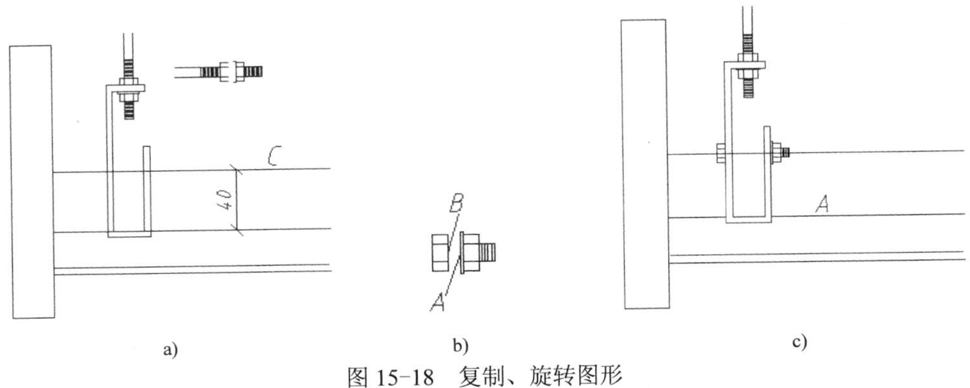

图 15-18　复制、旋转图形

说明： 直径不同的螺纹连接件（如螺栓头、垫圈、螺母）也可以复制，复制后以螺杆直径比为缩放比例进行缩放，例如由直径为 5 的螺纹连接件，复制生成由直径为 10 的螺纹连接件，缩放比例=10/5=2。

（10）删除部分螺纹线，修剪螺杆，捕捉端点画辅助线 A 和 B，如图 15-18b 所示。

（11）分别以中点 A、B（见图 15-18b）为位移的基点，移动螺母、垫圈，修剪直线 A，如图 15-18c 所示。

（12）使“中实线”层为当前层，用对象捕捉追踪画直线 A，偏移生成 A 处的另外两条直线。用对象捕捉追踪和正交工具画 B 处的直线，如图 15-19a 所示。

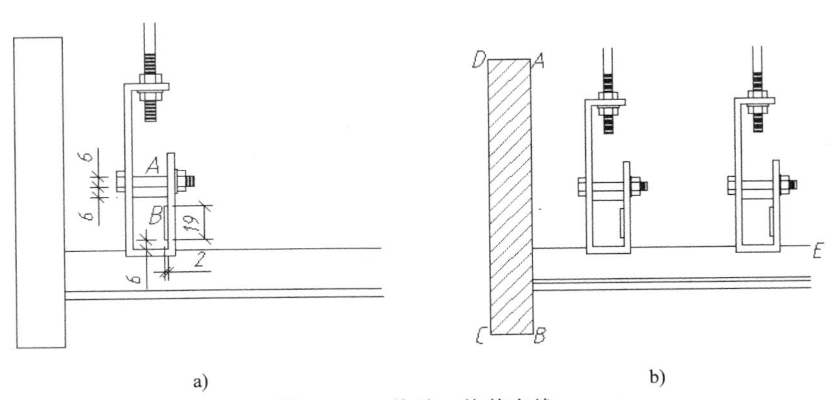

图 15-19　偏移、修剪直线

（13）目测位置复制图形，修剪直线 E。画填充图案，名称为 ANSI31，比例为 2，如图 15-19b 所示。

（14）画折断线，复制折断线；分解矩形 ABCD，删除直线 BC、CD、DA，将 AB 改到“粗实线”层，在水平螺栓上复制部分螺纹线，完成作图。

15.5　小结

本章归纳、概括了绘制各种室内设计详图的一般方法，说明了按尺寸绘图和目测画图的关系。正规的室内设计图应当尽量按尺寸绘制，不按尺寸绘制不仅难以保证作图比例，不便标注尺寸，还会出现图线看似相交实际不相交的情况，影响画填充图案（材料图例）、修剪图线。

墙面构造详图主要用直线、偏移、修剪命令绘制；吊棚构造详图中的螺栓、螺母、垫圈一般用比例、简化画法绘制，螺纹线用阵列命令绘制。直径不同的螺纹连接件（螺栓头、垫圈、螺母）也可以复制生成，复制后以螺杆直径比为比例缩放图形；画节点平面图的一般方法是，先画中间的定位部分，再以每一木线截面图形为单元，画木线截面。

15.6　习题与作图要点

1．简答题。

（1）为什么要尽量按尺寸绘制室内设计图？

（2）说明画螺纹构造件的要点。

（3）是否可以通过复制绘制不同直径的螺纹构造件？

（4）说明画节点详图的要点。

（5）例 15-2 通过画圆、修剪绘制的圆弧，能否用圆角命令绘制？

2．画楼梯详图，如图 15-20a 所示。

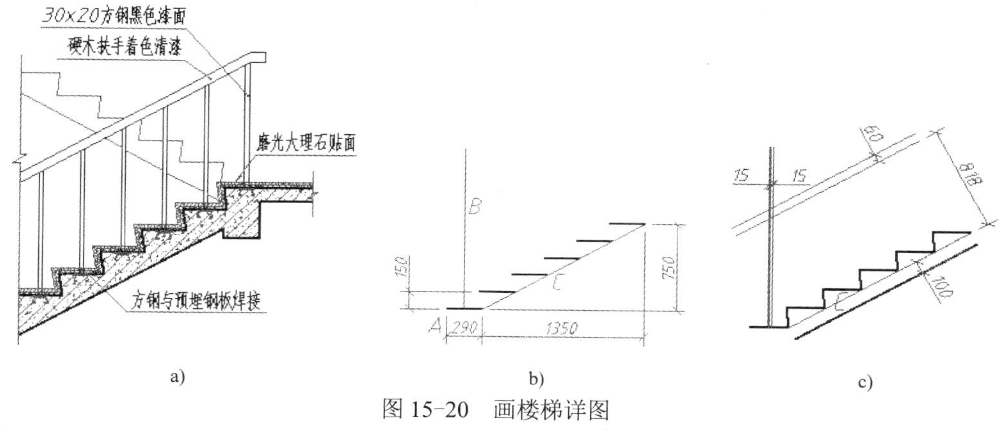

a)　　b)　　c)

图 15-20　画楼梯详图

作图要点：

（1）打开正交工具，输入长度画踏步线 A，输入相对坐标画倾斜线 C。阵列生成其他踏步线：路径阵列（C 为路径），从阵列选项卡右端第 4 个按钮组中选择【定数等分】，在【项目数】中输入 6。捕捉中点画足够长的直线 B，如图 15-20b 所示。

（2）捕捉端点画踢面线；偏移直线 B 生成护栏立柱；由 C 偏移生成其他直线，如图 15-20c 所示。

> **提示：** 用偏移命令画线时，要注意用【图层(L)】选项，以生成不同线型的图线。

（3）偏移踏步线和踢面线生成面层线；删除直线 B（见图 15-20b）捕捉中点确定位置复制立柱；延伸扶手 C，画折断线 A，如图 15-21a 所示。

（4）用圆角命令（将半径设置为零）修正面层；修剪立柱；用正交工具和偏移命令画截面梁 B，如图 15-21b 所示。

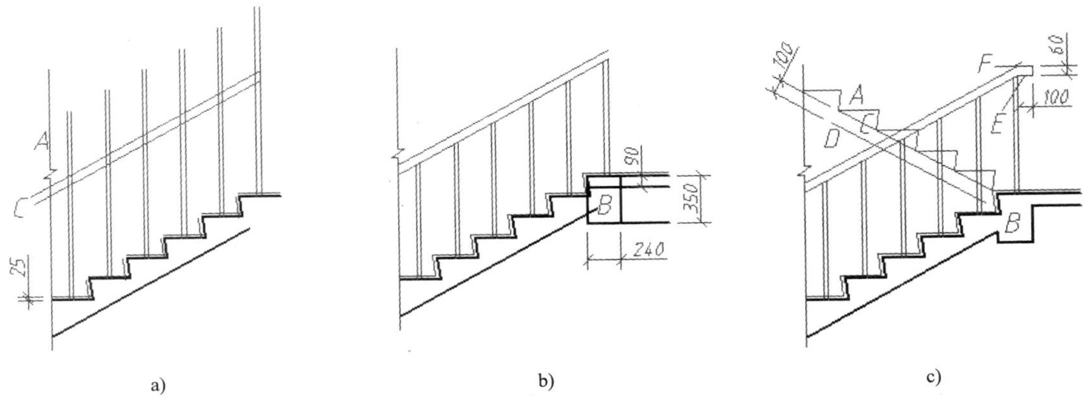

图 15-21 画扶手和截面梁

说明：如果用编辑多段线命令，将踏步线和踢面线变为一条多段线，偏移一次即可生成面层，不用作上述修正。用编辑多段线命令将折线合并为一条多段线的方法是：单击 修改 ▾ ，展开【修改】面板，单击编辑多段线按钮，单击折线中的任意一段图线，命令提示：是否将其转换为多段线？<Y>，直接按 Enter 键，执行默认选项“<Y>”，转换为多段线，再单击“合并(J)”选项，选择折线中的全部图线。

（5）修剪图线形成截面梁 B。镜像踏步和踢面，捕捉端点画直线 C，偏移生成直线 D；画折线 EF，如图 15-21c 所示。

（6）作 R=0 的圆角 G，画折断线 H；用编辑多段线命令将面层线合并为一条多段线，偏移生成磨光大理石截面线 J，如图 15-22a 所示。

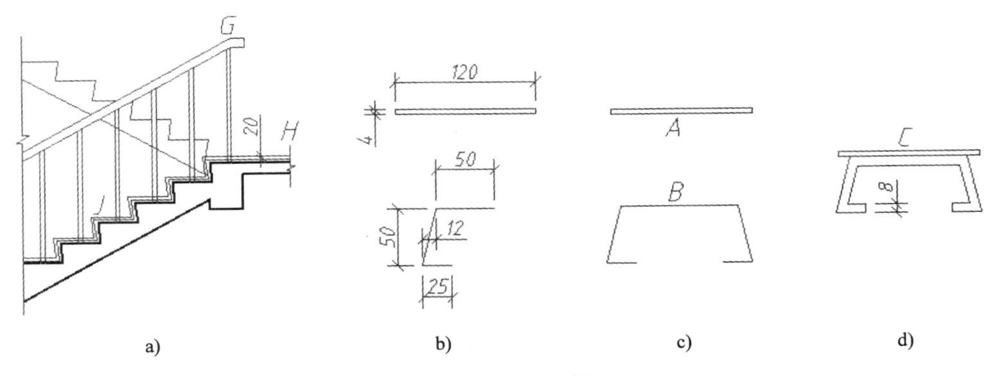

图 15-22 画楼梯

（7）画预埋件。在作图区空白处画矩形。打开正交工具，输入长度或相对坐标画多段线，如图 15-22b 所示；镜像多段线，如图 15-22c 所示；偏移多段线，捕捉端点画直线。捕捉中点 A、端点 B（见图 15-22c）确定位置，移动矩形，如图 15-22d 所示。

（8）捕捉中点 C（见图 15-22d）、各踏步的中点确定位置，复制预埋件，如图 15-20a 所示。

（9）画填充图案：大理石名称为 ANSI33，比例=5；砂浆名称为 AR-SAND，比例=0.5；钢筋混凝土需要填入 ANSI31、AR-CONC 两种填充图案，比例分别为 20 和 0.6。

第16章　打 印 出 图

打印图样一般需要做 3 个方面的工作：①设置、选择打印输出设备。②确定打印范围（全图或部分图形），图线的宽度、线型、颜色，打印比例等。③预览设置效果，满意后打印输出。

根据国标规定，室内设计图中的图线有 4 种线宽、6 种线型，一般打印为黑色。"实线、虚线、点画线"可以通过多线样式（详见第 6 章）或图层（详见第 5 章）控制线型；波浪线和折断线分别用样条曲线、直线绘制成型，打印时不需要设置线型。图线颜色可以通过打印机或打印样式表控制。从 AutoCAD 2000 开始，可以用如下两种方法控制图线的打印宽度：

- 利用在图层中设置的图线宽度。这需要在画图前建立好图层，设置好线宽等特性，并将图线画在相应的图层上。
- 通过图线颜色控制图线宽度。用户一旦为某一颜色设置了线宽，所有使用该颜色的图线都以该线宽打印输出。

提示：用多线命令画的墙体、墙线和轴线在同一图层上，最好通过图线颜色来控制线宽。

总之，只要在图层中设置好线宽、线型和颜色等特性，并将每种图线（多线除外）画在相应的图层上，打印时就可以依据图层特性，打印出符合国标要求的图样。如果没有按上述要求作图，或打印用多线命令画的墙体、别人绘制的情况不明的图样、用 AutoCAD 2000 以前版本绘制的图样，可以通过图线颜色控制图线的打印宽度。而有的图样，例如图 16-22 所示的楼梯详图，需要在一张图纸上用多种比例打印图形，这需要进行特别处理。本章针对上述 3 种情况，分别介绍相关内容。读者直接套用书中介绍的方法，就可以非常快捷地打印出符合国标要求的各种图样。

16.1　利用对象特性打印图形

图线、尺寸、引线的线型、线宽、颜色等特性称为对象特性。利用对象特性打印图形，就是使打印出的图线、标注的"对象特性"与绘图时设置的相同。

【例 16-1】利用对象特性，打印图 16-1 所示的建筑剖面图。

打印图样需要选择打印设备，确定打印范围、打印位置、打印比例，控制图线、尺寸、标高符号、引线的线型、线宽、颜色等多项工作。为了便于查阅，下面将上述工作按设置顺序，归类到相应小节中进行介绍。本节所有步骤都是该例题的必需步骤。

16.1.1　选择、设置打印设备

在 AutoCAD 中，可以直接用 Windows 设置的系统打印机打印图形，不需要作专门设置。较早的打印机仅可以打印文字，只有绘图仪才能打印像 AutoCAD 等工程软件绘制的矢

量图形。随着技术进步，打印机也可以打印生成高质量的矢量图形，因而在 AutoCAD 中将绘图仪和打印机视为同一种设备。

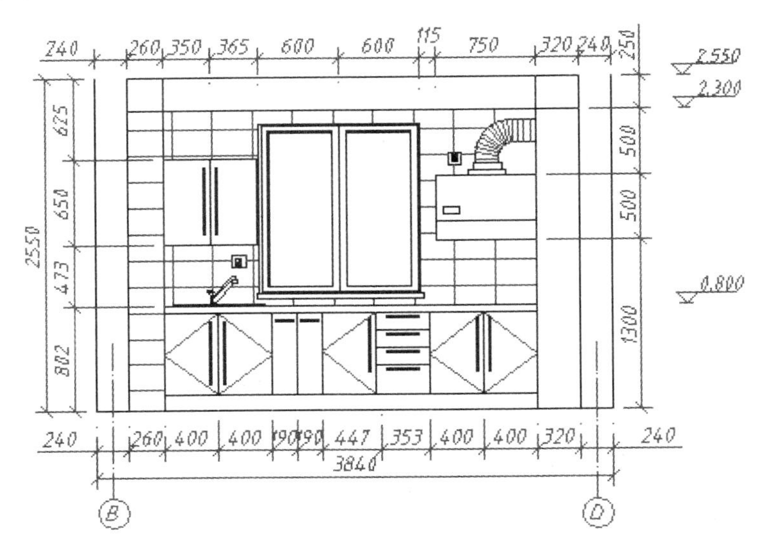

图 16-1　建筑剖面图

选择、设置打印设备，就是选择使用的打印机或绘图仪，并对其作必要的设置。例如把打印颜色设置为单色等。下面是设置方法和操作步骤。[1]

（1）打开附盘文件“\dwg\16\16-01.dwg”，图形如图 16-1 所示。

（2）单击屏幕最上方的打印按钮，显示【打印-模型】对话框，如图 16-2 所示。

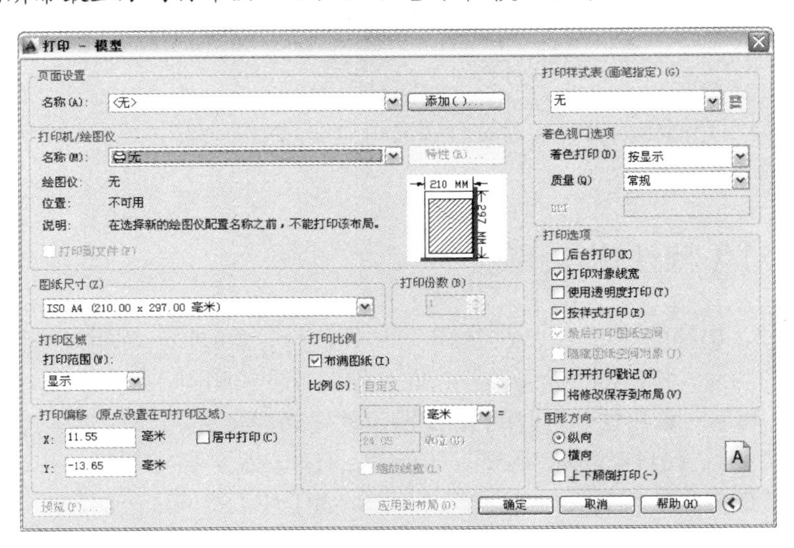

图 16-2　【打印-模型】对话框

如果显示的对话框与图 16-2 不同，可单击右下角的展开按钮（展开后变为折叠按钮

[1] 16.1.1～16.1.5 节的操作步骤顺序编号。

)。

（3）在对话框右侧的【打印选项】区，保留默认设置。选中该项，使【打印对象线宽】左边的小方框中有“√”，这样打印出的图线、标注的线宽等于图层中设置的宽度。

提示： 选择用对象线宽打印图样，需要在图层中设置合适的线宽，例如，将粗线层设置为0.6～0.7，中粗线层设置为0.3～0.4，其余图层保留“默认”（细线）。如果线宽相差太小，打印出的图线宽度看不出差别。

（4）在【打印机/绘图仪】区，从【名称】下拉列表中选择自己要使用的打印设备。本例选择“7600系列型号 240E_A0”。在Windows下能用的打印机，都能从该列表中选择使用。

添加此打印机的方法见16.4节。读者可以选择自己实际使用的打印机，参照下面的方法进行设置。下面将打印颜色设置为黑色，忽略图线原有的颜色。

（5）单击 特性(R) 按钮，显示【绘图仪配置编辑器-7600系列型号 240E_A0】对话框。双击【图形】，展开该选项，单击第一行的【矢量图形<颜色：2级灰度><分辨率：1016×1016 DPI>……】，在对话框下方显示【分辨率和颜色深度】，【分辨率和颜色深度】区自动选中“2级灰度”和“单色”。否则选择这两个选项。如图16-3所示。

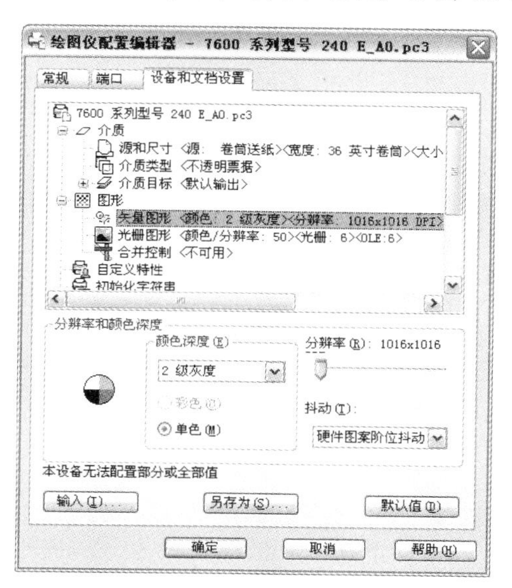

图16-3 【绘图仪配置编辑器-7600系列型号 240E_A0】对话框

或单击 自定义特性，在对话框下方显示 自定义特性(C)... 按钮，单击该按钮，显示一对话框，在【纸张/质量】选项卡中，选择“黑白”。

提示： 其他打印机的设置与此类似。如果找不到对应选项，可以直接在【打印-模型】对话框中，从右上角的【打印样式表】中选择“monochrome.ctb”，也可以忽略图样原有的颜色，将图样全部打印为黑色。

（6）单击 确定 ，返回【打印-模型】对话框，完成设置。

16.1.2　确定打印比例

绘图时为了能够直接利用图中标注的尺寸画图，一般都采用 1∶1 的比例作图。画完以后，再通过选择打印比例缩放打印图形。但图纸上标注的符号和标题栏的大小是固定的。符号包括文字、尺寸、标高、工程作法等。这需要将它们的打印比例分开考虑。下面以打印比例为 1∶10 为例，说明如何处理各种比例。

- 按 1∶1 的比例设置图形界限（Limits）、画图。
- 根据图的大小、复杂程度确定打印比例。
- 输入文字的字高按打印比例缩放相同的倍数。本例以 350mm 的高度输入文字，以实际大小的 10 倍插入标高符号，以实际间隔的 10 倍画工程作法的引线（见第 7 章例 7-5）。
- 尺寸比例的处理方法是，按实际打印在图纸上的尺寸要素（尺寸数字、箭头、45°起止线等）的大小建立尺寸样式，标注尺寸前根据打印比例，设置尺寸样式的全局比例（详见第 8 章），本例应设置为 10。
- 本例按 1∶10 的比例绘制边框；标题栏图块文件（见第 7 章）的插入比例=打印比例。本例应为 10。

设置打印比例有如下 3 种方法：

- 选择【布满图纸】，AutoCAD 自动使选择的打印范围占满打印图纸。选中该选项后，【比例】下拉列表失效。
- 从【比例】下拉列表中选择打印比例值，例如 1∶10。
- 从【比例】下拉列表中选择“自定义”，在下面的两个文本框中输入打印比例。如果打印比例为 1∶10，在上面的文本框中输入∶1，在下面的文本框中输入∶10。

提示：要从【单位】下拉列表中，选择与图纸尺寸一致的单位。一般选择“毫米”。

（7）本例单击【布满图纸】，去掉其左面小方框中的“√”，从【比例】下拉列表中选择“1∶10”。

16.1.3　设置图面

设置图面包括选择图纸幅面，确定打印范围和打印位置等。

（8）从【图纸尺寸】下拉列表中选择图纸幅面代号。本例选择“ISO A1（594×841 毫米）”。在【打印份数】文本框中输入要打印的份数。

需要根据图样尺寸和打印比例确定图纸幅面。

（9）从【打印范围】下拉列表中，选择打印范围的控制方式，本例选择“范围”。各控制方式的功能分别如下。

- 图形界限：打印用 Limits 命令设置的图形界限之内的图形、标注等。
- 范围：打印全部图样（包括显示区域以外的图形文字等）。
- 显示：打印在屏幕上显示出来的图形。
- 窗口：由用户用窗口方式选择打印范围。

（10）确定图形打印在图纸上的位置。本例在【打印偏移】区，选择“居中打印”。

在默认情况下，AutoCAD 将图形的坐标原点定位在图纸的左下角。用户可以在【X】和

【Y】文本框中输入坐标原点在图纸上的偏移量。选中【居中打印】，将图形中心定位在图纸中心上。这是一种非常快捷、有效的设置方式。

（11）在对话框右下角的【图形方向】区选择图纸的打印方向，本例选择“横向”。各选项的功能分别如下。

- 纵向：图样中 X 方向的图线，沿纵向打印。模拟图标显示为[>]。
- 横向：图样中 X 方向的图线，沿横向打印。模拟图标显示为[A]。
- 上下颠倒打印：将图形绕水平轴旋转 180°后打印。模拟图标显示为[∀]。

16.1.4 设置非标准图纸

当使用标准图纸打印图样造成图纸浪费时，可以使用非标准图纸打印。用户可按如下方法设置非标准图纸。下面的操作不属于例 16-1 的步骤。

- 在【打印】对话框中，单击[特性(R)]按钮，显示【绘图仪配置编辑器】对话框，单击【自定义图纸尺寸】(可以通过拖动右面的滚动条中的滑块显示该项)，单击[添加(A)...]，显示【自定义图纸-开始】对话框，如图 16-4 所示。

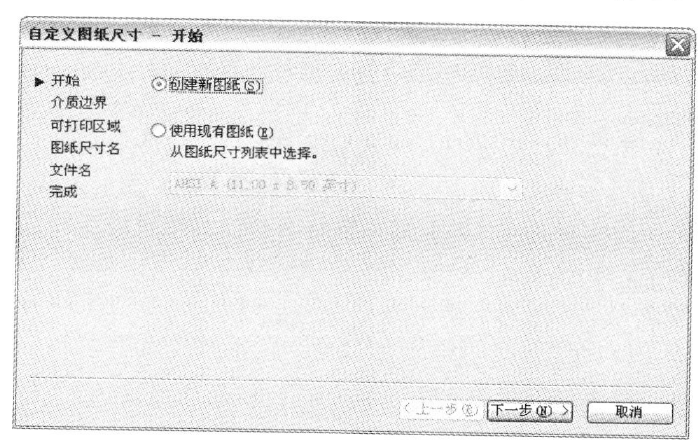

图 16-4 【自定义图纸】对话框

- 单击[下一步(N) >]，显示【自定义图纸尺寸-介质边界】对话框，如图 16-5 所示。

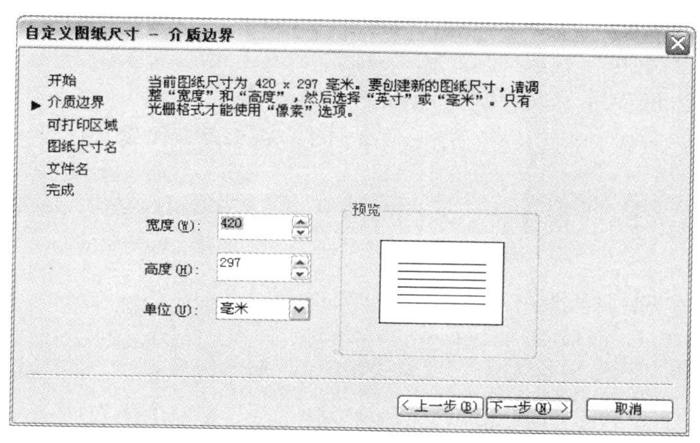

图 16-5 【自定义图纸尺寸-介质边界】对话框

分别在【宽度】、【高度】文本框中输入自定义图纸的宽度和高度，从【单位】下拉列表中选择图纸的长度单位，例如“毫米”。

（12）单击下一步(N) >，显示【自定义图纸尺寸-可打印区域】对话框，如图 16-6 所示。

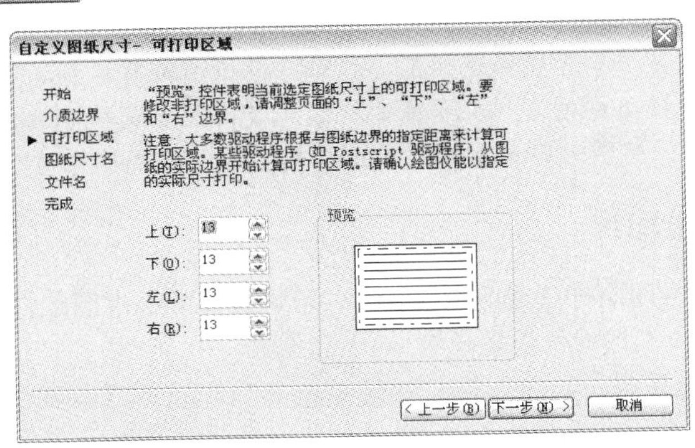

图 16-6 【自定义图纸尺寸-可打印区域】对话框

在【上】、【下】、【左】、【右】文本框中输入可打印区域到图纸边界的距离。由于不同打印机计算可打印区域方法不同，可以先使用默认值，或设置为 0，打印效果不合适时再作调整。

- 单击下一步(N) >，显示【自定义图纸尺寸-图纸尺寸名】对话框，在显示的对话框中输入图纸的名称等，建议图纸的名称采用标准图纸的命名形式：名称+尺寸。
- 单击下一步(N) >，显示【自定义图纸尺寸-文件名】对话框，在显示的对话框中输入自定义图纸保存的文件名称，建议采用默认名称：打印机的名称。
- 单击下一步(N) >，显示【自定义图纸尺寸-完成】对话框，单击打印测试页(P)，测试自定义图纸打印效果。如果不合适可以单击< 上一步(B)，返回上一级对话框，修改相应项目。例如单击两次< 上一步(B)，返回【自定义图纸尺寸-可打印区域】对话框，调整可打印区域到图纸边界的距离。修改完毕，单击下一步(N) >返回【自定义图纸尺寸-完成】对话框。
- 在【自定义图纸尺寸-完成】对话框中，单击完成(F)，返回【绘图仪配置编辑器-7600 系列型号 240E_A0】对话框。
- 单击确定，显示【修改打印机配置文件】对话框，如图 16-7 所示。

为了使自定义图纸可以在其他文件中调用，单击【将修改保存到下列文件】，选中该选项，并在下面的文本框中输入保存的路径和文件名。建议使用默认值存盘，将自定义图纸保存到打印机配置文件中。

- 单击确定，返回【打印-模型】对话框。

自定义的图纸名称与标准图纸名称都显示在【图纸尺寸】列表框中，可以从中选择使用。

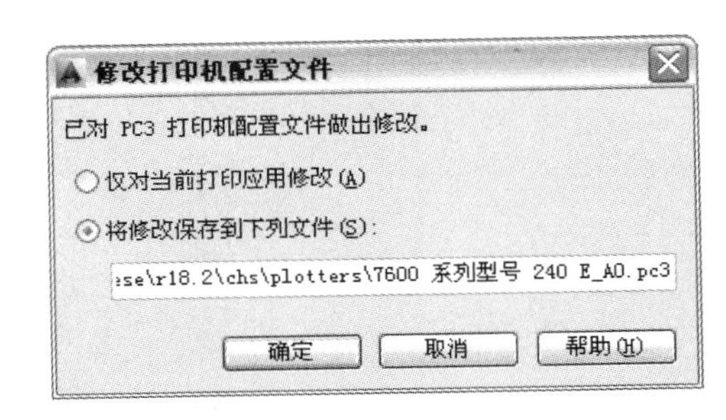

图 16-7 【修改打印机配置文件】对话框

16.1.5　预览、打印图形

正式打印以前，为了避免浪费时间和打印材料，应当预览一下设置结果。

（13）单击 预览(P)... 按钮，显示预览窗口，如图 16-8 所示。

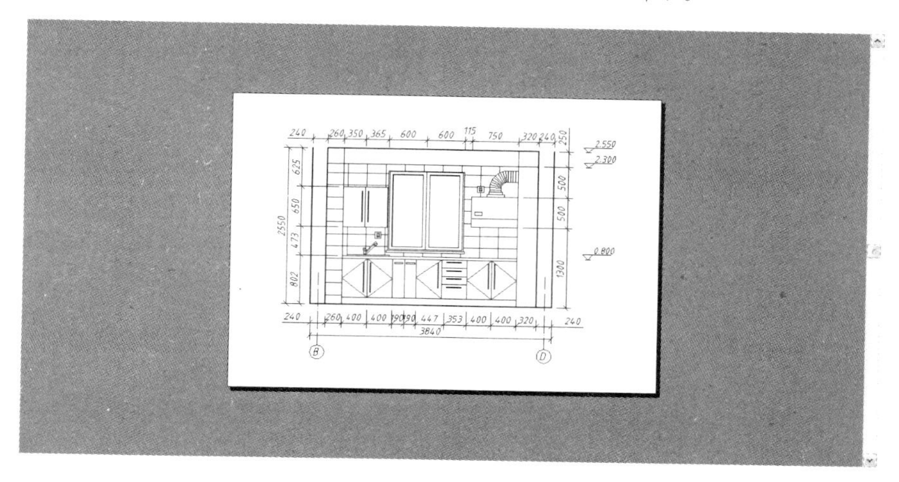

图 16-8　预览窗口

预览窗口显示的图样与打印结果相同。除了查看打印范围是否正确，还需要重点检查如下 3 个方面的内容是否正确：

- 图线宽度。
- 图线线型。
- 图线颜色。

受屏幕大小的影响，刚进入预览窗口时，可能不显示图线宽度。这需要用窗口上方的缩放显示按钮，放大显示，逐一查看各个部分。

在预览窗口左上方有 6 个按钮（见图 16-8），从左向右依次为打印、平移、缩放、窗口缩放、缩放为原窗口、关闭预览窗口。各按钮命令的功能和调用方法，与以前介绍的相应命令基本相同，详见下面操作步骤中的说明。

（14）单击窗口缩放按钮，在剖面图左侧中间位置按下鼠标左键，拖动鼠标到轴号 D 的下方，放开鼠标左键，结果如图 16-9a 所示。图线的宽度、线型、颜色（为黑色）都正确。

（15）单击平移按钮，拖动鼠标，查看其他视图。

（16）单击缩放按钮，向上拖动鼠标放大显示图形，向下拖动鼠标缩小显示图形。

（17）单击缩放为原窗口按钮，返回刚进入预览窗口时的显示状态。

（18）单击关闭预览窗口按钮，退出预览窗口，返回【打印-模型】对话框。单击 确定 ，退出【打印-模型】对话框，开始打印图形。

提示： 在预览窗口中，向上滚动鼠标滚轮放大显示图形，向下滚动鼠标滚轮缩小显示图形；单击鼠标右键，弹出快捷菜单，如图 16-9b 所示，单击其中的【退出】，可以退出预览窗口。

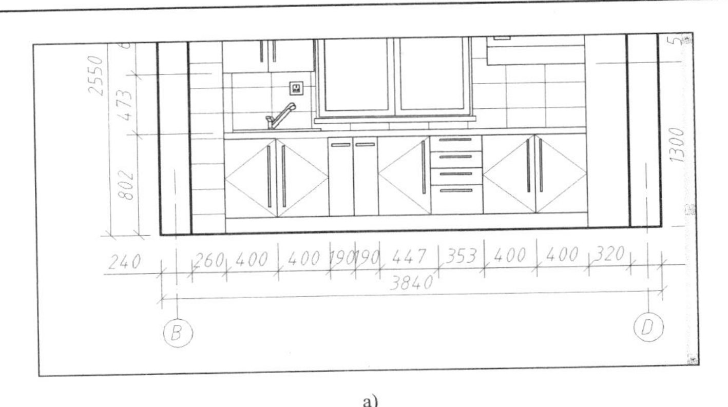

a)

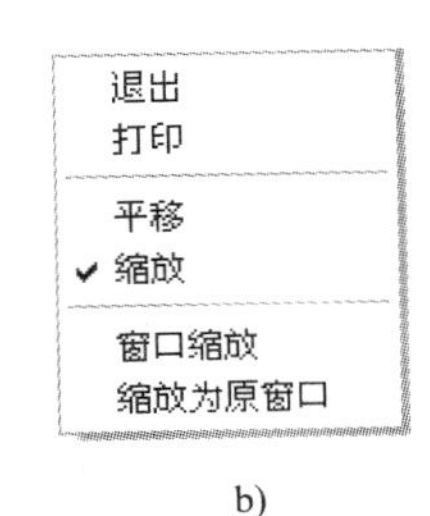

b)

图 16-9 窗口缩放

(19)用矩形命令画 A1 幅面的图纸边框。使“细实线”层为当前层，用放大 10 的比例(=打印比例)插入第 7 章创建的标题栏。移动图形，使图形在边框内分布均称。

提示： 在实际应用中，应当先做步骤(20)，然后在【打印-模型】对话框中作上述设置。可以将边框和标题栏一起定义为图块文件，打印时直接插入到图形中；可以通过修改尺寸样式中的全局比例，调整尺寸数字、箭头等尺寸要素的大小。

(20)单击打印按钮，显示【打印-模型】对话框，在【页面设置】区，从【名称】下拉列表中选择：<上一次打印>，调出上面作的打印设置。

提示： 只有打印一次之后，页面设置【名称】中才显示<上一次打印>，即在步骤(18)中单击 确定 。

(21)从【打印范围】下拉列表中选择“窗口”。单击 窗口(O)< ，依次捕捉大矩形边框(参见图 16-10)的两个对角点作为打印范围。自动返回【打印-模型】对话框，选择【居中打印】、【充满图纸】。单击 预览(P)... 按钮，结果如图 16-10 所示。

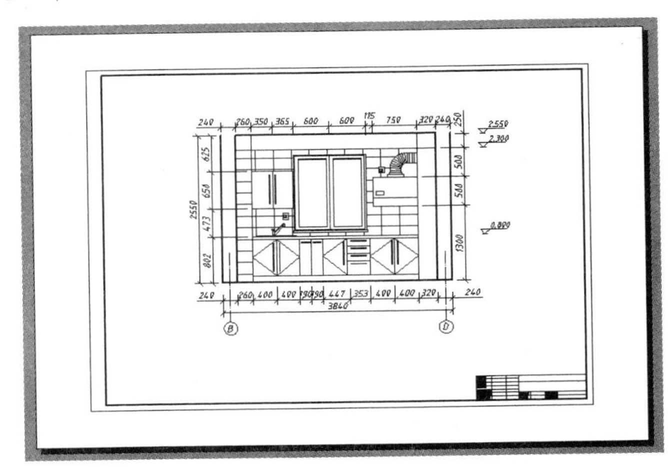

图 16-10 预览图形

大矩形边框应当与图纸的边重合，如图 16-12 所示。从图 16-10 可以看出，当前设置不符合要求。这需要用下一步所述方法，将图纸可打印区域到图纸边界的距离设置为 0。

（22）单击⊗，返回【打印-模型】对话框。单击 特性(R)... ，显示【绘图仪配置编辑器】对话框，单击【修改标准图纸尺寸（可打印区域）】，从下面的【修改标准图纸尺寸】下拉列表中选择“ISO A1 594×841mm”，单击 修改(M)... ，显示【自定义图纸-可打印区域】对话框，如图 16-11 所示。

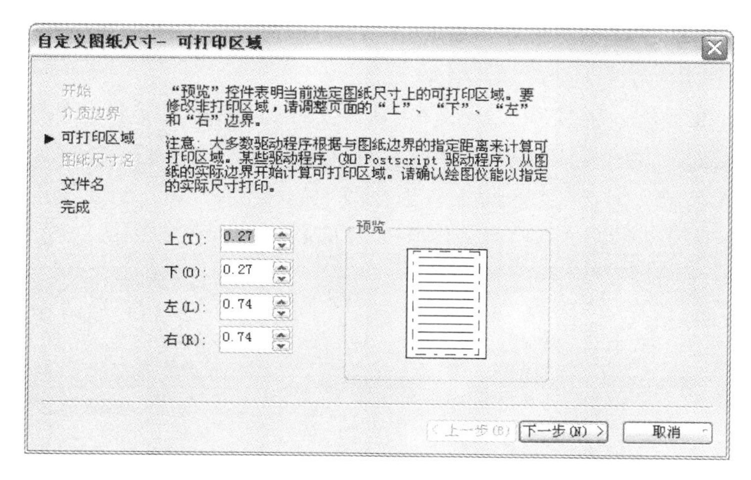

图 16-11 【自定义图纸-可打印区域】对话框

（23）在【上】、【下】、【左】、【右】文本框中输入可打印区域到图纸边界的距离：0。单击几次 下一步(N) > ，顺次显示的对话框都保留默认默认值，最后单击 完成(F) 。

（24）单击 预览(P)... 按钮，结果如图 16-12 所示。

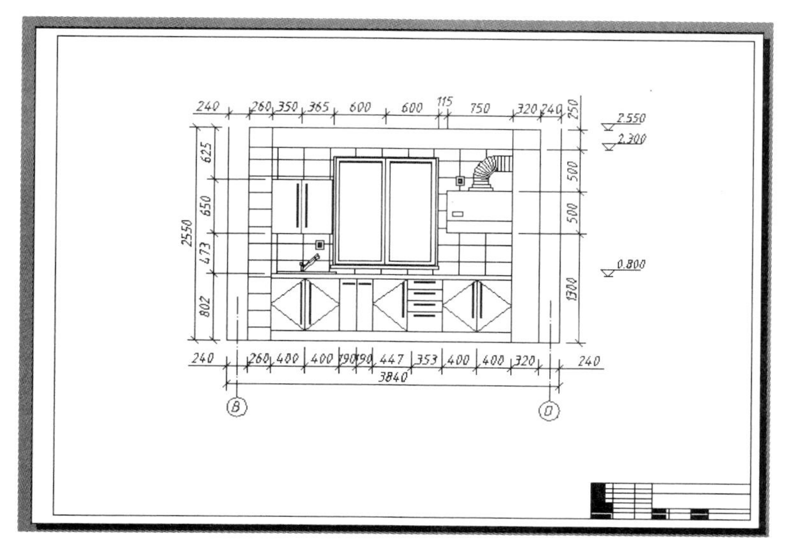

图 16-12　预览结果

提示： 为了不打印表示图纸大小的矩形，可以将其画在一个专用图层上，将该图层的打印特性设置为不打印。

（25）按上述方法放大显示，查看线宽。预览结果满意后，单击打印按钮，打印输出图形。

16.1.6 保存、调用页面设置

在【打印】对话框中进行的上述设置称为页面设置。AutoCAD 自动保存最后一次打印图形使用的设置。可以在任意文件中，调出【打印】对话框，从【页面设置】区的【名称】下拉列表中选择：<上一次打印>，调用该设置。

要保存多种页面设置，需要在完成设置以后，单击页面设置【名称】下拉列表右边的添加按钮，调出【添加页面设置】对话框，如图 16-13a 所示。在【新页面设置名】文本框中输入名称，单击，返回【打印】对话框，新建页面设置名称显示在【名称】下拉列表中。用户可以在当前文件的【名称】下拉列表中调用保存的页面设置。

a)

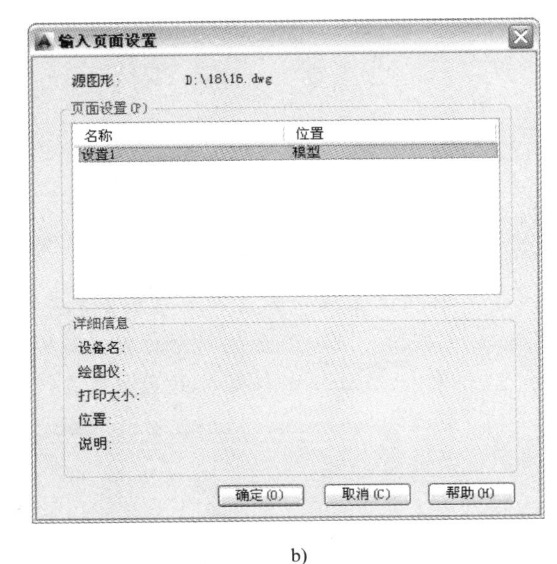

b)

图 16-13 【添加页面设置】、【输入页面设置】对话框

在其他文件中调用页面设置的方法是：创建完以后，保存图形文件。在要打印的图形文件中，从页面设置的【名称】下拉列表中选择“输入”，调出【从文件中选择页面设置】对话框，选择页面设置所在的图形文件。单击，显示【输入页面设置】对话框，如图 16-13b 所示。选择要输入的页面设置，单击，返回【打印】对话框。输入的页面设置名称显示在【名称】下拉列表中，从该下拉列表中选择输入的页面设置。

创建页面设置的另一种方法是：单击屏幕左上角的，展开菜单浏览器，移动鼠标指向，展开【将图形输出到绘图仪或其他设备】菜单，单击“页面设置”显示【页面设置管理器】对话框，如图 16-14a 所示。

单击按钮，显示【新建页面设置】对话框，如图 16-14b 所示。在【新页面设置名】文本框中输入新建页面的名称，单击按钮，显示【页面设置】对话框，如图 16-15 所示。

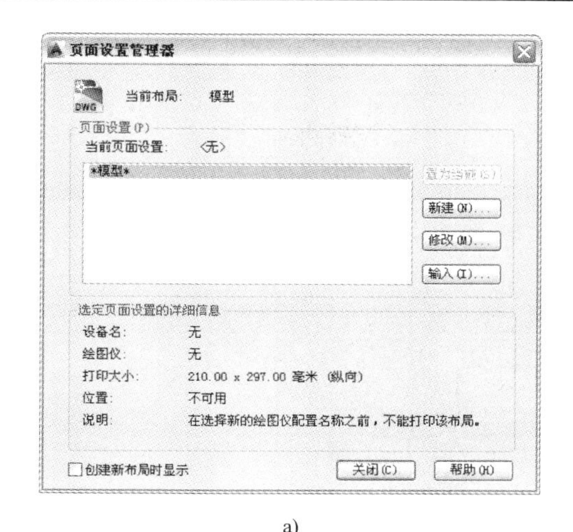

a)

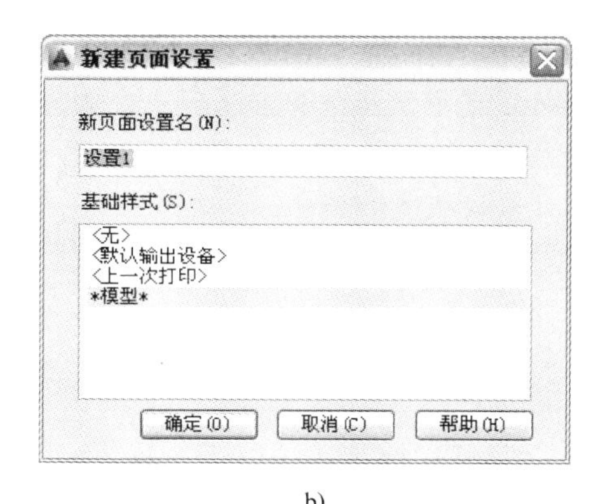

b)

图 16-14　【页面设置管理器】、【新建页面设置】对话框

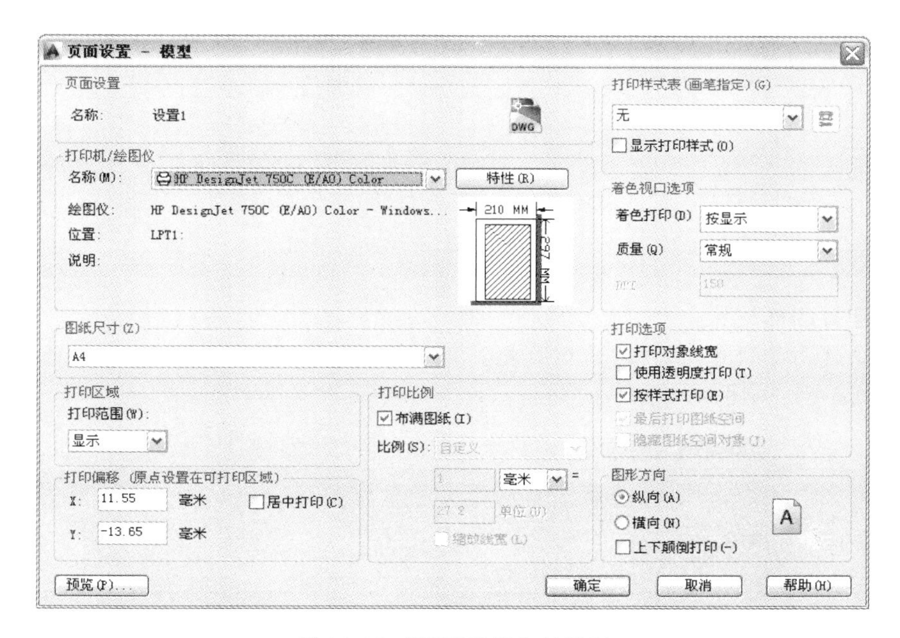

图 16-15　【页面设置】对话框

该对话框的各项目和设置方法，与上面介绍的【打印】对话框的相同。

16.2　通过图线颜色控制打印特性

没有严格以图层控制图线的线型、宽度、颜色等特性的图样，用多线命令绘制的墙体，用 AutoCAD 2000 以前版本绘制的图样，或者别人绘制状况不明的图样，都可以通过对象颜色设置线宽等特性打印图样。这需要在打印样式表中进行设置。

【例 16-2】创建一个打印样式表，用颜色控制对象特性，打印图 16-16 所示的平面图。

（1）打开附盘文件“\dwg\16\16-16.dwg”，图形如图 16-16 所示。

（2）单击打印按钮，显示【打印-模型】对话框，从页面设置【名称】下拉列表中选择：<上一次打印>，调用例 16-1 做的页面设置。

（3）从【图纸尺寸】下拉列表中选择“ISO A3（297×420 毫米）”。在【打印份数】文本框中输入要打印的份数。在【打印选项】区，选择【按样式打印】，利用打印样式表中的颜色控制对象的线宽和颜色。

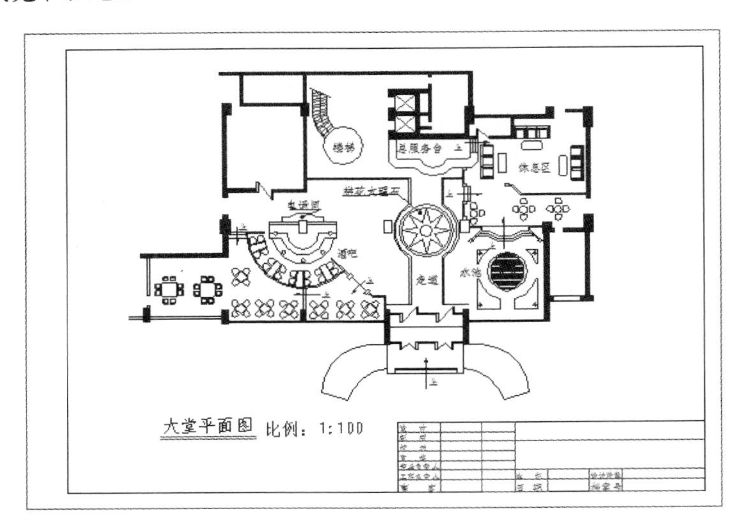

图 16-16　大堂平面图

下面创建打印样式表。

（4）单击【打印样式表】，展开样式表。单击【新建】，显示【添加颜色相关打印样式表开始】对话框，如图 16-17 所示。

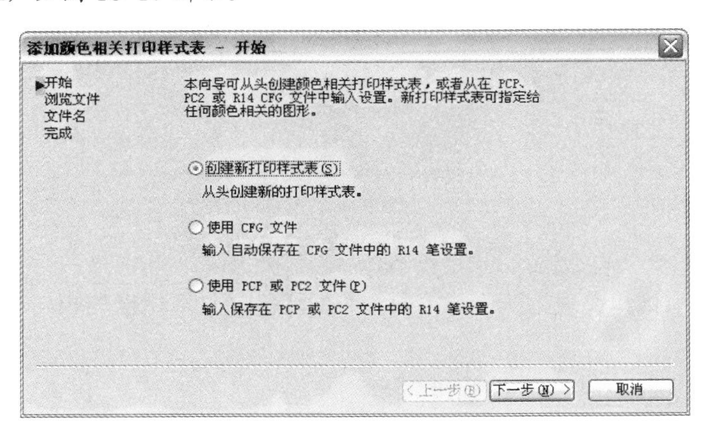

图 16-17　【添加颜色相关打印样式表 – 开始】对话框

（5）选择【创建新打印样式表】，单击 下一步(N) > 按钮，显示【添加颜色相关打印样式表 – 文件名】对话框，如图 16-18 所示。

（6）在【文件名】文本框中输入样式文件名“颜色控制线宽”。单击 下一步(N) > 按钮，显示【添加颜色相关打印样式表 – 完成】对话框。本例保留默认设置，如图 16-19 所示。

（7）单击 打印样式表编辑器(E)... 按钮，显示【打印样式表编辑器-颜色控制线宽.ctb】对话框，如图 16-20 所示。

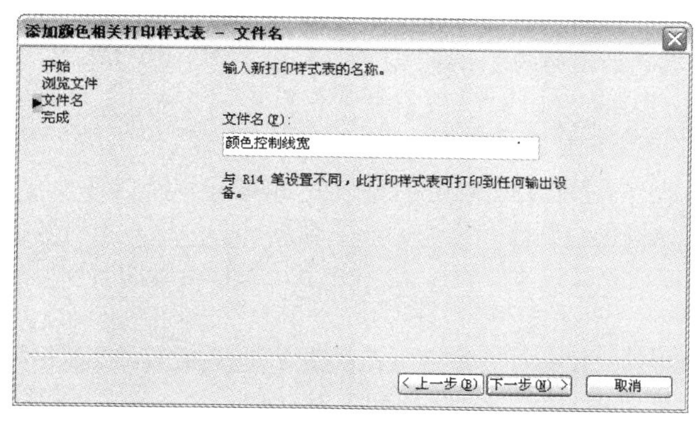

图 16-18 【添加颜色相关打印样式表 – 文件名】对话框

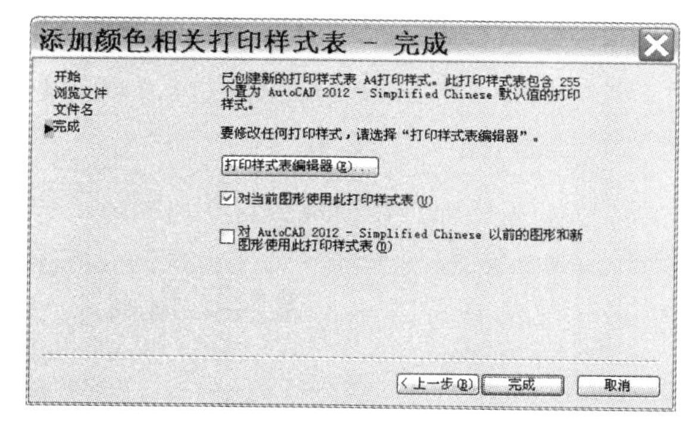

图 16-19 【添加颜色相关打印样式表 – 完成】对话框

图 16-20 【打印样式表编辑器-颜色控制线宽.ctb】对话框

此对话框主要用来设置图线的打印线宽和颜色，其他选项一般保留默认值。在本例附盘文件中，粗实线为黑色，中实线为蓝色，细实线、点画线为红色。下面将这 3 种颜色图线的宽度分别设置为 0.7、0.35、0（打印为打印机能打出的最细宽度）。

（8）单击“颜色 7”选中该颜色，从【线宽:】下拉列表中选择“0.7000 毫米”；用同样的方法设置另外两种颜色的图线的打印宽度。

（9）单击“颜色 1”，按 Shift 键，再单击“颜色 8”，选中这几种颜色，从【颜色】下拉列表中选择“黑”。将这几种颜色的图线都打印为黑色。

例 16-1 已经将打印机设置为只输出黑色图样，此处可以不作这一设置。

如果图中还有其他颜色的图线和标注，还要设置这些颜色对象对应的打印线宽和输出颜色。打印样式表中只能设置 256 种颜色，也为了方便设置，画图时应尽量使用颜色表中的前几种颜色。

（10）单击 保存并关闭 按钮，返回【页面设置】对话框。从【打印样式表】下拉列表中选择刚建立的“颜色控制线宽”，显示【问题】对话框，询问“是否将此打印样式表指定给所有布局”，单击 是(Y) ，指定给所有布局。

说明： 修改打印样式表的方法是：从【打印样式表】下拉列表中，选择要修改的打印样式表，单击右边的编辑按钮，调出【打印样式表编辑器】对话框，修改打印样式表。

（11）按上例所述方法将 A3 图纸可打印区域到图纸边界的距离设置为 0。从【打印范围】下拉列表中选择“窗口”，单击 窗口(O)< ，依次捕捉大矩形边框的两个对角点作为打印范围。选择“居中打印”和“充满图纸”。单击 预览(P)... 按钮，结果如图 16-21a 所示。

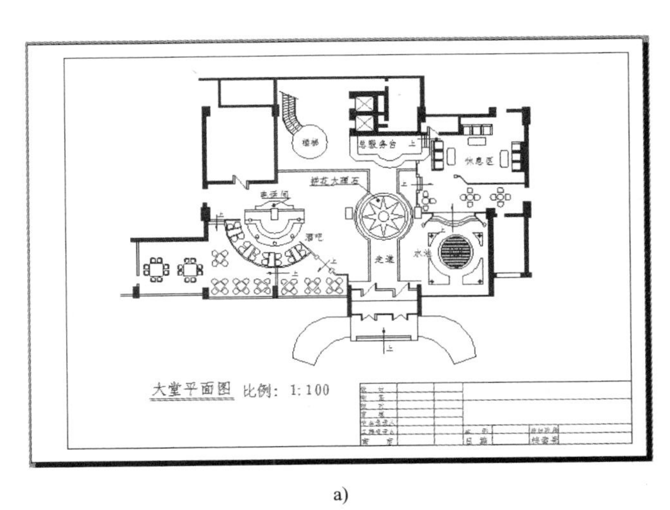

a)

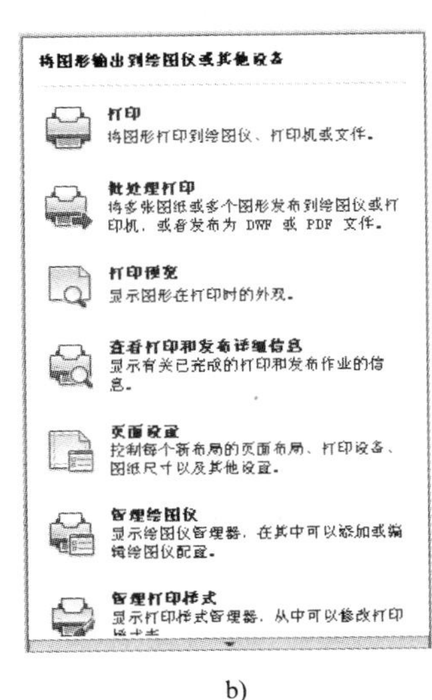

b)

图 16-21　预览结果

（12）如果预览结果符合要求，单击打印按钮，输出图形；或单击，退出打印预览窗口，返回【打印-模型】对话框，继续修改。

16.3　多比例打印图形

多比例打印图形，就是将多个图形采用不同比例打印在同一张图纸上。例如将楼梯详图、梯段节点详图、扶手节点详图分别采用 1：10、1：5、1：2 的比例打印在同一张图纸上，如图 16-22 所示。下面以打印该图为例介绍相关内容。

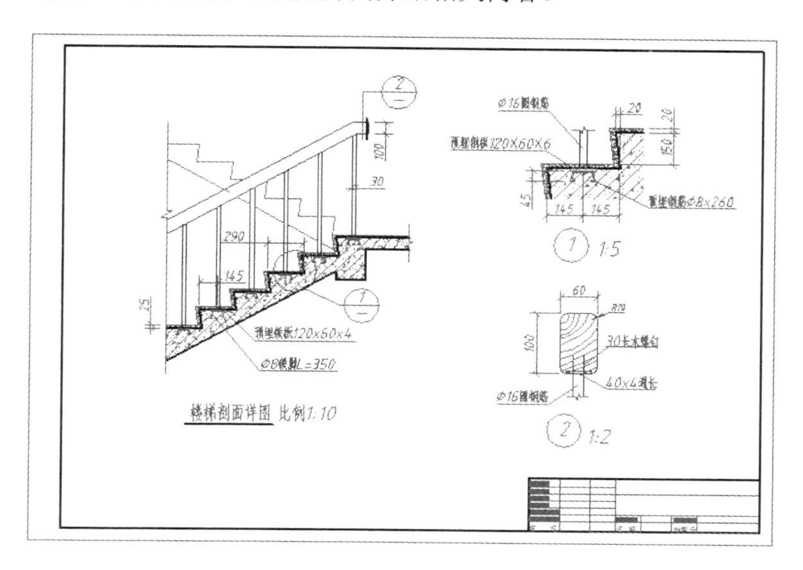

图 16-22　多比例打印图形

多比例打印图形，仍然按 1：1 的比例绘图。确定各图的打印比例以后，用最大（或最小）比例作为基准比例（本例选择 1：10），将此比例设置为打印对话框中的打印比例，即打印时全部图形以此比例自动缩放。这样楼梯详图可以直接打印，梯段节点详图、扶手节点详图需要在打印前将图形分别缩放“10/5”、“10/2”倍。

图形缩放后，为了使尺寸数字不变，需要将尺寸样式的“测量比例因子”设置为图形缩放倍数的倒数，本例分别为“5/10”、“2/10”。“全局比例因子”仍然等于打印对话框中设置的打印比例，本例为 10。引出标注等需要用户输入的注释不用作此修改。

尺寸标注命令自动标注的尺寸数字=实际尺寸×“测量比例因子”；尺寸元素（箭头、尺寸界线起点偏移量等）的大小= 实际大小×“全局比例因子”。同一种尺寸（例如长度尺寸），需要建立多个样式。在相关样式中只需将“测量比例因子”设置为图形缩放倍数的倒数。需建尺寸样式个数=比例个数，本例为 3。

【例 16-3】将楼梯详图、梯段节点详图、扶手节点详图分别采用 1：10、1：5、1：2 的比例打印在同一张图纸上。

（1）打开附盘文件“dwg\16\16-23.dwg”，图形如图 16-23 所示。

（2）用缩放命令，捕捉相应图形上的一点作为基点，分别将梯段节点详图、扶手节点详图放大“10/5”、“10/2”倍。

（3）建立尺寸样式，用于标注梯段节点详图中的线性尺寸：选择附盘文件中的“室内设计图尺寸样式”为基础样式，新样式取名为“室内设计图尺寸样式-比例 1：5”，在【主单位】选项卡中，在【测量单位比例】区的【比例因子】文本框中输入：0.5。

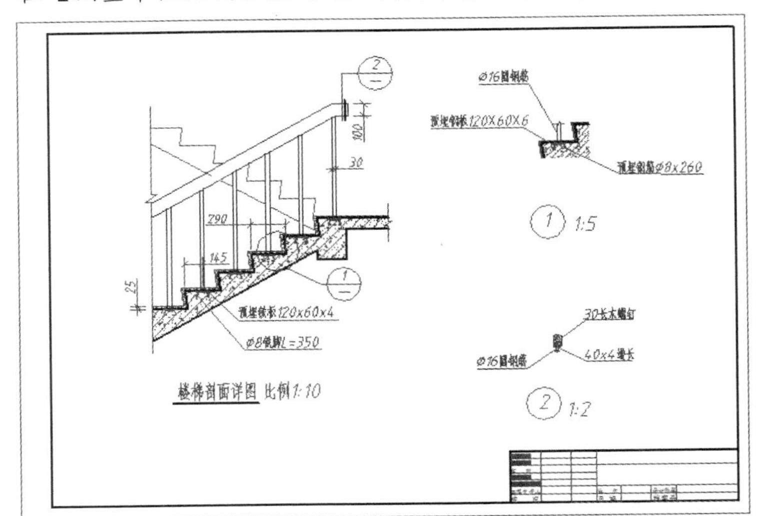

图 16-23　附盘文件

（4）建立尺寸样式，用于标注扶手节点详图中的尺寸样式：选择 “室内设计图尺寸样式”为基础样式，取名为“室内设计图尺寸样式-缩小 5 倍”，在【比例因子】文本框中输入：0.2。

（5）建立尺寸样式，用于标注扶手节点详图中的半径尺寸：选择“半径与直径尺寸样式”为基础样式，取名为“半径与直径尺寸样式-缩小 5 倍”，在【比例因子】文本框中输入：0.2。

（6）分别选择上面建立的尺寸样式为当前样式，标注梯段、扶手节点详图中的尺寸。并用夹点编辑调整引出标注的位置。

提示：最好在缩放完图形以后再做引出标注。

（7）在打印对话框中将打印比例设置为 10。从【图纸尺寸】下拉列表中选择“ISO A0 1189.00 × 841.00 毫米”。

（8）按前述方法设置打印范围，以对象特性控制图线的打印宽度，预览、打印图形。

16.4　管理打印样式表

利用颜色控制图线的打印宽度，需要使用打印样式表。建立了多个打印样式表以后，需要统一管理，包括删除、复制打印样式，更改样式表的名称等。

【例 16-4】将打印样式表“颜色控制线宽”改名为“颜色控制线宽-3 种颜色”。

（1）单击屏幕左上角的，展开菜单浏览器，移动鼠标指向 打印，展开【将图形输出到绘图仪或其他设备】菜单，如图 16-24a 所示。单击其中的【管理打印样式】，显示【Plot Styles】（打印样式）对话框，如图 16-24b 所示。

（2）单击要改名的样式名称“颜色控制线宽”，再单击插入光标，输入新名称“颜色控制线宽-3 种颜色”，在样式名称之外任意位置单击完成改名。

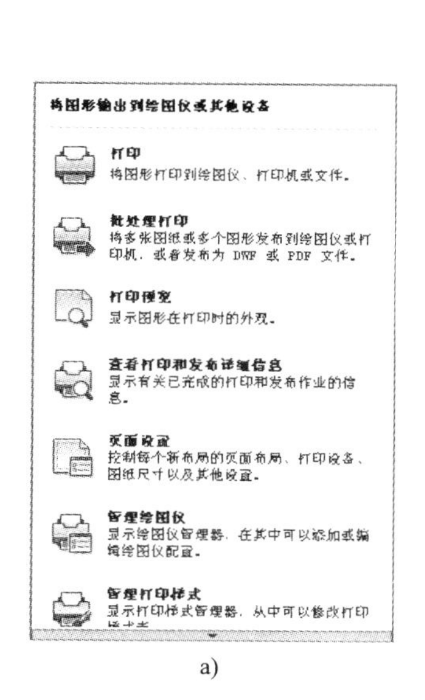
a)

b)

图 16-24 【Plot Styles】对话框

【Plot Styles】对话框是一个典型的 Windows 文件管理器，还可以用其他两种方法修改样式名称。

- 单击要改名的样式名称，执行【Plot Styles】对话框中的菜单命令【文件】→【重命名】，光标自动插入到名称中，输入新名称后，在名称之外任意位置单击。
- 右键单击要改名的样式名称，弹出快捷菜单，单击其中的【重命名】，在样式名称中插入光标，按上述方法修改样式名称。

用如下两种方法删除打印样式表：

- 选择要删除的样式，执行【Plot Styles】对话框中的菜单命令【文件】→【删除】，显示【确认文件删除】警告框，如图 16-25 所示，单击 是(Y) ，完成删除。
- 右键单击要删除的样式名称，弹出快捷菜单，从快捷菜单中执行删除命令。

图 16-25 【确认文件删除】警告框

16.5　添加打印设备

AutoCAD 可以直接使用在 Windows 下设置的打印设备。下面以添加“7600 系列型号 240E/A0”打印机为例，介绍在 AutoCAD 下添加打印机的方法。

（1）单击屏幕最左上角的▲，打开【菜单浏览器】，移动鼠标指针指向【打印机】，显示【将图形输出到绘图仪和其他设备】菜单，如图 16-24a 所示。

（2）单击【管理绘图仪】，显示【Plotters】对话框，如图 16-26 所示。

图 16-26　打印菜单和对话框

（3）双击【添加绘图仪向导】，显示【添加绘图仪-简介】对话框，单击两次下一步(N)>按钮（保留对话框的默认值），显示【添加绘图仪-绘图仪型号】对话框，在【生产商】列表中单击“HP”，在【型号】列表中单击“7600 系列型号 240E/A0”，结果如图 16-27 所示。

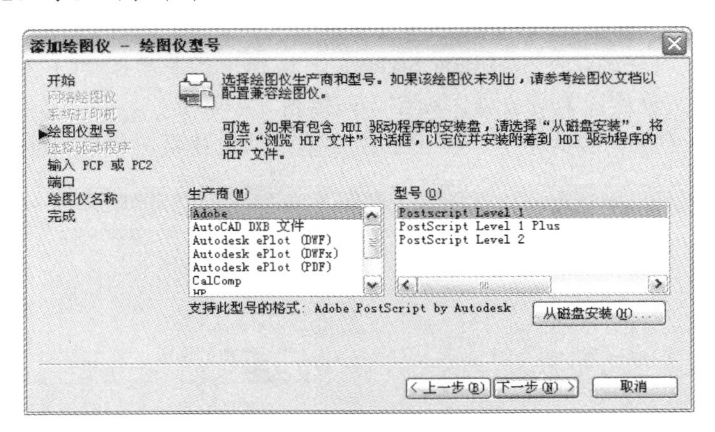

图 16-27　【添加绘图仪-绘图仪型号】对话框

（4）单击 4 次下一步(N)>按钮，保留各对话框的默认值，或根据自己的需要作必要的更改。最后单击[完成(F)]按钮，退出对话框，完成设置。

选择“端口”就是选择绘图仪与计算机的接口名称。一般采用默认值，让 Windows 自动选择。这就是 Windows 的“即插即用”功能。“绘图仪名称”也建议采用默认值，即制造商给定的名称。

16.6 小结

室内设计图中的图线通常有两种线宽、3 种线型，一般打印为黑色。打印图形最方便的方法是直接利用【使用对象线宽】打印图形。这需要画图前建立第 5 章表 5-1 所示的图层，设置好各图层的线型、线宽等特性，并将图线、尺寸、技术要求等绘制、标注在相应的图层上。如果画图时没有设置好对象特性，或要打印用 AutoCAD 2000 以前版本绘制的图样、别人绘制的特性状况不明的图样，可以通过图线颜色控制对象特性打印图形。这需要建立一个“打印样式表”。打印样式表中只能设置 256 种颜色的打印样式，为了方便设置，画图时尽量使用颜色表中的前几种颜色。建立的打印样式表，可以在其他文件中，直接从【打印样式表】下拉列表中调用。

绘图时一般都采用 1∶1 的比例作图。打印时，通过选择打印比例缩放图形。但图纸上的标题栏文字、尺寸、表面粗糙度、几何公差等的大小是固定的。需要将它们的打印比例分开考虑。按书中介绍的方法，可以非常快捷地打印出满意的图形。

AutoCAD 有两种方法保存页面设置：①自动保存最后一次设置，可以在任意文件中，从【页面设置】对话框的【名称】下拉列表中选择：<上一次打印>，调用该设置。②完成页面设置以后单击[添加(.)...]，保存页面设置。在其他文件中调用已保存的页面设置方法是，在要打印的图形文件中，从页面设置的【名称】下拉列表中选择“输入”，选择页面设置所在的图形文件，选择要输入的页面设置。如果使用标准图纸打印图样，造成图纸浪费，可以使用非标准图纸打印。本章介绍了创建非标准图纸的方法。

最好预览后再打印图形。由于受屏幕大小的影响，刚进入预览窗口时，图线宽度往往不能正确显示，需要放大显示，逐一查看各个部分。

将多个图形采用不同比例打印在同一张图纸上的要点是，仍然按 1∶1 的比例绘图。确定各图的打印比例以后，用最大（或最小）比例作为基准比例，将此比例设置为打印对话框中的打印比例，不以此比例打印的图形，需要在打印前根据打印比例分别进行缩放。图形缩放后，为了使尺寸数字不变，需要将尺寸样式的“测量比例因子”设置为图形缩放倍数的倒数。同一种尺寸需要建立多个样式，需建尺寸样式个数=比例个数。

16.7 习题与作图要点

1．判断下列各命题，正确的在（）内画上“√”，不正确的在（）内画上“×”。

（1）如果画图时，设置好了图线的线型和宽度，打印图样时，可以直接利用对象特性进行打印，不用再作专门设置。（ ）

（2）保存的页面设置，在其他文件中可以直接从页面设置的【名称】下拉列表中选择调

用。(　　)

(3) 保存的打印样式表，在其他文件中可以直接从页面设置的【名称】下拉列表中调用。(　　)

(4) 确定打印比例时，图样中的图形、标题栏、文字、尺寸、表面粗糙度、几何公差需要分开处理。(　　)

(5) AutoCAD 允许用户自定义图纸尺寸。自定义图纸与标准图纸的选用方法相同。(　　)

(6) 预览窗口不能显示图线宽度。(　　)

(7) 在预览窗口可以拨动鼠标滚轮缩放显示图样。(　　)

(8)【打印样式管理器】是一个典型的 Windows 文件管理器，可以参照 Windows 书籍介绍的文件管理方法，管理打印文件样式。(　　)

(9) 在同一张图纸上采用多比例打印图形，测量比例因子与全局比例因子相同。(　　)

2．简答题。

(1) 打印图样通常经过哪几个步骤？

(2) 如何创建、管理打印样式表？

(3) 如何保存、调用页面设置？

(4) 如何利用对象特性打印图形？

(5) 如何利用颜色设置打印图线的宽度？

(6) 如何在同一张图纸上采用多比例打印图形？

3．打开附盘文件“\dwg\15\16-28.dwg”，标注尺寸，并打印该立面图。

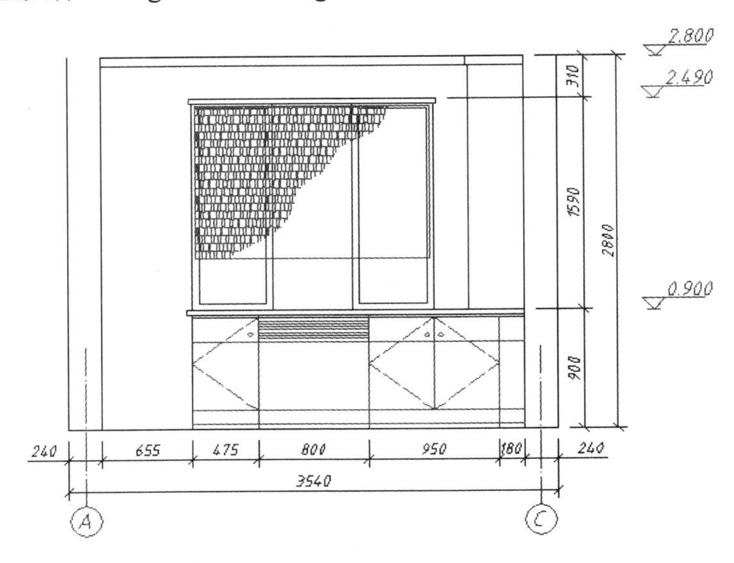

图 16-28　剖立面图